渤海油田新生界火山岩发育区地震勘探技术

田立新　周东红　著

石油工业出版社

内容提要

本书以火山岩发育区地质综合研究、火山岩地质体波场正演模拟、火山岩发育区地震资料处理与解释为基本内容，对渤海油田新生界火山岩发育区的地震勘探技术进行了论述。可为国内外相似地质条件区的勘探提供借鉴。

本书可供从事地震勘探研究人员及相关院校师生使用。

图书在版编目(CIP)数据

渤海油田新生界火山岩发育区地震勘探技术/田立新等著.—北京:石油工业出版社,2017.10

ISBN 978-7-5183-2252-7

Ⅰ.①渤… Ⅱ.①田… Ⅲ.①渤海-海上油气田-新生代-火山岩-石油天然气地质-地震勘探-技术 Ⅳ.①P618.130.8

中国版本图书馆CIP数据核字(2017)第271576号

出版发行:石油工业出版社

(北京安定门外安华里2区1号楼 100011)

网 址:www.petropub.com

编辑部:(010)64523708 图书营销中心:(010)64523633

经 销:全国新华书店

印 刷:北京中石油彩色印刷有限责任公司

2017年10月第1版 2017年10月第1次印刷

787×1092毫米 开本:1/16 印张:15.75

字数:380千字

定价:200.00元

(如出现印装质量问题,我社图书营销中心负责调换)

序

自1967年钻探渤海海上第一口探井H1井至今，渤海油田历经了20世纪60—70年代自主艰难创业、80年代对外合作学习、到90年代以后自营引领的高速发展3个阶段，作为油气勘探的先锋，地球物理技术的进步有力推动了渤海油田的发展壮大。从初期的二维地震勘探，到后来的三维地震勘探，再到现阶段全三维覆盖后的二次三维地震勘探，一系列具有渤海特色的地震数据采集、处理和解释技术逐渐形成并走向成熟，为圈闭落实，储层预测、含油气检测提供了强有力的技术支持。随着勘探程度的加深和地球物理技术的不断进步，曾被视为勘探禁区的新生界火山岩发育区成为近年来的重点勘探目标。2012年，在黄河口凹陷南斜坡新生界火山岩发育区首钻渤中34－9－1井获得成功，揭开了渤海油田新生界火山岩发育区的勘探序幕。近5年来，通过不断的科技攻关与实践，形成了相对完善的、具有渤海油田特色的火山岩地震勘探技术，并取得了勘探突破。

本书以“地震—地质一体化研究”为主线，以钻井资料和三维地震数据为支撑，系统梳理了渤海油田40余口钻遇火山岩的探井资料，结合5000平方千米三维地震资料，论述了渤海海域火山岩三相特征，并对喷发模式和旋回期次进行了系统描述。在地质模式指导下，结合实际资料，建立了研究区典型火山岩的三维模型，以此为基础开展了火山岩地震波传播机理研究，完成了从正演到勘探实践的系统论证，并最终形成了火山岩发育区地震勘探技术。

从某种程度上讲，物探技术的进步代表了勘探技术的进步，并推动了油气勘探。在20世纪90年代，针对河流相砂岩储层连通性差，断块圈闭复杂等技术难题，渤海油田率先发展了砂体定量描述，断块圈闭精细解释等物探技术，有力地推动了渤海新近系的高效勘探与经济开发，使油田产量达到3000万吨。渤海新生代火山岩发育区地质情况复杂，地震资料品质差，火山岩相关圈闭落实、火山岩与有机质热演化、火山活动与油气运移等是目前勘探中遇到的一系列技术难题，该书的出版将会为解决这些难题奠定基础，提供技术方法，有效推动渤海火山岩发育区油气勘探开发，并对国内外相似地质条件区勘探提供借鉴。

中国工程院院士 邱中建

2017年09月

前　言

渤海油田新生界火山岩发育区勘探地震技术包括火山岩地震—地质一体化分析，地震正演模拟、地震资料处理及解释等技术组合。本书通过总结渤海油田新生界火山岩的发育规律和模式，厘清火山岩特殊地质体的地震反射机理，提高火山岩发育区地震资料品质，落实火山岩发育区构造和储层发育特征，提高火山岩相关油气田的勘探开发成效。

火山岩岩性、岩相在空间变化大，地震波场复杂，造成火山岩发育区地震资料品质普遍不高，而这种低品质的地震资料严重影响了对火山岩发育区地质规律的研究，进而影响火山岩发育区相关油气藏的勘探和开发。因此解决火山岩相关油气藏的勘探问题必须具备良好的资料基础和正确的地质认知。火山岩发育区地震勘探技术将地震—地质研究进行了融合，地质认识的建立基于高品质地震资料的支持，在地震研究过程中有地质模式的指导。这种多学科和多专业的一体化研究模式对于复杂火山岩的研究起到了关键作用，打破了单学科认识的局限性，降低了对地下地质认识的多解性，提高了复杂火山岩发育区的钻探成功率，提升了相关油田勘探开发的经济效益。开展火山岩发育区地震勘探技术研究具有重要的理论意义和实用价值。

在渤海油田早期勘探过程中，由于火山岩相关油气藏基础资料匮乏，地质研究认识程度较低，对火山岩岩性、岩相特征，火山机构的发育模式，火山岩的平面分布规律，火山岩地震波传播规律，火山岩发育区地震资料处理及解释等相关技术的研究认识程度不高，且相关认识和技术难以形成体系，无法适应火山岩发育区复杂的地下地质情况，造成火山岩发育区油气勘探进程缓慢，钻井成功率低，一度成为勘探禁区。为了解决上述问题，打破渤海油田火山岩相关油气藏勘探的技术瓶颈，渤海油田组织大批专家并联合同济大学、中国石油大学(北京)及多所科研院所对火山岩进行持续技术攻关，并取得丰硕成果。以上成果在结合前人研究认识的基础上形成了针对渤海油田新生界火山岩发育区的地震勘探技术系列。本书以渤海油田渤西歧口凹陷—沙垒田凸起地区、渤南黄河口凹陷—莱北低凸起地区为例，阐述了渤海油田新生界火山岩的平面展布规律和喷发模式，研究了火山岩特殊地质体地震波反射机理，建立了火山岩发育区地震资料处理关键技术系列，提高了地震资料品质，在此基础上形成了火山岩地震资料综合解释新技术。勘探实践证明，相关新技术的研发和应用有效提高了钻井成功率，为火山岩发育区储量的发现提供了坚实的技术保障。

本书共分为六章。第一章概论部分简述了渤海油田火山岩发育的地质概况和勘探进展，由田立新、张笑桀、邬静编写；第二章阐述了火山岩的地质特征以及喷发模式，由周东红、傅强、张笑桀编写；第三章系统分析了火山岩地质体的地震反射机理，由周东红、李景叶、徐德奎、甄宗玉编写；第四章深入研究了火山岩发育区地震资料处理的关键技术，由田立新、徐德奎编写；第五章总结了火山岩发育区地震资料综合解释技术，由田立新、周东红、韩自军、邬静、甄宗玉、刘恭利编写；第六章为渤海油田火山岩发育区勘探成效的展示，由田立新、韩自军、邬静编写。全书由田立新统稿。

本书是渤海油田针对新生界火山岩发育区勘探地震的首本专著，内容涵盖了“十一五”和“十二五”期间渤海油田所承担国家重大专项的部分相关成果，凝聚了几代海油工作者的辛勤和汗水，是对新生界火山岩发育区相关油气藏勘探实践和勘探经验的高度凝练和总结，也为渤海油田和其他相似地质条件油田火山岩相关油气藏的勘探开发提供借鉴和参考。

本书的撰写与出版得到了中海石油（中国）有限公司天津分公司，中国石油大学（北京），同济大学等诸多单位领导和专家的支持与帮助；另外，本书的编写还得到了中国石油大学（华东）金强教授、吴智平教授，成都理工大学阎建国教授和同济大学王华忠教授的指导和关心。同时，中海石油（中国）有限公司天津分公司张志军、王清斌、崔云江、孙希家等参与了本书的编写工作，在此一并向他们表示衷心的感谢。

本书关键技术主要针对渤海油田具体研究区所进行的研发，其应用范围和对象不免存在局限性，且不同地区火山岩发育规律和发育模式存在较大差异，不同工区面临的地质问题千差万别，因此火山岩研究既有共性又存在特殊性，本文所提出的火山岩研究思路和关键技术仅供参考。此外受作者水平和研究深度的限制，书中不免存在不足之处，请广大读者批评指正。

目　录

第一章　概　　论

渤海油田是中国东部重要的石油生产基地，随着勘探开发程度的不断深入，与新生界火成岩相关的油气藏正逐渐成为勘探与开发的重要目标。截至2016年底，钻遇新生界火山岩的探井达41口，揭示了渤海油田新生代火山运动活跃期与大型油田成藏期有高度的叠合性，因此新生代火山岩发育模式、火山岩高精度刻画与展布预测对新生界火山岩发育区油藏的勘探、开发至关重要。2012年前渤海油田针对新生代火山岩系统、深入的研究尚未成熟，直接制约了火山岩相关油气田勘探、开发工作的高效开展。经过几年持续攻关，火山岩相关油气藏勘探翻开了新的篇章。本章首先系统介绍了渤海油田区域构造背景，然后对渤海海域西部地区的沙垒田凸起西段和沙南凹陷东次洼，以及南部地区的黄河口凹陷中央构造脊及南斜坡、莱北低凸起和莱州湾凹陷东北洼等典型火山岩发育区地质概况进行了详细分析，最后结合近五年来在渤南黄河口凹陷南斜坡带火山岩发育区勘探实践，介绍了火山岩发育区勘探认识新成果及多项地震勘探关键技术。

第一节　渤海油田新生界火山岩发育区地质概况

一、区域构造背景

渤海为中国东北部最大的内海，三面环陆，西距天津市区约62km，南北分别与山东、河北、辽宁三省相接，海域部分由北部的辽东湾、西部的渤海湾、南部的莱州湾、中央浅海盆地和东侧的渤海海峡5部分组成，其中渤海海峡内沿NNE向发育有30多个大小不一的岛屿组成的庙岛列岛，形成与黄海的分界，其海域面积约$7.7\times10^4km^2$，10m以下浅水区域约占26%，中央浅海盆地水深不足30m，最深点出现在老铁山水道西侧，超过70m，全海区平均深度18m，三湾及渤中洼地向海峡一侧缓倾，平均坡度28°，属于典型的陆内浅海盆地（韩宗珠等，2008）。渤海海域油气资源极为丰富，中国近海最大的海上自营油田——渤海油田就位于渤海海域，其可进行油气勘探的面积约$5.1\times10^4km^2$。渤海油田自1967年“海一井”勘探成功至今的50年里，先后经历了艰苦创业、对外合作、快速发展3个主要阶段，目前已成为中国东部最重要的海上能源生产基地，年稳产油气3000余万吨。

作为渤海湾盆地的重要组成部分，渤海是自古近纪以来由渤海湾盆地及周边山前、隆起区逐步剥蚀夷平、伸展裂陷、沉降充填、由水域覆盖变成陆地的变化过程中目前仅存的海域部分（龚再升，2009）。海域构造具有断裂系统复杂多样，多隆多坳、多凸多凹的特点，由渤中坳陷、下辽河坳陷（辽东湾）及黄骅拗陷（渤西）、埕宁隆起、济阳坳陷（渤南）向海域的延伸部分共5个一级构造单元共同组成，又可进一步划分为35个二级构造单元，其中包括13个凸起，4个低凸起，18个凹陷，并在凹陷内划分出48个次洼（图1－1）。

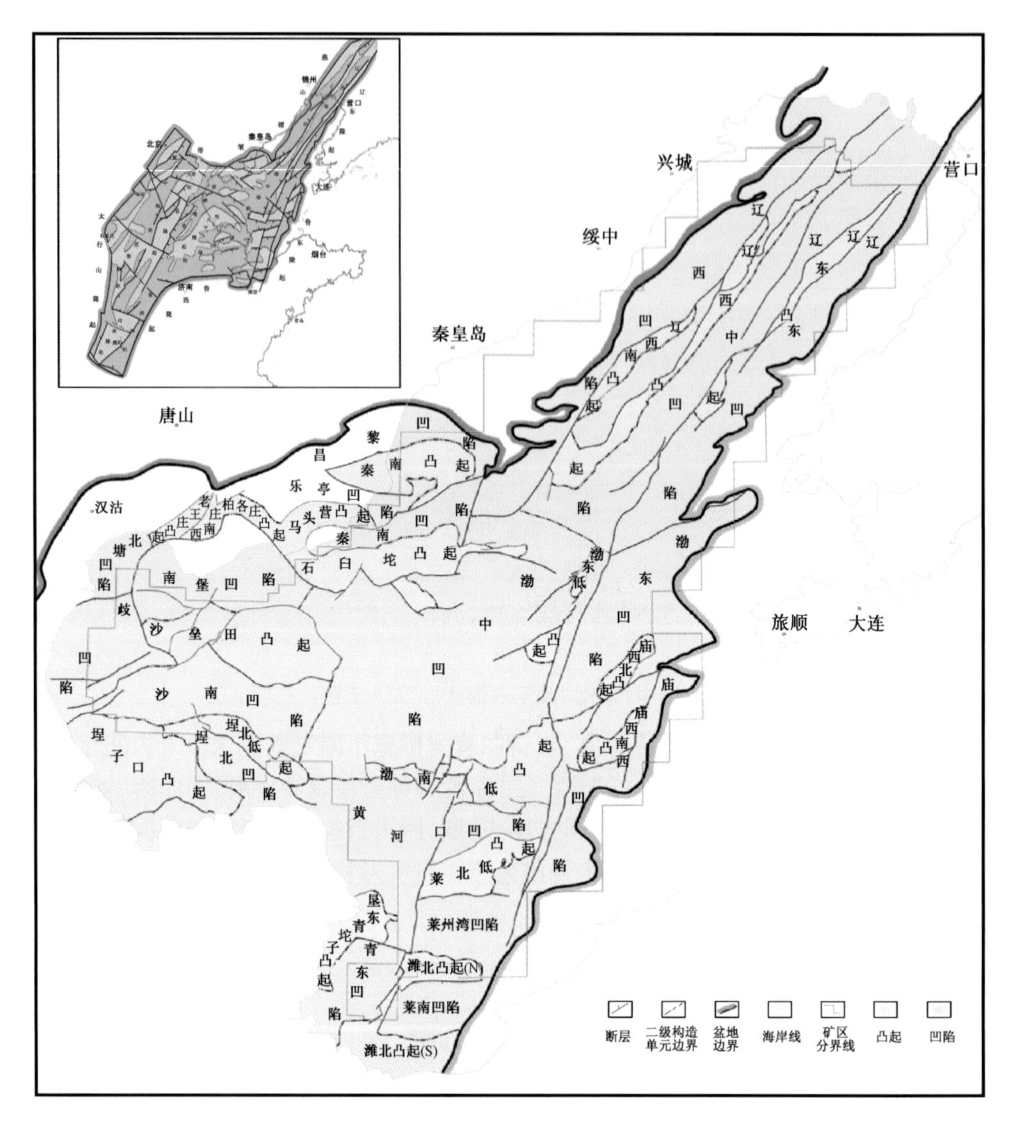

图 1－1　渤海油田构造单元图

渤海海域现今构造面貌的形成，受欧亚构造域、濒太平洋构造域及特提斯构造域的联合控制，经历了复杂的区域地质演化过程。一般认为中生代以前，整个华北地区经历了古、中太古代的陆核形成阶段、新太古代的陆核拼合阶段（29 亿—25 亿年）、早元古代的陆壳裂解阶段、中新元古代的坳拉槽发育阶段、早古生代克拉通盆地发育阶段、晚古生代克拉通—前陆盆地发育阶段。早—中三叠世华北地区基本继承了晚海西期以来的构造格局和沉积特点，地势北西高、东南低，为一南陡北缓、呈北西西向展布的大型内陆沉积盆地；晚三叠世扬子板块与华北板块剪刀式碰撞拼接，华北地区全面抬升，且西部抬升小，东部抬升幅度大，盆地范围向西部退缩，沉积范围缩小，渤海湾盆地所在的东部地区地势较高，地貌复杂，以隆升剥蚀为主；早—中侏罗世的早期为一些小的山间沉积盆地群，主要表现为对印支期造成的大量北西西或近东西向逆冲断层及宽缓褶皱所产生的低洼地区的充填，晚期则表现为披覆式沉积；晚侏罗世—早白垩世太平洋板块活动取代了扬子板块、西伯利亚板块活动对华北地区构造演化的控制地位，中国东部进入大规模的裂陷或断陷盆地发育阶段，且出现了明显的分区性：在盐山—歧口—新港—兰考—聊城断裂系以东，由于受郯庐断裂带左旋走滑构造应力场的控制，主要发育北西或北西西向断陷盆地，而在该断裂系以西至太行山以东的地区，受左旋走滑影响较弱，主要发育 NE 和 NNE 向断陷盆地，在张家口—蓬莱走滑断裂带以北的辽东湾—下辽河坳陷区，盆地的长轴方向为 NNE，属郯庐断裂带内部的走滑拉张盆地；晚白垩世郯庐断裂带以西的华北广大地区整体处于隆升剥蚀状态(吴智平等,2007)。

进入新生代,渤海湾盆地的发育经历了古近纪多幕式的断陷发育和新近纪的坳陷发育两个大的演化阶段(表 1 - 1)。沙三段沉积期(65—38Ma),可以再分为孔店组至沙四段沉积期和沙三段沉积期两个裂陷亚幕 I_1 幕与 I_2 幕,随后是沙二段至沙一段沉积期的裂后热沉降坳陷幕(38—32.8Ma),第二裂陷幕发生于东营组沉积期(32.8—24.6Ma),接着是更大强度的区域热沉降和新构造再活动。这种多幕裂陷的盆地演化特征在沉积充填演化和断层活动的旋回性上同样表现得十分清楚。第一裂陷幕的两个亚幕 I_1 与 I_2 之间有地层缺失现象,地震剖面上见地层超覆和局部削截不整合。第一裂陷幕结束,上覆的沙二段与沙一段与下伏地层之间以区域不整合面为界,这一不整合面可看作盆地内发育的第一个破裂不整合(Break - up unconfrmity,简称 BU 面)。第二裂陷幕东营组沉积后的区域性不整合是渤海油田古近纪的又一不整合面,标志着古近纪裂陷期的结束,新近纪裂后热沉降坳陷期的开始,表现为 24.6Ma 以来大规模缓慢热沉降作用的发生。在热沉降中晚期,大约起始于 5.1Ma 渤海又进一步快速沉降,而且辽东湾地区较渤海其他地区被波及的时间相对要晚。因此,在时间上我们将渤海新近纪以来的构造演化又划分为两个阶段,即 24.6—5.1Ma(馆陶组至明下段沉积期)的裂后稳定热沉降阶段和 5.1Ma 以来(明上段至第四系沉积期)的新构造叠加再活动阶段。后者的动力来源主要与印度次大陆和欧亚大陆碰撞后仍以每年 5cm 的速度向北推挤有关,由此造成 5.4Ma 青藏高原开始大规模隆升,同时向东挤出,产生滑线场(Tapponnier, 1977),并使华北地区处于近北东东向的水平挤压应力场中,同时伴随郯庐断裂的右旋走滑运动,产生典型的花状构造,并伴随上新统明上段以及第四系的地层沉积厚度中心的迁移变化。纵贯渤海整个新生界的构造演化,断裂是最主要的构造变形方式,现存在北北东、北东东和北西向 3 组优势方向,与之相关的拉张构造样式、走滑构造样式、负反转构造样式、重力滑脱构造样式等广泛发育(夏庆龙等,2012, 周建生,等 2007, 周斌等,2009),盆地结构总体上体现了地幔上涌导致的水平拉张与板块斜向碰撞导致的走滑、挤压的复合效应。

表 1 - 1　渤海含油气区构造演化阶段划分

地层	年龄(Ma)	盆地构造演化幕	构造沉降速率(以渤中为例)(m/Ma)	层序地层序列		盆地成因动力学机理
				层序组	层序	
Q_P	2.0	新构造活动幕	60	VI	VI—B	新构造近东西向挤压伴随右旋走滑扭动
N_1m^U	5.1		40		VI—A	
N_1m^L	12.0	第二裂后热沉降幕	30	V	V—C	岩石圈热沉降
N_1g^U	20.2		50		V—B	
N_1g^L	24.6		50		V—A	

续表

地层	年龄(Ma)	盆地构造演化幕	构造沉降速率(以渤中为例)(m/Ma)	层序地层序列		盆地成因动力学机理
				层序组	层序	
E_3d_1	27.4	裂陷Ⅱ幕	100	Ⅳ	Ⅳ—D	右旋走滑拉分伴随幔隆和上、下地壳的非均匀不连续伸展
E_3d_2	30.3		100		Ⅳ—C,B	
E_3d_3	32.8		190		Ⅳ—A	
E_3S_{1-2}	38.0	第一裂后热沉降幕	80	Ⅲ	Ⅲ—B,A	岩石圈热沉降
E_2S_3	42.0	裂陷Ⅰ$_2$幕	220	Ⅱ	Ⅱ—C,B,A	北北西—南南东方向的拉张伸展伴随幔隆
E_2S_4—K	65.0	裂陷Ⅰ$_1$幕	150	Ⅰ	Ⅰ—C,B,A	
Pre—Ter		古近系—新近系基底				

综上所述,渤海海域具有复杂的区域地质背景,经历了多期次的构造运动,强烈的地幔上涌、岩石圈拉张减薄及郯庐走滑断裂带等深大断裂运动都伴随着强烈的岩浆活动,这为火山岩的发育、富集提供了基础。近年来前人通过对渤海围区的火山岩开展野外露头、镜下、地球化学分析,进一步明确了火山岩分布、规模、岩性组合与岩石圈厚度、构造运动之间的联系,进一步验证、丰富了研究区构造演化的论断、论据,但当前关于研究区火山岩的系统研究集中在渤海中生代盆地构造演化研究中,对新生代盆地涉及较少。

对渤海湾盆地火山岩的系统研究多集中于上辽河坳陷、太行山东麓、燕山、汤阴等地区,研究对象以上述地区的中生代火山岩为主,认为上述地区中生代频繁的岩浆活动与褶皱形变、地幔柱、岩石圈主动伸展减薄、走滑断裂带的活动密切相关(朱光,2002、李达,2009)。一般认为印支运动有两期隆升,即下、中三叠统沉积后和上三叠统沉积后的区域性褶皱隆升,是直接导致部分地区缺失上三叠统的根本原因,而但燕山、太行山一带发育的正长花岗岩、二长花岗岩指示出华北地区在三叠纪早期可能在西南部发育一次局限的伸展运动(夏斌,2006)。而早燕山运动实质上是晚印支运动的渐进发展,因为早—中侏罗世盆地是在印支期向斜坳陷背景上发育的压陷挠曲盆地,而下—中侏罗统沉积以后,岩石圈迅速减薄,使渤海湾及周边发生广泛的裂陷,形成晚侏罗世—早白垩世裂陷盆地(漆家福,2003),而该时期在华北地区北缘富集火山岩的成分发生了较大变化,即岩性组合转变为埃达克岩和高锶花岗岩,由于高锶花岗岩形成于高温、高压环境,因此推断该期岩浆来源深度应大于50km,进一步证明同时期岩石圈迅速减薄,深部岩浆大量上涌的论断。

进入新生代,盆地在主断裂伸展、剪切作用的联合控制下,基底断块发生掀斜、走滑扭动,形成大量地堑或半地堑,板内岩浆也沿着地堑边缘断裂由深至浅迁移,呈现非均匀性喷发、侵入的特点。近年来渤海油田在新生界火山岩发育区的油气勘探获得巨大成功,发现多个中型油田,揭示了渤海油田新生代火山运动活跃期与大型油田成藏期有高度的相关性,因此新生代火山岩发育模式研究,火山岩的精细刻画与展布预测对未来渤海油田新生界火山岩发育区油藏的勘探和开发至关重要,但当前针对渤海油田新生界火山岩发育区系统、深入的研究尚为空白,直接制约了未来油气勘探和油田开发工作的高效开展。

近年来,随着勘探程度的不断深入和地震技术的不断进步,为火山岩发育区勘探地震技术的系统、深入研究提供了可靠的资料基础。

二、火山岩发育区地质概况

截至2016年底，共有41口探井钻遇不同厚度的新生界火山岩，岩性以玄武岩和凝灰岩为主，主要分布在渤海海域西部地区（后简称渤西）的沙垒田凸起及围区，以及南部地区（后简称渤南）的莱北低凸起及围区和莱州湾凹陷东北洼。代表构造有曹妃甸1、海1、渤中34－9和垦利6等。初步预测渤西南地区新生界火山岩发育及影响区面积约5000km²（图1－2）。

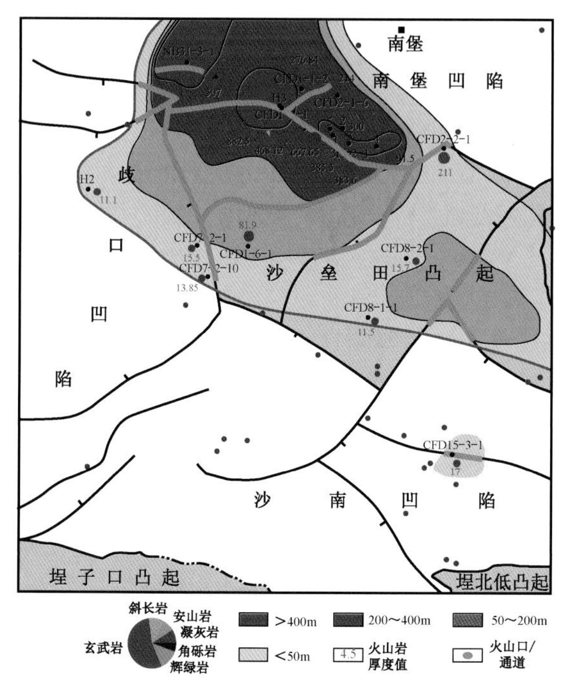

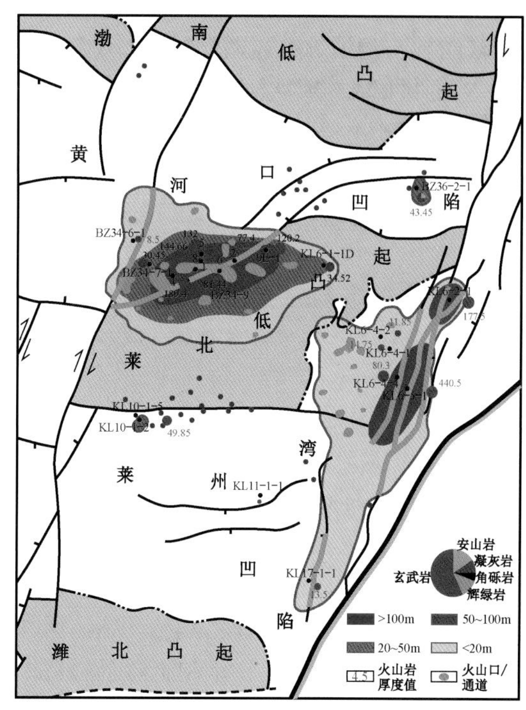

图1－2　渤海油田新生界火山岩分布

渤西地区位于黄骅—东明断裂与张家口—蓬莱断裂交会处，既受北东向和北西向走滑断裂控制，也受新生代以来的强拉张作用控制，断裂系统复杂（龚再升等，2007）。位于渤西的沙垒田凸起与北侧的南堡凹陷相接，西部、南部分别以边界断裂与歧口凹陷、沙南凹陷相连，是一个长期暴露接受风化剥蚀的古潜山。该凸起发育多组北东向走滑断裂，且呈"雁列式"展布，以早期走滑断层为分隔，将沙垒田凸起分为东、西两段，东段主走滑断层特征不明显，而西段可以见到明显的北东向主走滑断层，伴生断层依附于走滑断层。在早期强烈的主走滑作用影响下，走滑断裂两侧基底发生相对滑动，沿走滑带的岩石发生破裂，破裂带的岩石容易受到剥蚀而在潜山基底上形成"沟谷"。走滑断裂形成的"负花状"构造对应基底宽"沟谷"，"沟谷"是有效的物源通道，控制着物源的供给方向。同时该"沟谷"也成为岩浆活动的重要通道，岩浆由深部断裂沿着这些"沟谷"侵入正常沉积地层，甚至出露古地表，形成了灰绿岩侵入体、火山溢流相、火山沉积相等特殊岩性结构。

渤南地区北至渤中凹陷，南抵潍北凸起，包括黄河口凹陷、莱州湾凹陷、渤南低凸起和莱北低凸起。郯庐断裂带在渤南地区走向为北北东向，南起潍北凸起，北到渤南低凸起，贯穿整个工区。在地幔上涌区域拉张应力和郯庐右旋剪切应力共同控制下，渤南地区发育多条切穿新生界基底的深大断裂，包括近东西向的边界控凹大断层和北北东向的郯庐右旋走滑断层，该类断层的发育和演化控制着盆地结构及沉积充填样式及其演化特征，新生代地层中火山岩的发育为该组复杂应力下，盆地沉积充填的一种表现形式。

黄河口凹陷属于渤海湾盆地济阳坳陷，面积约 3300km^2，郯庐走滑断裂中支纵穿整个凹陷，控制了新生代断裂和凹陷的演化。黄河口凹陷沙三段遍布整个凹陷，且各处厚度较均一。沙河街组一、二段分布较广，但地层厚度普遍较薄。东三段下部发育的沉积相类型有扇三角洲、辫状河三角洲、湖泊和湖底扇。东一、二段沉积时期，受西南方向断裂带物源影响，在渤中34－9区带发育有辫状河三角洲体系，同时该时期也发育大面积的溢流相火山岩。通过钻井资料识别，BZ34－9－2/4和BZ34－7－1井均发现了凝灰质砂岩，其中BZ34－9－2井位于半深湖—深湖相，发育大套泥岩，砂岩比例较小，但以凝灰质砂岩为主。火山喷发形成大量的火山灰，飘落在距离火山口较远的位置，经压实作用形成凝灰质砂岩，颗粒较细，一般不发育优质储层。

莱州湾凹陷东北洼莱东—庙南构造带处于郯庐走滑带东支，夹持在莱北低凸起和鲁东隆起之间，其构造演化受控于整个渤海湾的构造演化序列。该凹陷自下而上发育的地层有古近系的孔店组、沙四段、沙三段、沙二段、沙一段、东三段、东二下段，新近系的馆陶组、明化镇组及第四系的平原组，受东营组沉积末期区域构造抬升剥蚀作用影响，凹陷内普遍缺失东二上段和东一段。沙三段沉积时期是断陷作用的重要时期，莱州湾凹陷东部的边界断层最大断距近900m，生长速率300m/Ma，使得沉陷区与隆起区形成显著的地貌反差，同时，鲁东隆起长期暴露遭受风化剥蚀，形成大量碎屑，受断裂坡折带影响，大量碎屑物源快速搬运（尤其是洪水期），并在坡脚及其附近快速堆积，形成了沙三段莱州湾凹陷东部扇三角洲。渐新世初，控凹断层继承性活动，使断陷湖盆继续发展，同时走滑作用不断加强，为莱州湾凹陷东北洼沉降创造了条件，发育了沙一、二段和东营组两套地层。沙一、二段由于火山活动发育一套岩性为玄武岩的喷出岩，包含了呈层状展布的溢流相和柱状火山通道相。但火山岩展布范围较局限，主要靠垦利6区带西侧展布，位于洼陷内部，距离研究区相关井位较远。馆陶组沉积时期，走滑活动强烈，新近系严重变形。由于走滑活动强烈，在馆陶组沉积时期，东部构造带在走滑活动下伴随强烈的火山喷发活动。此时3条主控大断裂作为岩浆通道，提供了大量岩浆。这个时期火山喷发类型既有中心式喷发（发育在垦利6区带的中西部），又有裂隙式喷发（发育在垦利6区带的东部）。通过对比沙一、二段、东营组、馆陶组的火山喷发期次，可知南部火山较北部火山活跃，次数较多，3个时期火山活动逐渐增强。

第二节 渤海油田新生界火山岩发育区勘探技术进展

针对制约新生界火山岩发育区的勘探难题，渤海油田通过多年持续攻关，积极转变勘探思路，深化理论认识、创新勘探新技术，重点围绕渤海南部火山岩发育区，在“断裂—岩浆联合控藏及油气富集机理”核心问题上，取得重大突破，创新形成了以地震波场为基础的火山岩发育模式分析、三维正演模拟、火山岩发育区地震资料处理、火山岩相识别刻画和地震解释等多项关键技术。

一、勘探新认识

经过渤海油田几代勘探人员的不懈努力及地震勘探技术的不断进步，火山岩发育区的勘探进程不断加深，钻遇新生界火山岩探井 41 口，火山岩广泛发育区的生产油田 3 个（渤中 34－9即将投产），对火山岩研究主要取得以下认识成果。

（1）提出“走滑—伸展”应力背景下，火山岩发育区“坡隆”构造形成机制。综合区域板块运动、原型盆地古地貌、岩浆活动及构造动态演化、沉积地层分布特征和地震响应特点等，将研究区坡隆旋回的演化分为 4 个阶段，始新世晚期—渐新世早期的雏形期、渐新世中晚期的发展期、渐新世末期的高峰期和新近纪的改造期。始新世晚期—渐新世早期的雏形期、渐新世中晚期的发展期主要受喷发型岩浆底辟作用形成微高古地貌，但受整体沉降作用或同期碎屑岩沉积填平补齐作用，导致坡隆古背景消失。渐新世末期的高峰期，在地幔热隆起和斜向挤压双重作用下，坡隆形成并定型，共轭走滑作用导致构造内部不同断块差异升降。在进入新近纪改造期后，受新构造运动影响，坡隆构造被进一步复杂化。

（2）提出利用“火山喷发旋回”进行火山活动期次的定量刻画。渤海海域新生界火山岩发育的岩性类型，以基性喷出玄武岩、凝灰岩为主，还发育有中性喷出安山岩、火山角砾岩、基性侵入岩辉绿岩、辉长岩等。以火山岩岩性分析为基础，结合火山岩岩相、测井相和地震相特征，明确了发育区火山岩主要喷发模式，并提出“火山喷发旋回”的概念对发育区火山活动期次进行了定量描述。

（3）建立断裂—岩浆联合控藏及油气富集模式。断裂活动性及其组合样式控制着油气成藏层位。脉动式岩浆活动与幕式断裂活动耦合控制古近系油气富集。渤海油田火山岩发育区多条持续活动的伸展大断层在新生代都伴随有大规模的中心式、裂隙式的岩浆喷发，火山活动后期岩浆在断裂带内冷凝成岩，造成断裂带内具有很高的排替压力，利于油气的侧向封堵和保存。随着断裂晚期的幕式活动，油气不断充注，最终形成高丰度油气富集块。断裂活动控制了油气幕式充注能力，岩浆活动控制了油气保存程度。

二、地震勘探关键技术

1. 火山岩地震响应模拟技术

提出根据地质、地震、测井等实际资料建立二维和三维地震地质模型的理论和方法，并开展三维声波方程有限差分正演数值模拟研究。（1）以火山岩厚度、速度、密度、非均质性和分层结构及子波频率为变量，设计层状结构模型，进行正演模拟，利用振幅值变化对各参数进行敏感性分析。（2）以典型的二维复杂含火山岩速度模型为基础，利用偏移方法对火山机构识别能力的测试研究，为偏移方法在实际资料中的应用提供指导。（3）利用三维正演模拟以及 F—K 分析等方法，分析了采集方向和高密度采集对火山岩发育区地震资料品质的影响。

2. 火山岩发育区地震资料处理技术

针对渤海油田新生界火山岩独特的地质特征和火山岩发育区地震资料特点，在三维正演模拟认识基础上、开展地震资料处理关键技术研究。形成了针对火山岩强反射界面能量屏蔽量化分析及补偿技术、基于反演的与界面有关的多次波预测及多域多次波衰减组合技术、基于构造约束的网格层析速度建模技术及高精度速度分析融合技术、以保证火山岩地层和火山通道相地层等小尺度地质体精确成像的叠前时间偏移与叠前深度偏移联合成像技术。

3. 火山岩发育区地震解释技术

基于火山喷发模式和火山岩相特征分析，建立了火山岩发育区“断裂—岩浆”联合控圈模式指导目标区构造解释。以构造架势框架为基础，提出基于属性阈值的溢流相和通道相的半定量三维精细刻画技术，并进一步实现以正演为基础的火山通道边界刻画和以微层楔状模型为基础的火山岩下构造校正。

持续的勘探认识创新和地球物理技术攻关，有效指导了渤西和渤南火山岩发育区的勘探工作，使得火山岩发育区不再是“勘探禁区”。基于上述勘探地质认识和地震关键技术优选了一批有利的勘探目标并实施钻探，成功发现了渤中 34 - 9 中型优质油气田。油田的发现为渤南区域开发体系建立年产(800 ~ 1000) $\times 10^4 m^3$ 产能规划奠定了物质基础，并将进一步巩固渤海油田作为北方海上能源基地的优势地位，对保障国家能源安全、稳定东部油田产量、拉动环渤海经济圈的快速发展发挥重大作用。

第二章　渤海油田新生界火山岩地质特征与喷发模式

渤海湾盆地新生界火山岩在古近纪孔店组—沙四段沉积期主要发育分布在盆地边缘，早期以裂隙喷溢玄武岩为主，晚期喷发活动减弱，以侵入作用为主，分布范围包括冀中坳陷、辽河坳陷、济阳坳陷东南部、东濮凹陷东南部；沙三—沙二段沉积期火山岩活动相对孔店组—沙四段沉积期明显减弱，分布范围减小，火山岩分布由盆地边缘向盆地内部迁移，主要分布在济阳坳陷、冀中坳陷和辽河坳陷；沙一段—东营组沉积期火山岩以中心式喷发作用为主，晚期有少量的侵入作用，进入新近纪，随着构造活动强度减弱，岩浆活动较弱，火山岩零星分布，馆陶组沉积期火山岩以裂隙式喷发占优势，主要分布在盆地中部的南北两侧。

渤海油田作为渤海湾盆地的一部分，其新生界火山岩具有类似的发育历程，但由于本区多条区域大断裂活动的影响，发育多幕裂陷与充填，构造、沉积现象极为丰富，也形成了特点鲜明的火山岩发育格局。研究区火山岩以中心式、裂隙式、混合式喷发模式并存。渤南地区黄河口凹陷南斜坡火山岩的形成始于始新世裂陷Ⅱ幕，随着东营组沉积期右旋走滑应力场和伸展应力场的进一步增强，发育规模达到最大；而渤西地区歧北断阶带及渤南莱东—庙南构造带火山岩明显受边界断裂控制，沿主干断裂走向连片分布，形成于东营组沉积期，在馆陶组沉积期发育规模达到最大。

第一节　火山岩地质特征

一、火山岩岩性和岩相

渤海油田目前主要在渤西和渤南区块区域钻遇新生界火山岩，以玄武岩、凝灰岩为主，还发育有中性喷出安山岩、火山角砾岩、辉绿岩、辉长岩等。根据岩浆作用的不同方式及所处环境的不同，渤海海域新生界火山岩相主要包括了爆发相、溢流相、火山沉积相和侵入相（孙肃，1985；杜金虎，2010；朱如凯，2011）。

1. 火山岩岩性

岩心统计表明，新生界火山岩以溢流相玄武岩为主，占比约72%，凝灰岩次之，约占25.6%，其次是少量的安山岩（1.28%）、火山角砾岩（1.23%）、辉绿岩（0.71%）。

玄武岩：多呈褐灰绿色—黑褐色，块状构造，镜下具有斑状结构，多见杏仁构造。斑晶由长石和辉石组成，基质由杂乱分布的长石微晶和填充其中的碳酸盐、绿泥石等组成（图2－1）。薄片中可观察到渤海海域新生界玄武岩类主要包括橄榄玄武岩、蚀变玄武岩、杏仁状玄武岩、碳酸盐化玄武岩等。

BZ34-9-5井东二上2500m凝灰岩（壁心）

BZ34-9E-1井沙一段2770m玄武岩（壁心）

CFD1-1-2井馆陶组1806m深灰绿色玄武岩部分风化

BZ34-9-4井沙三段3333m辉绿岩（单偏×50）

图2-1　渤海湾海域新生界火山岩照片

凝灰岩:包括岩屑凝灰岩及碳酸盐化凝灰岩等,熔结凝灰岩在薄片中并未看到。主要呈浅灰绿色或紫色风化色,致密,坚硬。可见角砾、晶屑等,晶屑主要为长石、石英,棱角状。凝灰岩属火山碎屑岩类,在渤海海域新生界广泛分布。

安山岩:多为灰色、灰黑、灰绿色。斑状结构,斑晶主要为辉石、角闪石、斜长石和黑云母。渤海海域薄片中可见杏仁状安山岩及后期蚀变的绿泥石化安山岩,有时见裂缝,裂缝往往被铁白云石和泥质充填。安山岩在渤南、渤西区块均有少许发育,总体规模较小,厚度也不大。

辉绿岩:主要由辉石和基性长石组成,呈灰绿色,辉绿岩为深源玄武岩岩浆,浅部侵入结晶形成,常呈岩脉、岩墙、岩床或充填于玄武岩火山口中的岩株状产出。辉绿岩属于次火山岩类,属于浅成侵入岩。仅在BZ34-9-4井的沙三段底部钻遇。

2. 火山岩岩相

“相”是地质体中能够反应成因的地质特征的总和。火山岩相是一定环境下火山活动产物特征的总称或者是指火山岩形成条件及其在该条件下所形成的火山岩岩性特征的总和。由于火山岩相能揭示火山岩时空展布规律和不同岩性组合之间的成因联系,不同岩相具有不同的岩性、物性特征,火山岩相控制着火山岩孔缝类型、发育程度及分布特征,影响着后期成岩作用的类型和强度,决定了有利相带的分布范围。对后续构建火山岩喷发模式,开展渤海油田火山岩地震响应机理分析至关重要。

1)岩相的分类

不同学者由于对火山岩的研究角度不同,提出了不同的分类方案。科普切弗—德沃尔尼科夫等(1978)按火山岩产出条件和岩体形态将火山岩相分为原始喷发相、次火山岩相和火山管道相。李石等(1981)基于火山岩在地表、地壳和火山输导通道中的地质环境,划分3相8亚相,包括喷发相、次火山岩相和火山管道相。Cas等(1987)按物源特征和搬运方式将火山岩相划分为熔岩流相、火山碎屑岩相、火山碎屑降落沉积相、陆上碎屑流和涌浪相、凝灰岩相、水下碎屑流和深海火山灰相。陶奎元等(1994)按喷发形式、喷发环境、堆积环境和搬运方式,将火山岩相划分为11种,分别为喷溢相、空落相、火山碎屑流相、涌流相、火山泥流相、崩塌相、侵出相、火山口—火山颈相、次火山岩相、隐爆角砾岩相和火山喷发沉积相。金伯禄等(1994)依据长白山第四纪火山岩的详细研究资料,按火山物质搬运方式和定位环境与状态分为4相11亚相,包括爆发相、喷崩及喷溢相、侵出相及潜火山相和喷发—沉积相。邱家骧等(1996)按喷发形式、喷发环境、堆积环境、搬运方式、侵位机制、火山机构位置,划分出11种火山岩相,其结果与陶奎元的划分结果基本一致。王璞君等(2008)根据松辽盆地的实际钻井及周缘剖面的研究资料,按岩性、组构和成因将火山岩划分为5种相、15种亚相,包括火山通道相、爆发相、喷溢相、侵出相和火山沉积相。根据上述学者研究方案并结合渤海油田火山岩具体特点进行划分,划分方案重点考虑以下6个方面的:(1)火山喷发形式;(2)火山喷发环境;(3)火山产物在地表的堆积环境;(4)火山爆发机制与火山碎屑物搬运方式、堆积机理;(5)火山岩浆在地表以下一定深度的侵入机制;(6)在火山机构中特定的位置。一般来说,火山岩相可划分为爆发相、溢流相、侵出相、火山通道相、次火山岩相及喷发沉积相共6大类(图2-2),其次还可细分为16种亚相(表2-1)。

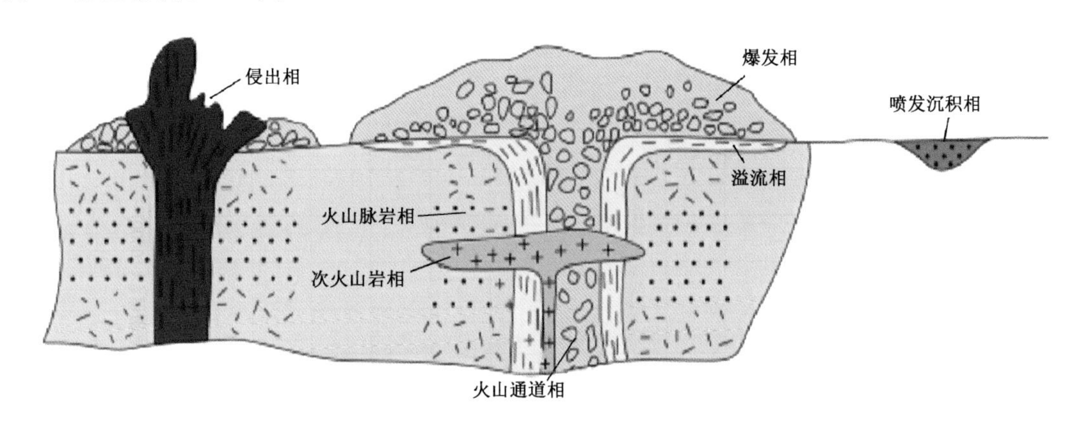

图2-2 火山岩岩相分布模式(据孙鼐、彭亚鸣,1985,部分修改)

表2-1 火山岩岩相类型划分表

相	亚相
爆发相	溅落亚相、热碎屑流亚相、热基浪亚相、空落亚相
溢流相	顶部亚相、上部亚相、中部亚相、下部亚相
侵出相	内带亚相、中带亚相、外带亚相

续表

相	亚相
火山通道相	火山颈亚相、隐爆角砾岩亚相
喷发沉积相	含外碎屑亚相、再搬运亚相、凝灰岩含煤亚相
次火山岩相	近地表相(0~0.5km)、超浅成相(0.5~1.5km)、浅成相(1.5~3.0km)

2)火山岩岩相特征

明确各类火山岩相特征是建立火山地层格架,恢复火山面貌和火山喷发过程,总结火山喷发模式的基础,本区火山岩相特征如下所示:

爆发相:由于岩浆中含有大量气体造成对围岩的巨大压力而产生岩浆(包括围岩)的爆炸,从而形成的各种粒级不同的火山碎屑物质的堆积。火山爆发时产生的各种火山碎屑物(如火山弹、火山集块、火山砾、火山砂、火山灰等)或原地堆积,或经大气、重力、气液搬运、分选,并以不同比例混合,形成一系列不同类型的火山碎屑堆积物。包括空落堆积、崩落堆积和碎屑流堆积3种。爆发相可形成于火山作用的各个时期,在酸性岩浆喷发旋回中多见于下部,基性岩浆喷发旋回中多见于上部。爆发相特征岩性主要有火山集块岩、火山角砾岩、熔结角砾岩等,特征结果包括集块结构、角砾结构、熔结结构等。爆发相自下而上可划分为空落、热基浪、热碎屑流、溅落4个亚相(表2-2)。

表2-2 爆发相亚相类型及其地质标志

相	亚相	成因	特征岩性	特征结构	特征构造
爆发相	溅落亚相	在火山口附近,当熔岩上涌时,携带的围岩及熔浆本身物质就近坠落堆积而成	角砾熔岩、凝灰熔岩	溶解角砾结构、熔结凝灰结构	变形流纹构造
	热碎屑流亚相	含挥发分的灼热碎屑—岩浆混合物,在后续喷出物推动和自身重力的共同作用下沿地表流动,受熔浆冷凝胶结与压实共同作用而形成	含晶屑、玻屑、浆屑、岩屑的熔结凝灰岩	熔结凝灰结构	粒序层理、火山玻璃定向排列、基质支撑
	热基浪亚相	气射作用的气—固—液态多相体系在重力作用下,近地表呈悬移质搬运,再经重力沉积压实成岩而成	含含晶屑、玻屑、浆屑的凝灰岩	晶屑凝灰结构	平行层理、交错层理、逆行沙波层理
	空落亚相	固态火山碎屑和塑形喷出物在火山气射作用下,做自由落体运动降落到地表,经压实作用而成	集块岩、火山角砾岩、凝灰岩	集块结构、角砾结构、凝灰结构	颗粒支撑正粒序层理、弹道状坠石

溢流相:是含晶出物和同生角砾的熔浆在后续喷出物推动及自生重力的共同作用下,在沿着地表流动的过程中,熔浆逐渐冷凝、固结而形成。因其爆发系数低,具有喷出温度高和黏度

低—中的特点，因而火山碎屑岩极少，流动性强，产状平缓。形成的各类熔岩或角砾熔岩常沿火山口或裂隙向外呈面状泛流或浅状溢流。溢流相似形成于火山岩作用的各个阶段（主要为喷发旋回的中期），产状以岩被或岩流比较常见。渤海海域钻遇新生界火山岩多以基性、基性—中性火山岩为主，其特征构造是气孔构造、杏仁构造或流纹构造等，特征结构包括球粒结构、细晶结构、玻璃质结构等。溢流相自下而上发育下部、中部、上部、顶部4个亚相（表2-3）。

表2-3　溢流相亚相类型及其地质标志

相	亚相	成因	特征岩性	特征结构	特征构造
溢流相	顶部亚相	熔浆流动过程中，与空气接触的熔浆冷凝快，固结后被后续熔浆挤压，搓碎形成	角砾熔岩	自碎结构，熔结角砾结构	变形流纹结构
	上部亚相	熔浆流动过程中，由上部熔浆受冷凝、胶结与压实的共同作用而形成，是原生气孔最发育部位	气孔构造熔岩	球粒结构、细晶结构	气孔构造、杏仁构造、石泡构造
溢流相	中部亚相	熔浆流动过程中，由中部熔浆受冷凝、胶结与压实的共同作用而形成，是较致密的岩相带	流纹构造熔岩	细晶结构、斑状结构	流纹构造
	下部亚相	熔浆流动过程中，由下部熔浆受冷凝、胶结与压实的共同作用而形成	细晶流纹构造及含同生角砾熔岩	玻璃质结构、细晶结构、斑状结构	块状或断续的变形流纹构造

侵出相：在火山喷发旋回的晚期，随着喷发能量的减弱和气体过饱和程度变差，火山喷发既不是平静的溢流，也不是猛烈的爆发，而是一些近似固态的黏性岩浆受到内力的挤压，从相对狭小的管道或裂隙中挤出形成较规则的侵出体。当火山口—火山湖体系已经形成，挤出地表的岩浆在遇水淬或在大气中快速冷却的作用下，在火山口附近形成侵出相火山岩体。侵出相常见于酸性喷发岩中，以“柱”“碑”等高耸陡直的形态出现；对于黏度较低的偏中、基性岩浆来说，侵出相一般表现为相对平缓的钟状、丘状形态（陶奎元，1994）。

火山通道相：火山通道指从岩浆房到火山口顶部的整个岩浆导运系统。火山通道位于火山机构下部和近中心部位，是岩浆向上运移到达地表过程中滞留和回填在火山管道中的火山岩组合，形成于火山旋回的整个过程，保留下来的主要是后期活动的产物。火山通道相以隐爆角砾岩为标志岩性，特征岩石结构包括隐爆角砾结构、自碎斑结构和碎裂结构，特征构造包括枝杈状岩脉构造。火山通道的形状与火山喷发的类型有关。中心式喷发通道常呈近直立的管状或漏斗状（刘金华，2008）；裂隙式喷发通道常呈受控于断裂的长条状或不规则状，多沿深大断裂或断裂破碎带喷发。对于管状火山管道，多数被凝灰岩充填，少数被熔岩或熔岩角砾岩充填；锥状火山管道，多数为熔岩充填，较少的夹有火山碎屑岩；与线性断裂有关的线状火山管道，常被熔岩、角砾岩或凝灰岩充填。火山通道相自内而外可划分为火山颈和隐爆角砾岩两个亚相，其产出形式一般为岩盖或熔岩供给通道（包括岩席和岩墙等）（表2-4）。

表 2－4　火山通道相亚相类型及其地质标志

相	亚相	成因	特征岩性	特征结构	特征构造
火山通道相	隐爆角砾岩亚相	富含挥发分岩浆入侵到破碎岩时代时，由于压力得到一定释放而产生地下爆炸作用形成；也可以是熔浆遭遇地下水使挥发分和压力骤然增加，产生隐伏爆炸而形成	隐爆角砾岩	隐爆角砾结构、自碎斑结构、碎裂结构	筒状、层状、脉状、枝杈状、裂缝充填状
	火山颈亚相	火山喷发后期的岩浆由于内压力减小不能喷出地表，在火山通道内冷凝固结。同时，由于热沉陷作用，火山口附近的岩层下陷坍塌，而被持续已出冷凝的熔浆胶结而成	熔岩和角砾/凝灰岩熔岩及熔结角砾岩/凝灰岩	斑状结构、熔结结构、角砾凝灰结构	环状或放射状节理

火山沉积相：在火山喷发过程中，尤其在火山活动的间歇期，与火山岩隆起之间的凹陷带主要形成火山沉积相组合。火山沉积相主要为火山岩之间的碎屑沉积体，常与火山岩共生，可出现在火山活动的各个时期。火山沉积相的碎屑成分中含有大量火山岩碎屑，以发育各类沉火山岩、火山沉积岩为主，多具有陆源碎屑结构及韵律层理、水平层理。火山沉积相可划分为含外碎屑、再搬运和凝灰岩夹煤 3 个亚相（表 2－5）。

表 2－5　火山沉积亚相类型及其地质标志

相	亚相	成因	特征岩性	特征结构	特征构造
火山沉积相	凝灰岩夹煤亚相	火山岩之间凝灰质火山碎屑和成煤沼泽环境的富植物泥炭互层	火山凝灰岩与煤层互层或夹煤线	陆源碎屑结构	韵律层理、水平层理
	再搬运亚相	火山碎屑经过水流作用改造形成	层状火山碎屑岩、凝灰岩	陆源碎屑结构	交错层理、槽状交错层理、粒序层理、块状构造
	含外碎屑亚相	以火山碎屑为主，可能有其他陆源碎屑物质加入而形成	含外来碎屑的火山凝灰质砂砾岩	陆源碎屑结构	交错层理、槽状交错层理、粒序层理、块状构造

次火山岩相：与火山岩同源的，时间与空间上有一定联系的近地表到浅层的侵入岩。它是同期或后期的熔浆侵入到围岩中、较之于喷出岩缓慢冷凝结晶形成的，多位于火山口附近、火山机构下部几百米到 1500 余米，与其他岩相和围岩呈指状交切或呈岩株、岩墙及岩脉形式嵌入。

二、火山岩成因与演化

火山岩系列的划分是火山岩成因研究的基础，目前火山岩主要被分为碱性系列、拉斑玄武岩系列和钙碱性系列。渤海油田火山岩系列整体上都体现出了张裂环境的特点，指示了岩浆来自于较深的、部分熔融程度低的物源区，且与构造活动具有密切联系。

通过对渤海油田21个火山岩岩样(6个玄武岩、7个凝灰岩、7个火山碎屑岩、1个火山角砾岩)进行岩心扫描X射线荧光光谱分析,测定化学元素含量特征,对火山岩的形成环境和演化过程进行分析。

火山岩碱度是火山岩重要的化学性质,对碱度的分析有助于划分岩区类型及岩石系列,对岩石进行分类命名,研究岩浆演化,确定火山岩构造环境等。火山岩碱度划分主要是根据CaO、Al_2O_3、Na_2O、K_2O、SiO_2含量的相对大小。

里特曼指数$\sigma = (Na_2O + K_2O)2/(SiO_2 - 43)$。其中,$\sigma < 1.8$为钙性系列,$\sigma$介于1.8~3.3之间为钙碱性系列,$\sigma$介于3.3~9.0之间为碱钙性系列,而$\sigma > 9$则为碱性系列。里特曼还依据$\sigma = 4.0$简单地将岩系划分为碱性和钙碱性。经计算,渤海海域新生界火山岩岩石样品里特曼指数σ为4.49,属碱性系列。

通过研究可发现渤海油田火山岩碱度较高,随着岩浆的演化,碱度增加,碱性元素含量增加。一般认为,碱性火山岩来自较深的、部分熔融程度低的物源区,其构造背景为张裂的环境。这一点可以由对压力灵敏的Ti元素含量的变化来判断,从TiO_2—Al_2O_3/TiO_2图(图2-3)可以看出,渤海油田的样品基本落在红海裂谷型火山岩区域,反映了它们形成于张裂环境的特征。

通常认为,陆内玄武岩是在地幔柱上涌或岩石圈拉张环境下,上地幔直接部分熔融的产物,这类原始玄武岩岩浆应具有较高的MgO、Cr、Ni含量,但在其分异演化过程中这些组分将显著减少。渤海海域MgO、Cr、Ni含量较低,且Cr、Ni含量与MgO含量呈明显的正相关关系,表明它不是地幔部分熔融产生的原始岩浆,而是原始岩浆经历了橄榄石和辉石分离结晶作用的产物(图2-4)。

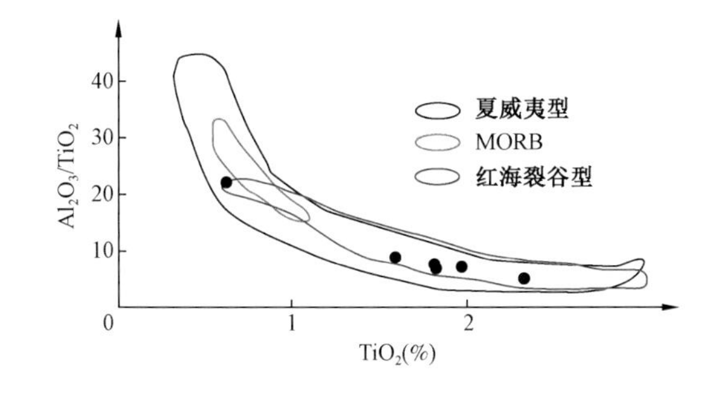

图2-3 渤海海域新生界火山岩 TiO_2—Al_2O_3/TiO_2关系图

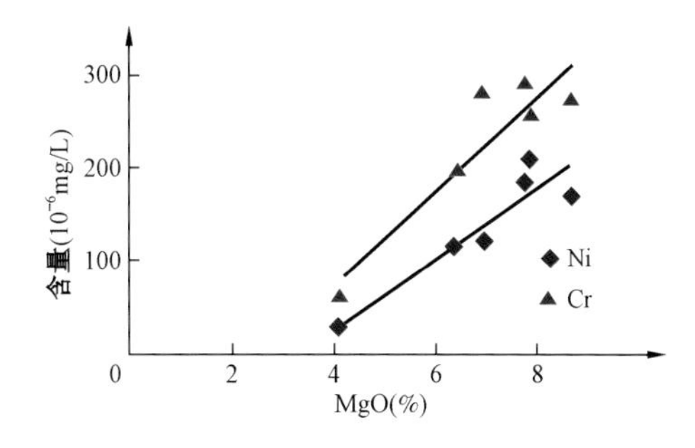

图2-4 渤海海域新生界火山岩 MgO与Ni、Cr含量关系图

任何岩浆的分异演化都是向贫MgO方向演化,而且MgO的变化比SiO_2更显著。久野等(1957)认为研究玄武岩浆演化用固结指数比用SiO_2更加精确。

固结指数(SI) $= MgO \times 100/(MgO + FeO + Fe_2O_3 + Na_2O + K_2O)(\omega B\%)$

据上述公式计算,大多数原生玄武岩浆的固结指数为40左右或更大,若岩浆的分异程度差,固结指数值就大,岩浆的分异程度高,固结指数值就小。

根据分析化验结果,计算了渤海油田新生界玄武岩、凝灰岩及辉绿岩的固结指数,值域为12.91~44.69,其中玄武岩固结指数平均值为30.75,小于40,可见渤海油田火山岩浆分异程度较高(表2-6)。基性岩浆一般起源于上地幔,从岩浆发生、聚集、开始喷发到结束喷发,经历了漫长的地质时期,发生过广泛的分异作用。即早先形成的铁镁矿物如富镁的橄榄石、透辉石、透辉石质普通辉石,从液相中分离出来,使残余岩浆成分镁质较少,富含碱质和硅铝质,同时铁质组分也略有降低,但减少得比镁质少得多。对此,Poldervaart(1957)建议用镁铁指数的比值,来反映分离结晶程度。$MF = 100(Fe_2O_3 + FeO)/(Fe_2O_3 + FeO + MgO)(\omega B\%)$。分离结晶程度高,铁镁指数就大;反之,铁镁指数就小,这是晚阶段分异岩浆的特点。

表2-6 渤海海域新生界火山岩固结指数及镁铁指数

岩性	Fe_2O_3	FeO	MgO	K_2O	Na_2O	SI	MF
玄武岩	5.579	—	4.174	3.839	1.868	26.99	57.20
玄武岩	9.937	—	7.776	1.342	3.037	35.19	56.10
玄武岩	9.658	—	7.882	2.929	1.994	35.08	55.06
玄武岩	10.271	—	6.411	1.407	2.492	31.15	61.56
玄武岩	11.172	—	6.951	1.236	2.607	31.64	61.64
玄武岩	9.259	—	8.691	1.235	2.609	39.87	51.58
玄武岩	2.770	5.86	5.340	2.190	3.580	27.05	61.77
玄武岩	1.010	4.03	7.120	0.500	3.270	44.69	41.44
玄武岩	4.150	7.81	2.540	1.810	3.350	12.91	82.48
玄武岩	4.490	6.47	4.560	3.010	1.390	22.89	70.61
凝灰岩	7.918	—	2.171	2.810	3.025	13.63	78.48
凝灰岩	4.658	—	2.515	1.414	1.179	25.75	64.93
凝灰岩	11.265	—	3.441	0.521	3.817	18.06	76.60
凝灰岩	0.400	2.35	1.760	3.490	2.490	16.77	60.97
凝灰岩	6.080	4.57	3.300	2.770	3.150	16.60	76.34
辉绿岩	4.420	4.96	3.850	2.160	3.050	20.87	70.89

根据分析化验结果,计算了渤海海域新生界玄武岩、凝灰岩及辉绿岩的镁铁指数,根据测试数据可知,镁铁指数值域为41.44~82.48,其中玄武岩镁铁指数平均值为59.95,镁铁指数较大,反映岩浆分离程度较高。

此外,火山岩较高的Nb和较低的La/Nb值也表明渤海海域新生界火山岩中地壳物质的加入并不明显。综合上述研究,可明确渤海油田新生界火山岩岩浆演化程度较高,在岩浆的演化、运动过程中未与地壳物质发生同化混染作用。

第二节 火山岩喷发定年与旋回期次划分

一、火山岩测井响应特征分析

火山岩岩性及旋回界面的测井响应特征主要是通过常规测井(自然伽马、密度、声波时差、电阻率等)进行研究。在地层复杂的情况下,可利用自然伽马能谱、成像测井并结合构造背景,建立火山岩的测井响应模式,综合识别火山岩岩石类型和旋回界面。

研究区主要包括玄武岩、安山岩、火山角砾岩、凝灰岩。玄武岩具有低伽马、高密度、低声波时差、高电阻率的特征;安山岩自然伽马、声波时差值略高于玄武岩的特征值,密度、电阻率略低于玄武岩特征值;火山岩角砾岩其测井曲线呈现“锯齿状”特征,自然伽马、密度、电阻率、声波时差值受火山岩岩石类型影响,高低不一;凝灰岩受火山岩成分影响及本身具有的吸附性,其测井响应具有中高伽马、低密度、高声波时差、低电阻率的特征(表2-7)。

表2-7 渤海海域新生界火山岩岩性的测井曲线值域

岩性	GR(API)	DEN(g/cm^3)	DT(us/ft)	RD(Ω·m)
玄武岩	15~110	2.5~2.9	45~80	2~500
凝灰岩	35~90	2.1~2.6	70~140	0.5~30
安山岩	40~95	—	60~80	5~60
火山角砾岩	20~70	—	50~110	2~60

通过对不同岩相火山岩的测井曲线特征分析,明确了各岩相对应的测井响应模式,将有效指导火山岩发育区旋回期次的划分。

一个完整的爆发相组合,其测井曲线形态总体表现为齿状—微齿状箱形、钟形或漏斗形复合形态。其中火山角砾安山岩具有平滑—弱齿化箱状低自然伽马值,变化幅度大的电阻率数值,中间齿化呈低值;声波时差呈齿化钟形,具有自然伽马呈微齿化箱形低—中值、电阻率中—低值、低声波时差值等特征(图2-5)。

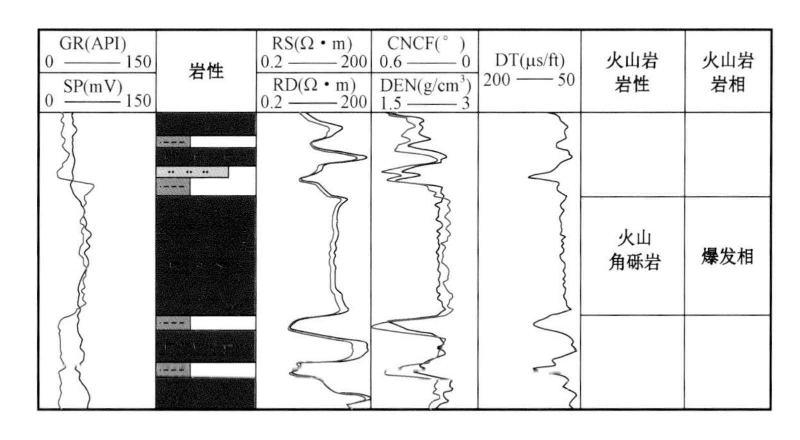

图2-5 NB31-3-1井明化镇组火山角砾安山岩爆发相测井响应

火山溢流相基性熔岩玄武岩自然电位略有齿化状,自然伽马数值较低,形态平稳,呈箱形或钟形较多,电阻率值中等到高值,声波时差值较低,密度值较高且曲线总体平滑,曲线形态以微齿状箱形或钟形为主(图2-6)。

火山沉积相凝灰岩自然伽马值较低,曲线齿化较为明显,电阻率较高,声波时差曲线呈齿化钟形,密度值较低,呈齿化箱状。在测井上多表现为锯齿—齿状钟形或漏斗—钟形复合形态。其中,含外碎屑亚相表现为较高声波时差、低密度、低电阻率特征,曲线形态是微齿状。

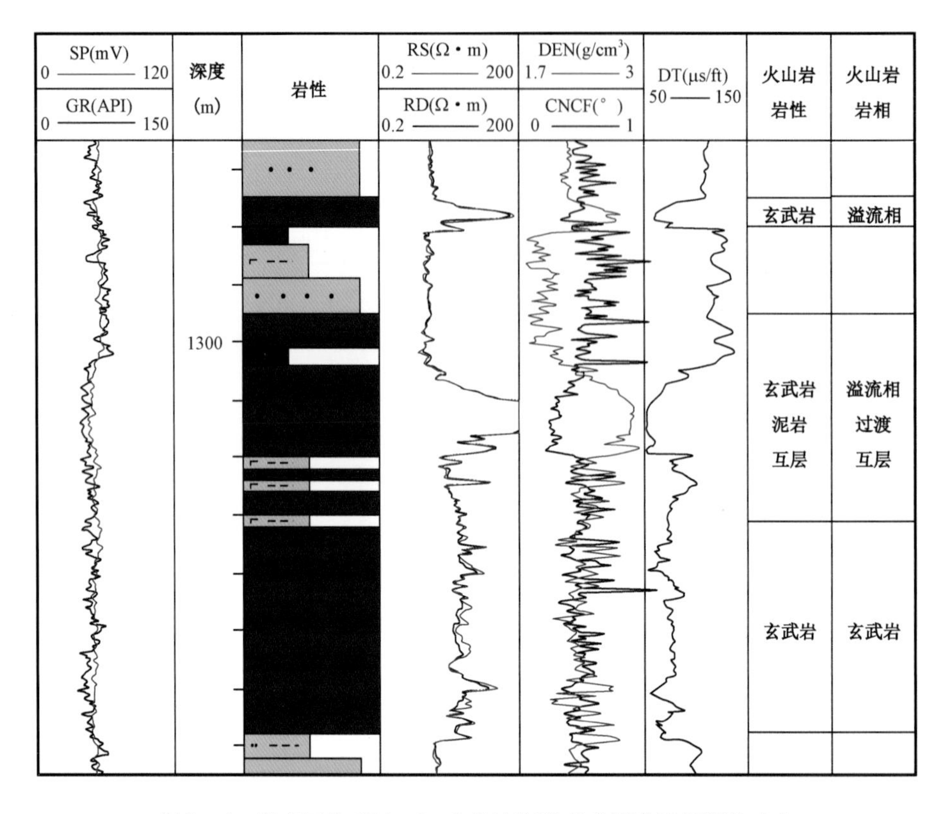

图 2－6　渤南区块 KL6－2－4 井馆陶组玄武岩溢流相测井响应

二、火山岩地层界面及测井识别

火山岩旋回界面主要依靠对火山地层界面的测井特征识别进行确定。火山地层界面的地质标志是火山沉积岩夹层顶底面、风化壳界面、冷凝表壳界面、火山岩成分突变界面、熔浆胶结复式成分砾岩顶底面等。

(1)火山沉积岩夹层顶底面:火山岩区火山活动间歇期接受区域沉积,代表着一个火山喷发旋回或期次的结束。岩性可以是正常沉积岩,也可以是沉火山碎屑岩类,二者的区别在于岩石中火山碎屑物质的含量。沉火山碎屑岩中含有 20% ~50% 下伏岩层的岩石碎屑。镜下薄片观察发现,夹在火山岩系内的沉积岩,含有凝灰质成分,甚至很多砂砾岩,其成分全部为火山碎屑物质。

(2)风化壳界面:早期喷发旋回的火山岩顶部在喷发间断期往往遭到风化剥蚀,形成风化壳,其火山岩成分、颜色、物性与正常火山岩明显不同,如易活动组分(FeO、K_2O、Na_2O 等)发生迁移,惰性组分(TiO_2、MgO 等)相对富集。风化面附近岩石颜色会发生明显变化,例如玄武岩表面常形成褐色玄武土,风化壳之下发育一定厚度的风化淋滤层,岩心或镜下可见溶蚀洞缝呈串珠状、网状产出。

(3)冷凝表壳界面:夹在火山岩中的薄层细粒火山灰常常被认为是远源或异源火山喷发

的空落堆积，薄层火山灰发生堆积可能代表着该火山机构一次火山活动的间歇。因此薄层凝灰岩可以作为火山机构或冷却单元的顶界面。野外观察这种凝灰岩夹层厚度通常小于10cm。薄层的凝灰岩分割了上下两期凝灰熔岩，并且明显可以看到凝灰岩中含有下伏岩层的透镜体，这些都具有指示层面的作用。薄层凝灰岩下部为灰黑色酸性玻璃质熔岩，上部为灰紫色流纹岩，上下岩性发生变化，代表着不同的冷却单元。

(4)火山岩成分突变界面：不同火山活动期喷出大量的岩浆成分可能不同，因此相邻火山岩层的成分突变界面(如基性到中性突变)可作为旋回界面的标志。

(5)熔浆胶结复成分砾岩顶底面：火山斜坡上先期存在的砾石，岩浆在运动过程中展平并磨圆下伏较老的岩石碎屑，从而形成了以熔浆为胶结物的砾石。这些砾石通常具有较好的磨圆，砾石成分既有火山岩，也有其他类型的岩石。这种岩性代表着较长的喷发间断，通常代表着旋回的底界，是不同火山机构的叠置面标志。

一般来说，火山地层界面的测井地球物理识别标志主要集中在地质体的识别。研究区主要通过火山—沉积岩夹层的底面、风化壳界面的顶面和冷凝表壳表面的蚀变带这3类地质体测井响应进行火山地层界面的识别。

(1)火山—沉积岩夹层顶底面：火山—沉积岩的底面往往是喷发间断或构造不整合的标志。地球物理识别标志可分为如下几种类型：① 如果是由(碎屑)熔岩过渡为泥岩其密度降低，电阻率曲线降低，在成像上表现为由亮色的高阻变成暗色的低阻；往往表现为正极性、强振幅，界面之上表现为超覆。② 如果是由火山熔岩过渡为凝灰质砂/砾岩，密度、伽马和电阻率曲线的变化幅度变小，在低阻带中还可见高阻斑块状；也表现为正极性、中弱振幅，界面之上表现为超覆或下超。③ 如果是火山碎屑岩过渡为泥岩，密度和电阻率曲线的变化特征与熔岩过渡为泥岩相似，伽马曲线可能变化较小，对界面的响应不明显；表现为正极性、中弱振幅，界面之上表现为超覆或下超。

(2)风化壳界面：风化壳的顶面往往也是喷发间断或构造不整合的标志。地球物理识别标志为与界面下部岩层相比表现为相对高伽马、低密度和低电阻，可表现为中—低幅指状、箱形或漏斗形；在FMI成像测井图像上通常表现为暗色低阻条带(含不规则高阻团块)。地震反射的极性不定，振幅往往表现为中—弱振幅；在界面之下通常可见削截现象，界面之上通常可见超覆、下超等现象。

(3)冷凝表壳表面：蚀变带指仅未发生侵蚀或风化的岩层表面在流体作用下发生的成岩作用的产生，往往在冷凝表壳层、粒序层理的细碎屑顶层、粗碎屑底层可以观察到；该类火山地层界面通常为喷发不整合或喷发整合类型。其地球物理识别标志可分为两类：① 发育在冷凝表壳中是伽马曲线没有明显变化，密度曲线有一个低值带，电阻率也可存在一个低值区，FMI图像上可表现为厚约几厘米的低阻层，界面通常划分在低阻层中部。② 在粒序层理和逆粒序层理发育的段中，密度和电阻率曲线可呈现漏斗形、钟形，其顶底面均可成为界面标志；在FMI图像上可表现为具有层理的相对低阻与块状相对高阻过渡带，通常划分到曲线跳跃处。多数蚀变带和层理界面在目前的地震资料上响应特征不明显，从识别出的界面特征来看其极性不定，振幅强—弱均见，但界面之上常见下超或超覆现象。

除上述通过火山岩地层界面测井响应进行火山岩的旋回期次划分，碎屑岩的沉积旋回特征研究方法同样也适合火山岩的旋回期次划分：比如以大套火山岩发育为旋回起始；或以厚层泥质碎屑岩间隔为旋回截止；又或以异常突出测井曲线特征为标志（图 2－7）。

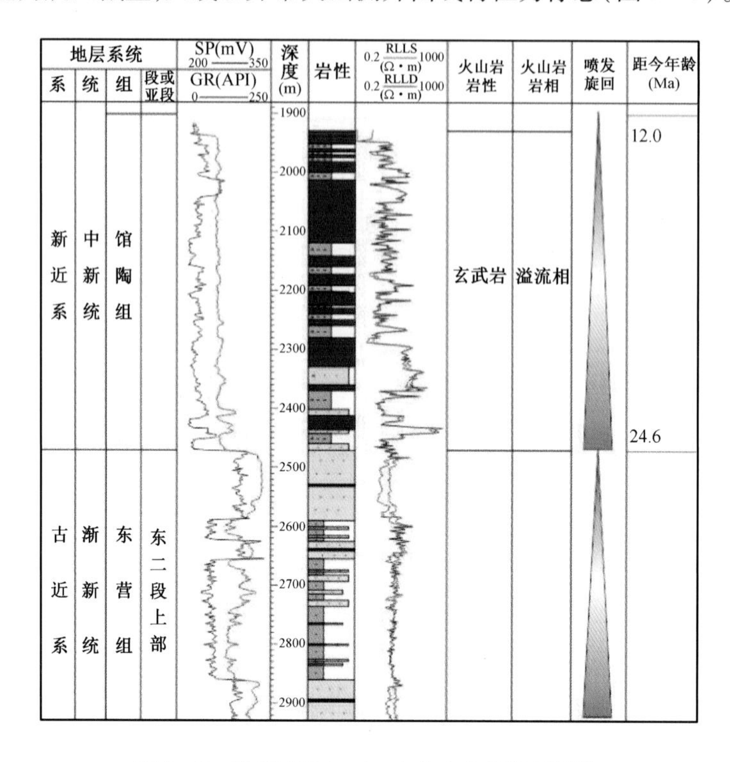

图 2－7　渤西 CFD1－1－1 井火山岩旋回划分

三、火山岩旋回期次划分

综合上述火山岩旋回期次划分标准，结合渤海海域火山岩发育特征，划分了渤海海域新生界火山岩的旋回期次。根据岩心测年数据结果，对渤海海域的火山岩喷发进行了纵向时间上的厘定（图 2－8）。自沙三段到馆陶组火山岩喷发可划分为 3 个旋回，7 个喷发期次。它们分别是：沙河街组火山岩发育较少，沙三—沙二段可以划分为一个火山喷发旋回（43. 0—35. 8Ma），对应渤海油田裂陷Ⅰ幕后，即断陷盆地构造格局基本成型后的岩石圈热沉降时期，期间又发育 2 个喷发期次［沙三段沉积期（43. 0—38. 0Ma），沙二段沉积期（38. 0—35. 8Ma）］；沙一段—东一段可划成为 1 期旋回（35. 8—24. 6Ma），对应渤海油田裂陷Ⅱ幕，即右旋走滑拉分伴随热地幔上隆和不连续伸展运动共同作用时期，该时期形成了渤海油田的基本构造体系与断裂系统，发育多条大型断裂，期间内含 4 个喷发期次［沙一段 1 期（35. 8—32. 8Ma）、东三—东二下段中上部 1 个喷发期次（32. 8—30. 7Ma）、东二下段中上部—东二上段下部 1 个喷发期次（30. 7—28. 1Ma）、东二上段中上部—东一段为 1 个喷发期次（28. 1—24. 6Ma）］，馆陶组划为 1 个喷发旋回，对应裂陷Ⅱ幕之后的岩石圈热沉降时期及新构造运动早期，内含 1 个喷发期次（24. 6—12. 0Ma）。

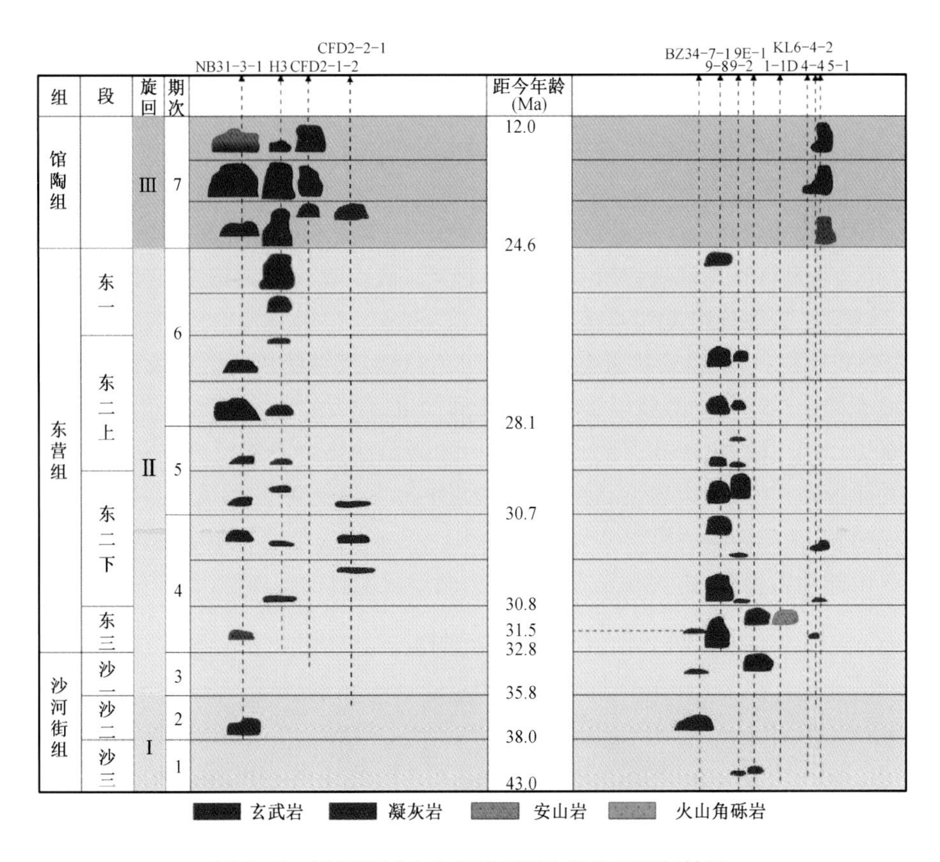

图 2－8　渤海海域火山岩旋回期次划分及测年结果

选取一条跨越渤西和渤南区块的过井剖面，按照上述旋回的划分标准，将剖面中各井各旋回内的火山岩发育按规模、厚度等特征缩放到图中。从图 2－8 中可以很清晰地看出，渤南区块和渤西火山岩发育的不同特征。

1. 发育高潮期不同

渤西—歧北断阶带火山岩在沙河街组沉积期少量发育，东营组沉积期普遍发育，但规模都相对较小，在馆陶组沉积期达到高潮，厚度、规模范围等明显增厚、增大。而渤南区块地区，火山岩在渤中 34－9 构造区和垦利 6 区发育，渤中 34－9 构造区火山岩在沙河街组沉积期发育，在东营组沉积期达到高潮，而到了馆陶组沉积期基本不发育；垦利 6 区火山岩在沙河街组基本不发育火山岩，东营组下段少量发育，上段基本不发育，而到了馆陶组沉积期，火山岩则大量发育，达到喷发高潮期。

2. 发育规模不同

渤西地区沙垒田凸起及围区火山岩整体发育规模明显比渤南地区莱北低凸起及围区大。其中渤南地区黄河口凹陷南斜坡东营组火山岩发育规模较大，渤西地区和渤南地区莱州湾凹陷东北洼在馆陶组有较为集中的更大规模喷发。

第三节　火山岩喷发模式及区域展布

一、火山岩喷发模式

火山喷发模式的建立可以有效预测火山岩相带分布规律及火山岩空间展布，进而寻找有利储层发育区，对勘探目标优选评价具有重要意义。火山喷发模式按岩浆喷发通道可分为3大类：中心式喷发、裂隙式喷发和熔透式喷发。

(1)中心式喷发：岩浆沿管状通道上涌，从火山口溢出，成为中心式喷发；这种火山喷发特征是由于地壳构造活动催动岩浆经管状通道喷涌而出，强大的爆发力将岩浆碎屑物喷向高空，又使其在重力作用下降落，形成玄武质黑色火山角砾结构降落渣锥。具有火山锥的火山是沿中心口有韵律的多次喷发，熔岩流动性强，当岩浆中挥发成分减少，喷发能量减弱，岩浆转为更弱的喷泉式喷发，火山碎屑物溅落在火山口边沿上，形成明显的凸出地表的火山锥。这是典型的中心式火山的喷发特征，这种喷发方式的火山会形成明显的火山锥(图2-9)。

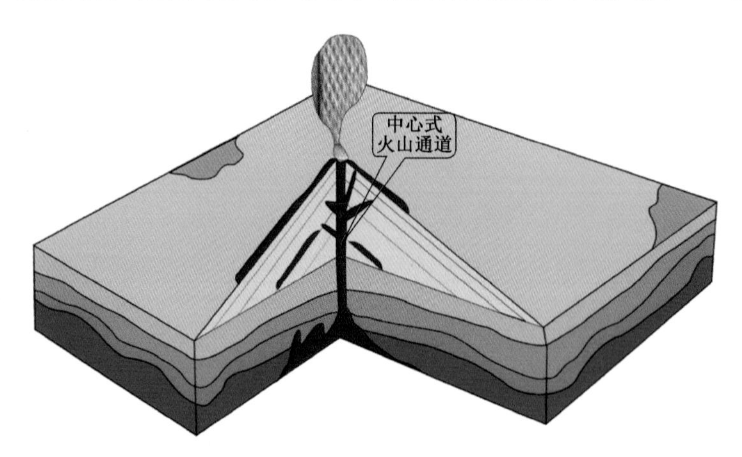

图2-9　具有火山灰、火山角砾及熔岩的中心式火山喷发模式

根据喷发强度，主要可分为3类：

宁静型(夏威夷式)：火山喷发时只有大量炽热的熔岩从火山口宁静溢出，顺着山坡缓缓流动，溢出的以基性熔浆为主，熔浆温度较高，黏度小，挥发性成分少，易流动，含气体较少，无爆炸现象，夏威夷诸火山为其代表。

爆烈型：火山爆发时，产生猛烈的爆炸，同时喷出大量的气体和火山碎屑物质，喷出的熔浆以中酸性熔浆为主、岩浆黏稠、伴随大量浮石和炽热的火山灰，也称培雷型。

中间型：属于宁静式和爆烈式喷发之间的过渡型，此种类型以中基性熔岩喷发为主。可以连续几个月，甚至几年，长期平稳地喷发，并以伴有歇间性的爆发为特征，又称斯通博利型。

(2)裂隙式喷发(线状喷发)：岩浆以深大断裂及与其相连的断裂作为通道溢出地表，称为裂隙式喷发。火山通道在地表呈现为窄而长的线状，垂向呈墙壁状。这类喷发没有强烈的爆炸现象，喷发温和宁静，喷出物多为黏性小的基性熔浆、碎屑和气体，没有或仅有少量火山灰及火山角砾喷出，冷凝后往往形成覆盖面积广而薄的熔岩台地。一般断裂附近熔岩厚度大，向两侧变薄。现代裂隙式喷发主要分布于大洋底的洋中脊处，在大陆上只有冰岛可见到此类火山喷发活动，故又称为冰岛型火山（图 2－10）。

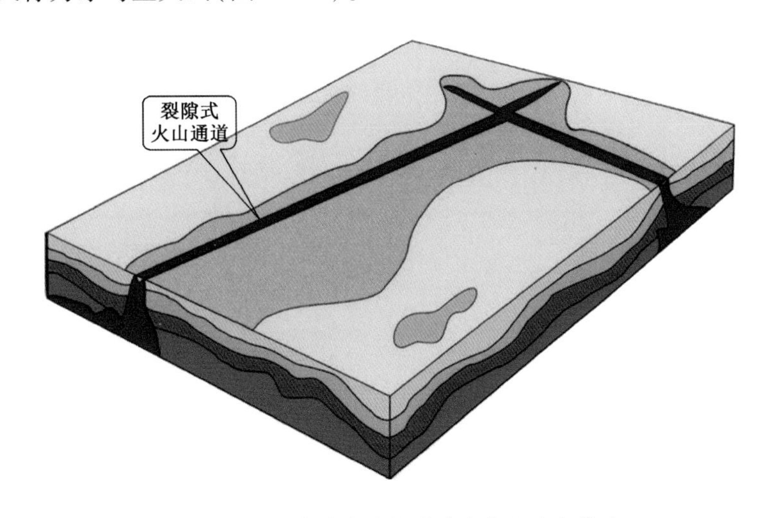

图 2－10　具有熔岩流的裂隙式火山喷发模式

中心式和裂隙式喷发模式通常会存在一定的转换。裂隙式（或中心式）的火山喷发活动停止，裂隙带（或管状火山通道）多被熔岩堵塞，火山活动转为总体受断裂带控制的中心式（裂隙式）喷发。我们将这类喷发模式定为混合喷发模式。

（3）熔透式喷发（面状喷发）：岩浆上升时，由于温度很高，再加上岩浆和岩石之间的一些化学作用，致使上面的岩石被熔透而顶开，形成直径很大、形状不规则的火山通道；岩浆失去压力后大面积溢出地表。炽热的岩浆从火山通道缓慢溢出形成熔岩流，最后逐渐冷凝形成熔岩。熔透式喷发形成的火山岩分布范围很广，火山口一般不明显。这类喷发有时岩浆上升停留在中途，没能融化顶部岩层便冷凝下来，只在地面隆起成丘，这种火山称为"潜火山"或"地下火山"（应明雄，2012）。

依据上述已钻井岩性岩相统计分析，结合剖面特征，初步确定渤海海域主要以宁静的中心式和裂隙式喷发为主，爆裂型中心式喷发次之。具体区域喷发模式特征将在第五章详述。

二、火山岩区域展布及典型特征

渤南区块火山岩较为发育，以渤中 34－9 构造区和垦利 6 区为代表。火山岩最为发育的部位为断层或火山口附近；从钻井钻遇火山岩层位统计，渤中 34－9 构造区自沙河街组沉积期开始见有火山活动，在东二段沉积期火山岩发育达到高潮，馆陶组沉积期火山岩基本消失；而垦利 6 区沙河街组沉积时期火山活动较弱，在东二段和馆陶组沉积时期火山岩两次达到喷发高潮，火山岩较渤中 34－9 构造区喷发时间更长也更年轻（图 2－11）。

渤西—歧北断阶带新生界火山岩以 NB31－3－1 井、H3/CFD1－1－1 井、CFD2－1 井区为中心，以裂隙式喷发为主。走向为北东—南西向，火山岩厚度逐渐减小（图 2－12）。

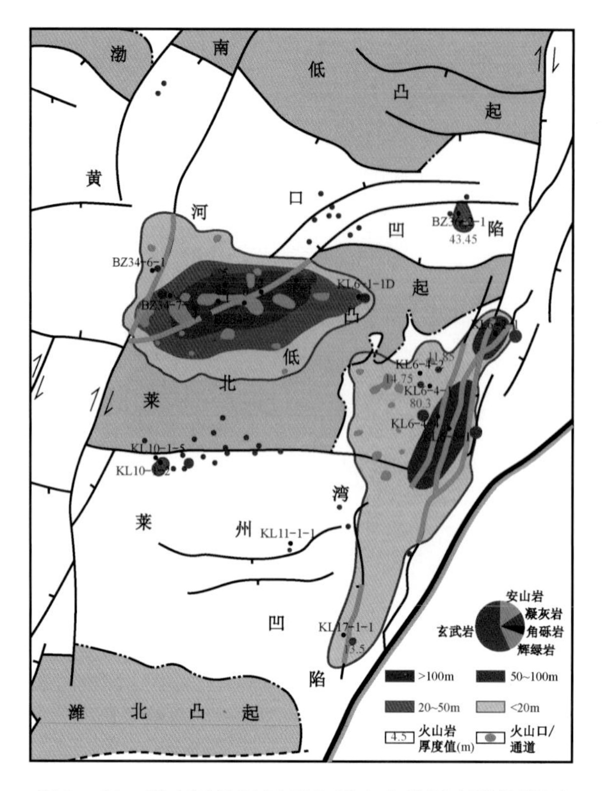

图 2－11　渤南区块地区新生界火山岩厚度等值线图

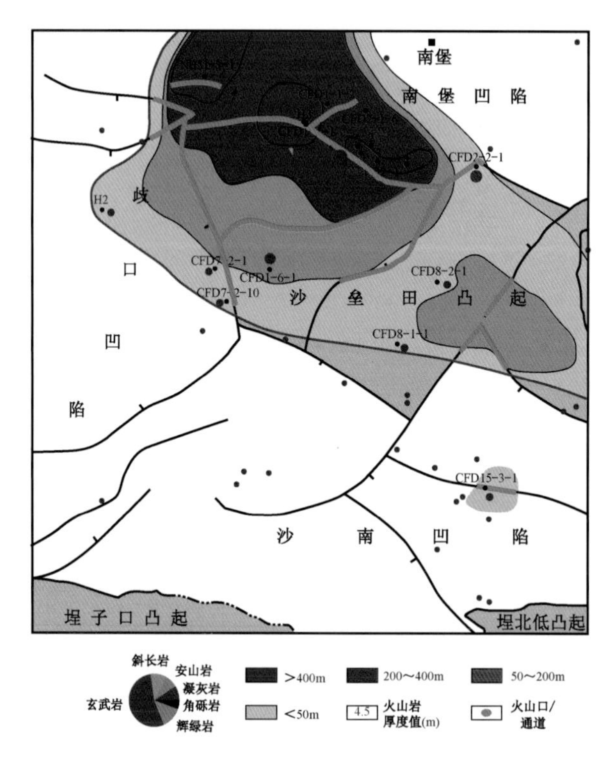

图 2－12　渤西—歧北断阶带新生界火山岩厚度等值线图

基于以上岩性识别、岩相划分等研究，结合测井、地震勘探等资料，分析了渤南与渤西区块多口探井信息，并筛选出两口典型井及两条连井剖面进行剖析。

1. 渤南区块 BZ34－9－1 井

BZ34－9－1 井在沙三下段顶端已开始见有火山岩，为两层火山凝灰岩，并发育有凝灰质碎屑岩，测井上电阻率曲线明显见齿化变大。沙二段发育 1 期两层玄武岩层，电测曲线变化明显，属溢流相，喷发时间在 35.8—38.0Ma。东三段上部发育火山岩，喷发时间约在 30.8—32.8Ma。东二下段是该口井火山岩较为发育的层段，电阻率测线差异明显，火山岩之间以凝灰质碎屑岩间隔开，分别属溢流相和沉积相两大岩相类型。喷发时间约在 30.8—28.0Ma。东二上段该井未见火山岩，均以凝灰质碎屑岩为特征岩性，属火山沉积相。东一段见有两套火山岩，底部凝灰岩，中部玄武岩，电测曲线差异明显(图 2－13a)，分属火山爆发相和溢流相，喷发时间约在 28—27Ma。

2. 渤西区块 H3 井

H3 井在东二段就已发育多套火山岩层，与沉积岩层形成互层。东二下段火山岩以溢流相为主；东二上段则以火山凝灰岩为主。东一段下部大套碎屑岩与东二段间隔开，东一段中上部发育玄武岩和凝灰岩薄互层。馆陶组沉积期是该区火山岩活动的高潮期(图 2－13b)，该井喷发活动时间约在 12.0—24.6Ma，即裂陷Ⅱ幕右旋走滑与非均匀伸展运动后期、新构造运动前期。

3. 渤南区块 BZ34－6－1、BZ34－7－1、BZ34－9－4、KL10－1－2、KL11－1－1 井连井剖面图

该条剖面走向为北西—南东向，跨过莱北低凸起。剖面中可见火山岩较集中发育在 BZ34－7－1 井和 BZ34－9－4 井附近区域(图 2－14)。

沙河街组沉积时期，渤南地区火山岩不发育，只在 BZ34－7－1 井和 KL10－1－2 井中可见少量火山岩零星分布，是因为 BZ34－7－1 井正好在火山口附近，而 KL10－1－2 井中的火山岩是顺着一断层喷溢出的。东三段在 BZ34－7－1 井和 BZ34－9－4 井见有火山岩，均是在火山口附近区域。东二段，尤其是东二下段，在 BZ34－9－4 井中见有大量基性玄武岩，地震剖面上可见呈亚平行状高振幅状较为连续分布，为溢流相产物，而在 BZ34－6－1 井中也见有一薄层玄武岩，为断层溢流出的产物。东一段，只有 BZ34－9－4 井中见有一层凝灰岩，为火山爆发相。馆陶组，该剖面中未见有火山岩发育。从该剖面中可看到火山中心—裂隙式喷发的模式雏形。

4. 渤西区块 NB31－3－1、H3、CFD1－1－1、CFD2－1－2 和 CFD2－2－1 连井剖面图

该条剖面走向为北西—南东向，整体在沙垒田凸起的北端。通过多条单井的地震剖面，可以简单勾绘出该条剖面的大致情况(图 2－15)。

沙河街组在 NB31－3－1 井中可见到一大段火山凝灰岩，由于其身处火山通道附近，故判定为爆发相，而非喷发沉积相。东三段，NB31－3－1 井中发育一套火山角砾岩，为爆发相产物，H3 和 CFD1－1－1 井发育的则是溢流相玄武岩，CFD2－2－1 井则为爆发相凝灰岩。

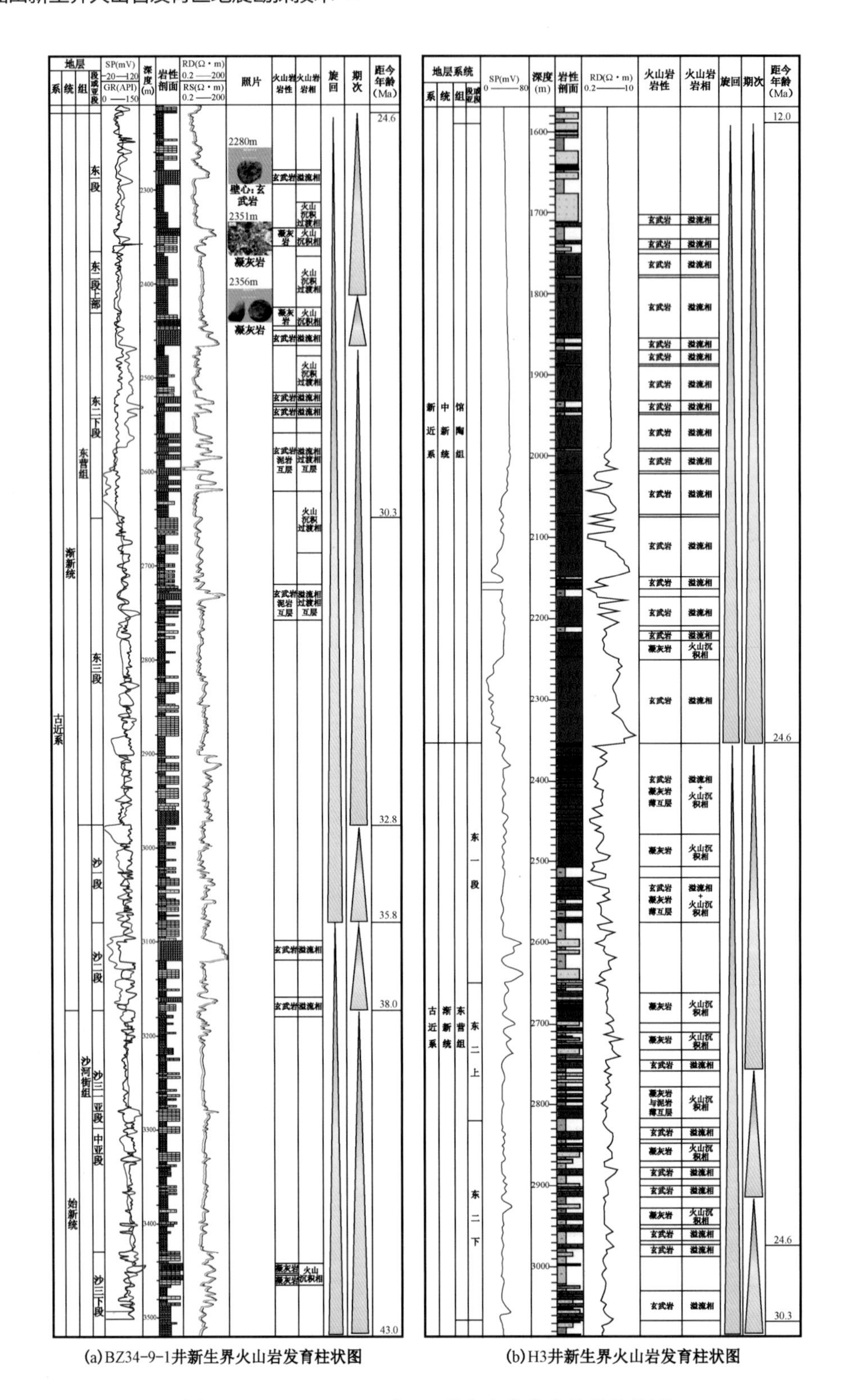

(a) BZ34-9-1井新生界火山岩发育柱状图

(b) H3井新生界火山岩发育柱状图

图 2-13 BZ34-9-1 和 H3 井火山岩发育单井柱状图

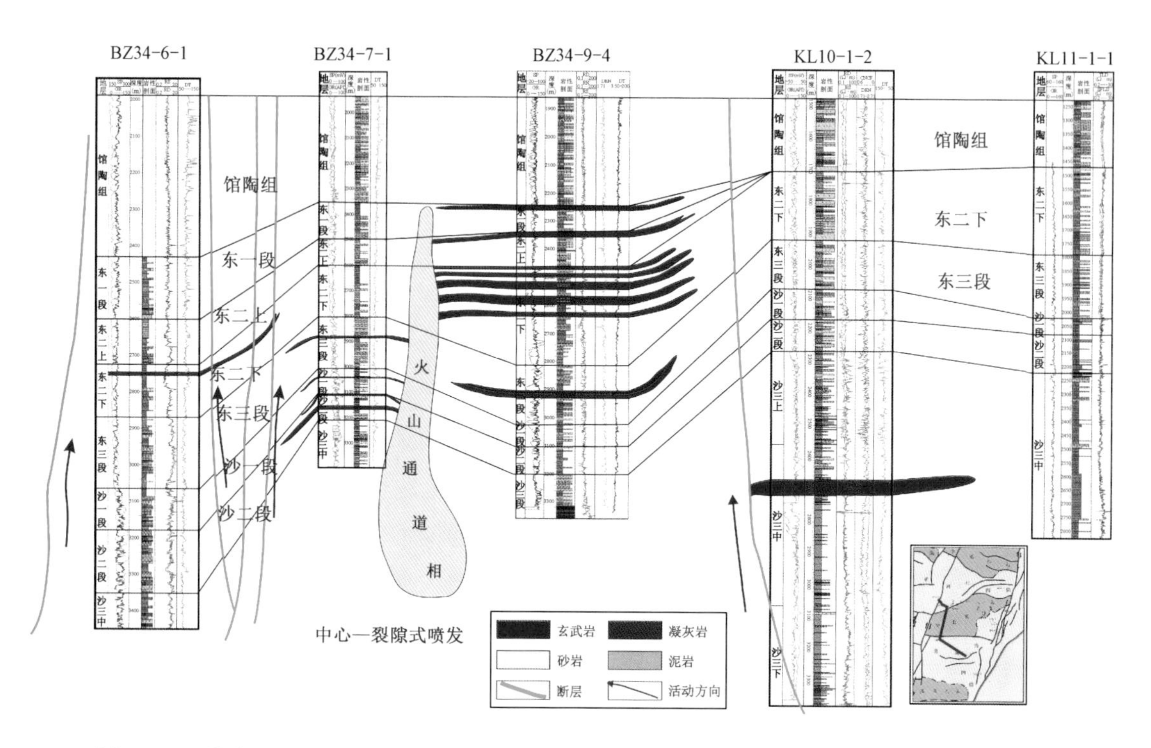

图2－14　渤南BZ34－6－1、BZ34－7－1、BZ34－9－4、KL10－1－2、KL11－1－1井连井剖面图

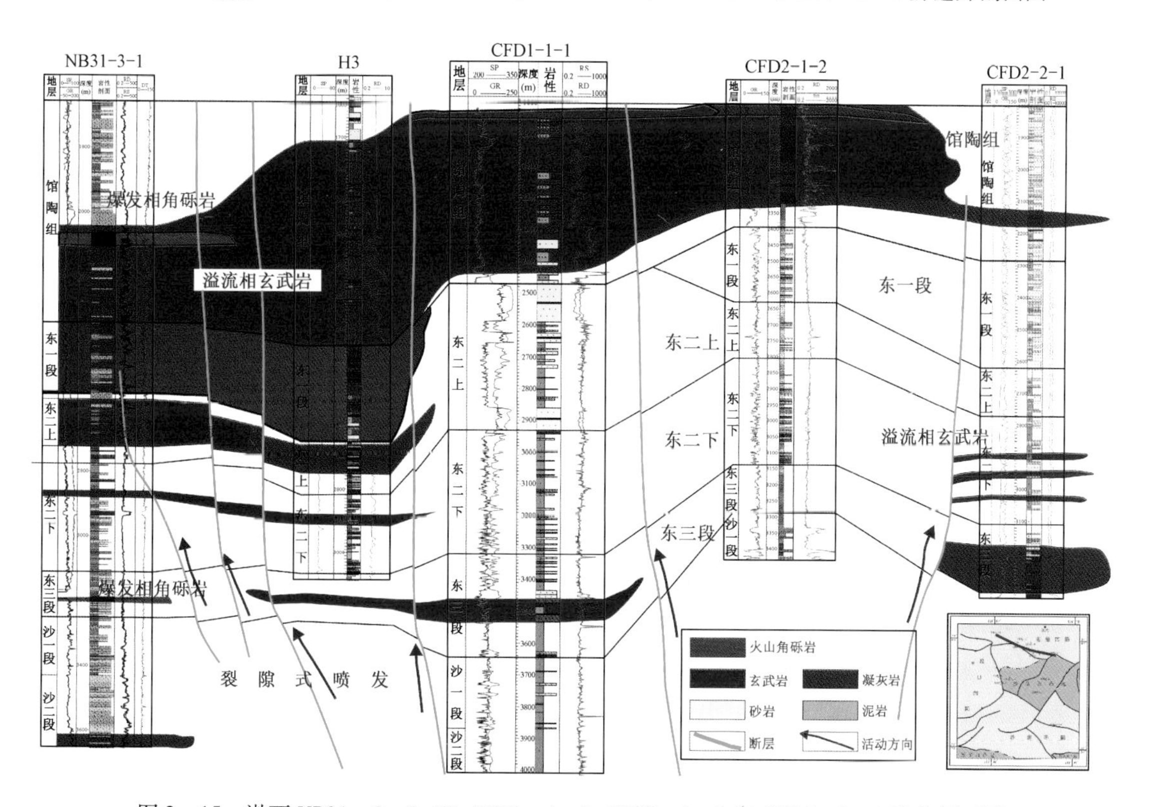

图2－15　渤西NB31－3－1、H3、CFD1－1－1、CFD2－1－2和CFD2－2－1连井剖面图

东二下段发育的火山岩均为溢流相玄武岩，部分井中未发育。东二上段，在 NB31 - 3 - 1 井和 H3 井发育大套火山岩，分为 NB31 - 3 - 1 井的溢流相玄武岩和 H3 井的少数溢流相玄武岩和多数爆发相凝灰岩。东一段，仅有 H3 井见有凝灰岩和玄武岩薄互层，为溢流相和爆发相间互发育的产物。喷发高潮期在馆陶组沉积期，多为玄武岩夹少量凝灰岩和火山角砾岩。

第四节　小　结

渤海油田新生界火山岩形成环境属于板内裂谷型碱性火山岩，成因系类上体现出与渤海油田构造演化进程密切相关的特点；岩浆与地壳同化混染作用程度比较弱，岩浆演化程度比较高。火山岩岩性以中基性为主，包括玄武岩、凝灰岩、安山岩、辉绿岩等岩石类型。

渤海油田新生界火山岩主要发育 4 种火山岩岩相，分别为：火山通道相、爆发相、溢流相及火山沉积相，火山侵入体在渤海油田新生界中亦见有发育，但规模极小。火山岩的 4 种典型地震反射特征分别为：板状反射地震相、弧状反射地震相、丘状或蘑菇状反射地震相与楔状反射地震相。

综合火山岩—沉积岩旋回期次的界面识别标志，包括火山岩成分突变面、风化壳界面、冷凝表壳表面、熔浆胶结复成分砾岩顶底面等界线识别，实现了对渤海油田新生界火山岩喷发旋回、期次的划分：渤海油田新生界火山岩的喷发具有 3 个喷发旋回，即：沙三段沉积—沙二段沉积期旋回（43. 0—35. 8Ma）、沙一段—东营组沉积期一段旋回（35. 8—24. 6Ma）、馆陶组沉积期旋回，7 个喷发期次，分别对应：沙三段沉积期（43. 0—38. 0Ma）、沙二段沉积期（38. 0—35. 8Ma）、沙一段段沉积期（35. 8—32. 8Ma）、东三至东二下段中上部沉积期（32. 8—30. 7Ma）、东二下段中上部至东二上段下部沉积期（30. 7—28. 1Ma）、东二上段中上部至东一段沉积期（28. 1—24. 6Ma）、馆陶组沉积期（24. 6—12. 0Ma）。3 个喷发旋回分别与第一裂后热沉降、裂陷Ⅱ幕、第二裂后热沉降对应，各主要喷发期次分别与郯庐断裂右旋走滑拉分应力场与地壳非均匀不连续伸展应力相关。

渤海海域新生界火山岩发育规模不同。渤西地区火山喷发及火山岩发育规模明显比渤南区块大，且在馆陶组沉积期较为集中的喷发；黄河口凹陷南斜坡渤中 34 - 9 构造区东营组沉积期喷发的火山岩规模远不及渤西地区馆陶组沉积期喷发的火山岩。

建立了 3 种火山岩喷发模式：中心式喷发、裂隙式喷发及混合式喷发。渤西沙垒田凸起及围区深大断裂系统发育，新生界火山岩以裂隙式喷发模式为主。渤南黄河口凹陷南斜坡渤中 34 - 9 构造区以中心式喷发模式为主，莱州湾凹陷东北洼垦利 6 区块以裂隙式喷发模式为主，上述两个区块在大断裂附近也见有中心—裂隙式喷发模式。

第三章　渤海油田新生界火山岩地震响应模拟分析

地震数值模拟技术是对特定的地质、地球物理问题作适当的简化，形成简化的数学模型，采用数值计算的方法获取地震响应的过程，是理解地震波在地下介质中的传播特点，帮助解释观测数据的有效手段。通过地震响应正演模拟来研究火山岩地震波响应机理，可以指导地震资料优化采集、处理方案，减少地震反演的多解性，有效降低相关油气藏钻探风险。

基于第二章对渤海油田新生界火山岩发育区地质与地球物理认识，在本章中将首先提出根据地质、地震、测井等实际资料建立二维和三维地震地质模型的理论和方法，介绍三维声波方程有限差分正演数值模拟方法。然后，以火山岩厚度、速度、密度、非均质性和分层结构及子波频率为变量，设计层状结构模型，进行正演模拟，从振幅角度出发得到一些规律性的总结。其次，以一个典型的二维复杂含火山岩速度模型为基础，展开不同偏移方法对火山机构识别能力的测试研究，为偏移方法在实际资料中的应用提供一定指导。最后，利用三维正演模拟及F—K 分析等方法，讨论了采集方向和高密度采集对火山岩发育区地震资料品质的影响。

第一节　火山岩模型建立与地震数值模拟

速度模型是波动方程正演以及进行偏移分析的基础，建立符合研究任务的复杂含火山岩的地震地质模型是一个重要的理论与技术难点。本节提出了根据已有地震、地质和测井等资料，基于图形学的二维、三维含火山岩速度模型建立理论与方法；另外，详细介绍了三维声波方程有限差分正演理论。

一、二维模型建立方法

建立二维火山岩速度模型是利用波动方程正演进行分析研究的基础，而模型的建立需要根据已有地震、地质和测井资料从地震剖面中解释提取合理的火山岩岩相模型。

综合属性分析、岩相模型数值化等方法提出岩相约束下的二维速度模型建立技术。首先，利用基于属性分析的地震剖面火山岩岩相刻画方法提取火山岩岩相模型；其次，采用岩相模型数值化方法对提取的火山岩岩相模型数值化，得到数值化后的火山岩岩相速度模型；最后，结合背景速度场和火山岩岩相速度模型得到二维火山岩速度模型。以过 BZ34 - 9 - 6 井的 L - 2501 剖面为例，说明本研究采用的方法技术的整个流程。

根据所要预测的岩性或储层参数提取对该参数影响较大、具有代表性的地震属性。提取过程中要注意时窗的选择。而地震属性提取时窗的选择一般需要对不同的研究目标和研究对象区别对待。由于火山岩本身的高速高密特性，与围岩存在明显的差异，针对此特点，根据目的层的层位信息，采用相同的时窗大小，对不同时间的相干属性切片进行提取，图 3 - 1 展示了某一能明显反映火山岩分布的时间岩层相干属性切片。由图可见，相干属性数值越小，岩性突变越明显，从而反映了火山岩的分布范围。

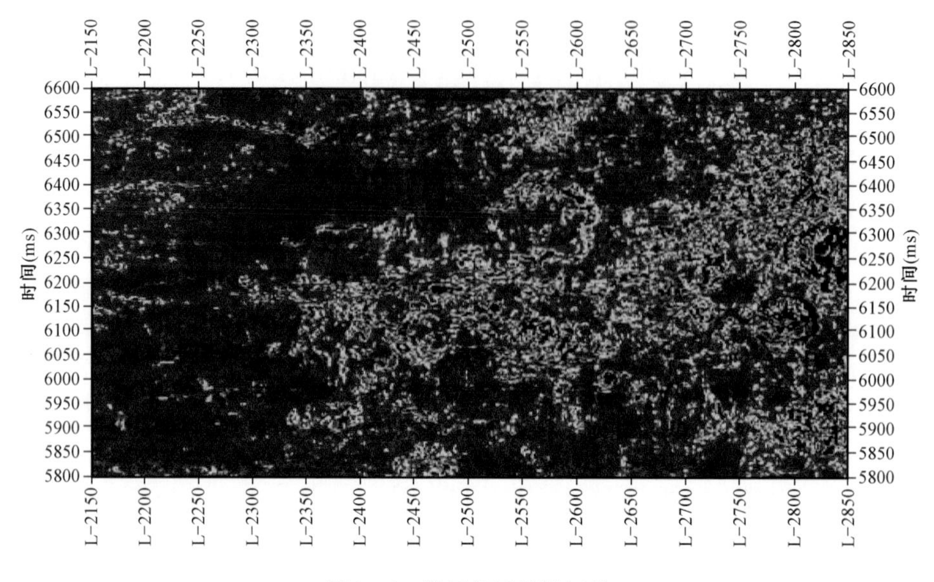

图 3－1　沿层相干属性切片

结合属性剖面，对过 BZ34－9－6 井的地震剖面 L－2501 中与火山岩相关的岩相进行刻画，得到剖面中火山岩岩相的详细组合形式，如图 3－2 所示。图中红色虚线区域为解释提取的火山岩相范围；图 3－2b 采用 RGB 值对差异较大的 6 种颜色进行填充，其中蓝色（RGB = #0000FF）为火山通道相，红色（RGB = #FF0000）为火山爆发相，绿色（RGB = #00FF00）为火成溢流相，黑色（RGB = #000000）为火山沉积相，黄色（RGB = #FFFF00）为火成侵入相，白色（RGB = #FFFFFF）为背景沉积相。

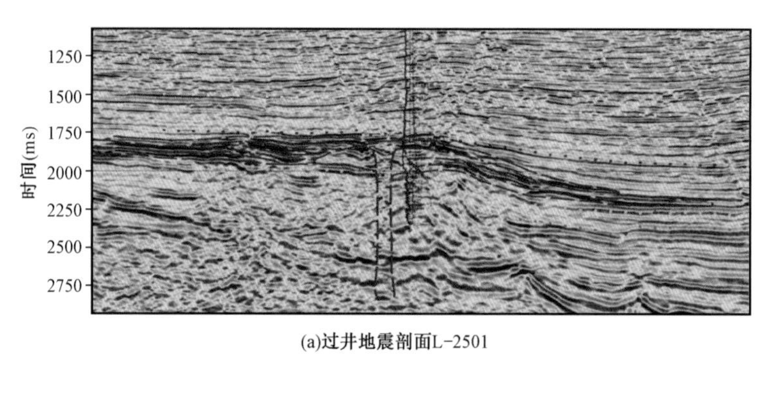

(a)过井地震剖面L-2501

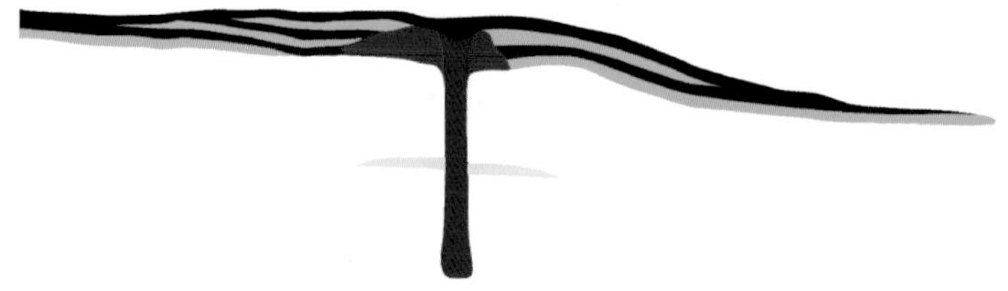

(b)不同火山岩岩相填充不同颜色之后的结果

图 3－2　火山岩相提取结果

为了将上述过程提取的火山岩岩相组合形式剖面作为速度模型，研究将图片格式火山岩岩相模式模型转化为数值模式模型，实现地质信息的数值化表示，为后面正演速度模型的建立奠定基础。

将图3－2b所示的火山岩岩相组合模式经过数值化处理，对该区块不同火山岩岩相的速度进行统计，并对火山岩岩相部分进行赋值，进而得到赋予速度信息的二维火山岩岩相模型，如图3－3所示。

针对渤海油田火山岩发育区的实际情况，对该区内测井数据中砂泥岩层的速度均值及其对应的深度关系进行统计，利用最小二乘拟合确定砂泥岩速度与深度的函数关系。通过试验发现，当选择砂泥岩速度 v 与深度 h 为线性关系时，度量拟合优度的统计量可决系数最大，为0.9129，得到线性关系式为 $v(h)=0.6539\times h+1754.7$。

在提取的背景沉积层速度的基础上，结合二维火山岩速度模型的主体部分（图3－4），增加一套与上覆火山岩平行分布的砂岩层，在模型的底部加入相对高速的基底层，最终得到用于波动方程正演和偏移处理分析的二维火山岩速度模型，如图3－4所示。

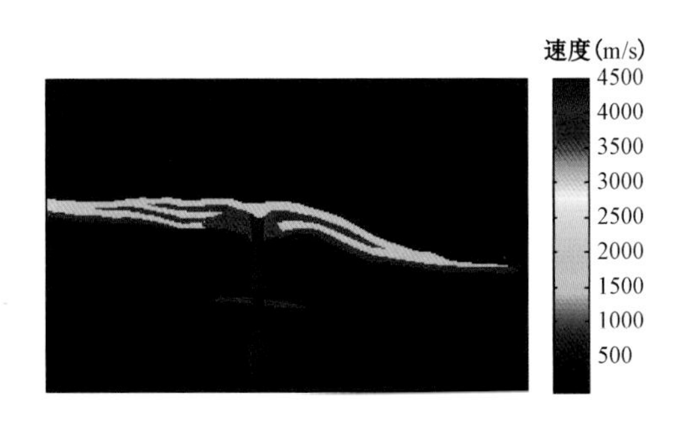

图3－3　赋予速度信息的火山岩岩相模型

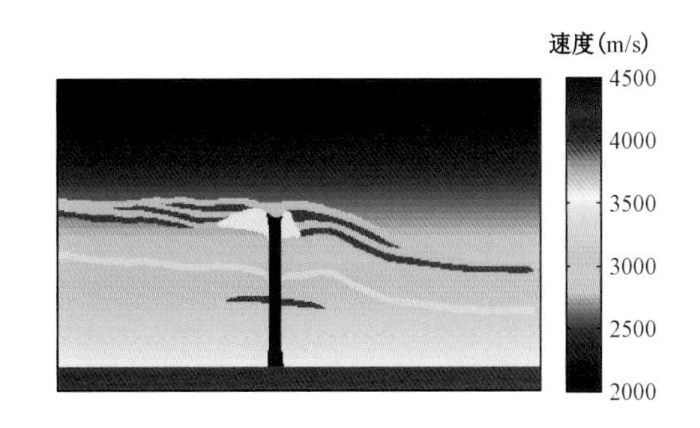

图3－4　火山岩二维速度模型

二、三维模型建立技术

建立符合实际工区地下地质情况的三维地质体模型是进行三维波动方程正演的先决条件。三维地质体建模经历了多年的发展，现在已经有20多种数据应用于三维地质体模型的建立，大致可以归结为以下3种：基于栅格的三维空间模型、基于矢量的三维空间模型及混合结构的三维空间模型。这些地质体建模方法都需要已知大量的地震、测井、地质、钻井以及地层数据信息作为基础，主要运用数据剖分与插值技术得到建模结果，其中涉及多种数据融合格式，这样给实际应用带来了诸多不便，勘探工区开发的前期，地震资料的解释层位结果和测井、开发数据是非常稀少的，同时解释得到的层位等信息也带有地质人员本身的主观因素。对数据依赖性较高是已有建模方法的缺点之一。

基于以上问题，本文提出一种新的基于图形学的火山岩三维地质体建模方法，提供一种能够利用地震成果剖面（叠加剖面或偏移剖面）和地震属性剖面刻画的火山岩体轮廓来建立与火山岩体相关的地质体三维模型新方法。有效降低建模对开发数据较强的依赖性及对计算机性能的要求，在提高建模效率的同时增强结果模型的可修饰性，使建模结果符合研究要求，尤其符合研究区的实际地质情况，同时使建模结果可直接应用于有限差分法波动方程正演。

具体采取以下工作步骤来实现上述技术方案：优选所要建立的火山岩体对应的地震成果剖面，同时确定能反映该火山体的地震属性，并优选地震属性切片。基于地震成果剖面刻画喷发相火山体顶面和底面形态对应的主视图，根据火山体顶面和底面对应的主视图确定火山体顶面和底面高程与火山体横向展布之间的函数关系，基于地震属性切片刻画喷发相火山体形态对应的俯视图，根据火山岩体的俯视图进行二维线性内插值，确定火山体的空间分布范围与平面坐标之间的对应关系。结合上述两个映射关系通过插值的方法确定火山体顶面和底面的高程与平面坐标之间的对应函数关系。基于工区内所有测井数据统计相似岩性的速度、密度等属性参数的先验信息及其均值，用回归分析方法拟合速度和密度等属性参数之间的统计关系。根据建模工区的实际状况，在得到的火山地质体的顶底界面之间填充相应速度或密度等属性参数。对不同的特殊地质体重复以上步骤，最终组合得到符合工区实际地下地质状况、满足研究需要的地质体三维模型。

1. 火山岩岩相三视图提取

火山岩岩相三视图的提取需要对工区内火山岩发育区地震成果剖面进行优选，确定能反映该火山体的地震属性，其具体做法如下：首先确定所研究的目的区域火山岩地震成果剖面；然后选取一种可以清晰反映目的区域地质特征的地震属性，在地震属性体中优选可以较好反映火山岩相的地震属性切片，其原则为：能清晰反映火山岩相态的基本形态。本文利用振幅属性对火山岩发育区地层岩相岩性进行解释，进而完成对火山岩岩相的提取。

如图 3 –5 所示，喷发相的火山体在地震成果剖面中有较好的反映，基于图形学理论，利用绘图软件可以完整地刻画其形态，将顶底面以下的部分用白色填充，将顶底面之上的部分用黑色填充，该火山机构主视图的像素变化表征了火山体的高程变化。地震剖面刻画的原则：充分结合地质认识、属性切片资料以及测井资料；剖面可以准确反映火山岩的基本形态、利于火山岩相态模型的建立。

基于地震属性切片的俯视图刻画喷发相火山体形态如图 3 –6 所示。上述过程优选的地

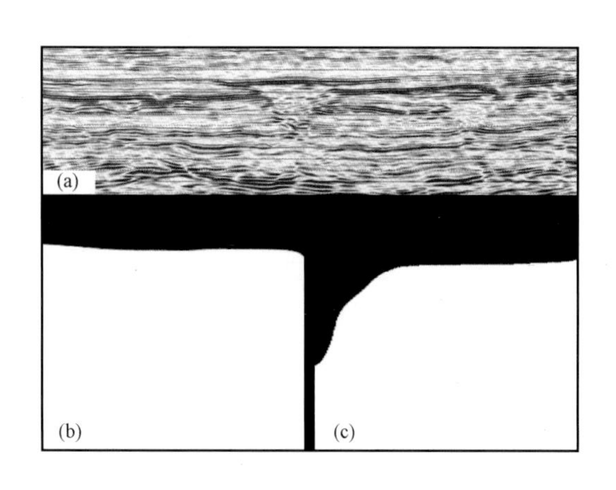

图 3 –5　基于地震叠后剖面刻画的火山机构主视图

(a)某一区域的叠后地震剖面；(b)基于此叠后剖面刻画的火山机构主视图的一半的顶面高程；(c)基于此叠后剖面刻画的火山机构主视图的一半的底面高程

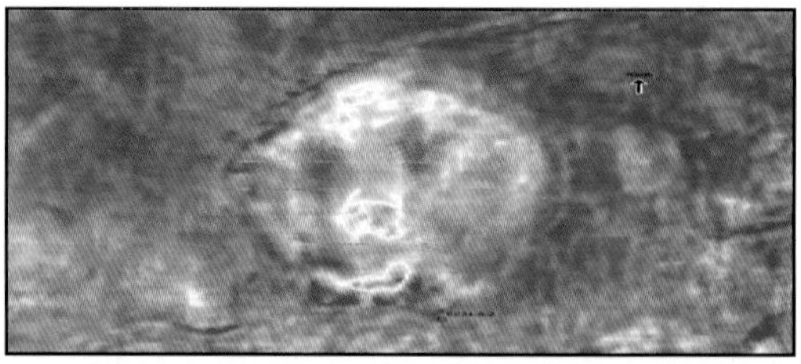

(a)基于地震属性切片

(b)喷发相火山体形态俯视图

图 3 –6　基于地震属性切片刻画喷发相火山体形态

震属性切片可以较好地反映地震成果剖面中地质体某一高程处的平面分布范围，利用绘图软件对此平面分布进行刻画，并将火山岩体分布范围内的部分用白色填充，将之外的部分用黑色填充。对此俯视图进行数值化，即将得到火山岩体分布范围内的部分设置数值为1，范围外的部分设置数值为0，对所有高程对应的地质体在平面分布范围的最大与最小边界分别用 l_1 与 l_2 表示。

2. 确定火山岩体的空间横向展布函数关系

根据火山体顶面和底面所对应的主视图确定火山体顶面和底面高程与火山体空间展布之间的函数关系。由于任意图像都是用三维数组表示的，提取其中的一维，可知图像中的白色部分数值为1，黑色部分数值为0，而其他颜色数值介于0～1之间。因此，用绘图软件刻画得到的火山体顶面和底面，可由带有高程信息的左视图与主视图的像素点所表示，通过本步骤的处理可以得到火山体顶面和底面高程与火山体横向展布之间的函数关系（图3－7）：

$$\begin{cases} h_1 = f_1(x) \\ h_2 = f_2(x) \end{cases} \quad (3-1)$$

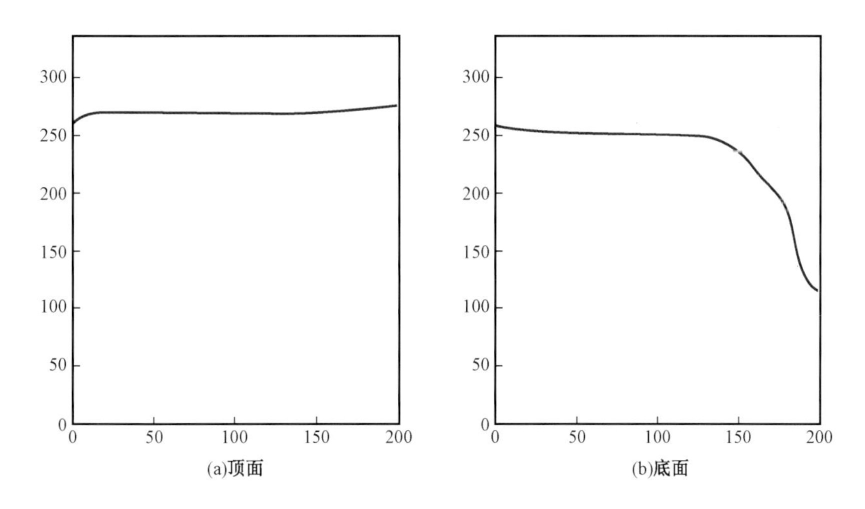

图3－7　山体顶面和底面高程的空间展布

根据所得火山岩体俯视图进行二维线性插值，确定火山体的空间分布范围与平面坐标之间的对应关系。由式（3－1）中所提取的喷发相火山地质体平面分布范围仅仅表示某一个高程，要得到不同高程对应的火山岩体分布范围，需要对最大边界 l_1 和最小边界 l_2 之间的部分进行二维线性插值，进而得到火山体的空间分布范围与平面坐标之间的对应关系（图3－8）：

$$\begin{cases} f_\Omega(x,y) = 1 \quad l < l_2 \\ f_\Omega(x,y) \in [0,1] \quad l_1 \leqslant l \leqslant l_2 \\ f_\Omega(x,y) = 0 \quad l \leqslant l_2 \end{cases} \quad (3-2)$$

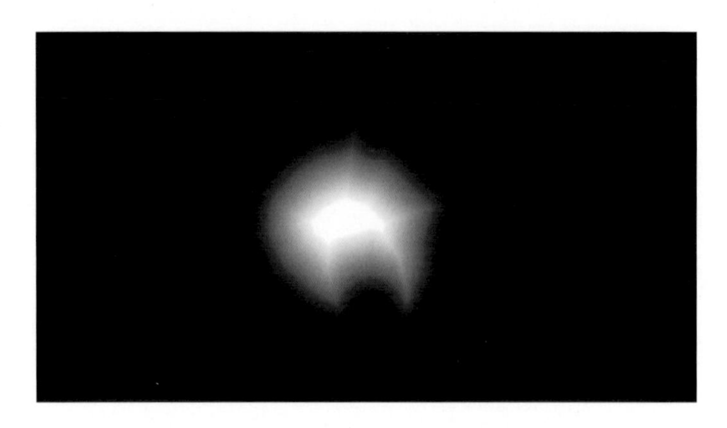

图 3－8　二维线性插值后火山体的空间分布

3. 确定火山体顶、底界面高程与空间坐标之间的函数关系

结合所确定的火山体顶面和底面高程与火山体横向展布之间的函数关系 $h_i(x)$ 以及火山体的空间分布范围与平面坐标之间的对应关系 $f(x,y)$，通过插值确定火山体顶面和底面的高程与平面坐标之间的对应函数关系(图 3－9)：

$$g_{\Omega}(x,y) = \begin{cases} f_{\Omega}(x,y) \cdot h_1(x) \\ f_{\Omega}(x,y) \cdot h_2(x) \end{cases} \tag{3-3}$$

此处假设 $A = f_{\Omega}(x,y)$，$B = h_i(x)$，$i = 1,2$，N 为 B 的总点数，在这里定义如下的插值方式 $A \cdot B$。

$$A \cdot B = B([NA] + 1) \tag{3-4}$$

其中，[∗]代表取整运算。

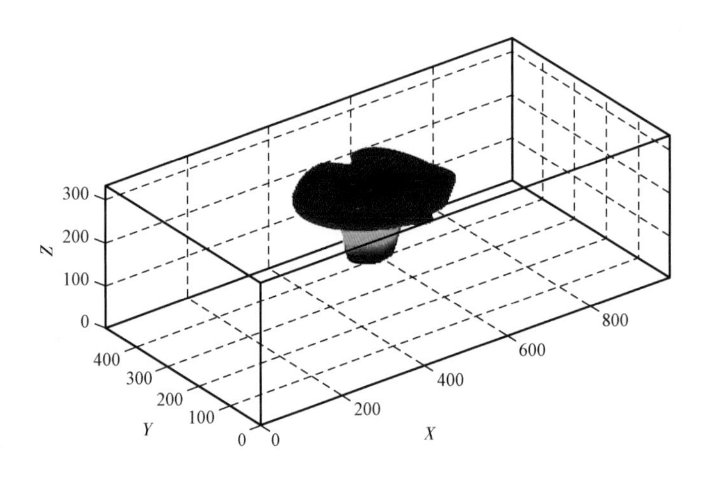

图 3－9　火山体的顶界面和底界面的高程

4. 物性参数填充

结合测井数据,对相同岩性的速度、密度等属性参数进行统计,利用回归分析方法拟合速度和密度等属性参数之间的关系。根据建模工区的实际状况,结合统计关系确定各个属性参数,并填充于火山地质体的顶、底界面之间,最终得到该地质体对应的三维地质体数值模型。

5. 地质体三维模型修饰

对不同的地质体重复以上步骤,最终得到符合渤海油田新生界火山岩发育区地质状况并满足研究需要的地质体三维模型。由于建模工区的地质状况比较复杂,通常由多个地质体组合而成,其各部分速度填充的先后顺序可以模拟模型的形成过程来实现,进而得到最终的三维速度模型。

渤海油田新生界火山岩广泛发育,以火山通道相、溢流相等相态最为发育,构造一个三维含火山岩速度模型,以切片的方式显示于图 3 - 10,其中包含沿 Xline 方向分布的 3 个火山通道相,位于中部的火山通道相较其两侧的火山通道相更为发育,并且在其上部设计一个沿普通砂岩地层分布的溢流相;由于岩浆的侵入或者喷发常导致地层的错动形成系列正断层,所以同时设计了一组正断层,分别沿两侧较小的火山通道相分布;对该正断层的另一种解释是,火山物质通常沿着较为薄弱的地层发生侵入或喷发,而正断层的存在正好为火山物质的运移构成了通道;为了研究上覆火成岩部分对下伏普通砂岩地层的影响,并在广泛分布的火山溢流相下部设计有一套砂岩地层。三视图如图 3 - 11 所示。

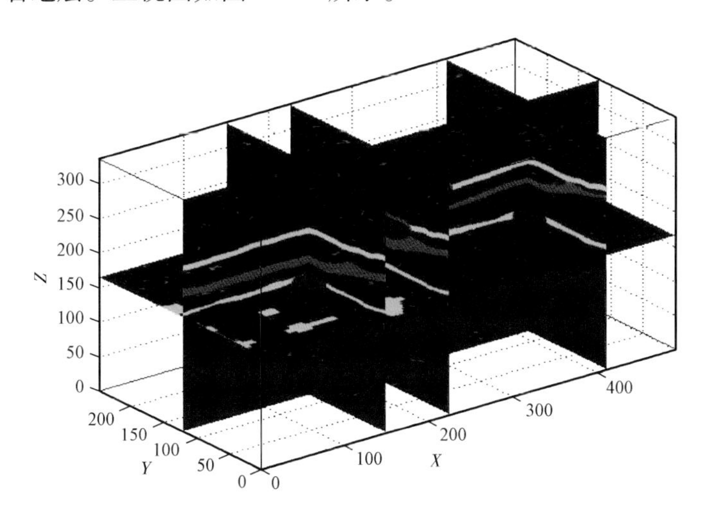

图 3 - 10 利用本文方法构造的三维速度模型切片图

为了对该三维速度模型有一个宏观的把握与了解,在此展示了该三维速度模型 Xline 方向、Inline 方向及等深度方向的切片,如图 3 - 12 所示。

选取了 Xline 分别为 500m、1375m 和 2125m 的观测剖面对该模型进行细致的展示,如图 3 - 13所示。另外,选取了沿 Inline 分别为 1125m、2625m 及 5125m 的观测剖面进行展示,如图 3 - 15 所示。图 3 - 12 和图 3 - 14 中的白色实线分别与图 3 - 13 中 Xline 和图 3 - 15 中 Inline的位置相对应。

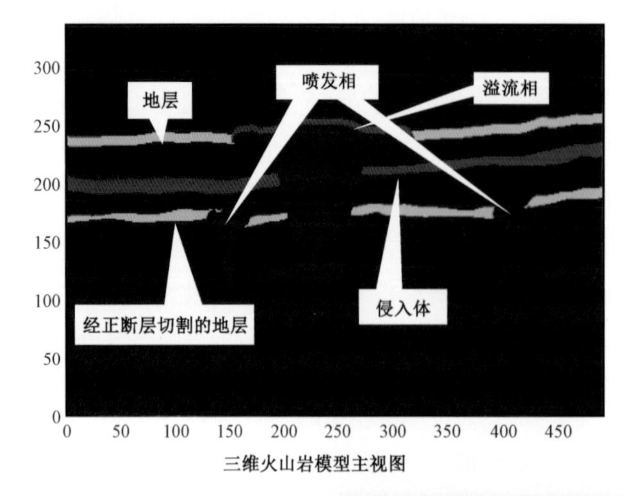

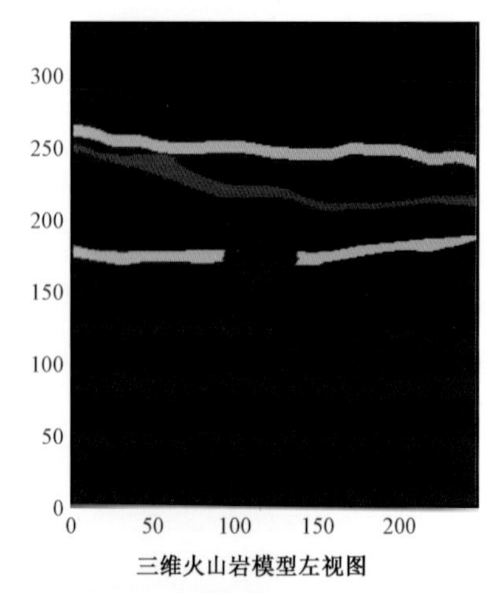

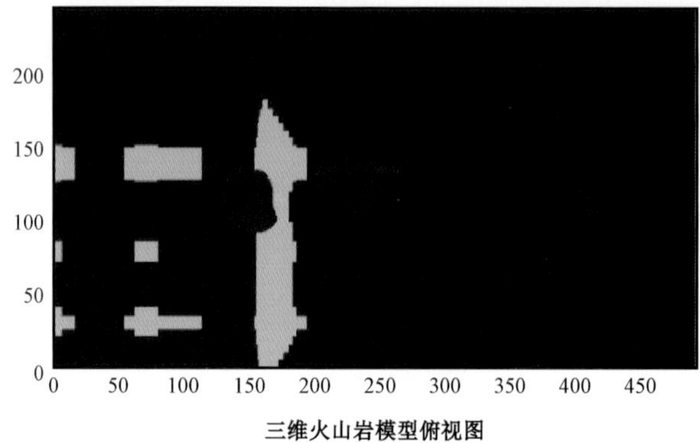

图 3－11　三维火山岩模型三视图

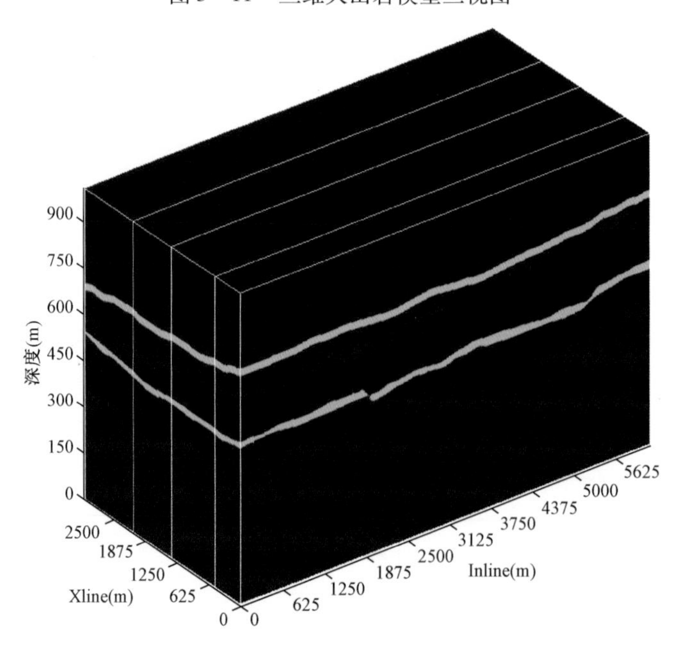

图 3－12　三维模型 Xline 不同时观测结果

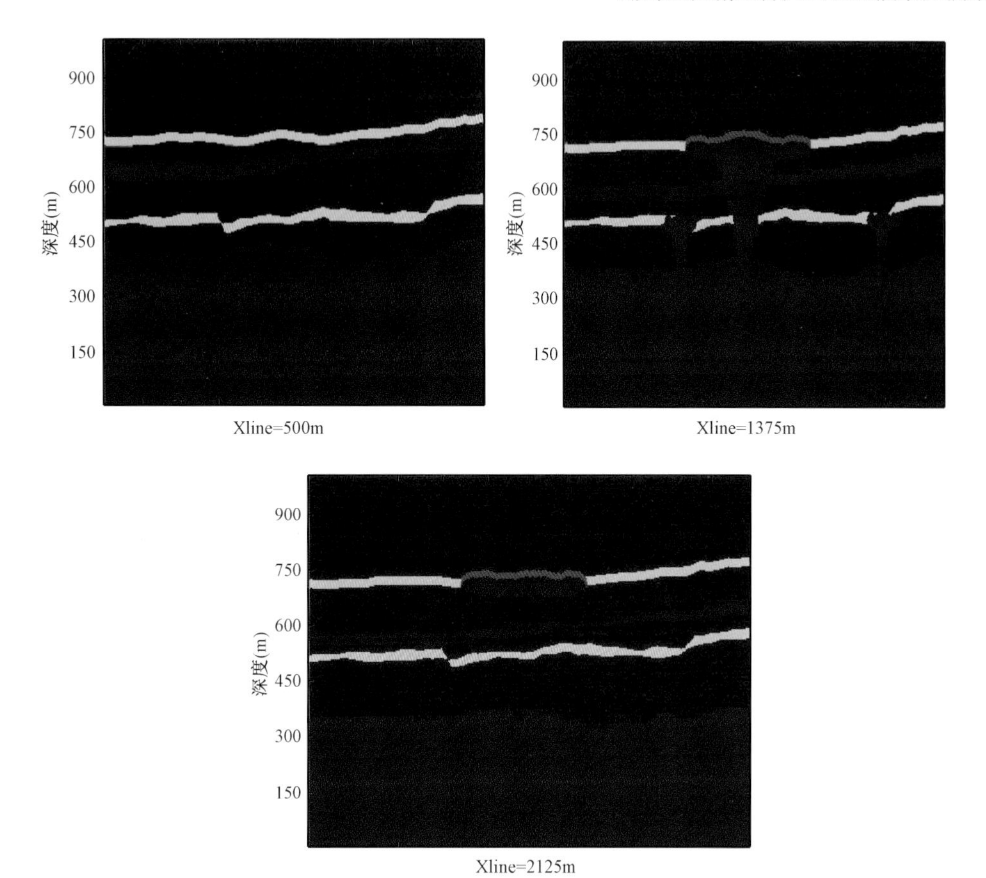

图 3－13　不同 Xline 二维观测剖面

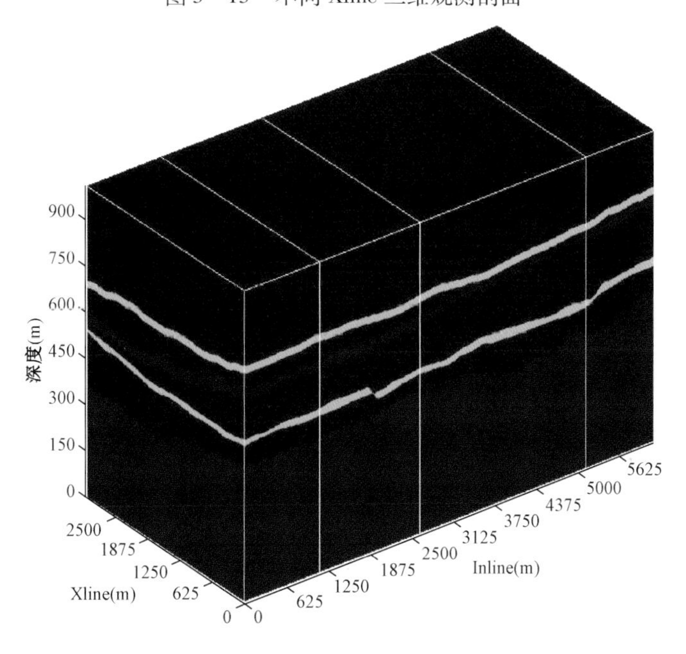

图 3－14　三维模型不同 Inline 观测结果

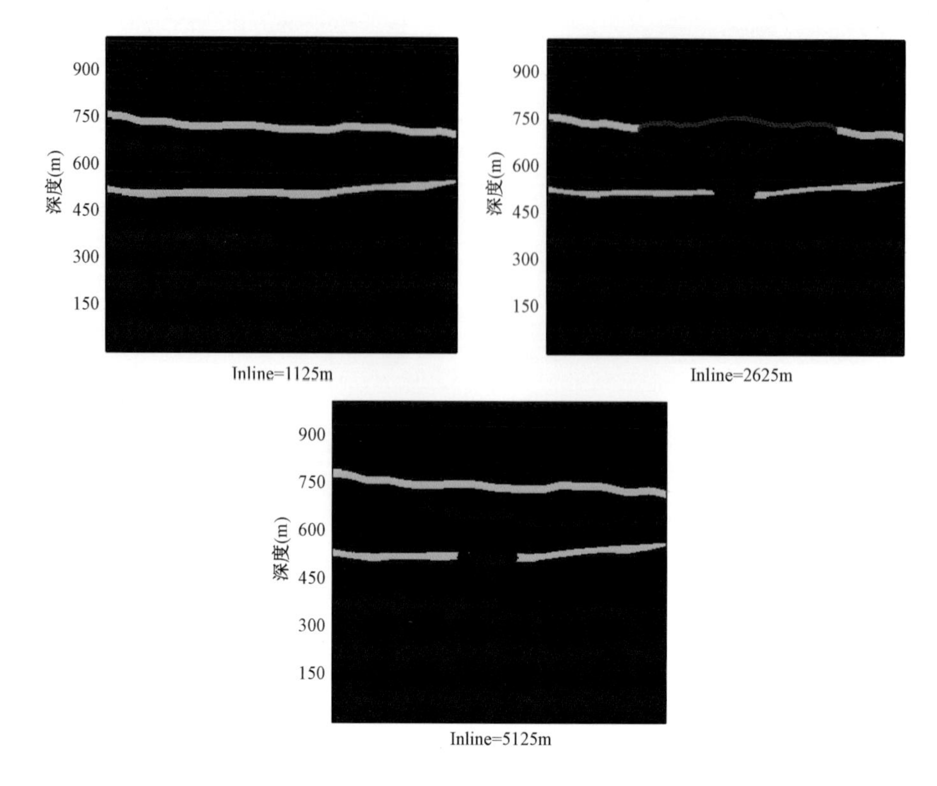

图 3 – 15　不同 Inline 二维观测剖面

三、波动方程数值模拟技术

地震数值模拟在地震勘探中起着重要作用,为后面的地震数据处理及偏移成像研究提供指导意义。目前常用的地震数值模拟方法主要有:射线追踪法、有限差分法、基于波动方程的有限元法、积分方程法、伪谱法等,其中有限差分法具有实现简单、所耗内存少、计算效率高等特点而被广泛应用,本文采用有限差分法对二维和三维火山岩模型进行正演模拟分析。

1. 声波方程表述形式

声波方程可以表述为两种形式,一种是二阶双曲型偏微分方程,另一种是一阶双曲型偏微分方程。在这里对二维和三维情况下两种形式的声波方程进行描述,考虑到一般性,在之后的章节中重点讨论三维声波方程的离散计算形式。

1)二阶声波方程表述形式

完全声波方程的三维声波方程可以表述为

$$\frac{1}{\rho v^2}\frac{\partial^2 P}{\partial t^2}=\frac{\partial}{\partial x}\left(\frac{1}{\rho}\frac{\partial P}{\partial x}\right)+\frac{\partial}{\partial y}\left(\frac{1}{\rho}\frac{\partial P}{\partial y}\right)+\frac{\partial}{\partial z}\left(\frac{1}{\rho}\frac{\partial P}{\partial z}\right)+f(t) \tag{3-5}$$

其中,x,y,z 表示空间坐标;ρ、v 分别表示密度和速度;P 表示压力场;$f(t)$ 表示震源函数。完全声波方程的二维声波方程可以表述为

$$\frac{1}{\rho v^2}\frac{\partial^2 P}{\partial t^2}=\frac{\partial}{\partial x}\left(\frac{1}{\rho}\frac{\partial P}{\partial x}\right)+\frac{\partial}{\partial z}\left(\frac{1}{\rho}\frac{\partial P}{\partial z}\right)+f(t) \tag{3-6}$$

当密度恒定时,上式可以化简为

$$\frac{1}{v^2}\frac{\partial^2 P}{\partial t^2}=\frac{\partial^2 P}{\partial x^2}+\frac{\partial^2 P}{\partial z^2}+f(t) \tag{3-7}$$

2)一阶声波方程表述形式

在二阶声波方程(3-5)中,令$(u,\boldsymbol{v},\nu,\omega)=\left(\frac{\partial P}{\partial t},\frac{1}{\rho}\frac{\partial P}{\partial x},\frac{1}{\rho}\frac{\partial P}{\partial y},\frac{1}{\rho}\frac{\partial P}{\partial z}\right)$,则方程(3-5)可以改写成以下方程组形式,亦即各向同性介质的一阶速度——应力声波波动方程:

$$\begin{cases}\dfrac{\partial u}{\partial t}=K\left(\dfrac{\partial \boldsymbol{v}}{\partial x}+\dfrac{\partial \nu}{\partial y}+\dfrac{\partial \omega}{\partial z}\right)\\[2ex]\dfrac{\partial \boldsymbol{v}}{\partial t}=\dfrac{1}{\rho}\dfrac{\partial u}{\partial x}\\[2ex]\dfrac{\partial \nu}{\partial t}=\dfrac{1}{\rho}\dfrac{\partial u}{\partial y}\\[2ex]\dfrac{\partial \omega}{\partial t}=\dfrac{1}{\rho}\dfrac{\partial u}{\partial z}\end{cases} \tag{3-8}$$

其中,$K=\rho v^2$,该方程组包含了密度项,可以处理密度的任意变化。与方程(3-5)不同之处在于,式(3-8)求解的不再是压力场,此处u是压力场关于时间的导数,而$\boldsymbol{v},\nu,\omega$可视为计算过程中的过渡变量。

同样,完全声波方程的二维声波方程的一阶形式为

$$\begin{cases}\dfrac{\partial u}{\partial t}=K\left(\dfrac{\partial \boldsymbol{v}}{\partial x}+\dfrac{\partial \omega}{\partial z}\right)\\[2ex]\dfrac{\partial \boldsymbol{v}}{\partial t}=\dfrac{1}{\rho}\dfrac{\partial u}{\partial x}\\[2ex]\dfrac{\partial \omega}{\partial t}=\dfrac{1}{\rho}\dfrac{\partial u}{\partial z}\end{cases} \tag{3-9}$$

2. 有限差分算子计算

正演模拟常用的声波方程方程形式有二阶微分方程、一阶应力—速度微分方程。进行有限差分数值模拟之前,需要对方程的二阶或一阶导数进行近似。下面以一元函数为例,推导一阶导数和二阶导数的差分算子。

1)规则网格二阶导数的$2L$阶精度差分算子

设$u(x)$有$2L+1$阶导数,则$u(x)$在$x=x\pm m\Delta x$处的泰勒展开式为

$$u(x_0+m\Delta x)=u(x_0)+\sum_{i=1}^{2L}\frac{(m\Delta x)^i}{i!}u^{(i)}(x_0)+O(\Delta x^{2L})\quad m=1,2,\cdots,L \tag{3-10}$$

$$u(x_0 - m\Delta x) = u(x_0) + \sum_{i=1}^{2L} \frac{(-m\Delta x)^i}{i!} u^{(i)}(x_0) + O(\Delta x^{2L}) \quad m = 1,2,\cdots,L \tag{3-11}$$

将上面两式相加,整理可得

$$u(x_0 + m\Delta x) + u(x_0 - m\Delta x) = 2u(x_0) + 2\sum_{i=1}^{L} \frac{(m\Delta x)^{2m}}{2m!} u^{(2m)}(x_0) + O(\Delta x^{2L}) \quad m = 1,2,\cdots,L \tag{3-12}$$

对这 L 个方程进行整理,有

$$\Delta x^2 \left.\frac{\partial^2 u}{\partial x^2}\right|_{x=x_0} = a_0 u(x_0) + \sum_{m=1}^{L} [u(x_0 + m\Delta x) + u(x_0 - m\Delta x)] + O(\Delta x^{2L}) \tag{3-13}$$

差分系数 a_m 可以有下面的方程组确定:

$$\begin{pmatrix} 1 & 2^2 & \cdots & L^2 \\ 1 & 2^4 & \cdots & L^4 \\ \vdots & \vdots & \vdots & \vdots \\ 1 & 2^{2L} & \cdots & L^{2L} \end{pmatrix} \begin{pmatrix} a_1 \\ a_2 \\ \vdots \\ a_L \end{pmatrix} = \begin{pmatrix} 1 \\ 0 \\ \vdots \\ 0 \end{pmatrix} \tag{3-14}$$

$$a_0 = -2\sum_{i=1}^{L} a_i$$

求解方程组(3－14)可得规则网格下二阶导数的差分系数 $a_m(m=0,1,2,\cdots L)$,如表3－1所示。

$$a_m = \frac{(-1)^{m+1} \prod_{i=1, i\neq m}^{L} i^2}{m^2 \prod_{i=1}^{m-1} (m^2 - i^2) \prod_{i=m+1}^{L} (i^2 - m^2)} \quad m = 1,2,\cdots,L \tag{3-15}$$

表3－1　规则网格二阶导数差分系数

精度(阶数)	a_0	a_1	a_2	a_3	a_4	a_5	a_6
2	－2.0000	1.0000					
4	－2.5000	1.3333	－8.3333E－2				
6	－2.7222	1.5000	－1.5000E－1	1.1111E－2			
8	－2.8472	1.6000	－2.0000E－1	2.5397E－2	－1.7857E－3		
10	－2.9272	1.6667	－2.3809E－1	3.9683E－2	－4.9603E－3	3.1746E－4	
12	－2.9828	1.7143	－2.6786E－1	5.2910E－2	－8.92857E－3	1.0389E－3	－6.0125E－5

规则网格下二阶导数的高阶近似可表示为

$$\left.\frac{\partial u^2(x)}{\partial x^2}\right|_{x=x_0} \approx \frac{1}{\Delta x^2}\left\{a_0 u(x_0) + \sum_{m=1}^{L} a_m\left[u(x_0+m\Delta x)+u(x_0-m\Delta x)\right]\right\} \quad (3-16)$$

2)规则网格一阶导数的 $2L$ 阶精度差分算子

设 $u(x)$ 有 $2L+1$ 阶导数,则 $u(x)$ 在 $x=x_0 \pm m\Delta x$ 处的 $2L+1$ 泰勒展开式为

$$u(x_0+m\Delta x) = u(x_0) + \sum_{i=1}^{2L+1}\frac{(m\Delta x)^i}{i!}u^{(i)}(x_0) + O(\Delta x^{2L+2}) \quad m=1,2,\cdots,L \quad (3-17)$$

$$u(x_0-m\Delta x) = u(x_0) + \sum_{i=1}^{2L+1}\frac{(-m\Delta x)^i}{i!}u^{(i)}(x_0) + O(\Delta x^{2L+2}) \quad m=1,2,\cdots,L \quad (3-18)$$

公式(3-17)和公式(3-18)相减,整理可得

$$u(x_0+m\Delta x) - u(x_0-m\Delta x) = 2\left[m\Delta x\frac{\partial u(x_0)}{\partial x} + \sum_{i=1}^{L-1}\frac{(m)^{2i+1}(\Delta x)^{2i+1}}{(2i+1)!}u^{(2i+1)}(x_0) + O(\Delta x^{2(L+1)+1})\right] \quad m=1,2,\cdots,L \quad (3-19)$$

规则网格下的一阶导数 $2L$ 精度中心差分格式可以近似为

$$\Delta x\left.\frac{\partial u(x)}{\partial x}\right|_{x=x_0} = \sum_{m=1}^{L} a_m\left[u(x_0+m\Delta x)-u(x_0-m\Delta x)\right] + \mathrm{e}_L u^{(2L+1)}(x_0)\Delta x^{2L+1} + O(\Delta x^{2(L+1)+1})$$

$$m=1,2,\cdots,L \quad (3-20)$$

对 L 个方程进行整理,有

$$\frac{1}{2}\Delta x\left.\frac{\partial u(x)}{\partial x}\right|_{x=x_0} = \sum_{m=1}^{L} m\Delta x\left.\frac{\partial u(x)}{\partial x}\right|_{x=x_0} + \sum_{m=1}^{L}\sum_{i=1}^{L-1}\frac{(m)^{2i+1}(\Delta x)^{2i+1}}{(2i+1)!}a_m u^{(2i+1)}(x_0) + \sum_{m=1}^{L}\frac{(m)^{2L+1}(\Delta x)^{2L+1}}{(2L+1)!}a_m u^{2L+1}(x_0) + O(\Delta x^{2(L+1)+1}) \quad (3-21)$$

差分系数 a_m 可以由下式确定:

$$\begin{pmatrix} 1 & 2^1 & \cdots & L^1 \\ 1 & 2^3 & \cdots & L^3 \\ \vdots & \vdots & \vdots & \vdots \\ 1 & 2^{2L-1} & \cdots & L^{2L-1} \end{pmatrix}\begin{pmatrix} a_1 \\ a_2 \\ \vdots \\ a_L \end{pmatrix} = \begin{pmatrix} \frac{1}{2} \\ 0 \\ \vdots \\ 0 \end{pmatrix} \quad (3-22)$$

通过求解方程组(3－22)，可以得到规则网格下一阶导数的差分系数，如表3－2所示。

$$a_m = \frac{(-1)^{m+1}\prod_{i=1,i\neq m}^{L} i^2}{2m\prod_{i=1}^{m-1}(m^2-i^2)\prod_{i=m+1}^{L}(i^2-m^2)} \tag{3-23}$$

规则网格下一阶导数的高阶近似可以表示为

$$\left.\frac{\partial u(x)}{\partial x}\right|_{x=x_0} \approx \sum_{m=1}^{L}\frac{a_m[u(x_0+m\Delta x)-u(x_0+m\Delta x)]}{\Delta x} \tag{3-24}$$

表3－2 规则网格下一阶导数差分系数

精度(阶数)	a_1	a_2	a_3	a_4	a_5	a_6
2	0.5.00000					
4	0.666667	－8.33333E－2				
6	0.750000	－1.50000E－2	1.66667E－2			
8	0.800000	－2.00000E－2	3.80952E－2	－3.57143E－3		
10	0.833333	－2.38095E－2	5.95238E－2	－9.92063E－3	7.93651E－4	
12	0.857143	－2.67857E－2	7.93651E－2	－1.78571E－2	2.59740E－3	－1.80375E－4

3)交错网格一阶导数的$2L$阶精度差分算子

设$u(x)$有$2L+1$阶导数，则$u(x)$在$x=x_0\pm\frac{2m-1}{2}\Delta x$处的$2L+1$泰勒展开式为

$$u\left(x_0+\frac{2m-1}{2}\Delta x\right)=u(x_0)+\sum_{i=1}^{2L+1}\frac{\left(\frac{2m-1}{2}\Delta x\right)^i}{i!}u^{(i)}(x_0)+O(\Delta x^{2L+2}) \quad m=1,2,\cdots,L \tag{3-25}$$

$$u\left(x_0-\frac{2m-1}{2}\Delta x\right)=u(x_0)+\sum_{i=1}^{2L+1}\frac{\left(-\frac{2m-1}{2}\Delta x\right)^i}{i!}u^{(i)}(x_0)+O(\Delta x^{2l+2}) \quad m=1,2,\cdots,L \tag{3-26}$$

交错网格一阶导数的$2L$阶精度中心差分格式可以近似为

$$\Delta x\left.\frac{\partial u(x)}{\partial x}\right|_{x=x_0}=\sum_{m=1}^{L-1}a_m\left[u\left(x_0+\frac{2m-1}{2}\Delta x\right)-u\left(x_0-\frac{2m-1}{2}\Delta x\right)\right]+ \\ \mathrm{e}_L u^{(2L+1)}(x_0)\Delta x^{2L+1}+O(\Delta x^{2(L+1)+1}) \quad m=1,2,\cdots,L \tag{3-27}$$

对L个方程进行整理，有

$$\Delta x\left.\frac{\partial u(x)}{\partial x}\right|_{x=x_0}=\sum_{m=1}^{L}(2m-1)\Delta x\left.\frac{\partial u(x)}{\partial x}\right|_{x=x_0}+\sum_{m=1}^{L}\sum_{i=1}^{L-1}\frac{(2m-1)^{2i+1}(\Delta x)^{2i+1}}{(2i+1)!}a_m u^{(2i+1)}(x_0)$$

$$+\sum_{m=1}^{L}\frac{(2m-1)^{2L+1}(\Delta x)^{2L+1}}{(2L+1)!}a_m u^{2L+1}(x_0)+O(\Delta x^{2(L+1)+1}) \tag{3-28}$$

差分系数 a_m 可以由下式确定:

$$\begin{pmatrix}1 & 3^1 & \cdots & (2L-1)^1\\ 1 & 3^3 & \cdots & (2L-1)^3\\ \vdots & \vdots & \vdots & \vdots\\ 1 & 3^{2L-1} & \cdots & (2L-1)^{2L-1}\end{pmatrix}\begin{pmatrix}a_1\\ a_2\\ \vdots\\ a_L\end{pmatrix}=\begin{pmatrix}1\\ 0\\ \vdots\\ 0\end{pmatrix} \tag{3-29}$$

通过求解方程组(3-29),可以得到规则网格下一阶导数的差分系数,如表3-3所示。

$$a_m=\frac{(-1)^{m+1}\prod\limits_{i=1,i\neq m}^{L}(2i-1)^2}{(2m-1)\prod\limits_{i=1}^{L-1}[(2m-1)^2-(2i-1)^2]} \tag{3-30}$$

交错网格下一阶导数的高阶近似可以表示为

$$\left.\frac{\partial u(x)}{\partial x}\right|_{x=x_0}\approx\sum_{m=1}^{L}\frac{a_m\left[u\left(x_0+\frac{2m-1}{2}\Delta x\right)-u\left(x_0+\frac{2m-1}{2}\Delta x\right)\right]}{\Delta x} \tag{3-31}$$

表3-3 交错网格下一阶导数的差分系数

精度(阶数)	a_1	a_2	a_3	a_4	a_5	a_6
2	1.00000					
4	1.12500	-4.16667E-2				
6	1.17187	-6.51042E-2	4.68750E-3			
8	1.19629	-7.97526E-2	9.57031E-3	-6.97544E-4		
10	1.21124	-8.97217E-2	1.38427E-2	-1.76566E-3	1.18679E-4	
12	1.22134	-9.69314E-2	1.74477E-2	-2.96729E-3	3.59005E-4	-2.18478E-5

3. 声波方程高阶有限差分格式

通常,均匀介质三维声波方程可以表示为

$$\frac{\partial^2 u}{\partial x^2}+\frac{\partial^2 u}{\partial y^2}+\frac{\partial^2 u}{\partial z^2}=\frac{1}{v^2}\frac{\partial^2 u}{\partial t^2} \tag{3-32}$$

其中,x,z 表示空间坐标点;t 表示时间;v 表示速度场;u 表示波场。

对方程(3-32)波场对时间的偏导数进行二阶中心差分:

$$\frac{\partial^2 u_{iz,iy,ix}^{it}}{\partial t^2}=\frac{1}{\Delta t^2}[u_{iz,iy,ix}^{it+1}+u_{iz,iy,ix}^{it-1}-2u_{iz,iy,ix}^{it}] \tag{3-33}$$

对方程(3-32)波场对空间的偏导数进行 $2L$ 阶中心差分:

$$\frac{\partial^2 u_{iz,iy,ix}^{it}}{\partial x^2}=\frac{1}{\Delta x^2}\sum_{l=1}^{L}a_l\left[u_{iz,iy,ix+l}^{it}+u_{iz,iy,ix-l}^{it}-2u_{iz,iy,ix}^{it}\right] \tag{3-34}$$

$$\frac{\partial^2 u_{iz,iy,ix}^{it}}{\partial y^2}=\frac{1}{\Delta y^2}\sum_{l=1}^{L}a_l\left[u_{iz,iy+l,ix}^{it}+u_{iz,iy-l,ix}^{it}-2u_{iz,iy,ix}^{it}\right] \tag{3-35}$$

$$\frac{\partial^2 u_{iz,iy,ix}^{it}}{\partial z^2}=\frac{1}{\Delta z^2}\sum_{l=1}^{L}a_l\left[u_{iz+l,iy,ix}^{it}+u_{iz-l,iy,ix}^{it}-2u_{iz,iy,ix}^{it}\right] \tag{3-36}$$

其中，a_l 为 $2L$ 阶差分的差分系数，可以得到方程(3－32)的离散形式：

$$u_{iz,iy,ix}^{it+1}=2u_{iz,iy,ix}^{it}-u_{iz,iy,ix}^{it-1}+\frac{v^2\Delta t^2}{\Delta x^2}\sum_{l=1}^{L}a_l\left[u_{iz,iy,ix+l}^{it}+u_{iz,iy,ix-l}^{it}-2u_{iz,iy,ix}^{it}\right]+$$
$$\frac{v^2\Delta t^2}{\Delta y^2}\sum_{l=1}^{L}a_l\left[u_{iz,iy+l,ix}^{it}+u_{iz,iy-l,ix}^{it}-2u_{iz,iy,ix}^{it}\right]+\frac{v^2\Delta t^2}{\Delta z^2}\sum_{l=1}^{L}a_l\left[u_{iz+l,iy,ix}^{it}+u_{iz-l,iy,ix}^{it}-2u_{iz,iy,ix}^{it}\right] \tag{3-37}$$

式(3－37)为二阶声波方程在规则网格下的 $2L$ 阶差分格式。

声波方程的一阶应力—速度微分形式为

$$\begin{cases}\dfrac{\partial u}{\partial t}=K\left(\dfrac{\partial \upsilon}{\partial x}+\dfrac{\partial \nu}{\partial y}+\dfrac{\partial \omega}{\partial z}\right)\\ \dfrac{\partial \upsilon}{\partial t}=\dfrac{1}{\rho}\dfrac{\partial u}{\partial x}\\ \dfrac{\partial \nu}{\partial t}=\dfrac{1}{\rho}\dfrac{\partial u}{\partial y}\\ \dfrac{\partial \omega}{\partial t}=\dfrac{1}{\rho}\dfrac{\partial u}{\partial z}\end{cases} \tag{3-38}$$

其中，x,y,z 表示空间坐标点；t 表示时间；v 表示速度场；ρ 表示密度；u 表示压力波场；$K=\rho v^2$；υ,ν,ω 表示 x,y,z 方向的位移分量。

在交错网格下进行离散，可以得到

$$u_{iz,iy,ix}^{it+1}=u_{iz,iy,ix}^{it}+\frac{\rho v^2\Delta t}{\Delta x}\sum_{l=1}^{L}a_l\left[\upsilon_{iz,iy,ix+(2l-1)/2}^{it+1/2}-\upsilon_{iz,iy,ix-(2l-1)/2}^{it+1/2}\right]+$$
$$\frac{\rho v^2\Delta t}{\Delta y}\sum_{l=1}^{L}a_l\left[\nu_{iz,iy+(2l-1)/2,ix}^{it+1/2}-\nu_{iz,iy-(2l-1)/2,ix}^{it+1/2}\right]+\frac{\rho v^2\Delta t}{\Delta z}\sum_{l=1}^{L}a_l\left[\omega_{iz+(2l-1)/2,iy,ix}^{it+1/2}-\omega_{iz-(2l-1)/2,iy,ix}^{it+1/2}\right] \tag{3-39}$$

$$\upsilon_{iz,iy,ix+1/2}^{it+1/2}=\upsilon_{iz,iy,ix+1/2}^{it-1/2}+\frac{\Delta t}{\rho\Delta x}\sum_{l=1}^{L}a_l\left[u_{iz,iy,ix+l}^{it}-u_{iz,iy,ix-l}^{it}\right]$$

$$\nu_{iz,iy+1/2,ix}^{it+1/2}=\nu_{iz,iy+1/2,ix}^{it-1/2}+\frac{\Delta t}{\rho\Delta y}\sum_{l=1}^{L}a_l\left[u_{iz,iy+l,ix}^{it}-u_{iz,iy-l,ix}^{it}\right]$$

$$\omega_{iz+1/2,iy,ix}^{it+1/2} = \omega_{iz+1/2,iy,ix}^{it-1/2} + \frac{\Delta t}{\rho \Delta z}\sum_{l=1}^{L} a_l [\, u_{iz+l,iy,ix}^{it} - u_{iz-l,iy,ix}^{it} \,]$$

在交错网格下，有限差分求解一阶应力—速度方程的实现如下：如图 3 - 16 所示，在空间网格上，应力波场 u 在整节点网格 i,j,k（空心圆圈 1 表示）上，水平位移速度 v,ν 分量位于节点 i、$j+0.5$、k 及 $i+0.5$、j、k（正方形 2 和三角形 3 表示）上，垂直位移速度分量 ω 位于节点 i、j、$k+0.5$（六边形 4 表示）上。

在时间网格上，如图 3 - 17 所示，应力波场 u 在网格的整节点 k 上，位移速度分量 v,ν 和 ω 分量位于 $k+0.5$ 上。

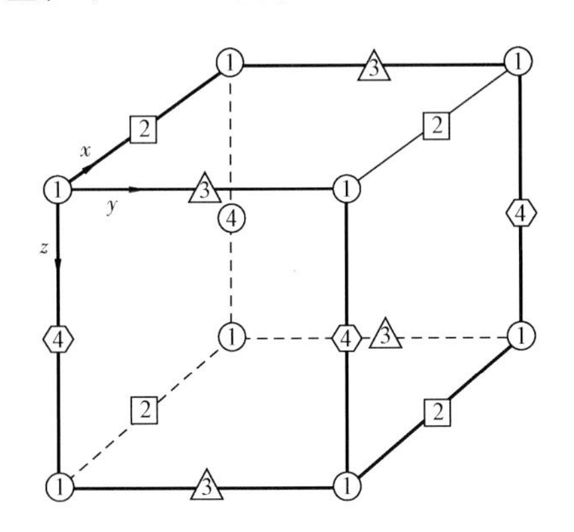

图 3 - 16　交错网格有限差分空间网格节点示意图

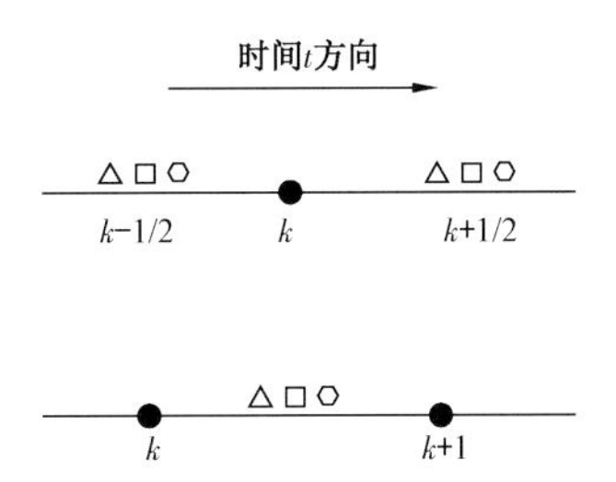

图 3 - 17　交错网格有限差分时间网格节点示意图

4. 边界条件

地震波在实际传播中是在无限的空间内传播的，利用计算机进行数值模拟不能模拟无限大的区域，通常会选取一定规模的速度模型，模型的边界也是良好的反射界面，会使入射到边界的波反传回计算区域，从而影响正演模拟和偏移成像的结果。为消除这些人为边界的影响，必须对边界进行处理，尽可能减小边界的反射，才能使正演模拟过程近似的等价于波在实际介质中的传播过程。

在正演模拟中对边界反射的处理主要有两种方式：(1) 将入射到边界的能量进行吸收衰减；(2) 将入射到边界的能量透射出去而不发生反射。吸收衰减边界条件是在计算区域外设置一定层数的边界层，使入射到边界区域的波在吸收衰减层内逐渐衰减，达到消除边界反射的目的，主要包括：指数吸收边界条件、完全匹配层边界条件（Berenger, 1994）等；透射边界条件是在计算区域外利用单程波方程使向外传播的波透射出边界而不发生反射，主要包括：傍轴近似边界条件（R Clayton, 1977）、任意广角单层波吸收边界（张红静，2013）、混合边界条件（Xi Zhang, 2013）等。不同的边界条件吸收效果不同，计算量与存储量也不相同。其中 PML 吸收边界条件具有实现简单，且吸收效果好等优点而被广泛应用。本节研究过程中，二维与三维声波方程有限差分正演模拟过程中采用 PML 边界条件，对正演过程中人为引入的边界反射进行吸收处理。

下面以二维声波方程为例介绍 PML 边界条件的原理，并以均匀介质的波场快照来展示 PML 吸收边界条件的吸收效果。速度模型网格大小为 301 × 301，网格间距为 9m × 9m，速度为

3000m/s，震源位于网格点(151，151)上，时间采样率为0.5ms，采用空间8阶、时间2阶的有限差分进行正演模拟。图3-18左图为速度模型，右图为自由边界(未进行边界吸收处理)0.65s时的波场快照，可以看出如果不对边界进行处理，波传播到边界时，会完全反射回计算区域。

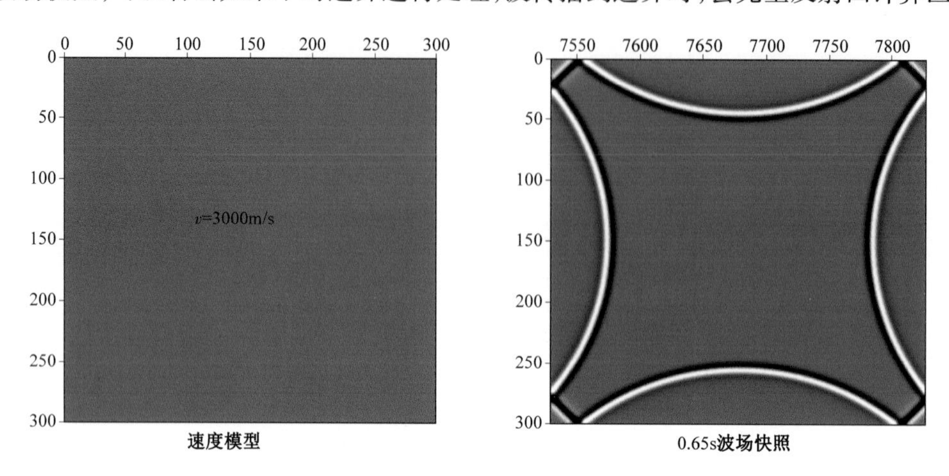

图3-18　速度模型及自由边界波场快照

Berenger(1994)提出完全匹配层吸收边界条件(PML)，该方法的基本思想是：在计算区域外增加多层的边界区域，波在边界区域传播时衰减，达到吸收边界区域能量的效果。PML边界条件可分为分裂形式(SPML)和未分裂形式(NPML)，SPML实现简单，但存储量和计算量较大；NPML方程复杂，编程实现比较困难，效率较分裂形式高。本节测试了分裂形式的完全匹配层吸收边界。

SPML边界条件利用一阶应力—速度波动方程推导，将应力波场分解为沿垂直方向和水平方向的两部分。方程(3-38)对应的声波方程可以分裂为

$$
\begin{aligned}
& u = u_x + u_z \\
& \frac{\partial u_x}{\partial t} = v^2 \frac{\partial A_x}{\partial x} \\
& \frac{\partial u_z}{\partial t} = v^2 \frac{\partial A_z}{\partial z} \\
& \frac{\partial A_x}{\partial t} = \frac{\partial u_x}{\partial x} + \frac{\partial u_z}{\partial x} \\
& \frac{\partial A_z}{\partial t} = \frac{\partial u_x}{\partial z} + \frac{\partial u_z}{\partial z}
\end{aligned}
\tag{3-40}
$$

其中，u 表示波场；u_x、u_z 分别表示分解的 x 和 z 方向的波场；A_x，A_z 表示位移速度变量。一阶应力—速度方程的完全匹配层控制方程为

$$u = u_x + u_z$$

$$\frac{\partial u_x}{\partial t} + d(x)u_x = v^2 \frac{\partial A_x}{\partial x}$$

$$\frac{\partial u_z}{\partial t} + d(z)u_z = v^2 \frac{\partial A_z}{\partial z} \tag{3-41}$$

$$\frac{\partial A_x}{\partial t} + d(x)A_x = \frac{\partial u_x}{\partial x} + \frac{\partial u_z}{\partial x}$$

$$\frac{\partial A_z}{\partial t} + d(z)A_z = \frac{\partial u_x}{\partial z} + \frac{\partial u_z}{\partial z}$$

其中，$d(x)$表示x方向的吸收衰减因子；$d(z)$表示z方向的吸收衰减因子。

NPML 边界条件吸收边界反射的好坏，一定程度上与完全匹配层的层数有关，匹配层的层数越多，吸收效果越好，计算量也越大；吸收衰减因子对吸收衰减的效果影响也很大，吸收衰减因子可以用余弦函数来描述。

$$d(i) = \begin{cases} d_0\cos\left(\frac{\pi}{2}\frac{n-i}{n}\right), i \in \text{match layer} \\ 0, i \in \text{match layer} \end{cases} \tag{3-42}$$

其中，n 表示 PML 边界层数；i 表示匹配层中距离边界的距离；d_0 表示 PML 区域中最大的衰减值。

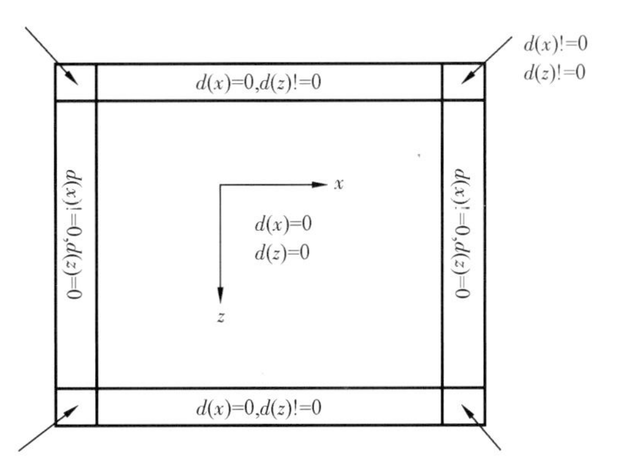

图 3－19　PML 边界条件衰减因子示意图

吸收衰减因子如图 3－19 所示，在左边界和右边界，x 方向衰减因子不为零，z 方向衰减因子为零；在上边界和下边界，z 方向衰减因子不为零，x 方向衰减因子为零；在 4 个角区域，x 和 z 方向的衰减因子均不为零。

图 3－20 为上述模型正演模拟采用 PML 边界条件在 0.65s 时的波场快照。图中分别为边界网格层数为 5、10、20 层时的 PML 边界条件，从图中可以看出 PML 边界条件可以在很少层数的边界内获得很好的吸收效果，但分裂式 PML 增加的计算量也比较明显。

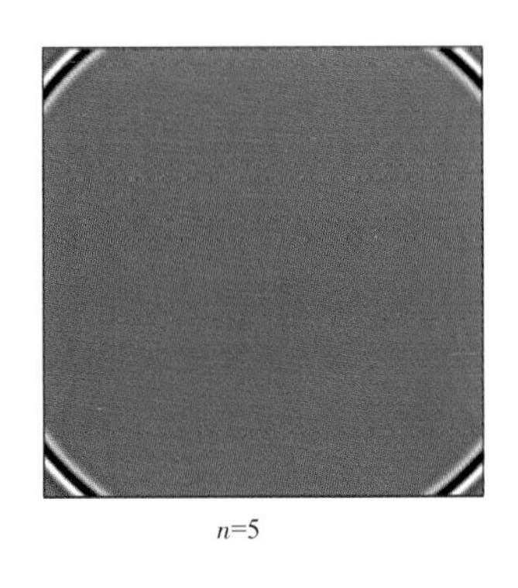

n=5

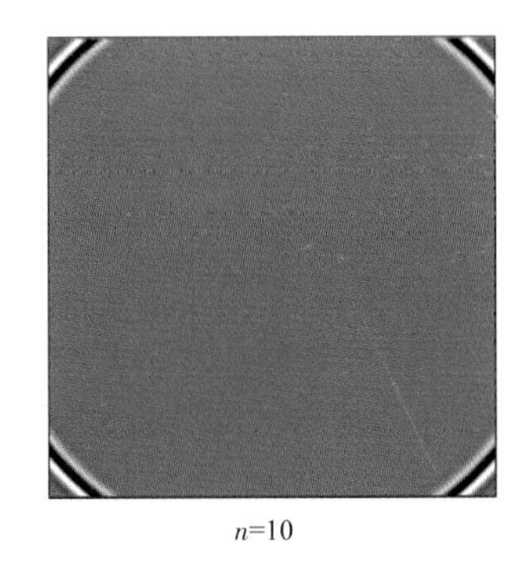

n=10

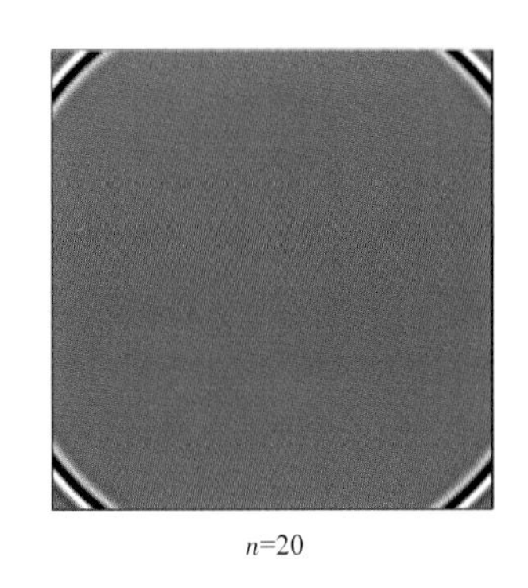

n=20

图 3－20　PML 边界条件

5. 稳定性分析

离散求解波动方程并不是无条件稳定的,如果误差在计算中会逐渐累积并失去控制,则该差分格式是不稳定的;如果差分格式能有效控制误差的传播和累积,使其不会对计算结果产生严重影响,说明该差分格式是稳定的。稳定性是正确求解波动方程的前提条件,在利用某种方法进行求解波动方程前,首先需要分析该方法的稳定性。很多学者对有限差分方法的稳定性进行了研究(刘洋,1998)。

三维声波方程规则网格有限差分的稳定性条件为

$$v\Delta t\sqrt{\frac{1}{\Delta x^2}+\frac{1}{\Delta y^2}+\frac{1}{\Delta z^2}} \leqslant \left(\frac{1}{\sum_{l=1}^{L} a_{2l-1}}\right)^{\frac{1}{2}} \tag{3-43}$$

三维声波方程交错网格有限差分的稳定性条件为

$$v\Delta t\sqrt{\frac{1}{\Delta x^2}+\frac{1}{\Delta y^2}+\frac{1}{\Delta z^2}} \leqslant \frac{1}{\sum_{l=1}^{L} |a_l|} \tag{3-44}$$

其中,v 表示速度的最大值;a_l 表示 $2L$ 阶差分的差分系数。只有在时间和空间上的网格剖分合适,差分格式才是稳定的。

6. 数值频散压制

有限差分数值模拟是利用离散化的有限差分方法求解波动方程,当时间网格或空间网格不合适时会使波形在传播过程中发生畸变(王珺,2007)。这些因为波传播相速度和群速度不一致引起的现象称为数值频散。以一维声波方程为例进行频散分析。

$$v_p = \frac{w}{k_z} = \frac{v_g \sin(k_z\Delta z)}{k_z\Delta z} \tag{3-45}$$

其中,v_p 表示相速度;v_g 表示群速度;w 表示角频率;k_z 表示空间波数。地震波中含有各种波数成分,它们以不同的相速度传播。相速度和群速度的比值为

$$\frac{v_p}{v_g} = \frac{\sin(k_z\Delta z)}{k_z\Delta z} = 1 - \frac{1}{6}(k_z\Delta z)^2 + O(k_z\Delta z)^4 \tag{3-46}$$

由式(3-46)可见,空间离散使得相速度低于群速度,波数越大则滞后越多。如果时间和空间采样过于粗糙,就会产生数值频散。影响数值频散的因素有:空间网格间距、子波主频、差分精度。压制数值频散常用的方法有:高阶差分、通量校正传输方法(FCT)等,其中高阶差分最为常用。本章研究过程中,二维与三维声波方程有限差分数值模拟过程中可能导致的数值频散,通过高阶差分实现压制。下面以均匀速度模型为例,分析影响数值频散的主要因素。

(1)空间网格间距。采用空间2阶差分,时间采样率为0.001s,子波主频20Hz,空间网格间距分别为30m、20m、10m。图3-21为不同网格间距进行正演模拟的波场快照,可以看出空间网格间距越大,频散越严重;网格间距减小,频散变弱。

(2)子波主频。速度模型网格大小为301×301,空间网格间距分别10m×10m,时间采样率为0.001s;采用空间2阶精度差分,子波主频50Hz、30Hz、10Hz。图3-22为不同主频子波正演模拟的波场快照,可以看出子波主频越高,频散越严重;随着主频降低,频散逐渐降低。

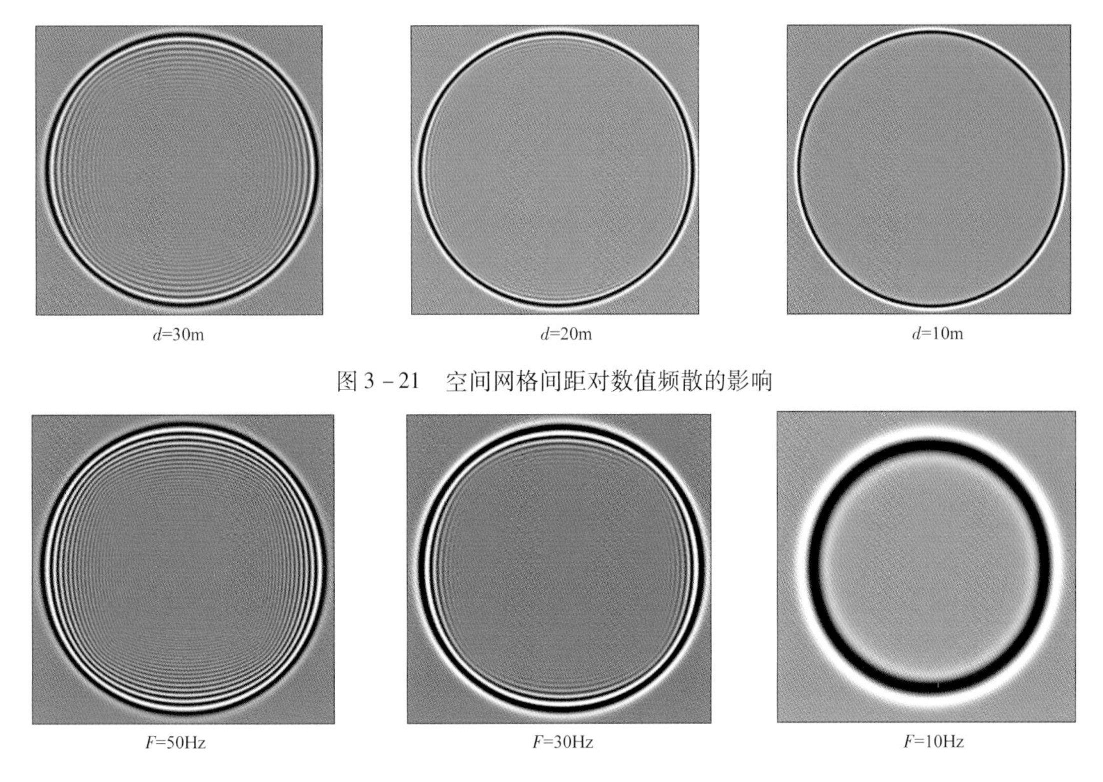

图 3 - 21　空间网格间距对数值频散的影响

图 3 - 22　子波主频对频散的影响

(3)差分精度。空间网格间距分别为 20m;时间采样率为 0.001s;子波主频 20Hz。差分精度分别为 2 阶、6 阶、8 阶。图 3 - 23 为不同差分精度正演模拟的波场快照,可以看出差分阶数越低,频散越严重;随着差分精度提高,频散逐渐降低。

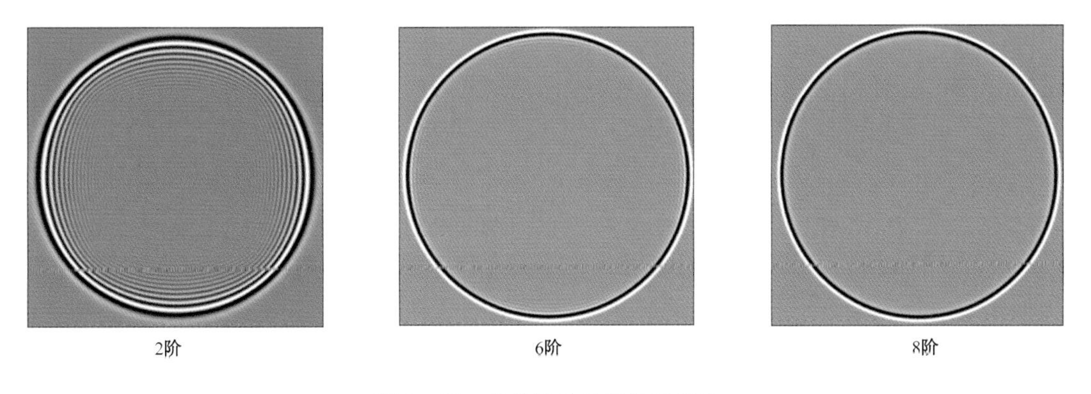

图 3 - 23　差分阶数对频散的影响

通过对以上测试分析可出以下结论:(1)空间网格剖分越小,频散越弱。可以通过缩小网格间距来压制频散,但对于相同规模的速度体,网格越小,剖分的网格点数越多,计算量和存储量也越大,因此在正演模拟时,不能将网格点剖分太小。(2)子波主频越低,频散越弱,可以通过降低主频来压制频散,但子波主频降低会导致分辨率降低;获得的野外地震资料都是有一定主频的,模拟的主频太低则不能与野外地震资料匹配。(3)差分精度越高,频散越弱。可以通过适当提高差分精度来压制频散，但高阶差分也存在稳定性问题。

本节主要提出了一套面向实际资料，基于图形学的二维、三维复杂含火山岩地震地质模型的建立理论与技术，给出了两个比较典型的二维、三维复杂含火山岩地震地质模型，为后面章节进行模型正演分析及偏移方法试验奠定了基础。另外，从差分系数的求取、吸收边界条件、稳定性条件及数值频散的压制等方面系统论述了三维声波方程有限差分正演的相关理论，为之后进行有限差分正演、波动方程逆时偏移等方面做好理论铺垫。

第二节　火山岩关键特征参数地震响应分析

由于火山岩具有高速、高密、形态复杂、埋藏深、非均质强等特点使得火山岩发育区地震资料品质较差，解释难度较大，因此有必要对火山岩发育区地震响应进行正演模拟分析。正演模拟地质建模是关键，首先对工区地质及地震资料进行分析并对地球物理参数进行统计，确定影响火山岩发育区地震响应特征的关键特征参数，结合工区火山岩发育区地层构造形态，建立可以体现关键地质变量的地质模型，利用正演模拟对此模型进行数值模拟，对模拟结果进行处理与解释，进而分析火山岩发育区地震响应特征。

一、地球物理参数统计

结合渤海油田新生界火山岩发育实际靶区的地质情况，对工区资料进行调研，统计火山岩及砂岩储层速度、密度、孔隙度之间的关系，并分析目标区域火山岩分布区的地震及测井资料，确定了火山岩厚度、速度、密度及非均质性、分层结构等为关键特征参数，通过二维波动方程正演模拟分析以上 5 种特征参数对其下伏储层振幅能量的影响，对于分层结构通过正演模拟分析层间多次波对下伏目的层的影响，为火山岩识别及资料处理提供指导。

结合以上认识对地震剖面进行频谱分析，得到了渤海新生界火山岩发育区的频谱如图 3 - 24和图 3 - 25 所示，进而确定了地震资料的主频为 20Hz。

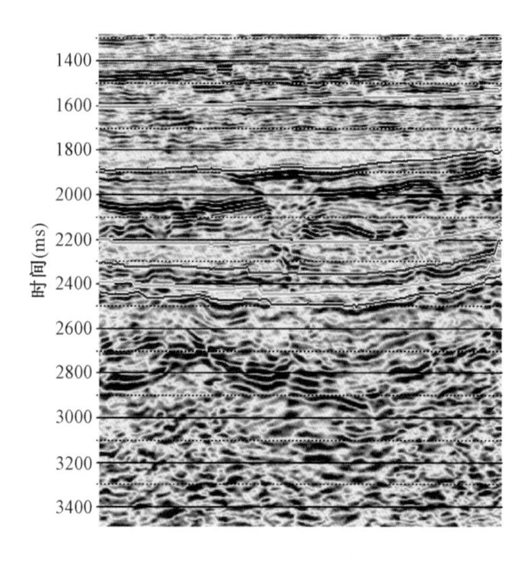

图 3 - 24　Xline6300 地震剖面

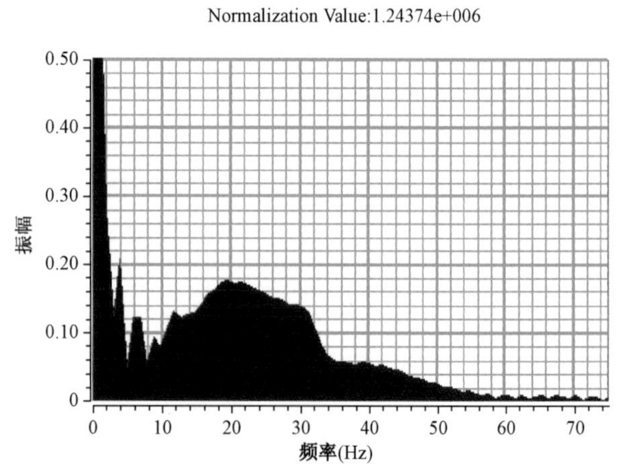

图 3 - 25　地震频率资料频谱

为了分析火山岩关键特征参数对下伏储层的影响，结合以上研究，采用网格间距为5m，采样率为4ms，主频为20Hz的雷克子波作为二维正演模拟的参数。

二、火山岩厚度影响正演模拟分析

根据渤海新生界火山岩发育区地震资料分析，建立深度为10000m的二维模型，其中深度1～500m，速度为2100m/s的均匀介质；501～10000m为速度随深度的连续介质，其相对变化率为$\beta=(0.3/2100)/m$；在3001～3100m的范围内加入速度为3200m/s的砂岩层；其二维模型结果如图3－26所示。

图3－26　无火山岩速度模型

对无火山岩模型进行二维正演得到单炮记录；进一步对目的层层位进行追踪，追踪结果如图3－27所示，最后对目的层振幅进行提取，提取结果如图3－28所示。

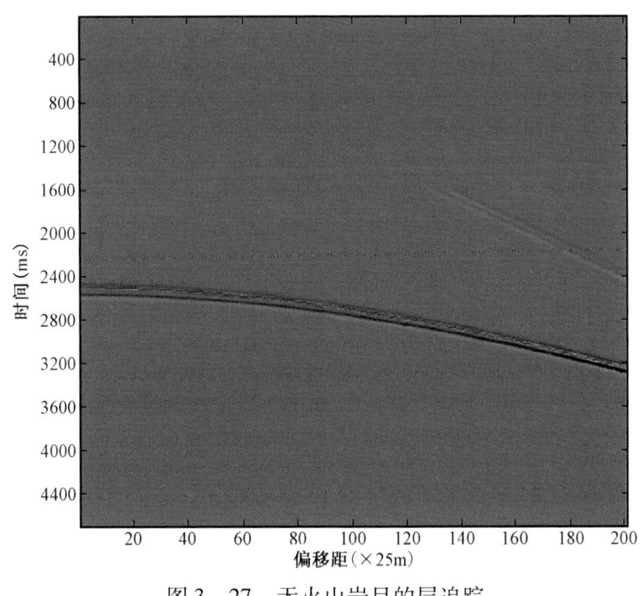

图3－27　无火山岩目的层追踪

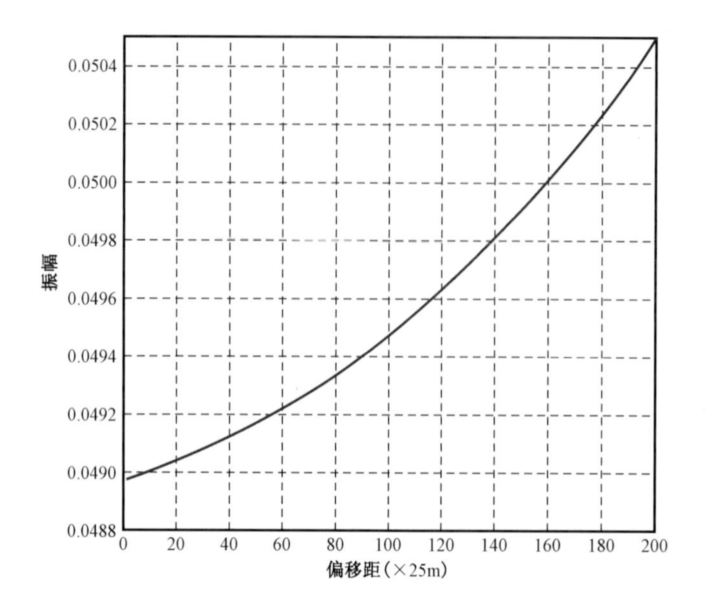

图 3－28 无火山岩情况下目的层振幅

以此无火山岩速度模型为基本模型，考虑火山岩厚度对目的层振幅的影响规律，在地层 2300m 处加入速度为 4400m/s，变换厚度分别为 7m、14m、27m、50m、110m、220m、330m 的火山岩，得到模型如图 3－29 所示；对此模型进行二维波动方程正演模拟得到单炮记录如图 3－30 所示（以火山岩厚度 7m 为例），对此单炮记录目的层层位进行追踪得到结果如图 3－31 所示，对目的层振幅提取并对此振幅值与无火山岩情况下做比值，得到变厚度模型相对振幅随偏移距的变化曲线如图 3－32 所示。

图 3－29 火山岩变厚度模型

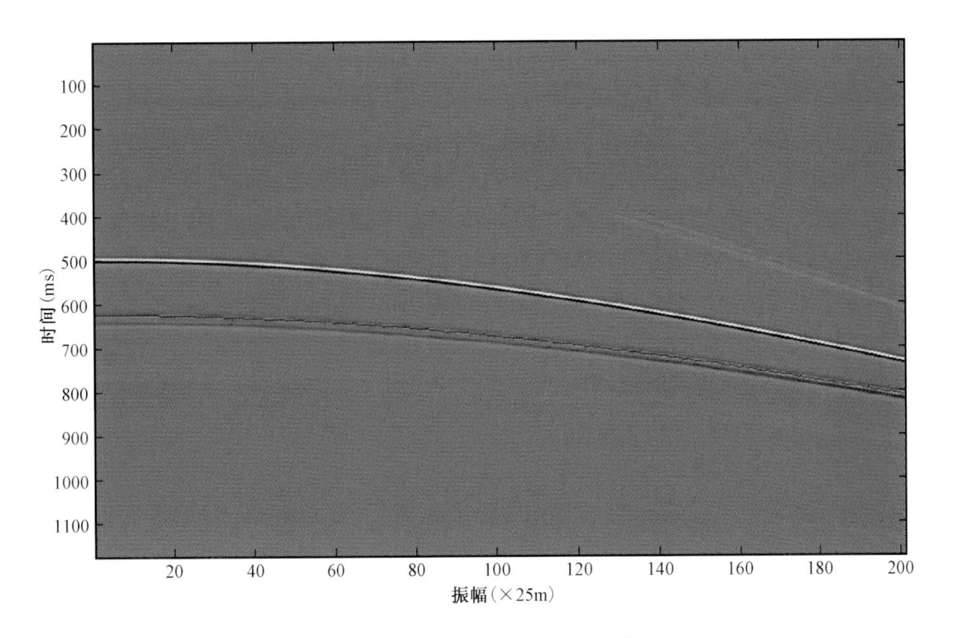

图3-30　火山岩变厚度目的层层位追踪

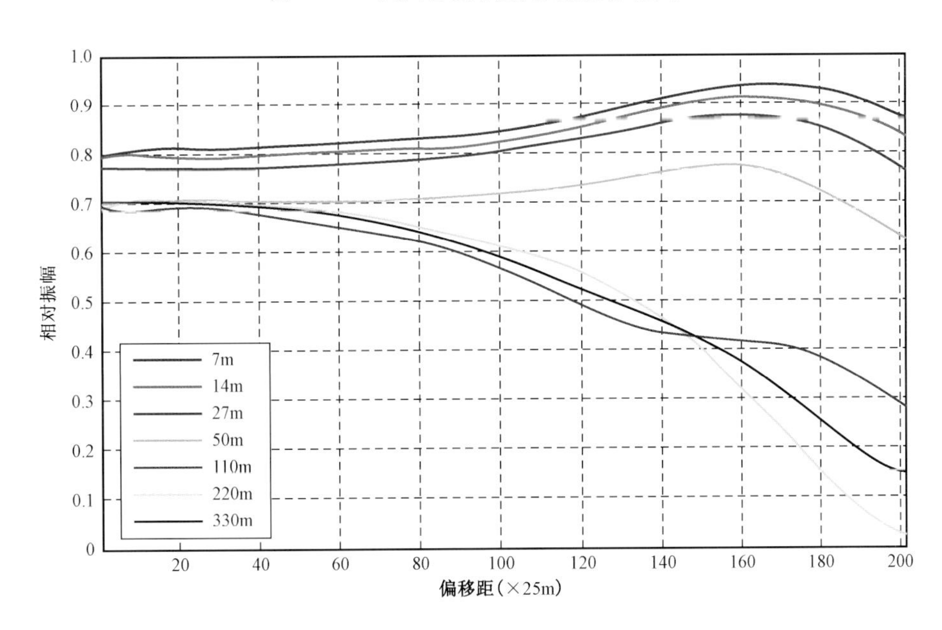

图3-31　变厚度火山岩相对振幅随偏移距变化曲线

通过对一系列变厚度火山岩模型正演单炮记录目的层振幅提取结果可知,火山岩具有屏蔽作用,使得目的层振幅相对于无火山岩情况下变小,火山岩厚度因素是影响目的层振幅能量的关键因素之一,随着火山岩厚度增大,目的层振幅能量逐渐减小。

三、火山岩速度影响正演模拟分析

以无火山岩速度模型为基本模型,考虑火山岩速度变化对目的层振幅的影响规律,在地层

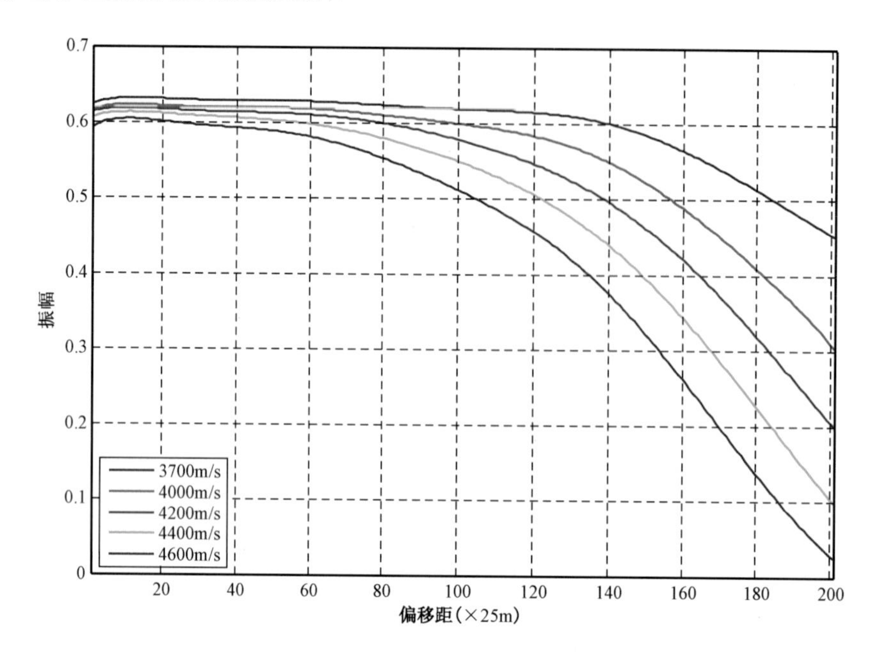

图 3－32　变速度火山岩相对振幅随偏移距变化曲线

2300m 处加入厚度为 220m，速度分别为 3700m/s、4000m/s、4200m/s、4400m/s、4600m/s 的火山岩，得到变速度模型；对变速度模型进行二维波动方程正演模拟得到单炮记录，对此单炮记录目的层层位进行追踪，对目的层振幅提取并与无火山岩情况下做比值，得到变火山岩目的层振幅与无火山岩振幅之比随偏移距变化的曲线（图 3－32）。

通过对一系列变速度火山岩模型正演单炮记录目的层振幅提取结果可知，火山岩速度因素是影响目的层振幅能量的关键因素之一，随着火山岩速度增大，目的层振幅能量逐渐减小。

四、火山岩密度影响正演模拟分析

根据测井曲线对纵波速度与密度关系进行统计拟合，其结果如图 3－33 和图 3－34 所示。

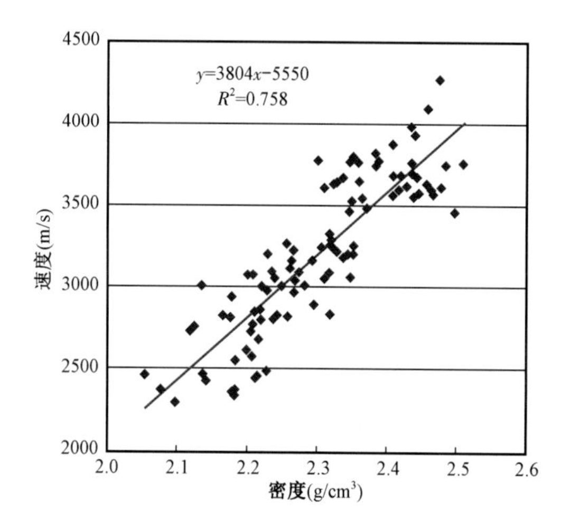

图 3－33　砂岩密度速度关系拟合图

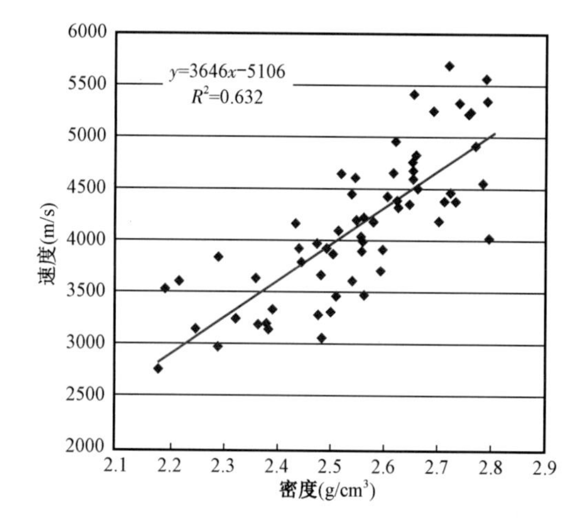

图 3－34　火山岩密度速度关系拟合图

以无火山岩速度模型为基本模型，考虑火山岩密度对目的层振幅的影响规律，在地层2300m处加入厚度为220m，根据统计的密度与速度关系引入密度变量，同时变换速度与密度，分别为3700m/s、2.43g/cm³，4000m/s、2.50g/cm³，4200m/s、2.55g/cm³，4400m/s、2.60g/cm³，4600m/s、2.65g/cm³，4800m/s、2.70g/cm³，5000m/s、2.75g/cm³的火山岩，得到变波阻抗模型；对变波阻抗模型进行二维波动方程正演模拟得到单炮记录，对目的层振幅提取并对此振幅值与无火山岩情况下做比值，得到不同波阻抗火山岩时目的层振幅与无火山岩振幅之比随偏移距变化的曲线（图3-35），变速度模型与变波阻抗模型对比如图3-36所示。

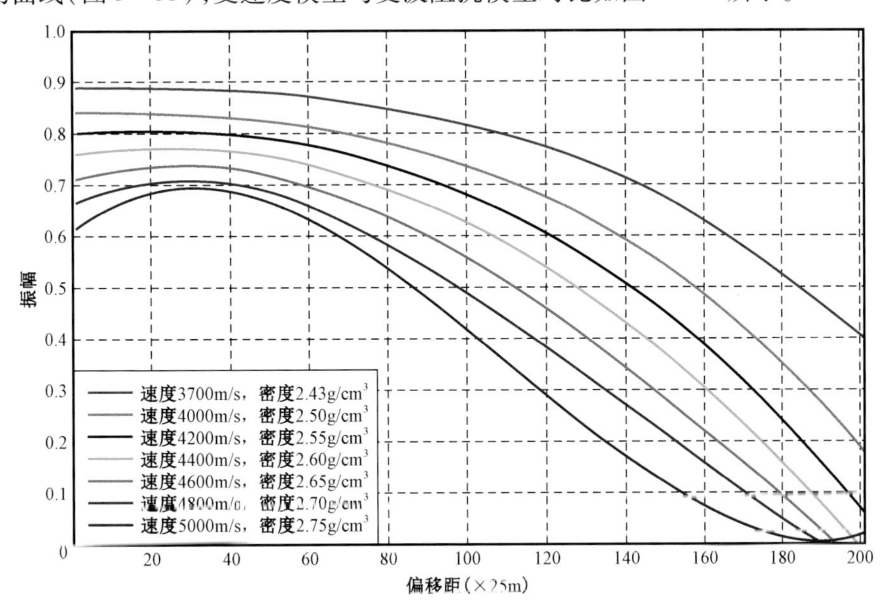

图3-35 不同波阻抗目的层振幅与无火山岩比值

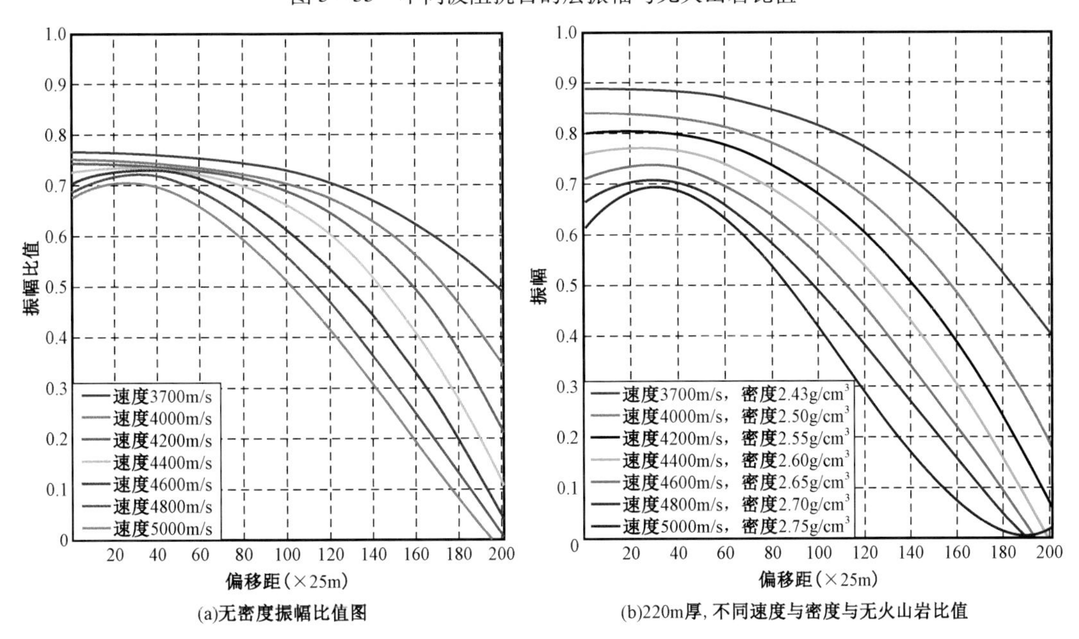

图3-36 不同波阻抗目的层振幅与无火山岩比值

通过对一系列变速度与变密度火山岩模型正演单炮记录目的层振幅提取结果可知，火山岩波阻抗因素是影响目的层振幅能量的关键因素之一，随着火山岩波阻抗的增加，目的层相对振幅逐渐变小；结合图3-36可知，火山岩变波阻抗目的层振幅能量变化与火山岩变速度目的层振幅能量变化一致，由于渤海油田新生界火山岩速度与密度有较好的线性关系，所以火山岩波阻抗的影响可以由速度近似代替。

五、火山岩非均质性影响正演模拟分析

火山岩具有较强的非均质性，造成地震能量散射比较严重，使得火山岩下伏地层能量衰减剧烈，波场混乱，严重干扰了对火山岩下伏目的层的识别，本节通过正演模拟分析火山岩非均质变量对下伏目的层的影响，建立以下模型：以无火山岩速度模型为基本模型；在速度为4400m/s、厚度为110m（即厚为$\lambda/2$）为背景下，增加速度非均质量分别为50m/s、250m/s、500m/s、750m/s、1000m/s（即速度非均质性的增加量接近于1%、5%、10%、15%、20%）的5个火山岩速度模型，得到变非均质模型如图3-37所示；对变非均质模型进行二维波动方程正演模拟得到单炮记录（图3-38），对此单炮记录目的层层位进行追踪，对目的层振幅提取并对此振幅值与无火山岩情况下做比值，得到不同非均质变量火山岩目的层振幅与无火山岩振幅之比随偏移距变化的曲线（图3-39）。

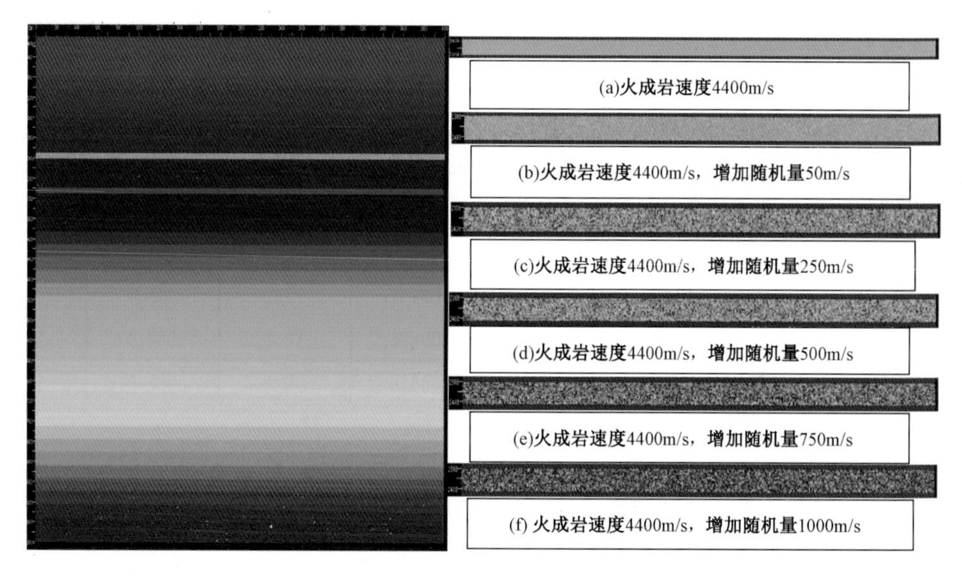

图3-37　火山岩非均质速度模型

通过分析变非均质变量正演模拟炮集记录及振幅提取结果可知，由于火山岩的非均质特性使得地震波在传播到火山岩区域时产生较强的散射，造成火山岩地层之间及火山岩下伏地层的地震资料品质较差，严重影响目的层精细描述，制约了对火山岩下伏油气藏的认识；从其提取的振幅能量可以看出非均质性变化较小时对下伏砂岩储层同相轴振幅影响较小，非均质性变化较大时对下伏砂岩储层同相轴振幅影响较大。

六、火山岩分层结构影响正演模拟分析

为分析火山岩分层结构所产生的层间多次波对下伏目的层的影响，建立以下模型：以无火

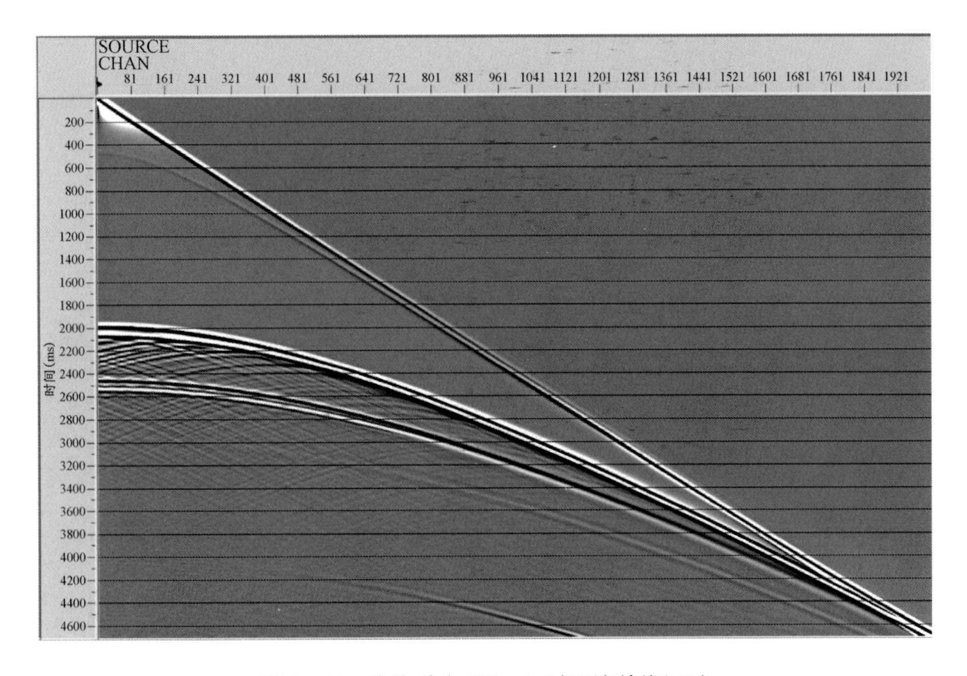

图 3－38　非均质为 500m/s 时正演单炮记录

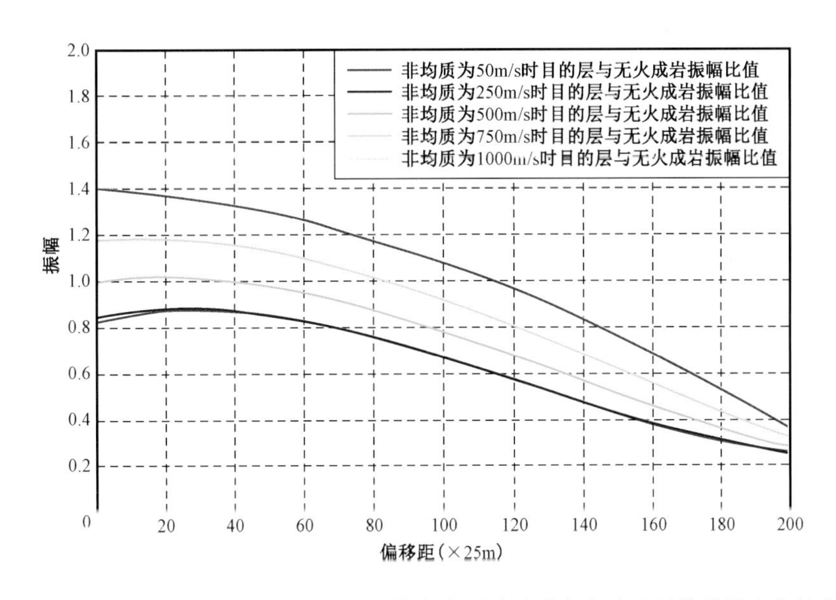

图 3－39　不同非均质变量火山岩目的层振幅与无火山岩振幅之比随偏移距变化的曲线

山岩速度模型为基础，建立 7 个含火山岩的速度模型，将厚度为 110m，速度为 4400m/s 的火山岩在 2300～2600m 的深度范围内均匀分为 2、3、4、5、6、7、8 层，得到火山岩分层结构模型（图 3－40）；对分层结构模型进行二维波动方程正演模拟得到单炮记录（图 3－41），对此单炮记录目的层层位进行追踪，并对目的层振幅进行提取，同时对此振幅值与无火山岩情况下做比值，得到火山岩不同分层结构情况下，目的层振幅与无火山岩振幅之比随偏移距变化的曲线（图 3－42）。

图 3－40　分层结构模型

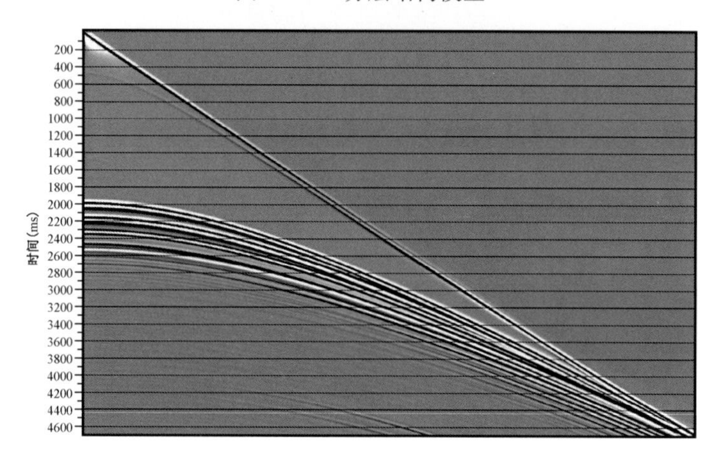

图 3－41　分 2 层时正演模拟结果

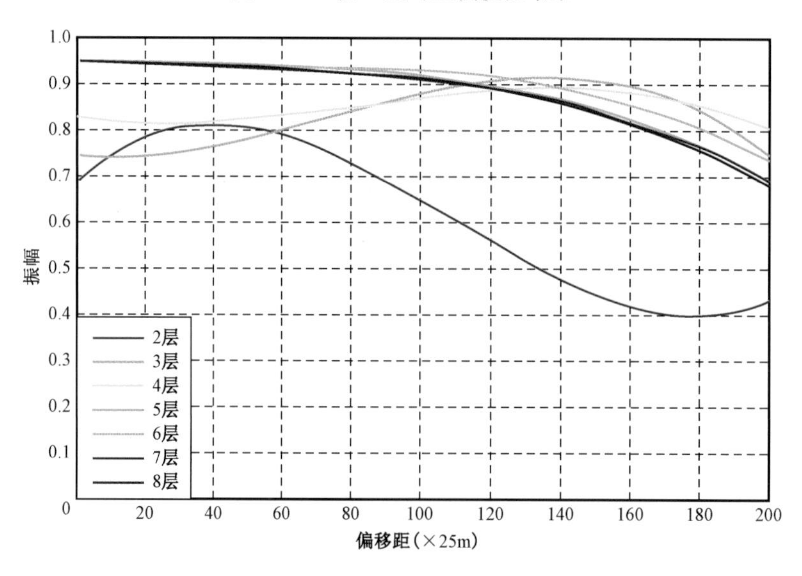

图 3－42　不同分层结构火山岩目的层相对振幅与无火山岩振幅之比随偏移距变化曲线

通过对一系列火山岩分层结构模型正演单炮记录目的层振幅提取结果可知，火山岩分层结构会产生多次波，其与一次波叠合影响一次波振幅能量提取；当分层数较少时对下伏目的层影响较大，当分层数较多时对下伏目的层影响较小。

七、正演子波频率对能量屏蔽作用影响模拟分析

本节通过正演模拟分析子波频率对下伏目的层的影响，建立以下模型：以无火山岩速度模型为基本模型；在速度为4400m/s、厚度为110m（即厚为$\lambda/2$）背景下得到模型；改变子波频率从20Hz到60Hz对模型进行二维波动方程正演模拟得到单炮记录，对此单炮记录目的层层位进行追踪，并对目的层振幅提取并对此振幅值与无火山岩情况下做比值，得到不同频率时目的层振幅与子波为35Hz时振幅的比值随偏移距变化的曲线（图3－43）。

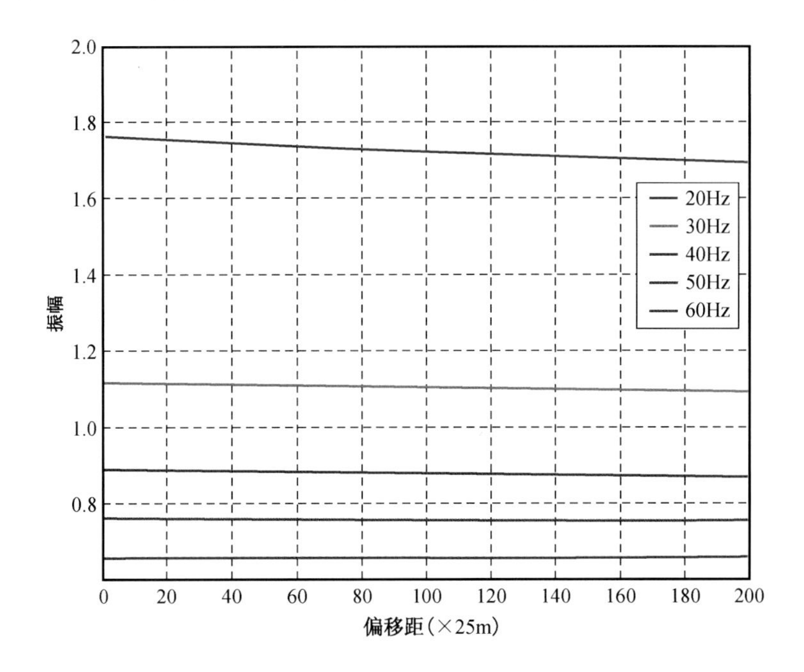

图3－43　不同频率目的层振幅与子波为35Hz时振幅的比值随偏移距变化曲线

通过对图3－43进行分析可以看出随着频率的增加，目的层振幅逐渐减小，火山岩对高频信号的衰减程度强，对低频信号的衰减程度弱，因此在之后的处理中要充分利用低频信息。

八、火山岩对下伏地层反射波振幅影响分析实例

在图3－44中给出了一个典型的含火山岩复杂地质模型。在该地质模型中，火山岩的速度为4000～5500m/s，而围岩速度为3100～3700m/s，见表3－4。两者之间有较大的速度差异。为了更好地研究火山岩对下伏地层反射波振幅的影响，在完整的火山岩模型上做一系列的简化，并产生一系列的模型：（1）上覆无火山岩；（2）上覆单层火山岩；（3）上覆两层火山岩；（4）上覆三层火山岩；（5）上覆多层火山岩；（6）完整火山岩模型等。

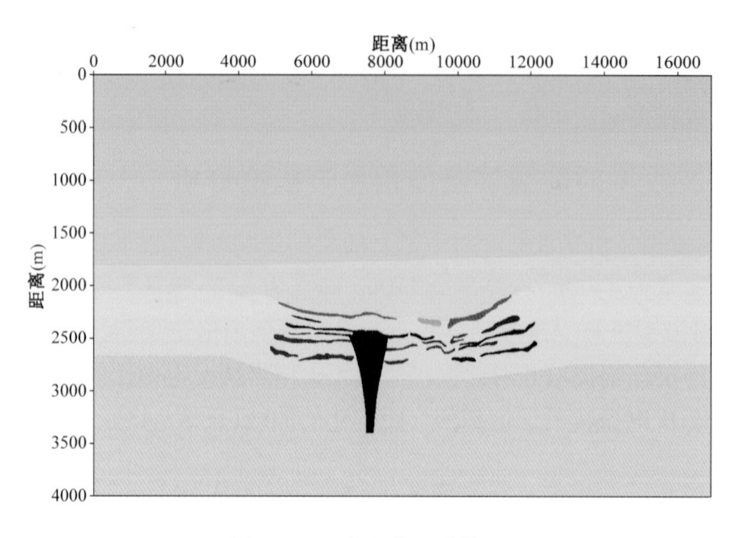

图 3－44　火山岩地质模型

表 3－4　正演模型背景物性参数表

编号	速度(m/s)	密度(kg/m^3)
①	2100	2048
②	2227	2115
③	2600	2290
④	3100	2350
⑤	3200	2350
⑥	3700	2350

在图 3－45 至图 3－50 中分别给出了上覆无火山岩、上覆单层火山岩、上覆两层火山岩、

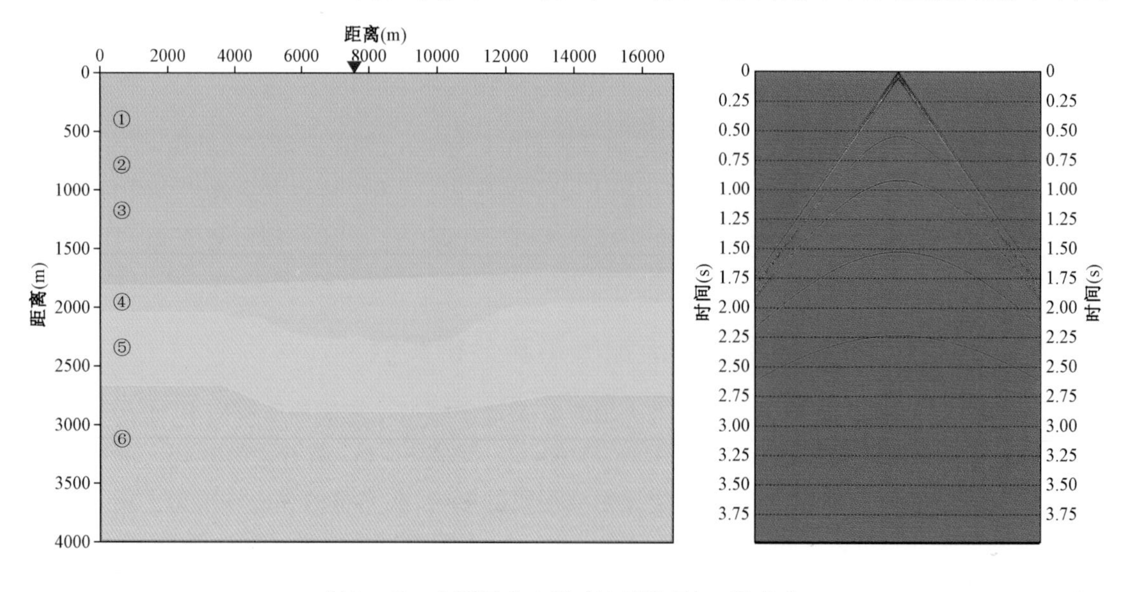

图 3－45　上覆无火山岩时地质模型与正演炮集

上覆三层火山岩、上覆多层火山岩、完整火山岩模型等的地质模型和在模型中间放炮的正演炮集。在这些炮集上可以看到：当上覆无火山岩时，目的层反射清晰；当上覆存在单层火山岩时，目的层反射波仍然很清晰，但反射波振幅有所变弱；随着上覆火山岩层数增加，下伏地层反射波将变得越来越不清晰，反射波振幅也随之减弱；上覆存在多个火山岩时，下伏地层的反射波基本无显示，其主要原因有两个，一是多层火山岩的透射造成地震波的屏蔽，使得到达下伏地层地震波的能量很弱；二是火山岩产生很强的多次波干扰，进一步干涉下伏地层的反射波能量。因此当上覆存在多个火山岩地层时，下伏地层的反射波已经无法识别，其振幅也已无法分

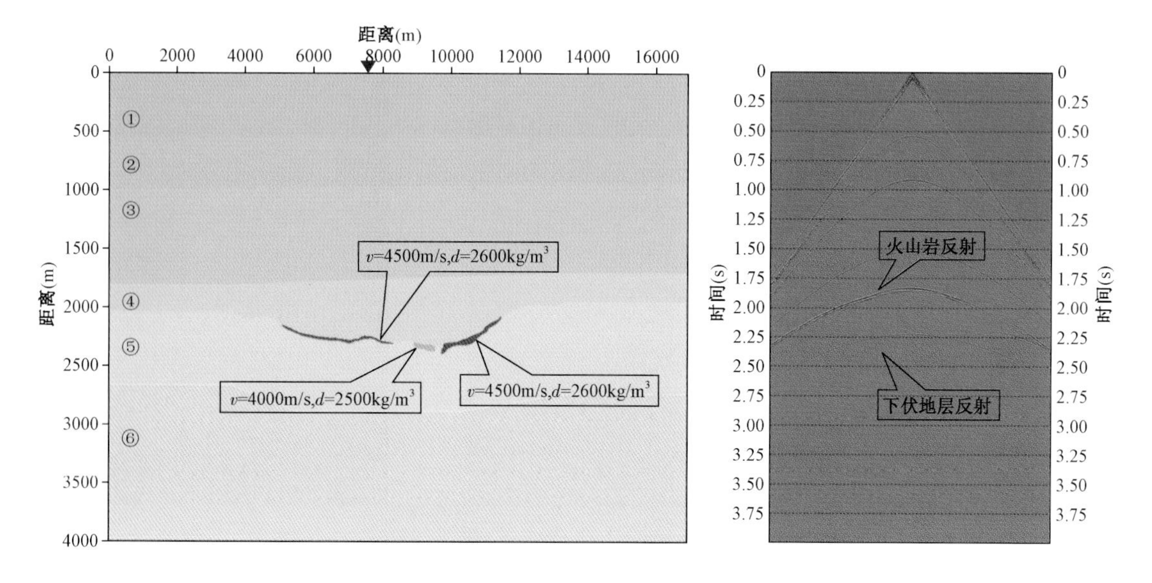

图 3－46　上覆单层火山岩时地质模型与正演炮集

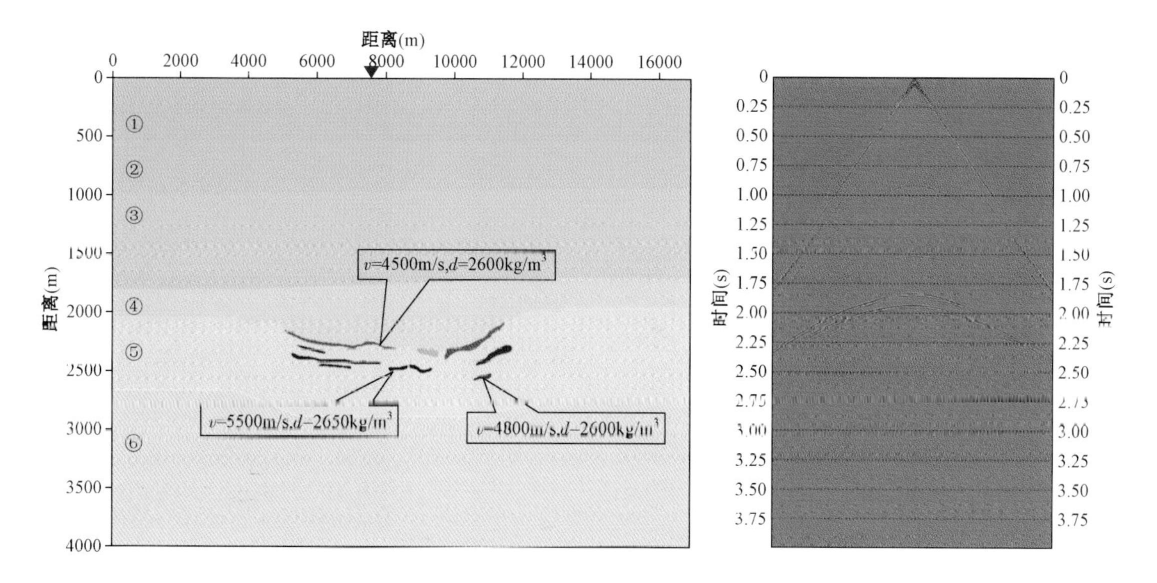

图 3－47　上覆两层火山岩时地质模型与正演炮集

析。因此,在图 3-51 中只给出了上覆无火山岩、上覆单层火山岩、上覆两层火山岩、上覆三层火山岩等 4 种情况的炮集反射波振幅曲线。从该图所示的振幅曲线可知,由于目标界面下伏地层速度大于上覆地层速度,因此当上覆不存在火山岩时,反射波振幅随炮检距增大而增大。当上覆存在火山岩,反射波受到多次波、散射波等影响,振幅变得很难拾取,振幅也发生明显抖动,但振幅的变化趋势是随炮检距的增大而减小,火山岩地层越多,这种趋势越明显。这个结果与简单模型是一致的,只是这里的火山岩分布更广,因此影响的炮检距范围更大。

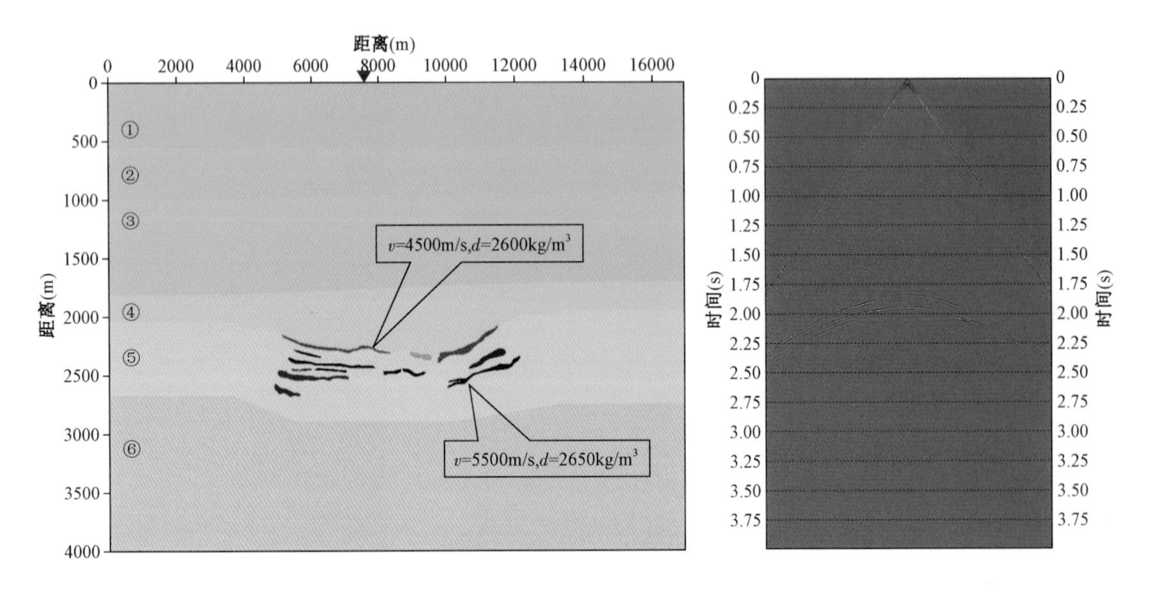

图 3-48　上覆三层火山岩时地质模型与正演炮集

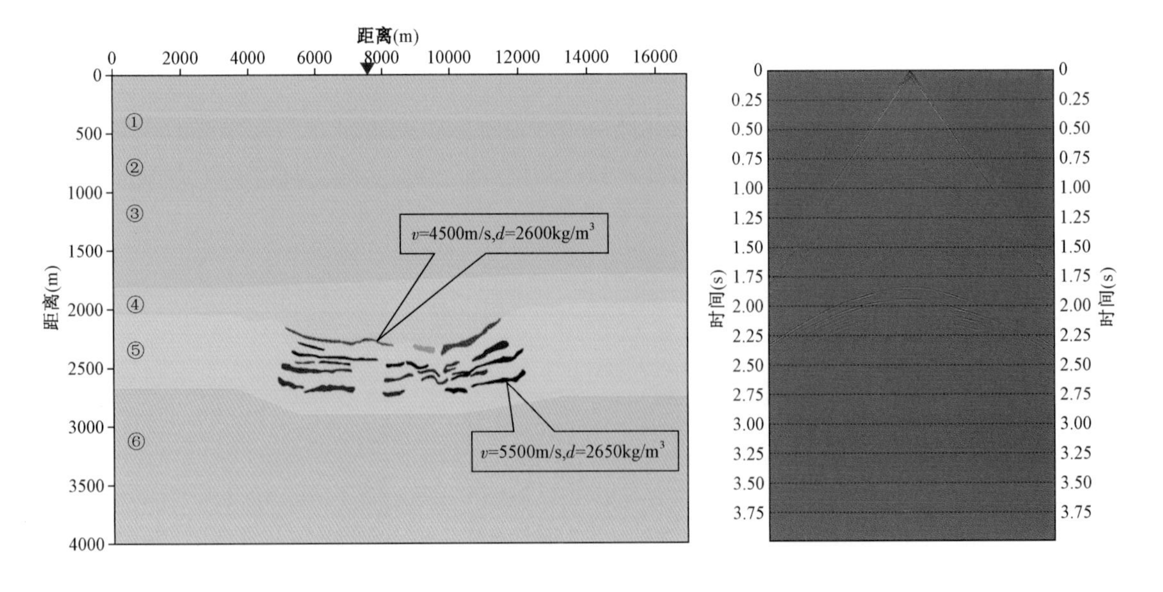

图 3-49　上覆多层火山岩时地质模型与正演炮集

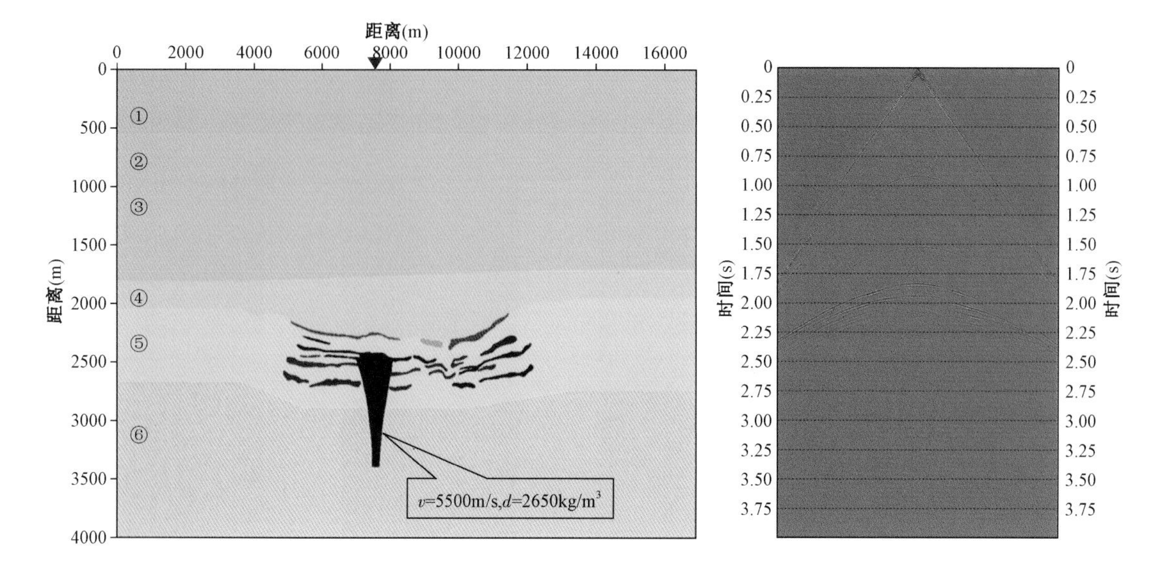

图 3-50 完整火山岩时地质模型与正演炮集

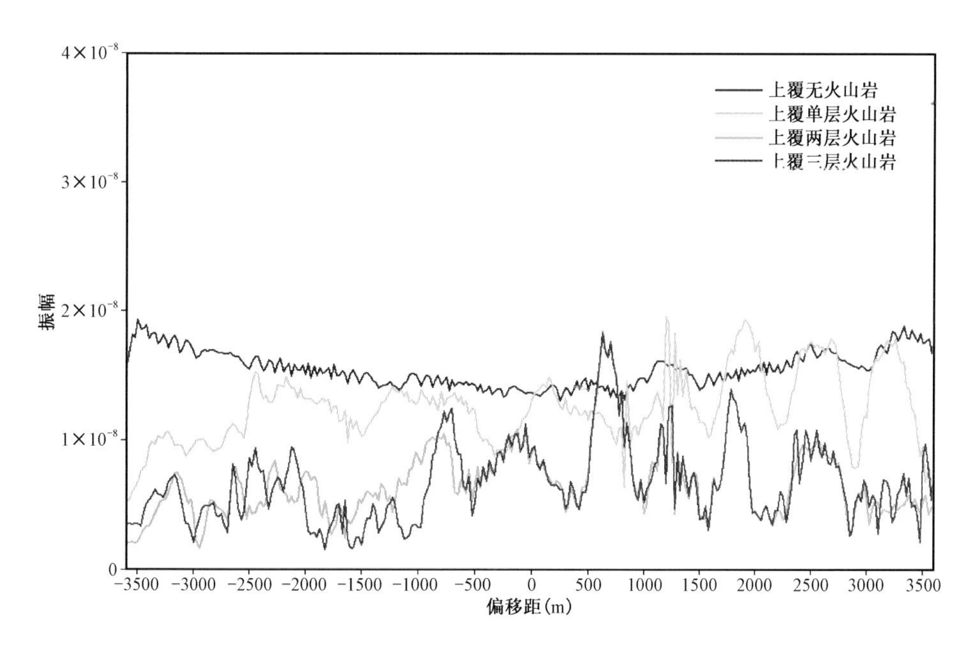

图 3-51 不同火山岩模型正演炮集反射波振幅对比

图 3-52 是炮检距为 0m 时不同火山岩模型正演共炮检距剖面,图 3-53 是共炮检距剖面相应的反射波振幅曲线。从该图可以看到,在共炮检距道集上,反射波振幅受火山岩的影响,火山岩地层越多,反射波振幅越小。

图 3-54 和图 3-55 分别是不同火山岩模型正演叠前时间偏移剖面与相应的反射波振幅曲线。很显然,当上覆不存在火山岩时,目标反射层反射波非常清晰、完整,偏移归位也很正确,除了不满覆盖次数等原因造成的反射波振幅变化外,振幅变化符合地震波传播规律,且基

本能反映该反射层的反射强度（即速度、密度变化）。当上覆存在单个火山岩时，目标反射层的反射波依然清晰可见，但反射波振幅受到上覆火山岩屏蔽而变小，受到火山岩多次干涉而变化无规律。随着上覆火山岩的增多，下伏目标反射层的反射波越来越不清晰，能量越来越弱，偏移成像也不能正确归位。

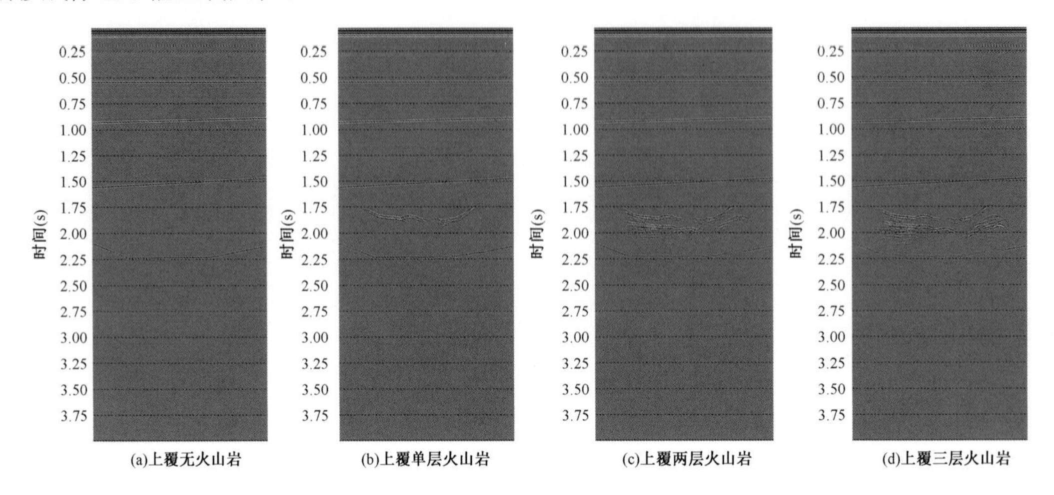

图 3－52　火山岩模型正演共炮检距剖面（炮检距 0m）

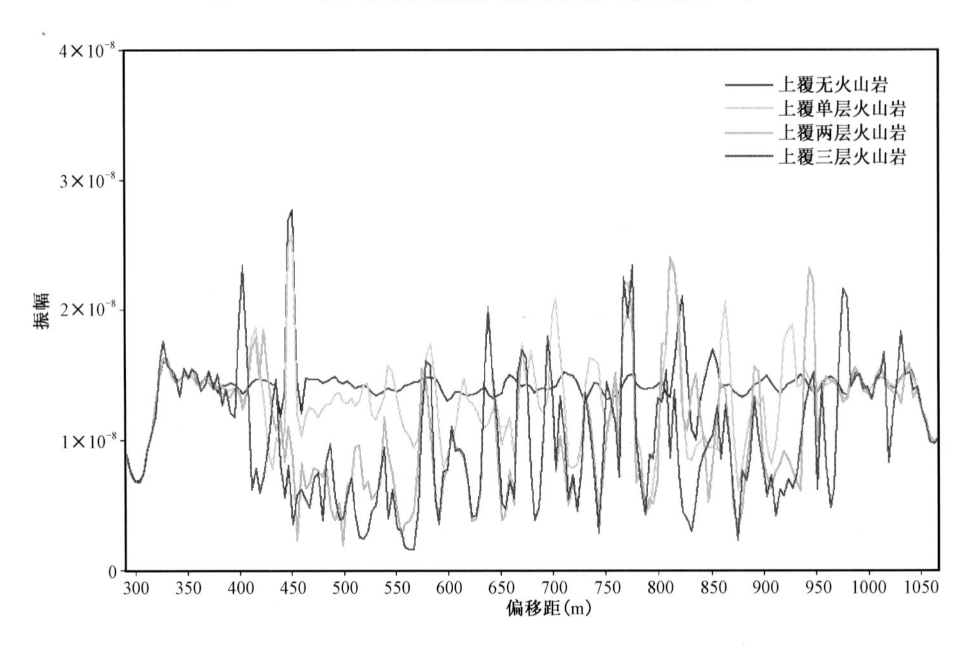

图 3－53　火山岩模型正演共炮检距剖面反射波振幅（炮检距 0m）

本节从统计地球物理参数开始，建立层状模型，采用二维有限差分声波方程正演，提取单炮数据中火山岩下伏砂岩地层的振幅，绘制相对振幅随偏移距变化的曲线，从振幅角度分析了火山岩的厚度、速度、密度、非均质性、分层结构以及子波频率对下伏砂岩地层振幅的影响，得到了规律性认识，为之后章节中的振幅补偿和处理、建立的典型含火山岩复杂模型中火山岩属性参数的填充提供了一定的理论基础。

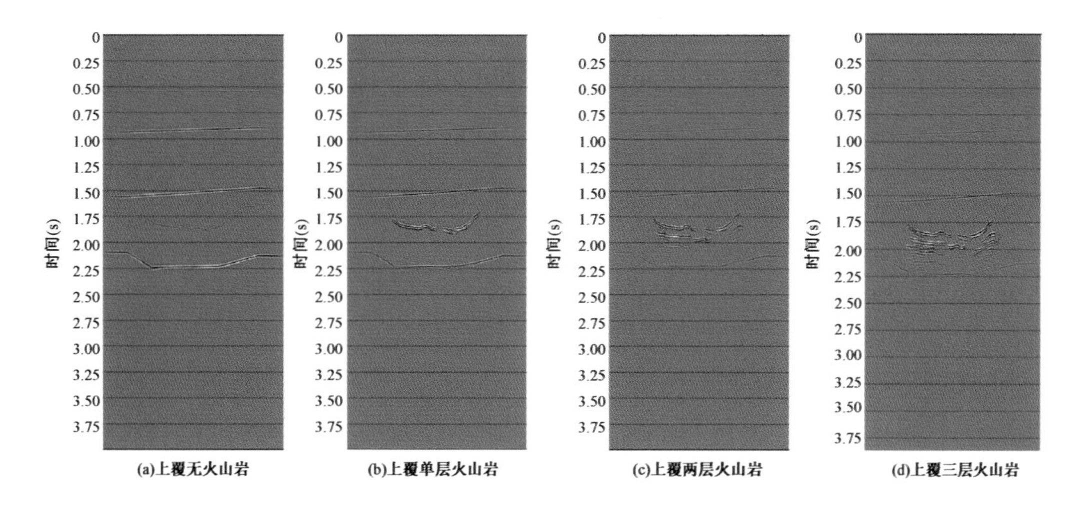

图 3－54　火山岩模型正演叠前时间偏移剖面

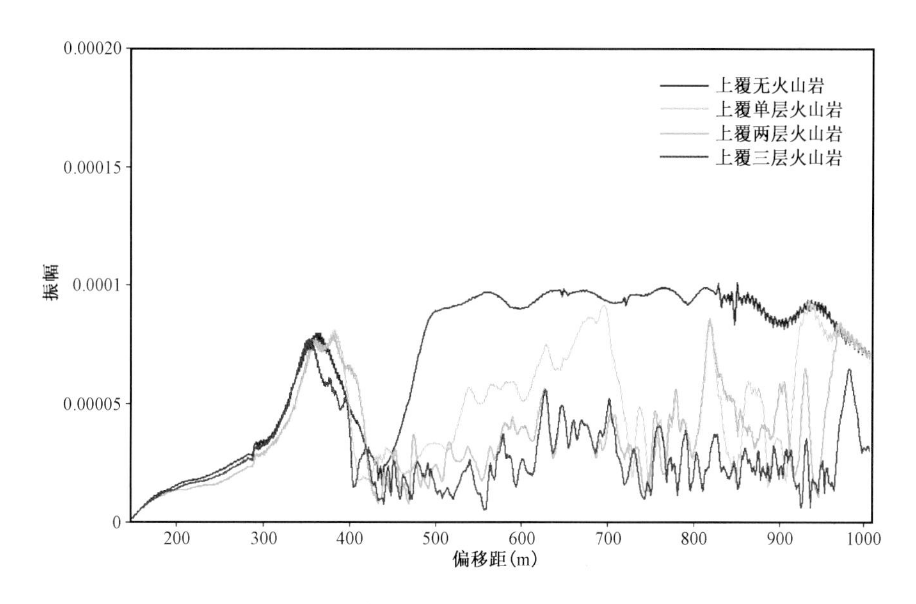

图 3－55　火山岩模型正演叠前时间偏移剖面反射波振幅

第三节　火山岩地震偏移成像分析

火山岩发育区构造复杂，其地层倾角大、断层较发育、横向速度变化剧烈、埋藏深、非均质强等特征严重影响成像精度。地震偏移技术可以使绕射波收敛、地下界面偏移归位，极大地提高了成像质量。目前工业上 Kirchhoff 偏移与逆时偏移两种方法被广泛应用。Kirchhoff 积分法偏移对三维资料，尤其在处理地层倾角较大的情况下较为有利。其中倾角、偏移孔径、偏移速度、偏移距分组、旅行时选取等是影响 Kirchhoff 偏移成像精度的重要因素。逆时偏移对横向速度变化剧烈的情况下成像效果较好。影响逆时偏移成像结果精度的因素主要包括偏移速度场、噪声压制方法的选取等。

渤海油田南部区块火山岩分布不均且分布范围较广，同时在火山通道的上方，负花状构造明显发育，使得地层横向速度变化剧烈，对该区地震资料的偏移成像结果产生严重影响。地震偏移结果的精度，尤其是火山岩自身成像结果精度以及火山岩区下伏地层的成像结果精度，严重制约后续的油气勘探与开发。以图 3－4 所建立的二维典型火山岩模型为基础，设计单边激发单边接收观测系统，利用有限差分方法求解声波方程得到的单炮记录，主要针对成熟的 Kirchhoff 偏移方法及学术界热门的逆时偏移方法，在其他偏移参数选取适当并保持不变的情况下，讨论分析偏移方法对偏移速度场的适应性。

一、复杂模型正演叠加试验

如图 3－56 所示的速度模型，建立如表 3－5 所示的观测系统，速度模型纵横向采样间隔为 5m，采用主频为 25Hz 的零相位雷克子波，进行声波方程正演得到单炮记录（图 3－57）。切除直达波后，经过叠加处理得到如图 3－58 所示的叠加剖面，与地质体模型大致相符。在叠后剖面中可见明显的绕射波，并且存在反射波没有归位的现象，使得火山爆发相及溢流相不能很好地区分。剖面中火山通道相的位置比较清晰，但是来自两边地层的绕射干扰了火山通道宽度的辨别。由于火山岩具有较强的能量屏蔽效应，使得下伏低速砂岩地层的反射波能量较弱。

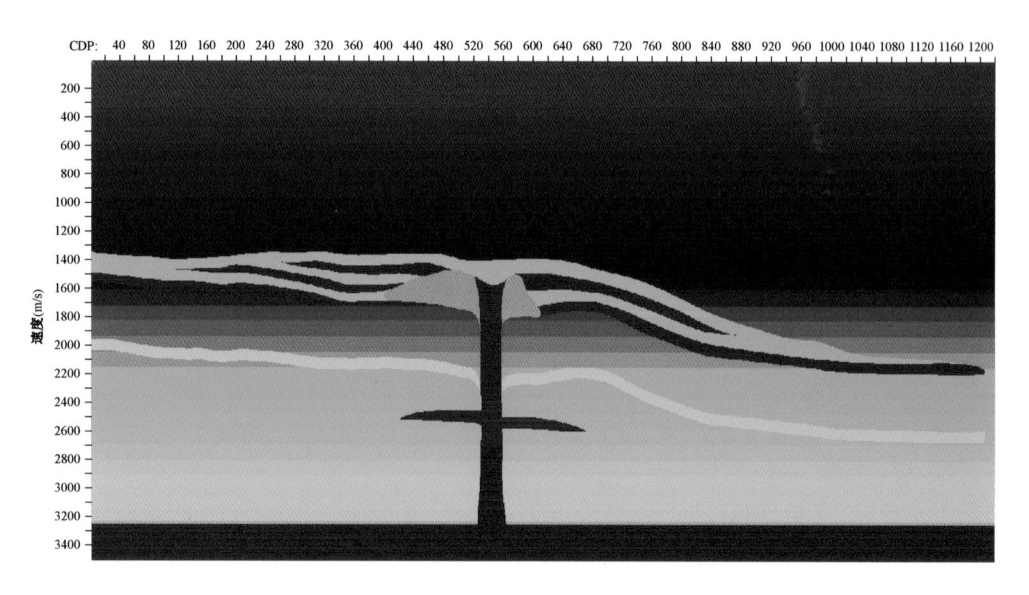

图 3－56 速度模型

表 3－5 正演观测系统参数表

炮数	第一炮坐标（m）	炮间距（m）	激发接收方式
75	5	80	单边激发单边接收
每炮道数	最小偏移距（m）	最大偏移距（m）	道间距（m）
448	200	4670	10

(a)直达波切除前

(b)直达波切除后

图 3－57　正演炮集记录

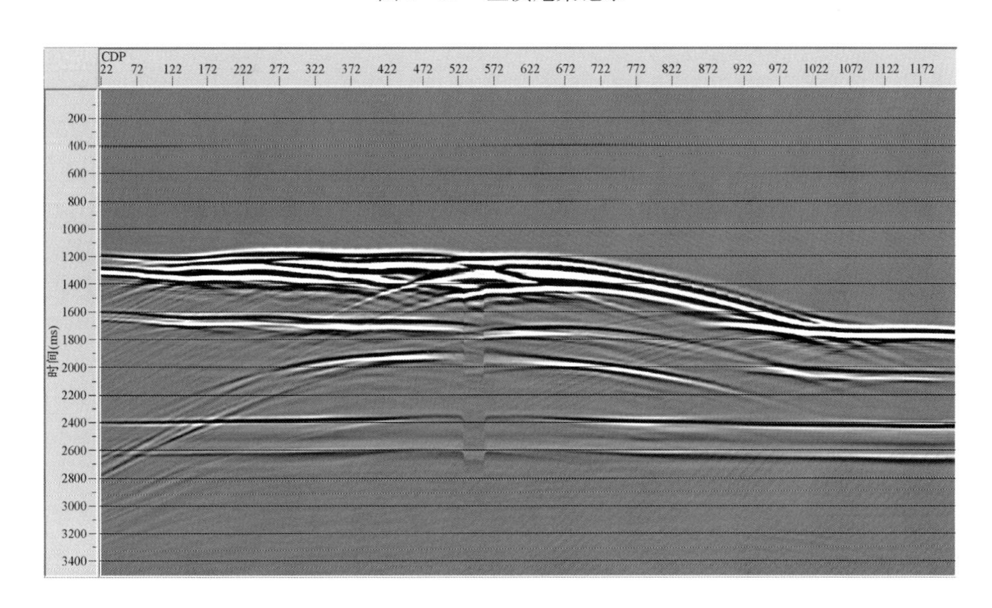

图 3－58　模型叠加剖面

二、Kirchhoff 叠前时间偏移适应性分析

叠后偏移方法效果受叠加剖面质量影响较大，当遇到横向速度变化剧烈、反射界面倾角较大等情况叠加剖面质量较差，影响叠后偏移效果(李振春，2011)。由于叠前偏移方法叠加是在偏移之后完成，克服了上述问题。目前叠前偏移主要有 Kirchhoff 积分法偏法和波动方程偏移方法。Kirchhoff 积分法偏移由于计算效率高而得到广泛应用，下面对 Kirchhoff 积分法偏移进行介绍。

1. Kirchhoff 积分法叠前时间偏移理论

各向同性完全弹性三维波动方程可以表示为如下形式：

$$\frac{\partial^2 P}{\partial x^2}+\frac{\partial^2 P}{\partial y^2}+\frac{\partial^2 P}{\partial z^2}=\frac{1}{c^2}\frac{\partial^2 P}{\partial t^2} \tag{3-47}$$

其中，P 表示纵波波场；x，y，z 分别表示空间坐标；c 表示纵波速度。

利用 Kirchhoff 方法对方程(3－47)进行求解，结果如下：

$$P(x,y,z,t)=-\frac{1}{4\pi}\iint_s\left\{[P]\frac{\partial}{\partial n}\left(\frac{1}{r}\right)-\frac{1}{r}\left[\frac{\partial P}{\partial n}\right]-\frac{1}{cr}\frac{\partial r}{\partial n}\left[\frac{\partial P}{\partial t}\right]\right\}\mathrm{d}s \tag{3-48}$$

其中，s 表示包围点(x,y,z)的闭合曲面；n 表示 s 的外法线；[ ]表示延迟位，且$[P]=P\left(x,y,z,t-\frac{r}{c}\right)$；$r$ 表示 s 内任意一点(x,y,z)到闭合曲面 s 上某点(x_0,y_0,z_0)的距离，且 $r=\sqrt{(x-x_0)^2+(y-y_0)^2+(z-z_0)^2}$。

Kirchhoff 积分法叠前时间偏移建立在波动方程 Kirchhoff 积分解的基础上，把 Kirchhoff 积分中的格林函数用它的高频近似解（即射线理论解）来代替。基本过程包括从震源点和接收点同时向成像点进行射线追踪或波前计算，然后按照相应走时从地震记录中拾取子波并进行叠加，如果所有的路径计算得到的走时都正确，那么对应的所有记录数据的叠加结果会在某些部位产生极大值，则这些极大值就是绕射点的位置。

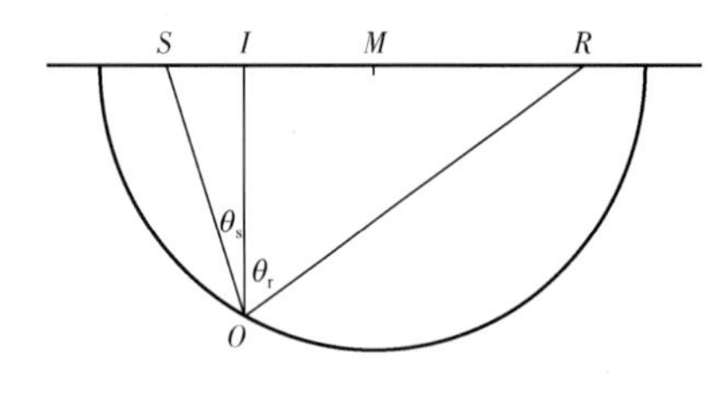

图 3－59　叠前时间偏移示意图

如图 3－59 所示，设 S 为炮点，R 为接收点，M 为地面观测点的中点，即 CMP 点，O 为地下反射点，I 为 O 点在地面的成像点。假设炮点 S，接收点 R 和地下反射点 O 的坐标分别为$(x_S,z=0)$，$(x_R,z=0)$和(x,z)。若假设地面观测得的波场值为 $P(x_S,x_R,z=0)$，那么由式(3－26)利用 Kirchhoff 分解可以得到 t 时刻地下反射点(x,z)的波场值为

$$P(x,z,t)=\int A\left(\frac{\partial}{\partial t}\right)^{\frac{1}{2}}P\left(x_S,x_R,z=0,t+\frac{r_S}{v_d}+\frac{r_R}{v_n}\right)\mathrm{d}x_S\mathrm{d}x_R \tag{3-49}$$

其中，r_S、r_R 分别表示炮点和接收点到反射点的距离；v_d、v_n 分别表示下行波和上行波的层速度。在 Kirchhoff 叠前时间偏移中，为实现保幅处理，引入振幅比例因子 A，且有

$$A=\frac{\cos(\theta_S)cos(\theta_R)}{\sqrt{v_d v_n r_S r_R}} \tag{3-50}$$

2. Kirchhoff 叠前时间偏移试验

利用基于如图 3－56 所示的速度模型经过有限差分正演得到的地震单炮记录，切除直达波，进行 Kirchhoff 叠前时间偏移处理试验。为了测试 kirchhoff 叠前时间偏移方法本身对偏移速度场的适应性，对真实速度模型分别进行了 40 点(200m)和 200 点(1000m)光滑，得到

图 3-60、图 3-61 对示的偏移速度场。经过 Kirchhoff 叠前时间偏移处理,得到如图 3-62 至图 3-64 所示的叠前时间偏移结果剖面。

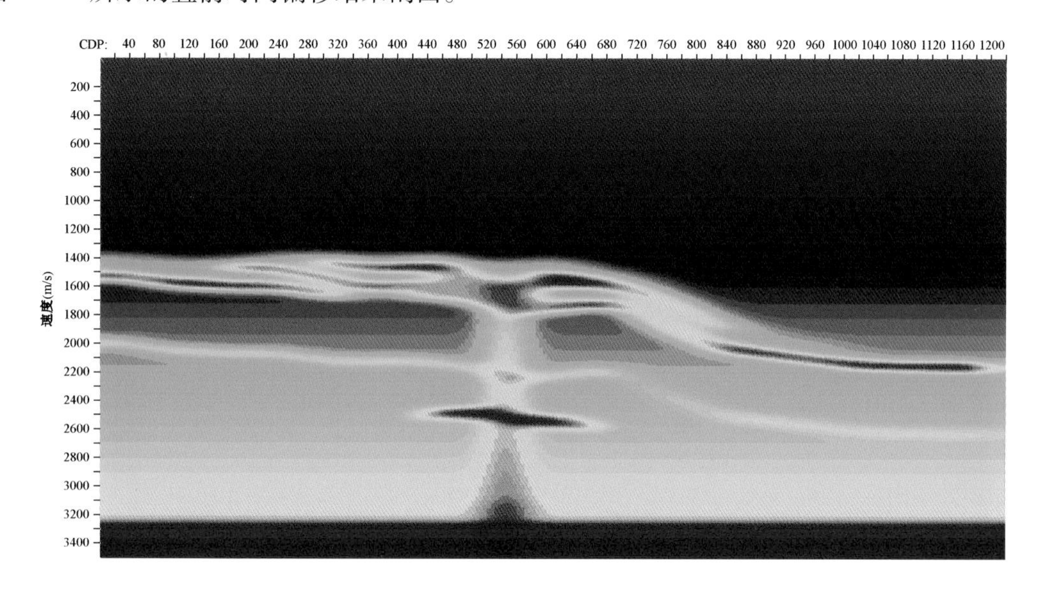

图 3-60 40 点光滑偏移速度场(模型一)

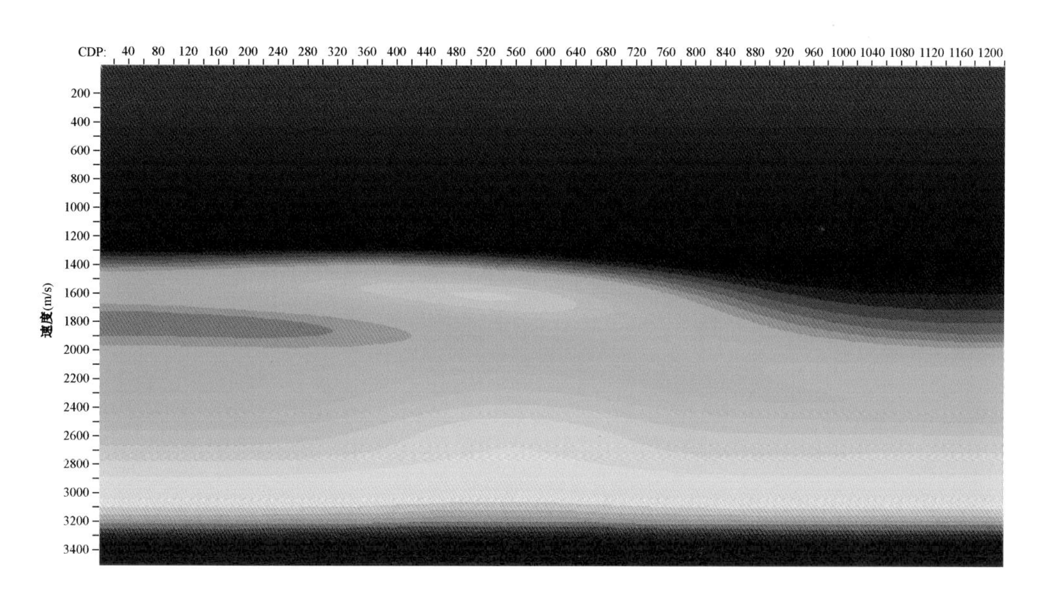

图 3-61 200 点光滑偏移速度场(模型一)

首先,对比图 3-62 和图 3-58 可知,由真实速度场得到的 Kirchhoff 叠前时间偏移成像结果剖面同叠加剖面之间相比,可以发现,包括普通地层和火山岩在内的较低倾角地质体的几何形态得到了很好的成像,同时,绕射波得到了较好的收敛,反射波得到了较好的归位。偏移剖面中火山通道不能分辨,并且火山通道对应位置处明显变宽,由于能量屏蔽的影响,通道两侧地层的成像精度受到了较大的影响。

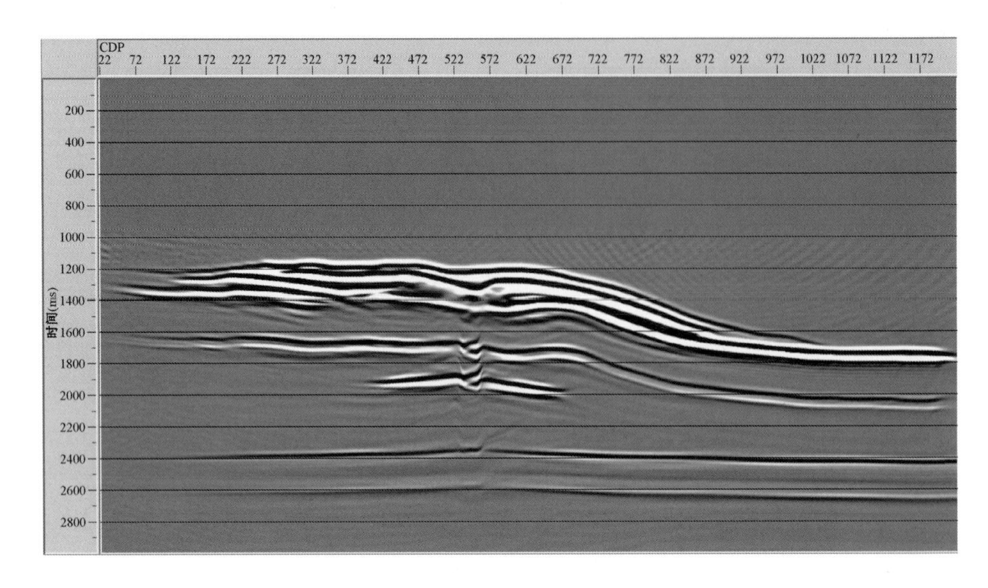

图 3－62　真实速度场 Kirchhoff 叠前时间偏移结果剖面(模型一)

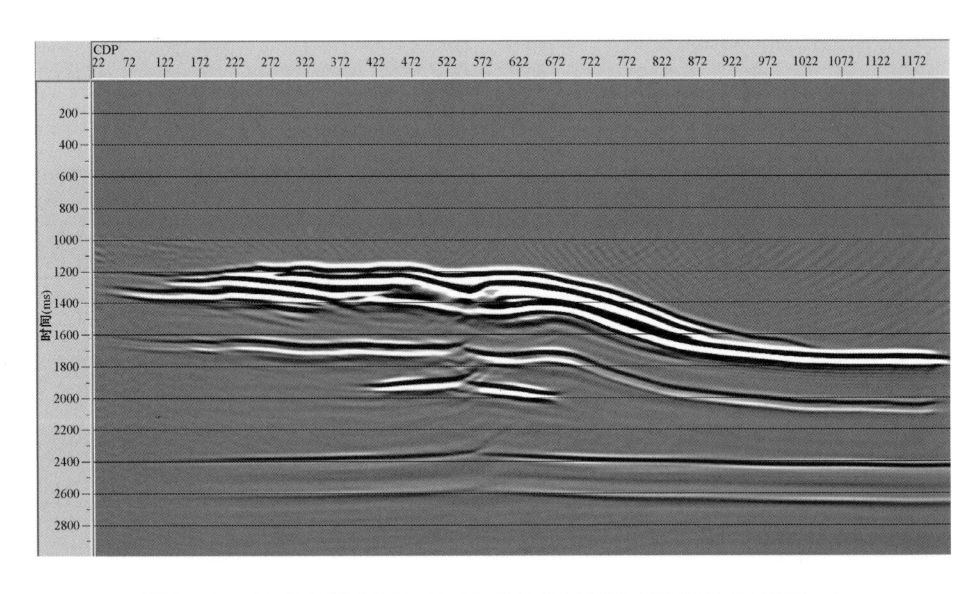

图 3－63　40 点光滑速度场 Kirchhoff 叠前时间偏移结果剖面(模型一)

叠前时间偏移剖面成像更加清晰,其中存在的画弧现象相比叠加剖面明显减少,绕射波收敛,对地质体的形态更容易区分,并且浅层呈互层存在的溢流相火山岩层的分辨能力比叠后深度偏移更高。同时大倾角的地质体得到了更好的归位。叠前时间偏移能够更好地区分高陡倾角的火山通道相。

同时将图 3－56 所示的速度模型的火山通道相速度改为 4500m/s,得到模型二如图 3－65所示,对模型二并分别进行了 40 点和 200 点光滑,得到如图 3－66 和图 3－67 所示的速度场。经过叠前时间偏移处理,得到如图 3－68 至图 3－70 所示的叠前时间偏移结果剖面。

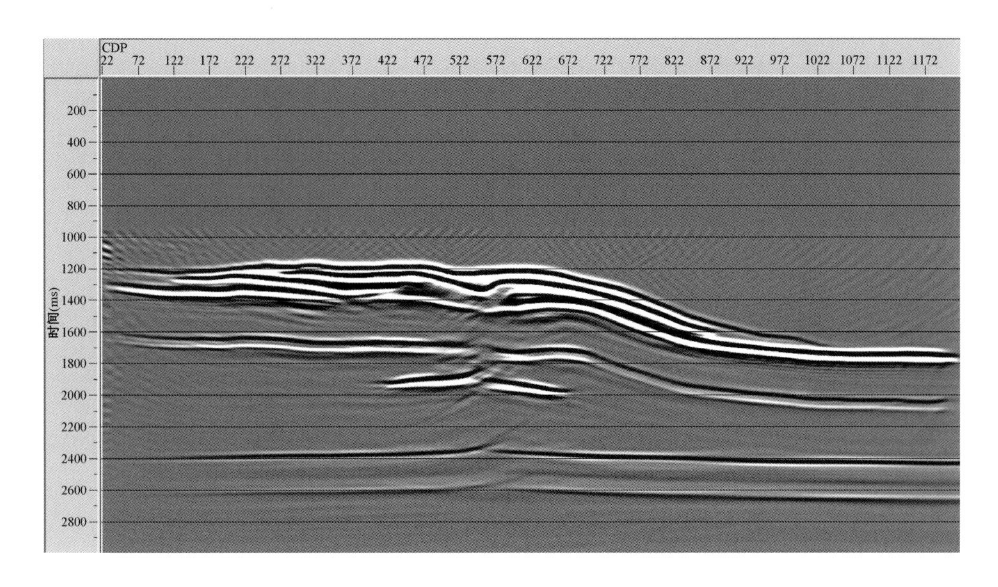

图 3－64　200 点光滑速度场 Kirchhoff 叠前时间偏移结果剖面(模型一)

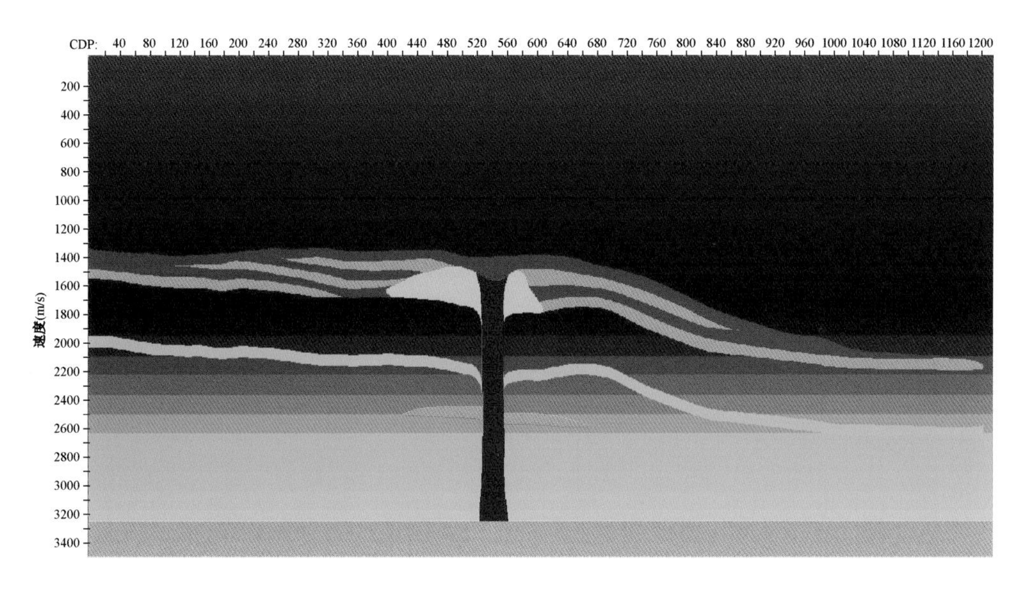

图 3－65　速度模型(模型二)

再次,对比图 3－62 至图 3－64 和图 3－68 至图 3－70 所示的偏移结果可知,偏移速度场的光滑程度越高,剖面整体的收敛相对越差。当用平滑速度场进行叠前偏移处理时,由于偏移速度场中火山通道相位置处的速度较低,偏移结果剖面中其两侧地层同相轴向上弯曲并相交,产生过偏移现象,不能识别火山通道相;同时,两侧地层同相轴的交点都位于实际地质体剖面中真实火山通道位置的右侧,通道相或断层的角度发生变化。

最后,对比火山通道相速度不同时的 Kirchhoff 叠前时间偏移结果剖面发现,叠前时间偏移结果大致相同,只有火山通道相的宽度有差异,当火山通道相速度大时,偏移结果剖面中反映的火山通道宽度较大。

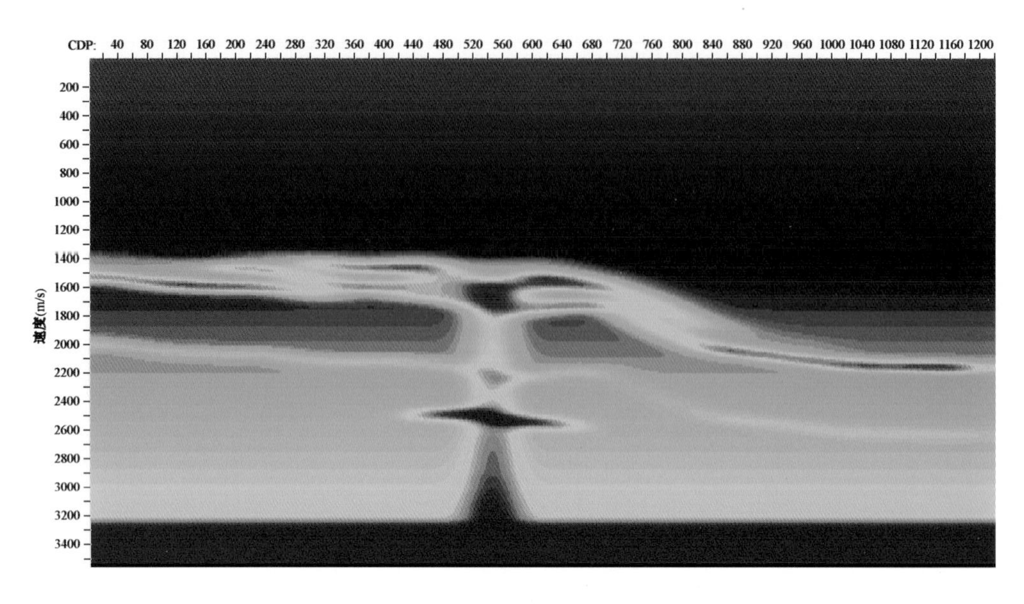

图3－66　40点光滑偏移速度场(模型二)

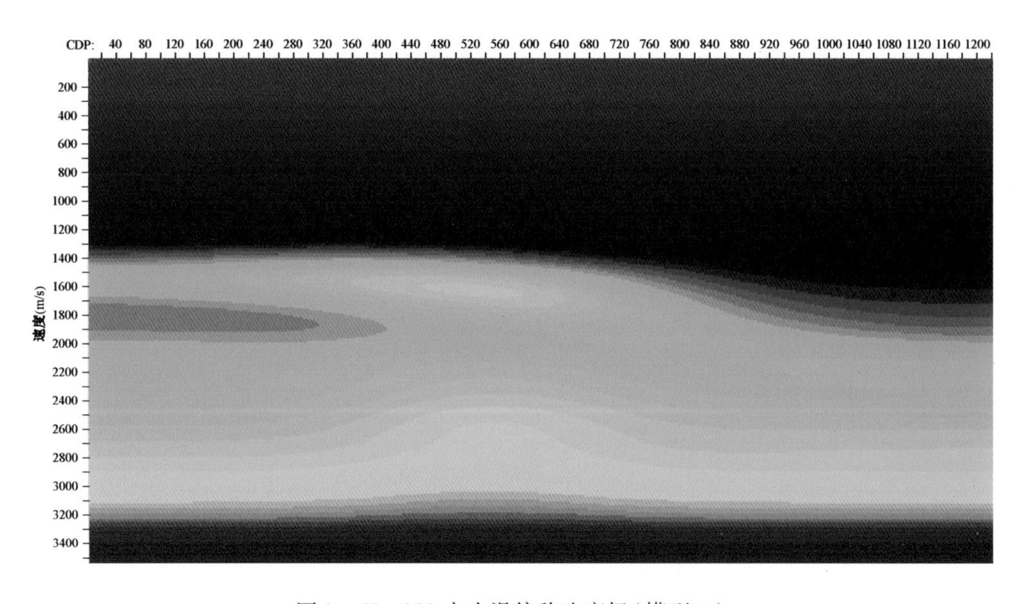

图3－67　200点光滑偏移速度场(模型二)

由于Kirchhoff积分法偏移公式中的振幅补偿是用几何地震学的原理求出的，因此保幅性差是其最大缺陷，虽然加权函数能弥补这一点，但没有从根本上解决问题。Kirchhoff积分法叠前时间偏移由于其固有理论的缺陷，存在容易出现假频、深层分辨率较低、振幅关系保持不好等不足。但是，由于Kirchhoff积分法叠前时间偏移具有能够适应不同的观测系统、对输入的地震数据没有特殊要求、通过加大偏移孔径的方法实现一定的陡倾角成像、利用偏移后的CRP道集对叠前速度场进行分析、灵活性较好、计算效率较高、处理周期短等优点，成为实际资料处理中使用最广泛、最成熟的偏移技术。

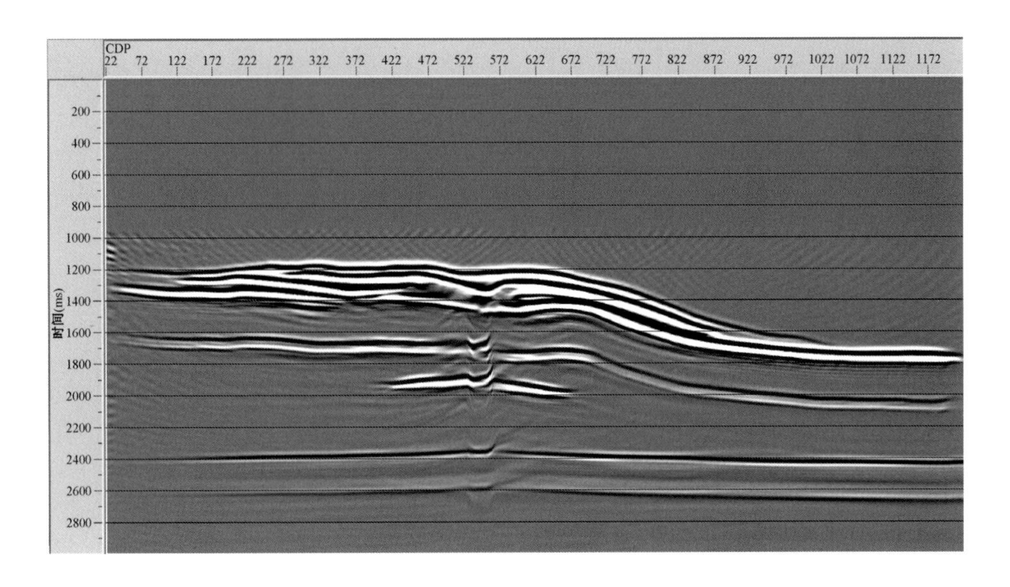

图 3－68 真实速度场 Kirchhoff 叠前时间偏移结果剖面（模型二）

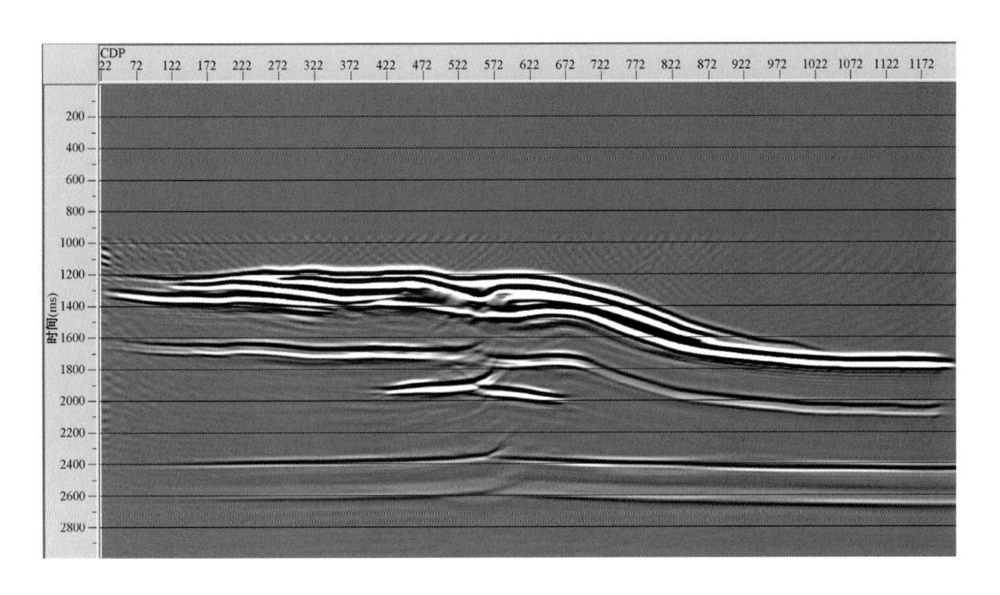

图 3－69 40 点光滑速度场 Kirchhoff 叠前时间偏移结果剖面（模型二）

三、Kirchhoff 叠前深度偏移适应性分析

对于构造复杂，横向速度变化剧烈的地区，叠前时间偏移不能取得理想的成像效果，需要使用叠前深度偏移进行复杂构造成像（李振春，2011）。常用的叠前深度偏移方法包括积分法和波动方程法。积分法是基于绕射旅行时计算的 Kirchhoff 积分法；波动方程法是基于上行波场和下行波场的延拓，包括频率—空间域有限差分法、傅里叶有限差分法等。

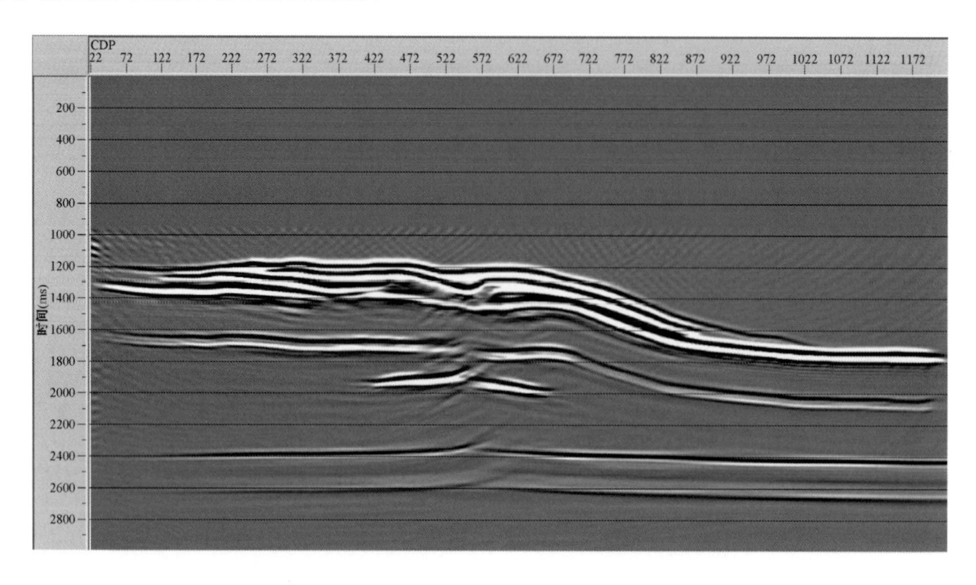

图3-70　200点光滑速度场Kirchhoff叠前时间偏移结果剖面(模型二)

1. Kirchhoff积分法叠前深度偏移理论

Kirchhoff积分法叠前深度偏移在实际生产中应用广泛,叠前偏移的旅行时计算方法有旅行时计算方法、射线追踪法和有限差分法。其中有限差分法的程函方程表达方式如下:

$$\left(\frac{\partial t}{\partial x}\right)^2+\left(\frac{\partial t}{\partial z}\right)^2=\frac{1}{v^2(x,z)} \tag{3-51}$$

Kirchhoff积分法叠前深度偏移的成像公式为

$$R(x,x_s)=\int_{\Sigma} ng\nabla\,\tau_G(x_G,x)A(x_s,x,x_G)\,\frac{\partial P[x_s,x,\tau_s(x_s,x)+\tau_G(x_G,x)]}{\partial t}\mathrm{d}x_G \tag{3-52}$$

其中,Σ表示观测线;x_s、x、x_G分别表示震源点、成像点及接收点的空间位置;n表示观测线的外法线方向;A表示几何扩散因子;τ_s,τ_G分别表示波场从震源传播到成像点和波场从成像点传播到接收点时的旅行时;P表示记录波场;R表示成像波场。由式(3-52)可知,Kirchoff积分法叠前深度偏移包括两个过程:根据速度场$v(x,z)$计算旅行时;对各个地震道上旅行时的振幅加权求和。

2. Kirchhoff叠前深度偏移试验

为了测试Kirchhoff叠前深度偏移方法对偏移速度场的适应性,利用基于如图3-64所示的速度模型(火山通道相速度为4000m/s)和如图3-56所示的速度模型(火山通道相速度为4500m/s)经过有限差分正演得到的地震单炮记录,切除直达波,进行Kirchhoff叠前深度偏移处理试验。针对模型一和模型二的真实速度场、40点光滑速度场和200点光滑速度场分别进行Kirchhoff叠前深度偏移处理,得到如图3-71至图3-72所示的Kirchhoff叠前深度偏移结果剖面。

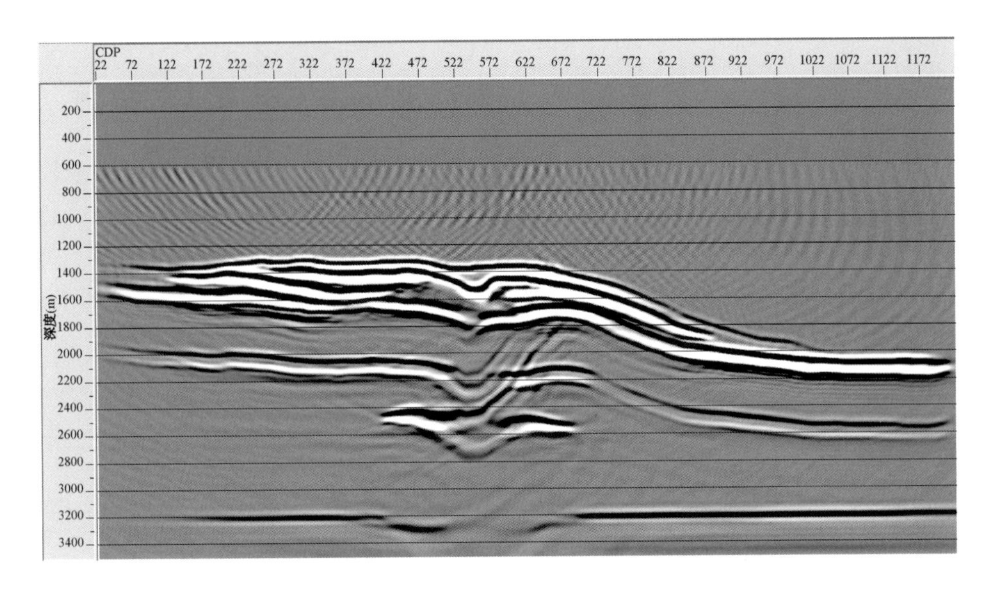

图3－71　真实速度场 Kirchhoff 叠前深度偏移结果剖面(模型一)

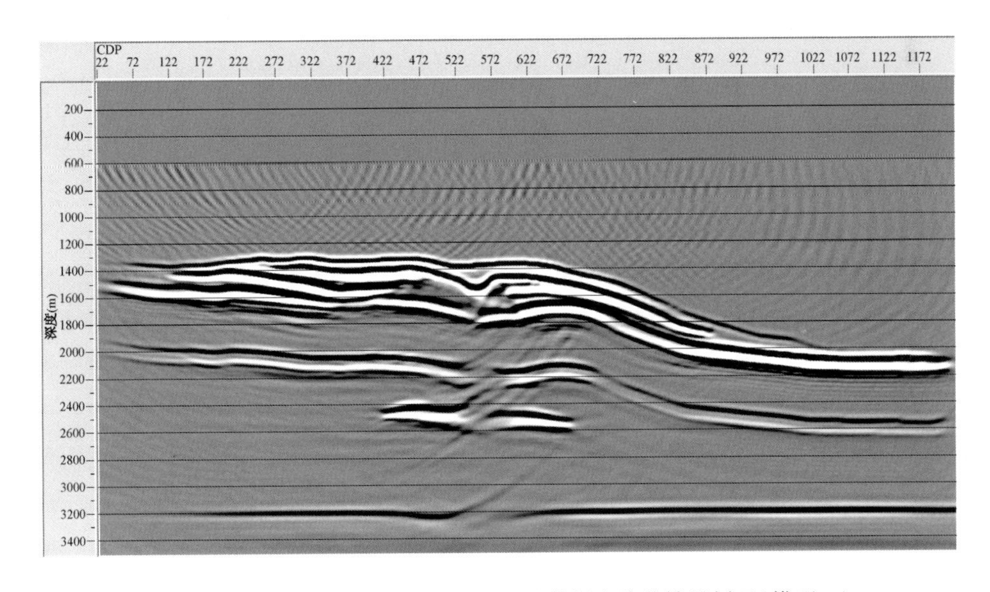

图3－72　40 点光滑速度场 Kirchhoff 叠前深度偏移结果剖面(模型一)

首先,对比如图3－58 所示的叠加剖面和图3－71 所示的叠前深度偏移剖面,即真实速度场得到的 Kirchhoff 叠前深度偏移成像结果剖面同叠加剖面之间相比,砂泥岩地层与火山岩地层在内的较低倾角地质体的成像效果较好,同时,绕射波得到了较好的收敛,反射波得到了较好的归位。偏移剖面中火山通道不能分辨,并且火山通道对应位置处明显变宽,由于能量屏蔽的影响,通道两侧地层的成像精度受到了较大影响。

对比图3－71 至图3－73 的偏移剖面,即 Kirchhoff 真实速度叠前深度偏移结果剖面同 Kirchhoff 真实速度叠前时间偏移结果剖面相比,二者都能较好地反映真实地质体形态,偏移效果较好,但叠前深度偏移的归位效果更好。在火山岩岩相下方,叠前时间偏移剖面中存在更多的假象。叠前时间偏移方法对火山通道相的识别能力更强，但通道内存在较多来自两侧地层的绕射，成像不清晰，容易与断层混淆，解释比较困难，不能很好地区分通道相。

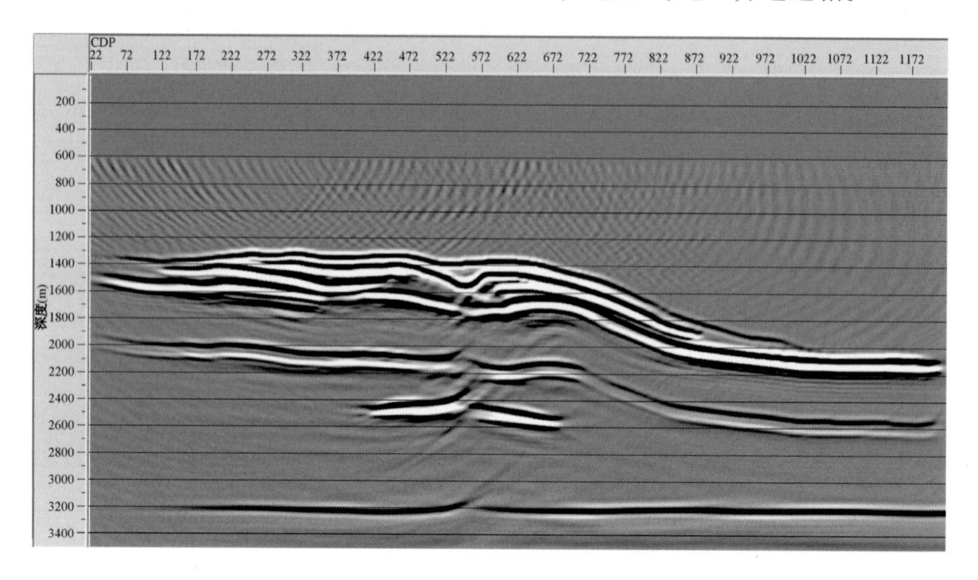

图 3－73　200 点光滑速度场 Kirchhoff 叠前深度偏移结果剖面（模型一）

对不同光滑程度偏移速度场得到的 Kirchhoff 叠前深度偏移结果剖面之间对比发现，速度场光滑程度越高，剖面整体的收敛相对越差。速度相对准确时，剖面中火山通道的识别能力高，上覆爆发相和溢流相等火山岩相的识别能力相对较好。当偏移层速度场非常平滑时，由于偏移速度场中火山通道相位置处的速度较低，偏移结果剖面中其两侧地层同相轴相交，产生过偏移现象，无法准确识别火山通道相。

四、傅里叶有限差分偏移适应性分析

1. 傅里叶有限差分偏移原理

傅里叶有限差分偏移为单程波偏移方法，单程波偏移的实现思想是首先对炮点和检波点的波场进行延拓，然后应用成像条件进行成像，所以单程波偏移延拓算子是实现单程波偏移的基础，延拓算子的精确程度对偏移的最终结果有着重要影响。其过程可由相移法得到裂步傅里叶算子，再由裂步傅里叶算子推导得到傅里叶有限差分延拓算子；其中影响傅里叶有限差分偏移的因素有波场延拓和成像条件，而成像条件主要就是时间一致性成像条件，其实现方式就是在频率—空间域进行互相关计算从而进行成像（李振春，2007）。从波场延拓的计算过程方面分析傅里叶有限差分的偏移影响因素主要包括：（1）波场延拓过程中边界的影响；（2）地震记录频率的影响；（3）延拓步长的影响。

2. 傅里叶有限差分偏移模型测试

以炮集记录为基础，采用不同光滑程度的速度模型作为偏移速度场，利用有限差分叠前深度偏移方法进行偏移试验，偏移结果剖面如图 3－74 至图 3－77 所示。

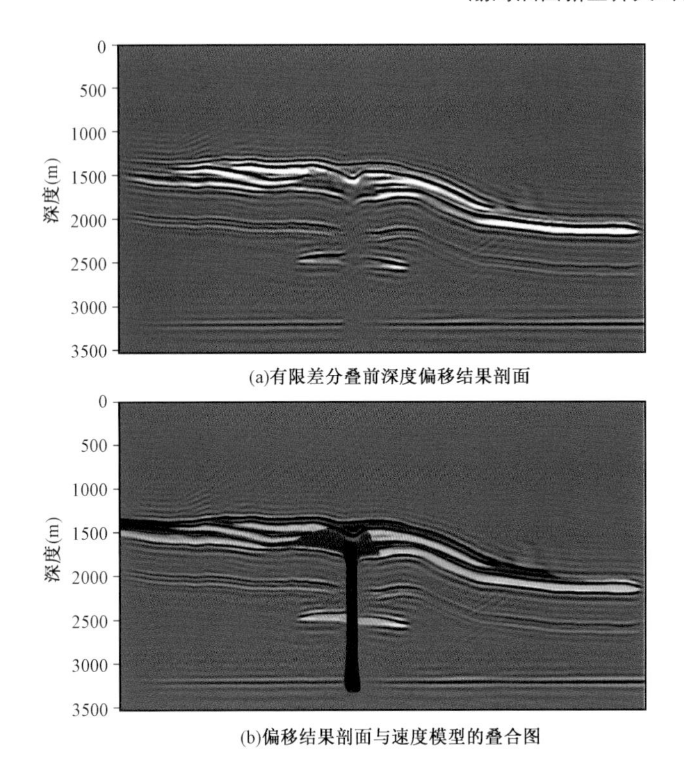

(a)有限差分叠前深度偏移结果剖面

(b)偏移结果剖面与速度模型的叠合图

图3－74　真实速度场有限差分叠前深度偏移结果剖面(模型一)

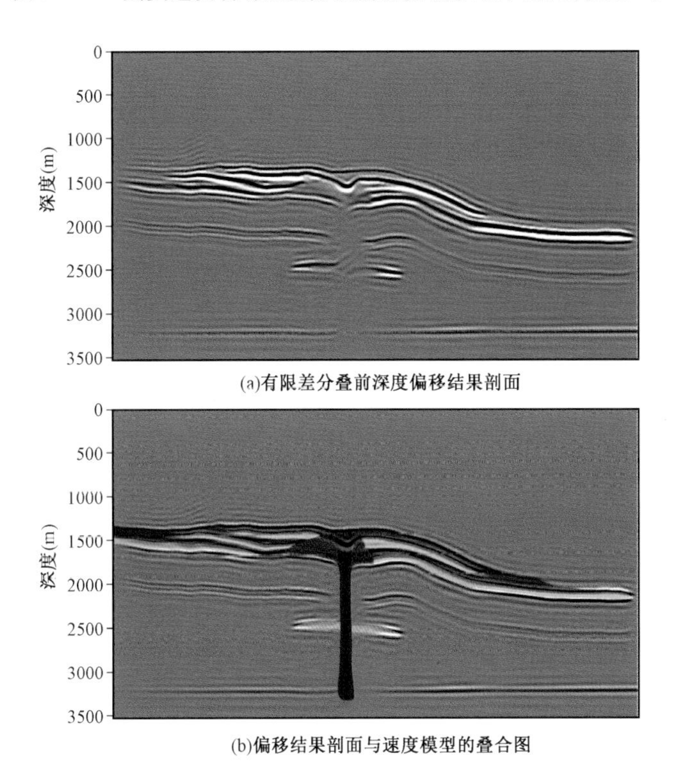

(a)有限差分叠前深度偏移结果剖面

(b)偏移结果剖面与速度模型的叠合图

图3－75　20点光滑速度场有限差分叠前深度偏移结果剖面(模型一)

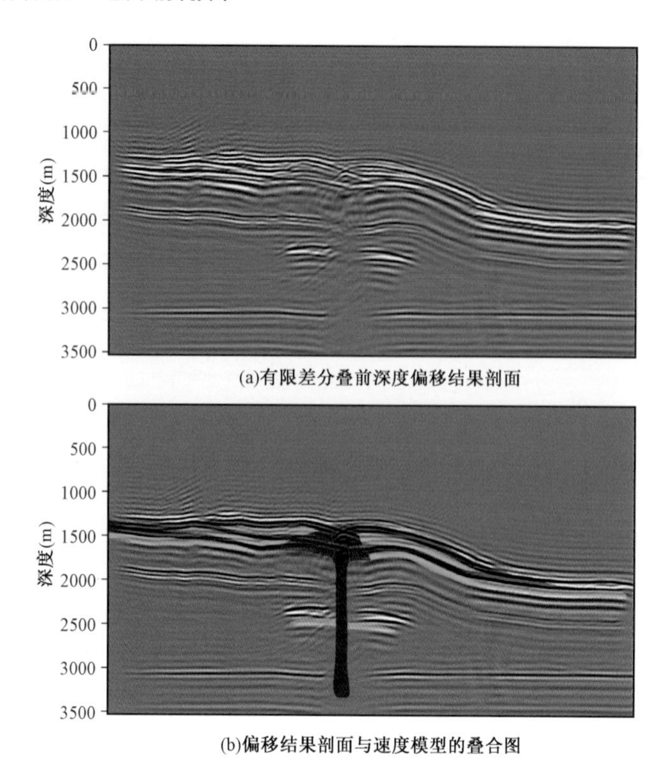

(a)有限差分叠前深度偏移结果剖面

(b)偏移结果剖面与速度模型的叠合图

图 3－76　40 点光滑速度场有限差分叠前深度偏移结果剖面(模型一)

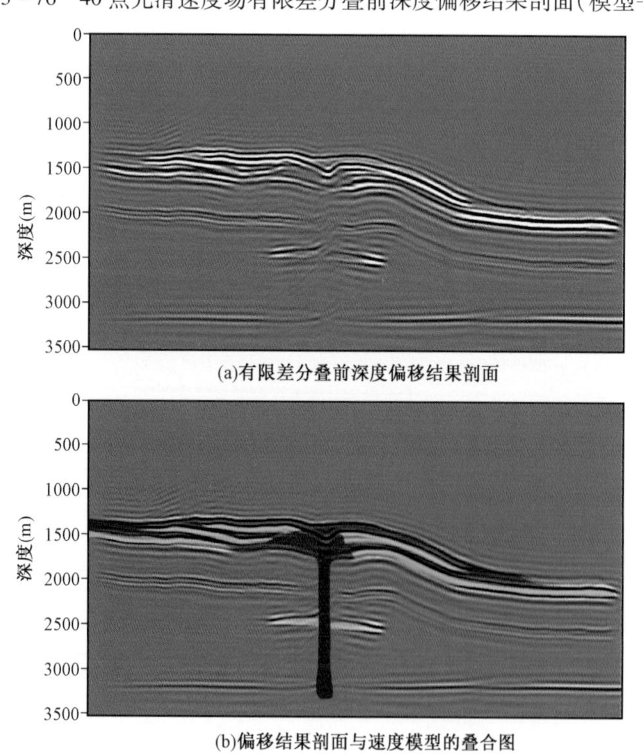

(a)有限差分叠前深度偏移结果剖面

(b)偏移结果剖面与速度模型的叠合图

图 3－77　200 点光滑速度场有限差分叠前深度偏移结果剖面(模型一)

对比数值实验结果可知，采用真实速度场作为偏移速度场时，火山通道相可以较为清晰地刻画，但是，由于采用原始炮集记录作为偏移的输入，没有去除多次波等干扰，偏移剖面中存在一定程度能量较弱的绕射，但对剖面的整体影响不大；同时，若对速度场进行适当的光滑（例如20点光滑）处理，则得到的偏移剖面中多余绕射相对减少，成像质量得到增强；随着速度场光滑程度的增加，这里比如达到40点光滑时，成像剖面明显受到大量绕射的影响，精度降低；而当采用200点光滑时，此时的速度场只能反映速度整体的趋势，速度场细节较差，此时的偏移结果剖面也比较清晰，但由于速度场不准确，导致火山通道相两侧的地层表现出同相轴相交的现象，火山通道相等关键地质体不能被很好地区分。对比真实速度模型与偏移剖面可以看出，有限差分叠前深度偏移结果中的通道成像边界宽度大于实际宽度。

此外，在准确速度场的基础上分别乘以系数0.90、1.00、1.10，得到新的偏移速度场，作为偏移速度场的输入，分别进行有限差分叠前深度偏移，则得到如图3－78至图3－80所示的偏移剖面。

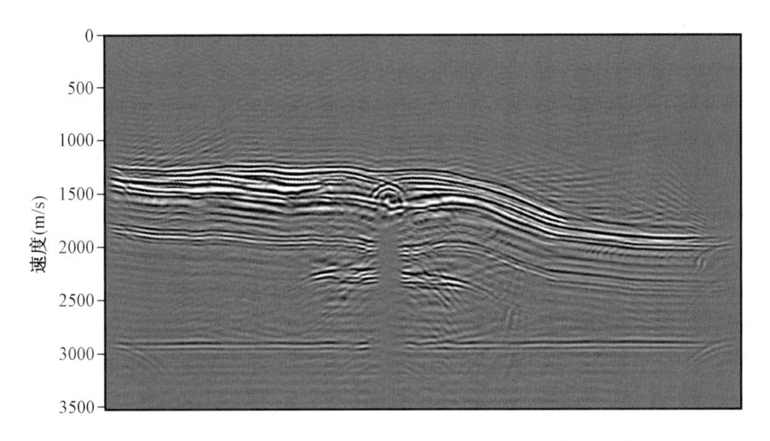

图3－78　真实速度×0.90的偏移速度场偏移结果剖面

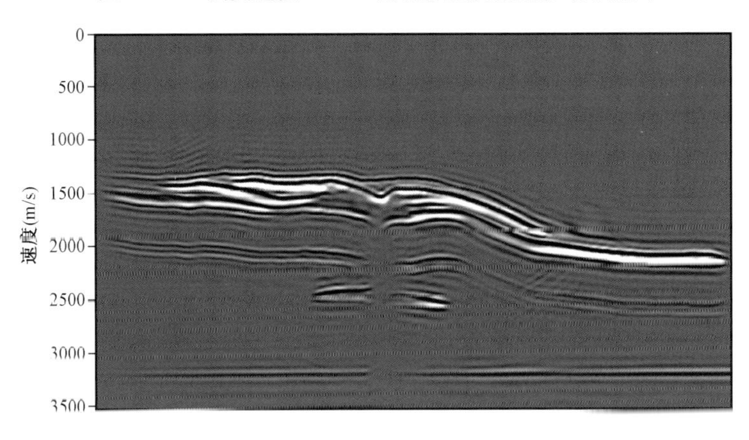

图3－79　真实速度×1.00的偏移速度场偏移结果剖面

当偏移速度场整体比真实速度场速度大时，偏移结果同相轴对应的时间统一增大，地质界面下移；同时，当偏移速度较真实速度小时，偏移结果剖面中存在强烈的向上画弧现象，并且同地质界面对应多条同相轴，严重影响了偏移成像效果；但是也可以发现每个偏移剖面中的通

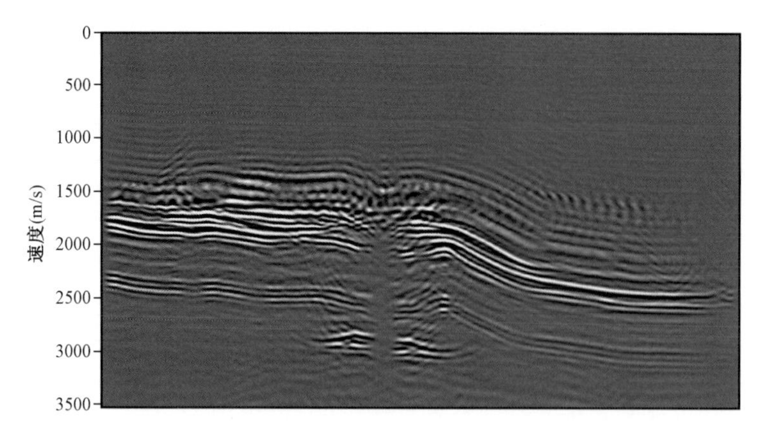

图 3-80 真实速度×1.10 的偏移速度场偏移结果剖面

道相非常清晰,对火山通道相反映较好。

综上对比可见,当偏移速度场中火山通道相的速度比较精确时,采用有限差分法叠前深度偏移可以很好地对高角度的火山通道相成像,偏移结果剖面中火山通道相位置与偏移结果剖面中相应的空白成像位置对应较好。

五、波动方程逆时偏移适应性分析

1. 叠前逆时偏移原理

逆时偏移为双程波方程沿时间方向进行延拓,进而利用成像条件进行成像,这种方法不同于单程波方法,其方法不受倾角限制,对速度变化剧烈的情况偏移成像效果较好,成像精度明显优于单程波偏移方法(杨勤勇,2010)。逆时偏移主要分为波场延拓与成像两个过程。逆时偏移成像条件主要有:激发时间成像条件、互相关成像条件、上下行波振幅比成像条件。不同成像条件存储量、计算量及成像精度也不同。其中激发时间成像条件是指当地震波传播到反射界面的时间与该点波场延拓的时间相同时,这个点在反射界面上,反之这个点不在反射界面上。互相关成像条件式是通过判断震源波场与逆向延拓波场相关值,如果相关值最大则在该点在反射界面上,反之不在反射界面上。上下行波振幅比成像条件为通过判断时空域内震源波场与检波点波场的位置关系,如果波场重合则该点在反射界面上,反之则不在反射界面上,这种方法一般不直接用于成像。

逆时偏移的思想基础是空间发生的事件是依赖于时间存在的。虽然在物理学上,时间是不可逆的;但在数学上,求解波动方程在时间上则是可逆的,即震源激发的振动现象既可沿着时间前进的方向观察振动发生的过程,也可以沿着时间倒退的方向观察该振动的回放过程。

逆时偏移主要过程分为两部分:波场延拓、波场成像。其基本流程如下:

(1)将震源波场进行正向延拓,并保存波场;

(2)将接收波场从最大时间开始进行逆向延拓;

(3)接收波场逆向延拓过程中,应用成像条件成像,获得单炮偏移结果;

(4)将所有炮的局部偏移结果进行叠加,得到最终的偏移结果。

1)逆时偏移互相关成像条件

波场延拓和成像条件都是影响逆时偏移结果的关键因素,哪一个出现问题都会导致逆时偏移效果不理想,逆时偏移成像条件按成像准则不同可以分为:激发时间成像条件、互相关成像条件、上下行波振幅比成像条件(薛东川,2013)。不同成像条件的成像精度不同,计算量和存储量也不同。对成像条件的改进,可以达到提高计算效率,提高成像质量的效果。

互相关成像条件基于地震波场传播的最大相干性原理,对于地下某一点,如果震源波场与检波点逆向波场互相关值最大,则该点为真实的地下反射点;如果互相关值很小,则该点不是反射点。

互相关成像条件是将震源波场和接收点逆向波场的互相关值作为成像值,互相关成像条件表达式为

$$I(z,x) = \int_0^{t_{\max}} S(z,x,t)R(z,x,t)\mathrm{d}t \tag{3-53}$$

其中,$I(z,x)$表示成像值;$S(z,x,t)$表示震源正向延拓波场;$R(z,x,t)$表示检波点逆向延拓波场。

互相关成像条件实现方便,但分辨率较低、不保幅、存在低频噪声干扰。为使互相关成像条件更具保幅性,常利用震源能量或检波点能量对互相关成像条件偏移数据的能量进行校正,称为归一化互相关成像条件,震源归一化更为常用。为了增加算法的稳定性,通常会在分母上增加一项稳定因子。

震源归一化互相关成像条件为

$$I(z,x) = \int_0^{t_{\max}} S(z,x,t)R(z,x,t)\mathrm{d}t / \int_0^{t_{\max}} S^2(z,x,t)\mathrm{d}t \tag{3-54}$$

检波归一化互相关成像条件为

$$I(z,x) = \int_0^{t_{\max}} S(z,x,t)R(z,x,t)\mathrm{d}t / \int_0^{t_{\max}} R^2(z,x,t)\mathrm{d}t \tag{3-55}$$

互相关成像条件的实现过程如下:

(1)将震源波场进行正向延拓,并保存波场;

(2)将检波点波场从最大时刻进行逆向延拓;

(3)利用互相关成像条件进行成像。

测试一下简单模型的互相关成像条件。模型网格大小为201×301,网格间距8m×8m,界面位于模型中间,上层速度2500m/s,下层速度3500m/s。对于上述层状模型利用互相关条件进行单炮偏移,炮点位置在(1,151),图3-81为互相关成像条件的单炮偏移结果。可以看出逆时偏移利用互相关成像条件的成像结果比较好,但在炮点附能量很强,同时在浅层存在低频噪声。

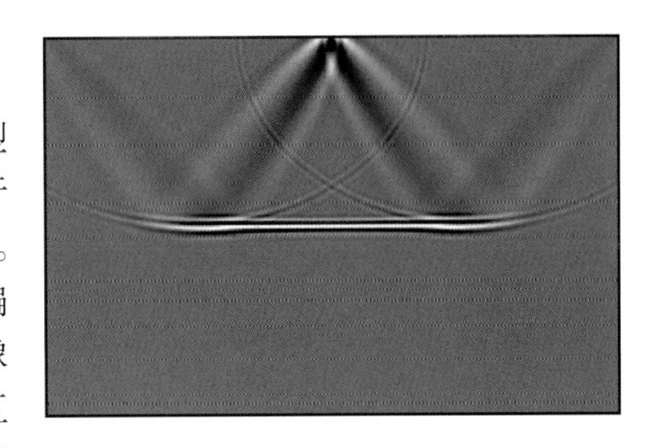

图3-81　互相关成像条件

图3-82a为上述层状模型利用震源归一化互相关成像条件的单炮偏移结果,图3-82b为震源能量分布,震源能量主要分布在震源附近,震源归一化可以压制震源附近能量,降低震源对偏移结果的影响,同时对低频噪声也有一定程度的压制。

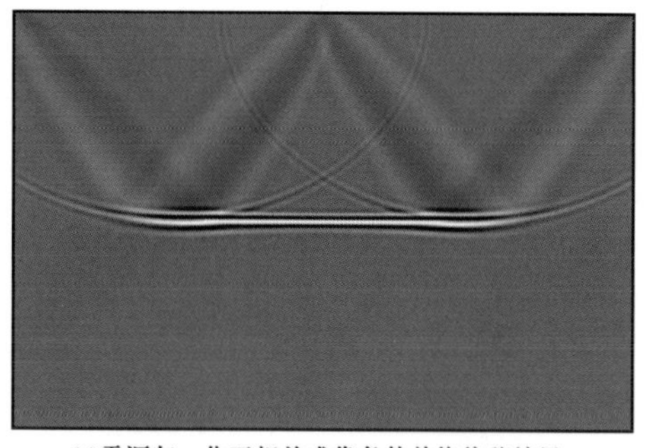

(a)震源归一化互相关成像条件单炮偏移结果

(b)震源能量分布

图 3－82　震源归一化互相关成像条件

互相关成像条件是逆时偏移最常用的成像条件,该成像条件实现简单,便于并行。互相关成像条件要保存震源正向延拓波场,可以处理多波至问题,不会丢失波场信息,可以对地下介质精确成像,但存在存储量大和低频噪声干扰等问题。

2)逆时偏移去噪

逆时偏移在波场延拓时采用双程波进行波场延拓,震源波场和检波点波场同时含有上行波和下行波,在利用互相关成像条件进行成像时,会引入低频噪声(杜启振,2013)。图 3－83a 为单程波叠前深度偏移利用互相关成像原理,单程波偏移采用单程波方程沿深度方向延拓,上行波和下行波是分开的,互相关成像时不存在低频噪声干扰。图 3－83b 为逆时偏移互相关成像原理,逆时偏移采用双程波动方程沿着时间方向进行延拓,震源波场和检波点波场都含有上行波和下行波,并且在整个传播路径上都满足成像条件,除了在反射界面成像之外,还会产生虚假的成像信息,称为低频干扰,这种低频干扰在浅层和强反射界面更为严重。

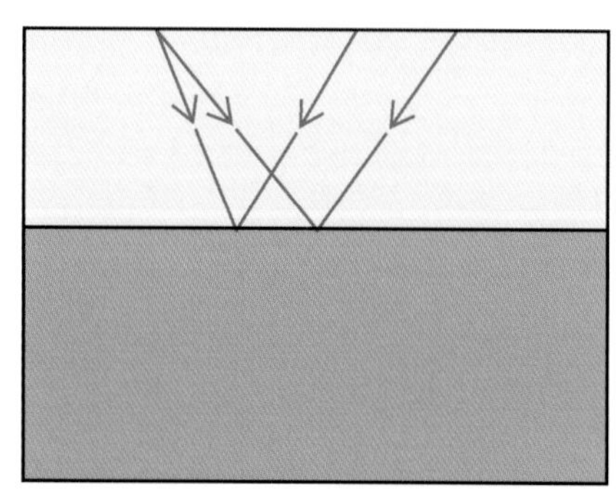

(a)单程波叠前深度偏移互相关成像原理

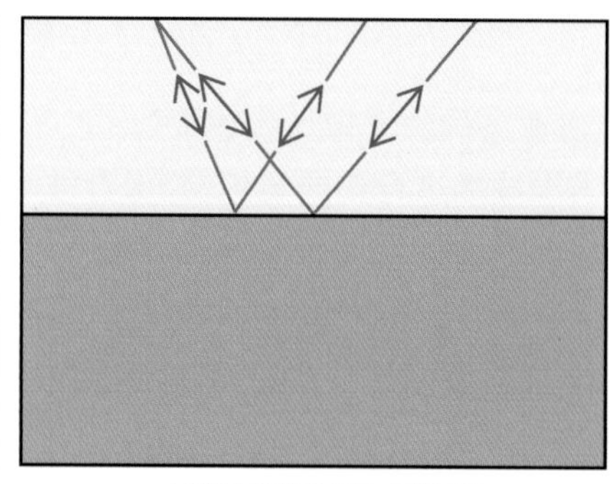

(b)逆时偏移互相关成像原理

图 3－83　低频噪声产生机理

逆时偏移产生的噪声属于低频噪声,消除低频噪声的方法很多,主要可以分为 3 类:

(1)成像前去噪,通过在波场延拓中压制界面反射来压制低频噪声,如弱反射方程、特征值分解方法等。

(2)成像时去噪,通过改进的成像条件来压制低频噪声,如 Poynting 矢量、波场分解等。

(3)成像后去噪,通过对偏移结果进行滤波处理来压制低频噪声,如导数滤波、Laplace 滤波等。

3)逆时偏移存储策略

逆时偏移成像早在1983年就被提出,采用互相关成像时其存储是非常大的,计算和存储问题限制了逆时偏移的应用。近年来,随着计算机技术的快速发展,特别是大型集群计算机出现以及CPU/GPU技术的发展,计算机的计算能力和存储能力得到了大幅提高,逆时偏移得到了很好的发展和应用(石颖,2012)。

逆时偏移互相关成像条件在成像时需要利用震源波场,如果存储全部震源波场,其存储量是非常大的,对于一个1000×3000的二维速度模型,正演时间点数为6000,要保存所有的正演波场需要67G的存储空间;三维逆时偏的波场存储则更大,现在的计算机内存很难满足其要求。很多学者基于用计算换存储的思想进行了研究,形成了一些有效的策略来减小逆时偏移的存储量。

(1)Checkpointing技术。

Symes(2007)提出利用Checkpointing技术来减小存储。假设震源波场延拓时在时间上进行 nt 次延拓,可以在时间节点上均匀设置 nc 个检查点,在震源波场延拓过程中只保存检查点的波场,成像时要用到某一时刻的震源波场时,由检查点处的存储的波场再进行一次正向延拓得到该时刻的波场。该方法正演的计算量是原来的两倍,存储量则大大减小,但编程比较复杂。

Checkpointing技术的实现流程如下:

① 设置一些检查点,将震源波场分成若干时间段;

② 对震源波场进行正向延拓,保存检查点处的波场;

③ 对检波点波场进行逆向延拓,并利用检查点处的波场获得震源波场,利用成像条件进行成像。

图3 84为Checkpointing技术示意图,震源波场第一次正向延拓时,只保存检查点 $T(i)$ $(i=1,2,3,\cdots,nc)$ 时刻的波场,在检波点逆向延拓时需要利用检查点 $T(i)$ 和 $T(i+1)$ 时刻之间某一时刻的波场时,利用 $T(i)$ 时刻的波场再进行正向延拓,可以得到 $T(i)$ 和 $T(i+1)$ 之间的震源波场,然后进行成像。

(2)存储边界波场进行震源波场重建。

Clapp(2008)提出通过存储边界区域的波场来实现震源波场重建。因为对边界区域的波场进行了吸收衰减,震源波场正向延拓的过程是不可逆的,需要保存边界区域的波场。该类存储策略采用重建震源波场来减少存储量,但重建的波场会存在一定误差。

图3-85为某一时刻波场快照的示意图,白色区域为计算区域,不需要保存波场,通过波场反推来实现,灰色区域为边界区域,在延拓时需要保存波场。

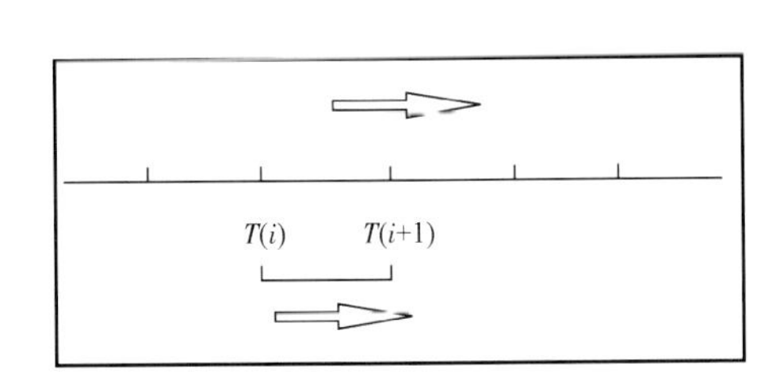

图3-84 Checkpointing技术示意图

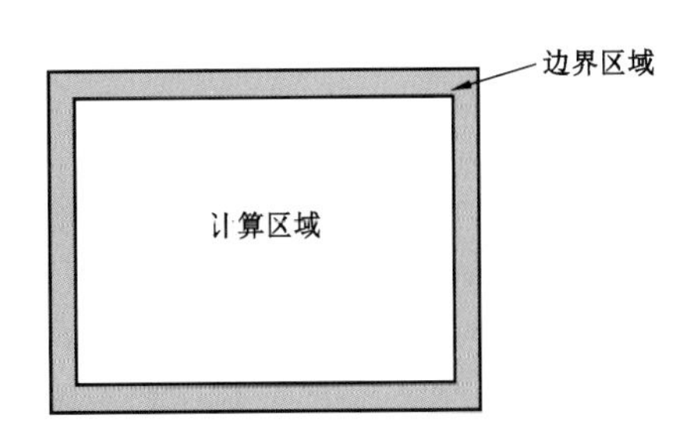

图3-85 某一时刻波场快照示意图

对于二维一阶应力—速度方程，在交错网格下利用有限差分进行波场重建的公式为

$$u_{iz,ix}^{it} = u_{iz,ix}^{it+1} - \frac{v^2 \Delta t}{\Delta x} \sum_{l=1}^{L} a_l \left[\boldsymbol{v}_{iz,ix+(2l-1)/2}^{it+1/2} - \boldsymbol{v}_{iz,ix-(2l-1)/2}^{it+1/2} \right] - \frac{v^2 \Delta t}{\Delta z} \sum_{l=1}^{L} a_l \left[\boldsymbol{\omega}_{iz+(2l-1)/2,ix}^{it+1/2} - \boldsymbol{\omega}_{iz-(2l-1)/2,ix}^{it+1/2} \right] \tag{3-56}$$

$$\boldsymbol{v}_{iz,ix+1/2}^{it-1/2} = \boldsymbol{v}_{iz,ix+1/2}^{it+1/2} - \frac{\Delta t}{\Delta x} \sum_{l=1}^{L} a_l \left[u_{iz,ix+l}^{it} - u_{iz,ix-l}^{it} \right]$$

$$\boldsymbol{\omega}_{iz+1/2,ix}^{it-1/2} = \boldsymbol{\omega}_{iz+1/2,ix}^{it+1/2} - \frac{\Delta t}{\Delta z} \sum_{l=1}^{L} a_l \left[u_{iz+l,ix}^{it} - u_{iz-l,ix}^{it} \right]$$

$$\left.\begin{aligned} u_{iz,ix}^{it} &= \widehat{u}_{iz,ix}^{it} \\ \boldsymbol{v}_{iz,ix+1/2}^{it-1/2} &= \widehat{\boldsymbol{v}}_{iz,ix+1/2}^{it-1/2} \qquad (iz,ix) \in \Phi \\ \boldsymbol{\omega}_{iz+1/2,ix}^{it-1/2} &= \widehat{\boldsymbol{\omega}}_{iz+1/2,ix}^{it-1/2} \end{aligned}\right. \tag{3-57}$$

其中，Δt，Δx，Δz 分别表示时间和空间方向的网格间距；a_l 表示有限差分系数；u 表示应力波场；$\boldsymbol{v}$，$\boldsymbol{\omega}$ 表示引入的中间变量；Ψ 表示计算区域；Φ 表示边界区域；$\widehat{u}$，$\widehat{\boldsymbol{v}}$，$\widehat{\boldsymbol{\omega}}$ 表示震源正向延拓保存的波场。

利用存储边界波场来重建震源波场的流程为：

① 对震源波场进行正向延拓，保存边界波场和最后时刻的波场；

② 从最后时刻开始，利用公式(3－56)进行反向延拓；

③ 每延拓一步利用公式(3－57)将边界区域的波场用保存的边界波场替换。

下面利用均匀速度模型验证该存储策略的可行性。模型网格大小为 301×301，网格间距 5m×5m，速度 3000m/s，炮点位置(151，151)，子波主频 20Hz，采样率 0.5ms，采用时间 2 阶、空间 2 阶精度进行模拟。

图 3－86a 为模型利用分裂 PML 边界条件的正向延拓波场在 400ms、600ms、700ms 时的波场快照；图 3－86b 为利用边界波场和最后时刻的波场进行波场重建得到的相应时刻的波场；图 3－86c 为对应时刻正向延拓和重建的波场的误差。波场能量是 1×10^{-2}级别，两者误差能量是 1×10^{-8}级别，该策略重建的波场在精度上满足要求。另外，误差是随着反向延拓逐渐累积的，时间越小时刻的波场其误差越大。

(3)随机边界波场重建。

Clapp(2009)将随机散射边界条件引入逆时偏移，该方法是在速度模型外增加一定层数的边界层，边界区域内的速度值随机分布且满足一定的统计规律。当波传播到随机边界时发生散射，不会在计算区域形成明显的反射同相轴，因为波的能量没有发生吸收衰减，正向延拓过程是完全可逆的，可以通过后一时刻的波场反向外推获得前一时刻的波场。该方法只需要存储最后时刻的波场，不需要额外的存储，但在成像时会引入一些干扰。

图 3－87 为随机边界速度模型示意图，中间黑色区域为计算区域，周围为边界区域，在边界区域内速度随机分布，离计算区域越远，速度的平均值越小，最外层边界的速度值接近为零。

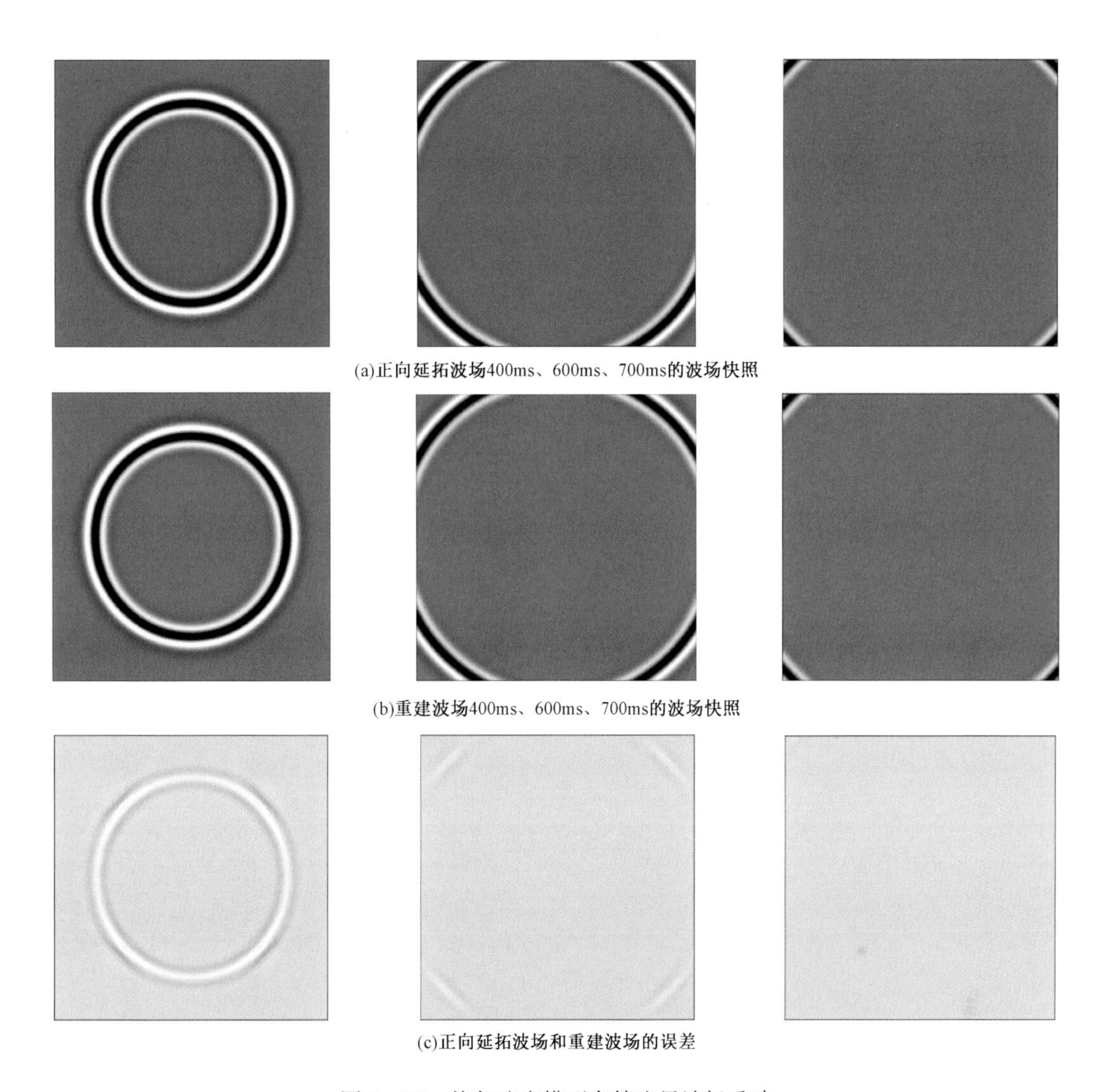

(a)正向延拓波场400ms、600ms、700ms的波场快照

(b)重建波场400ms、600ms、700ms的波场快照

(c)正向延拓波场和重建波场的误差

图 3－86　均匀速度模型存储边界波场重建

边界区域的速度值可以表示为

$$v(\vec{x}_b) = \vec{v} + [\text{rand}(I) - 0.5] * \frac{|\vec{r}|}{R} * \alpha \tag{3-58}$$

其中，R 表示随机边界条件的层数；$|\vec{r}|$ 表示边界内的点到边界的距离；rand(I)代表由种子数 I 产生的随机数，范围为 0 到 1；$\vec{x}_b$ 表示随机边界中的点；$v(\vec{x}_b)$ 表示随机边界中点 $\vec{x}_b$ 的随机速度值；$\vec{v}$ 表示计算区域最外层的速度值；α 表示与速度有关的量。通过调节 α 和 R 得到合适的随机边界模型。

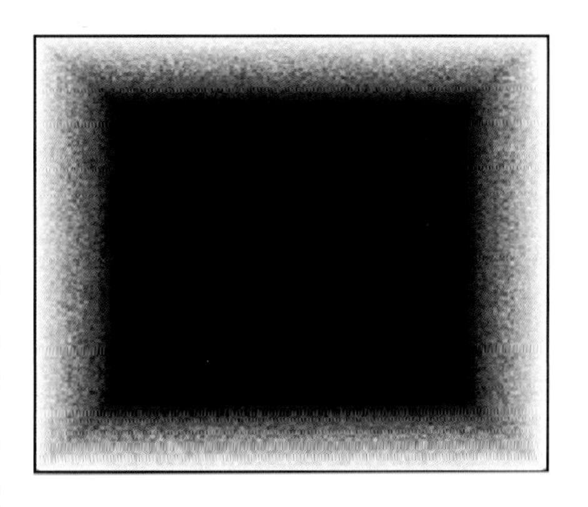

图 3－87　随机边界速度模型示意图

对于二维情况下的二阶声波方程，随机边界波场重建表达式为

$$u_{iz,ix}^{it-1} = a_0 u_{iz,ix}^{it} - u_{iz,ix}^{it+1} + \frac{v^2 \Delta t^2}{\Delta z^2} \sum_{l=1}^{L} a_l [u_{iz+l,ix}^{it} + u_{iz-l,ix}^{it}] + \frac{v^2 \Delta t^2}{\Delta x^2} \sum_{l=1}^{L} a_l [u_{iz,ix+l}^{it} + u_{iz,ix-l}^{it}] \tag{3-59}$$

其中，u^{it+1}、u^{it}、u^{it-1}分别表示 $it+1$，it，$it-1$ 时刻的波场；a_l 表示差分系数。

下面利用上述均匀速度模型验证该存储策略的可行性。图 3－88a 为模型利用随机边界进行正向延拓波场在 650ms、800ms、1000ms 时的波场快照；图 3－88b 为利用随机边界进行波场重建得到的相应时刻的波场；图 3－88c 为对应时刻正向延拓和重建的波场的误差。波场能量是 1×10^{-2}级别，两者误差能量是 1×10^{-15}级别，该策略重建的波场是正确的，在精度上满

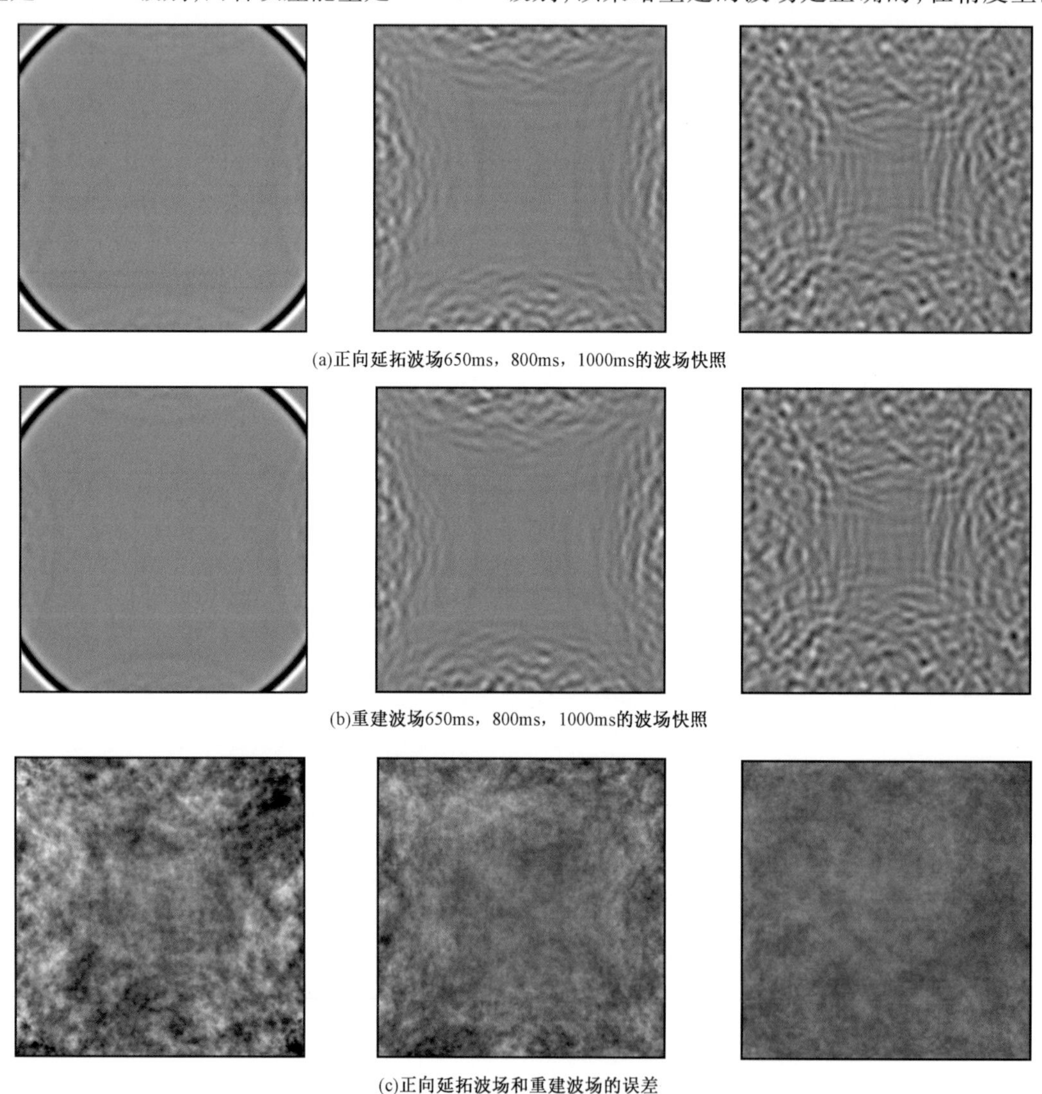

(a)正向延拓波场650ms，800ms，1000ms的波场快照

(b)重建波场650ms，800ms，1000ms的波场快照

(c)正向延拓波场和重建波场的误差

图 3－88　均匀速度模型随机边界波场重建

足要求。可以看出反射回计算区域的波不存在明显的同相轴，但这些波场会在成像时引入干扰信息。

通过测试可以发现，策略 2 和策略 3 利用反向延拓方法，可以很好地重构震源波场，随着反向延拓时间的增大，误差也逐渐累积，但在精度范围之内。利用 Checkpointing 思想可将策略 2 和策略 3 进行改进，在检查点处使用正向延拓保存的波场，这样可以避免误差的累积，获得更准确的反向延拓波场。

2. 逆时偏移模型测试

在前文所述技术的基础上，对模型一进行逆时偏移成像试验。以模型一真实速度做逆时偏移，成像结果如图 3 - 89 所示。为分析逆时偏移方法对单通道与多通道模型的偏移效果建立模型三（图 3 - 90），其通道相速度为 4000m/s，目的层砂岩速度为 3200m/s，爆发相速度均值为3800m/s，非均质变量变化范围为 500m/s 的非均质体，对其模型进行逆时偏移处理实验，成

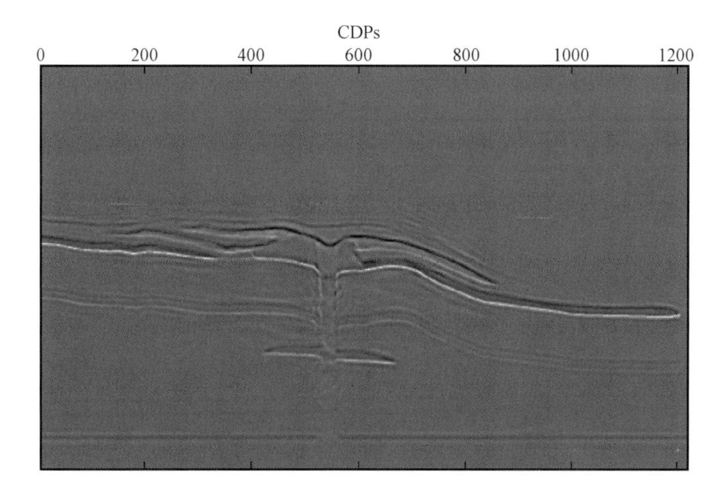

图 3 - 89　真实速度场逆时偏移剖面（地震子波主频为 25Hz）（模型一）

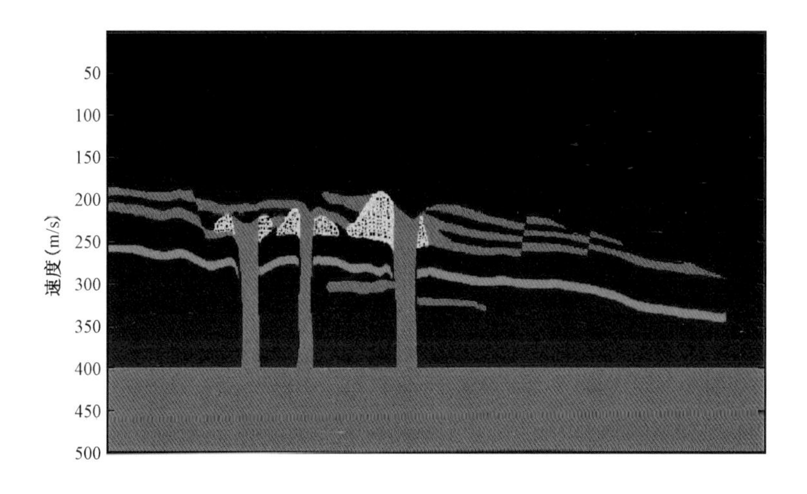

图 3　90　速度模型（模型三）

像结果如图 3－91 所示。从图 3－91 可以看出当偏移速度为真实速度时，当模型为单个通道火山岩模型时，其偏移效果较好，偏移结果可清晰分辨火山通道相、溢流相、爆发相及目的层，其中火山通道相与模型宽度基本一致。从图 3－91 可以看出，当模型中有多个通道时，偏移结果中溢流相、爆发相、目的层及两边火山通道相均可较清晰地分辨，但对于中间的火山通道，由于两层火山通道的屏蔽作用使得偏移结果中无法清晰地分辨火山通道。

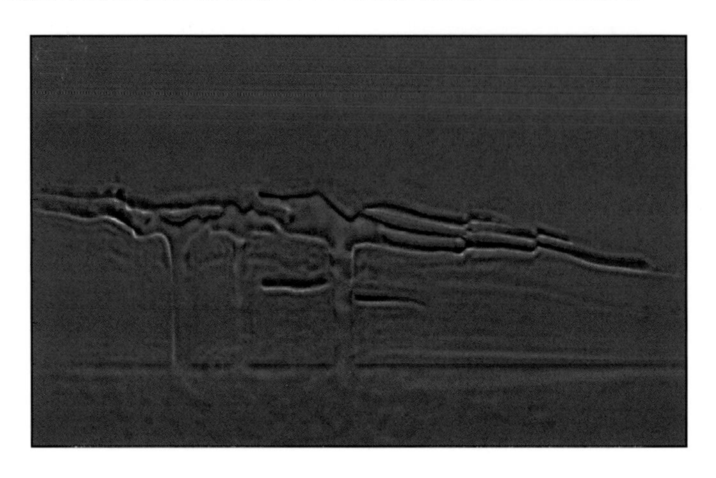

图 3－91　真实速度场逆时偏移剖面（地震子波主频为 25Hz）（模型三）

对速度模型进行 40 点光滑，如图 3－92 所示。图 3－92 是其逆时偏移成像结果，其中正演的地震子波主频为 25Hz，随后进行逆时偏移成像，其结果剖面如图 3－93 所示。将其与真实速度模叠加分析，在叠合图上，可以较为清晰地看出其逆时偏移剖面中通道宽度与真实速度模型宽度相当，对水平地层及溢流相等成像效果较好。但在陡倾角成像方面，尤其是对于几乎垂直的火山通道成像而言，逆时偏移绕射得不到收敛，成像效果仍然不理想。

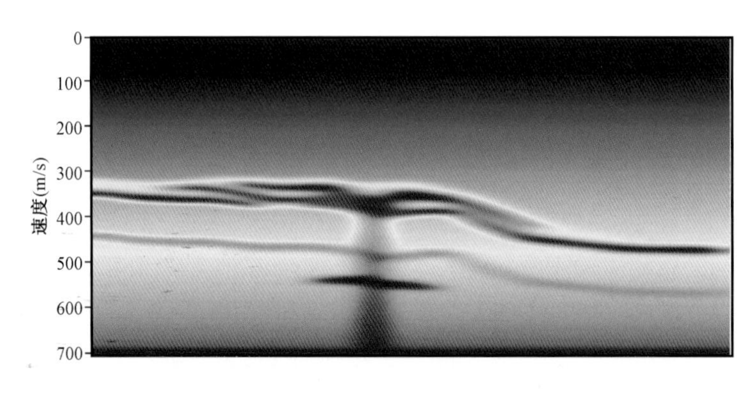

图 3－92　40 点光滑后速度模型图（模型一）

接着，对模型进行了 200 点光滑，可以发现，在爆发相附近的成像非常模糊，并且同样无法得到较好的通道部分成像结果（图 3－95 ~ 图 3－97）。

在对包括 Kirchhoff 叠前时间偏移、Kirchhoff 叠前深度偏移、傅里叶有限差分叠前深度偏移和波动方程逆时偏移在内的 4 种叠前偏移方法基本理论论述的基础上，对 3 种典型的含火成岩复杂速度模型进行了偏移处理试验。通过对前两个模型的 6 个不同光滑程度的速度场进

行偏移试验,得到了以下认识:

当速度场准确程度较高时,叠前深度偏移结果比叠前时间偏移结果更能准确反映真实地质体模型;

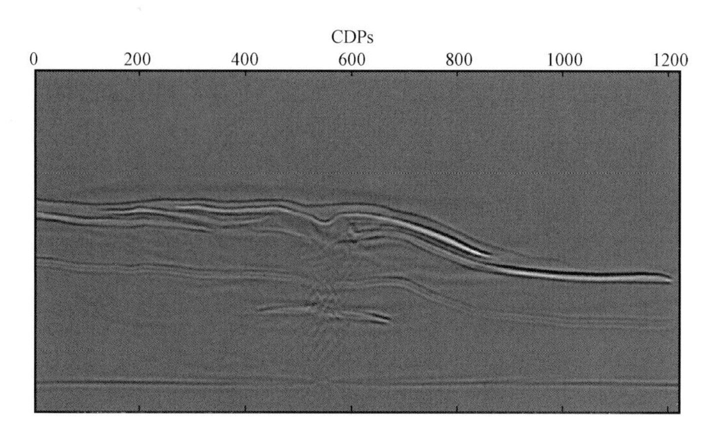

图3-93　40点光滑后的速度模型的逆时偏移结果(地震记录主频为25Hz)(模型一)

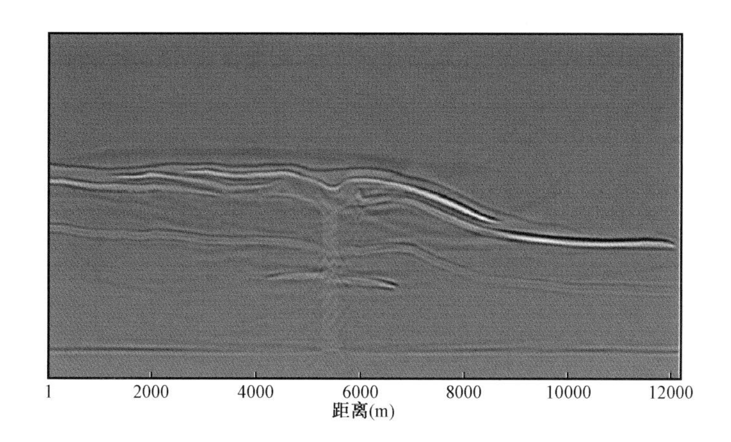

图3-94　40点光滑后的成像结果与实际模型叠加对比图(地震记录主频为25Hz)(模型一)

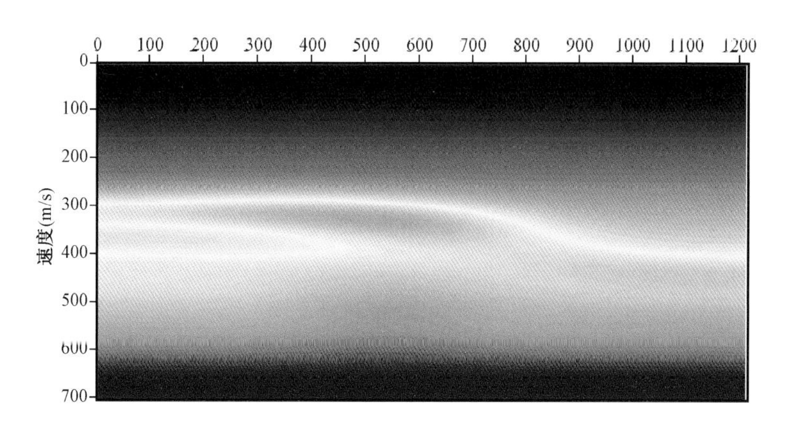

图3-95　200点光滑后的速度模型

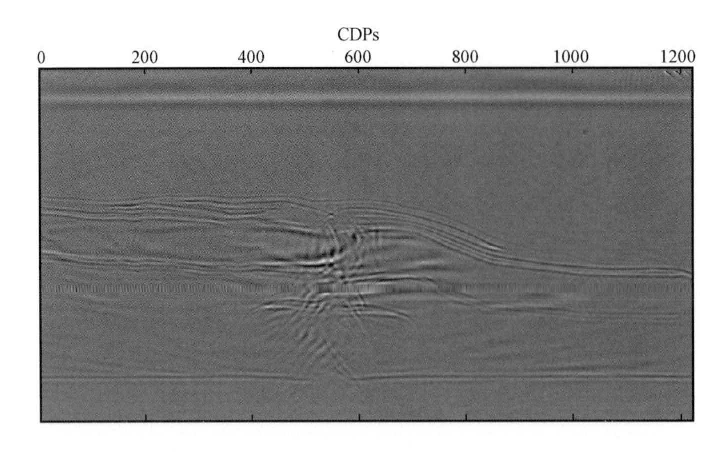

图 3－96　200 点光滑后的速度模型的逆时偏移结果(地震子波主频为 25Hz)(模型一)

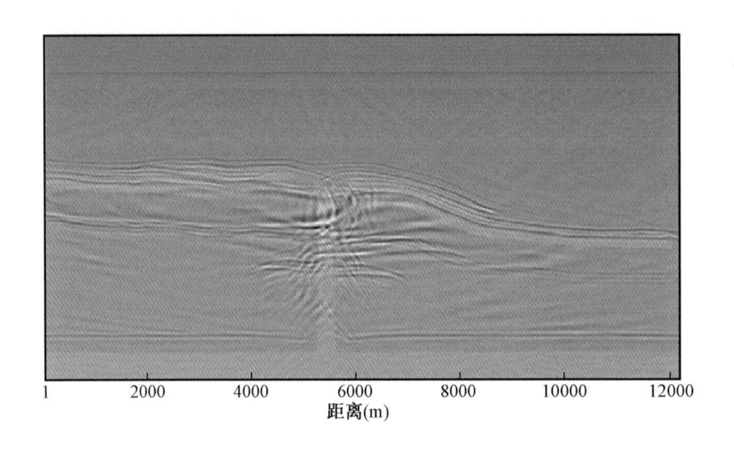

图 3－97　200 点光滑后成像结果与实际模型叠加对比图(地震子波主频为 25Hz)(模型一)

对于火山岩地层而言,当偏移速度选取较为准确时,Kirchhoff 积分法偏移成像效果较好,且计算效率高,当用光滑速度场进行偏移处理时,对模型通道相成像效果较差;

对于逆时偏移当速度场选取准确时,其成像效果较好,但效率较低,当用光滑后的模型进行偏移处理时发现,逆时偏移对速度要求较高,偏移速度场与真实模型差距越大,成像效果越差。

第四节　火山岩对地震采集效果影响分析

一、三维火山岩复杂模型建立

根据三维地质模型建立技术,建立了复杂三维火山岩岩相地质体概念模型,得到三维火山岩相速度模型,如图 3－98 所示。模型中的背景速度场随深度的增加而增大,并且速度随深度的函数关系如前统计所得,为 $v(h)=0.6539\times h+1754.7$。三维模型包含了 3 个沿 Xline 方向分布的火山体,每个火山体中包含有火山通道相、两期溢流相、爆发相及沿砂岩地层侵入的侵入相 4 个与火山作用相关的相带。为了方便研究高速火山岩体的存在对下伏地层的能量屏蔽作用以及方便对比,在火山爆发相下方设计了一个存在高程起伏砂岩地层。在模型的底部是一个高速的基底层。

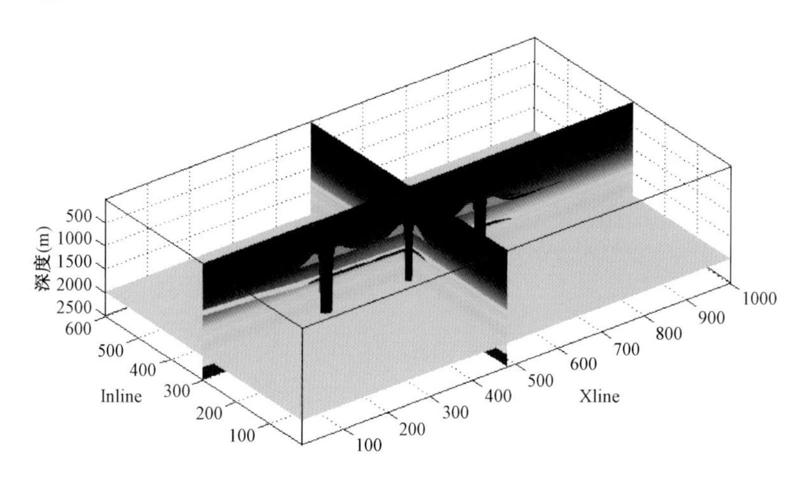

图 3－98　三维火山岩岩相速度模型

二、三维波动方程模拟与波场特征分析

为方便实现正演过程,以上述模型为基础设计三维观测系统。其中炮点和检波点的相对位置如图 3－99 所示。观测系统参数见表 3－6。

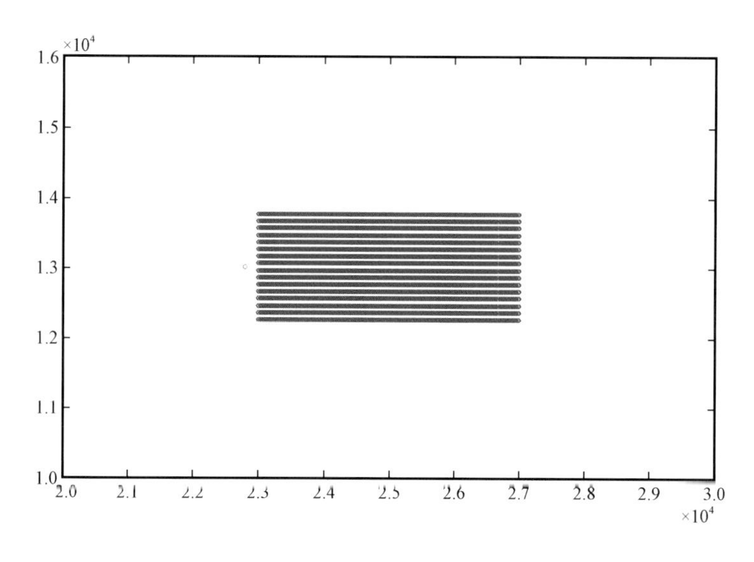

图 3－99　三维交叉正演观测系统(横向)

表 3－6　三维观测系统参数

纵向最小炮检距(m)	200	纵向最大炮检距(m)	4200
缆数	16	缆间距	100m
每缆检波点个数	401	道间距	10m

根据三维声波方程的离散格式，实现声波方程交错网格有限差分正演模拟。采用主频为10Hz的雷克子波进行正演。每隔200个时间点提取一个波场快照，如图3－100所示。当地震波传播遇到火山岩地层时，由于模型的复杂性导致波场相当复杂；同时由于火山岩的高速特性，对地震波能量产生了相当的屏蔽作用，严重降低了火山岩下伏地层的信噪比。

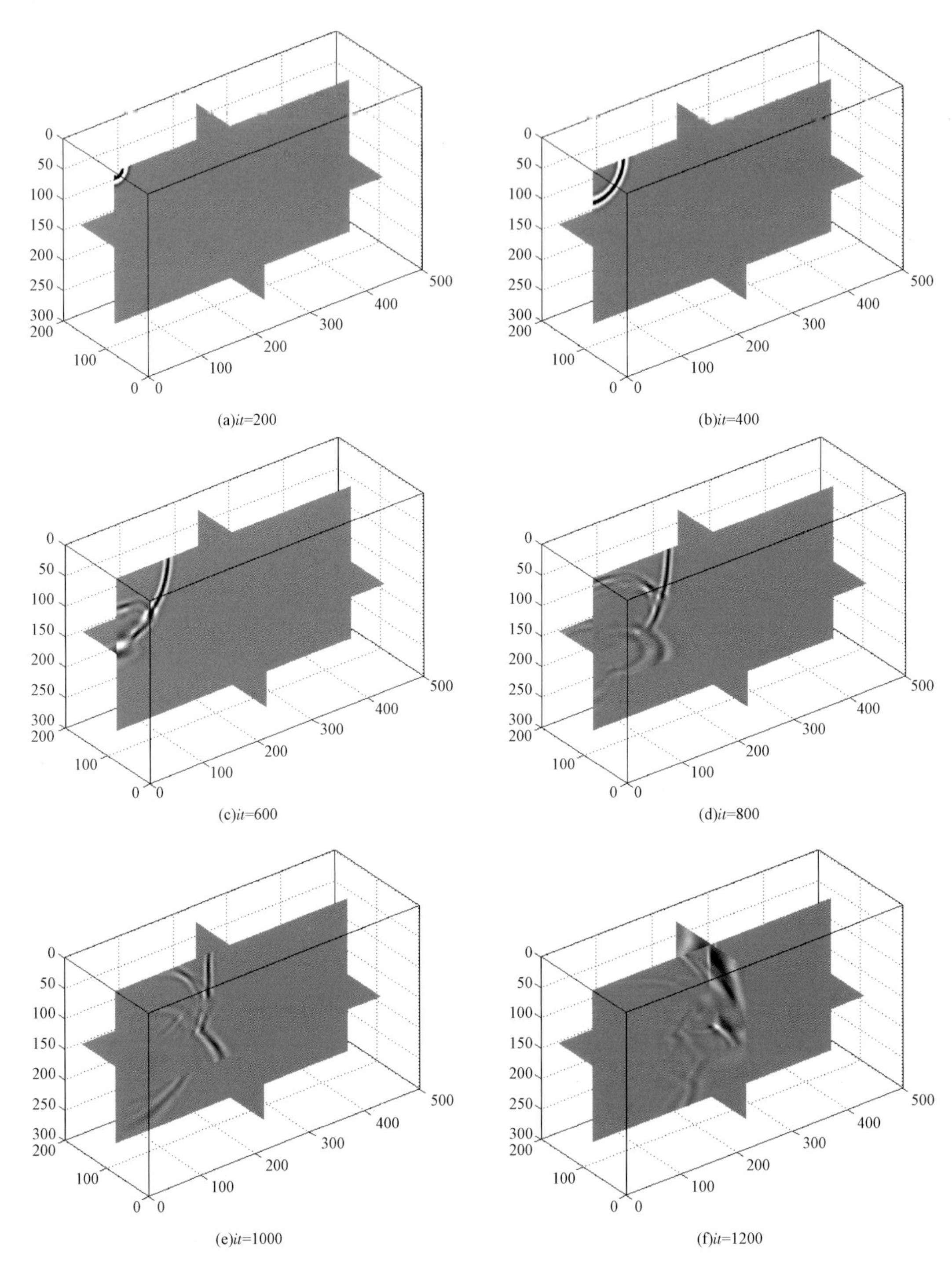

(a)it=200　(b)it=400

(c)it=600　(d)it=800

(e)it=1000　(f)it=1200

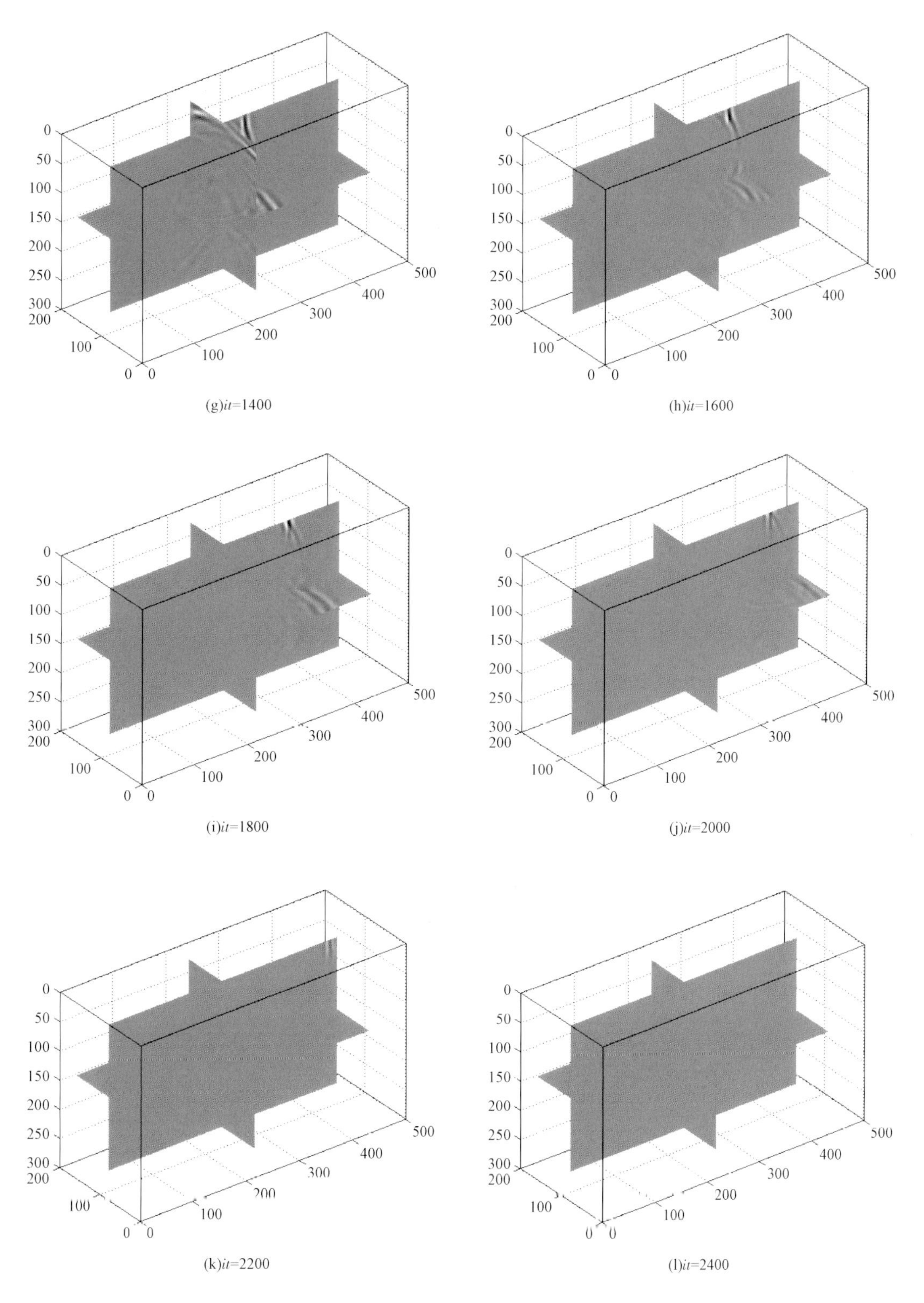

(g)it=1400 (h)it=1600

(i)it=1800 (j)it=2000

(k)it=2200 (l)it=2400

图3 100 二维声波方程正演不同时刻波场快照

三、不同采集方案效果分析

网格间距 $dx=dy=dz=10\text{m}$，时间采样间隔 $dt=1\text{ms}$，且时间采样点数 $nt=3500$，同时，为了方便对比，每隔500个时间点记录该时刻的波场快照，并且由于当 it 超过2000时，地震波场已经传播到模型区域之外，在此只列出部分波场快照如图3－101所示。16条测线的地震记录如图3－102所示。

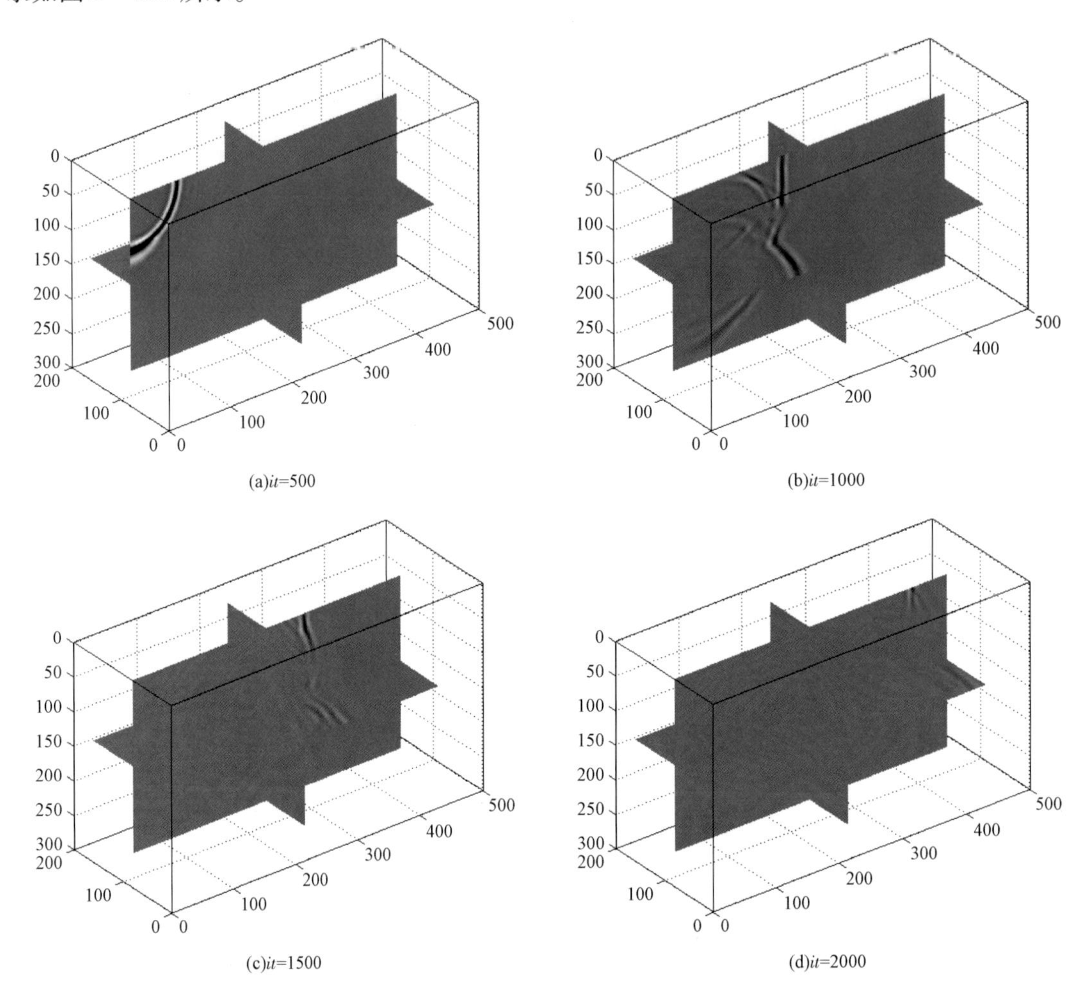

(a)it=500　(b)it=1000　(c)it=1500　(d)it=2000

图3－101　三维声波方程正演不同时刻波场快照

从图3－101中可以看出，随着传播时间的增加，由于波前扩散，地震波能量逐渐减弱；从图3－102所示的地震记录可见，受到上覆高速火山岩的影响，下伏地层的反射能量很弱。

在火山分布较少的另一个方向也设计如表3－6所示的观测系统，炮点和检波点的相对位置如图3－103所示（其中红色圆圈代表炮点位置，而蓝色圆圈表示检波点位置），进行三维声波方程正演，得到5个不同时刻的波场快照如图3－104所示，16条缆的地震记录如图3－105所示。

对比图3－103和图3－104所示的炮集记录中位于1.5s（第1500个采样点）上方的反射

同相轴可以发现：当火山岩分布范围较小时，下伏地层的反射能量较强，可以明显分辨出下伏地层的反射同相轴。

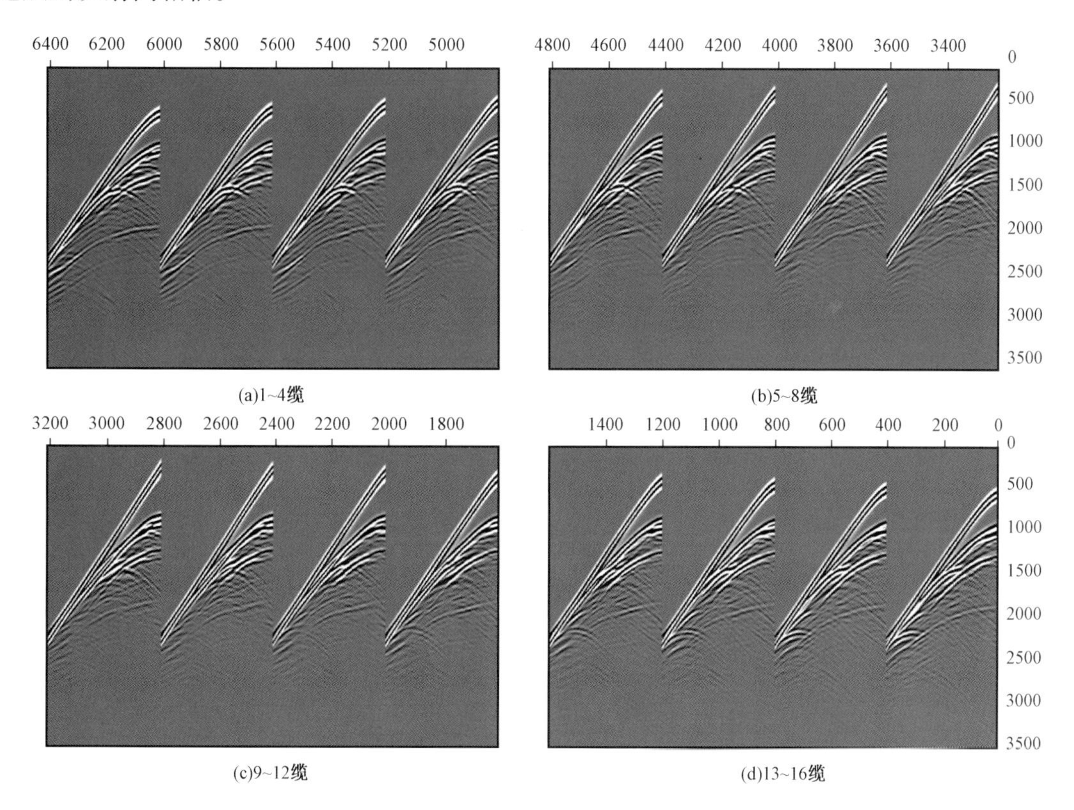

图 3－102　三维声波方程正演不同测线地震记录

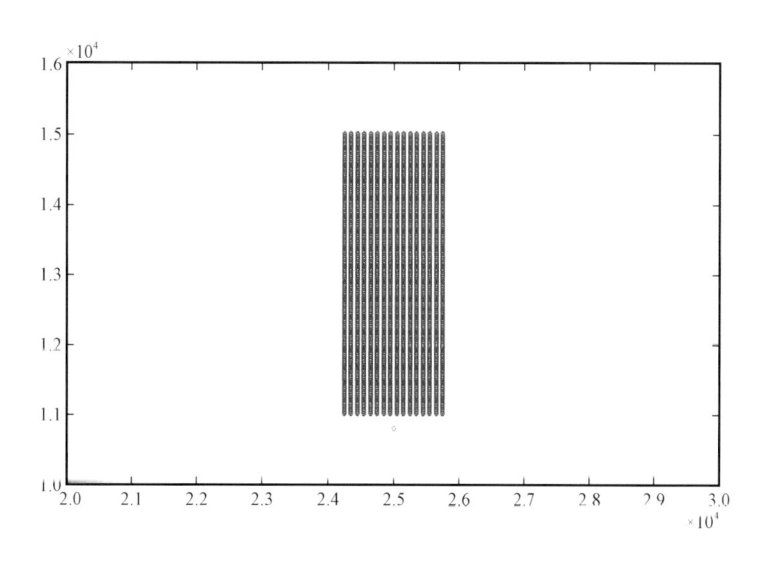

图 3－103　三维交叉正演观测系统(纵向)

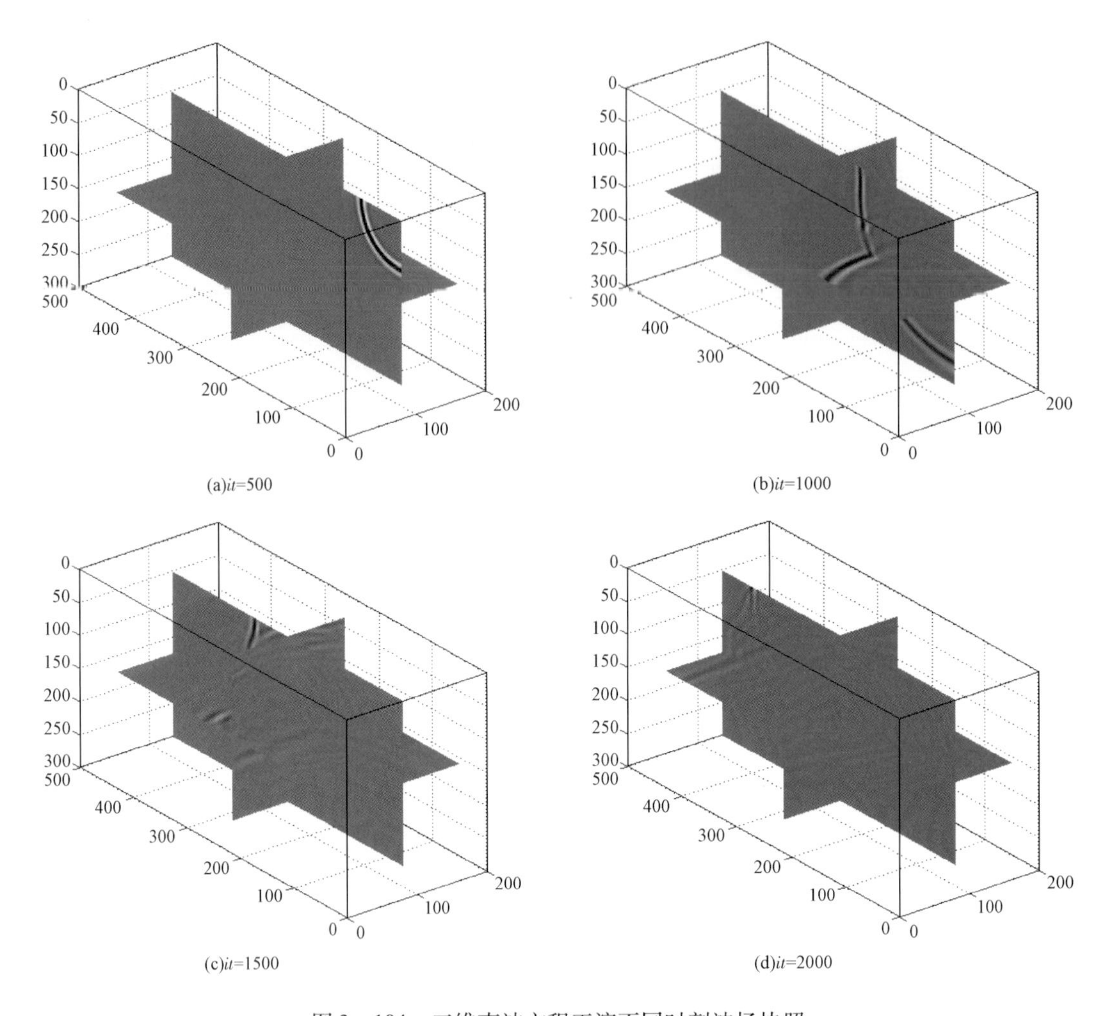

(a)it=500　(b)it=1000

(c)it=1500　(d)it=2000

图 3－104　三维声波方程正演不同时刻波场快照

因此，当火山岩体沿裂隙呈条带状分布时，则在正交方向进行三维采集，若从某一个方向处理效果不佳，那么从另一个方向的炮集记录中可以得到更加清晰的地震反射。针对海上火山岩发育区，设计正交观测系统进行地震资料采集可以有效解决成果剖面较差的问题。

四、高密度采集分析

基于如图 3－106 所示的速度模型，建立如表 3－7 所示的观测系统，速度模型纵向与横向采样间隔均为 5m，采用峰值频率为 25Hz 的零相位雷克子波，进行二维波动方程正演得到 801 道的单炮记录，道间距为 5m；然后对其进行 9 道叠加抽样（在实际地震采集过程中，相当于检波器组合的效果）之后，得到 89 道采样抽稀后的单炮记录，道间距为 45m。另外，利用采用峰值频率为 45Hz 的零相位雷克子波进行正演模拟，对其分别进行 5 道和 9 道叠加抽样，得到分别为 160 道和 89 道采样抽稀后的单炮记录，道间距分别为 25m 和 45m。切除直达波后，得到单炮记录对比图，如图 3－107 和图 3－108 所示。

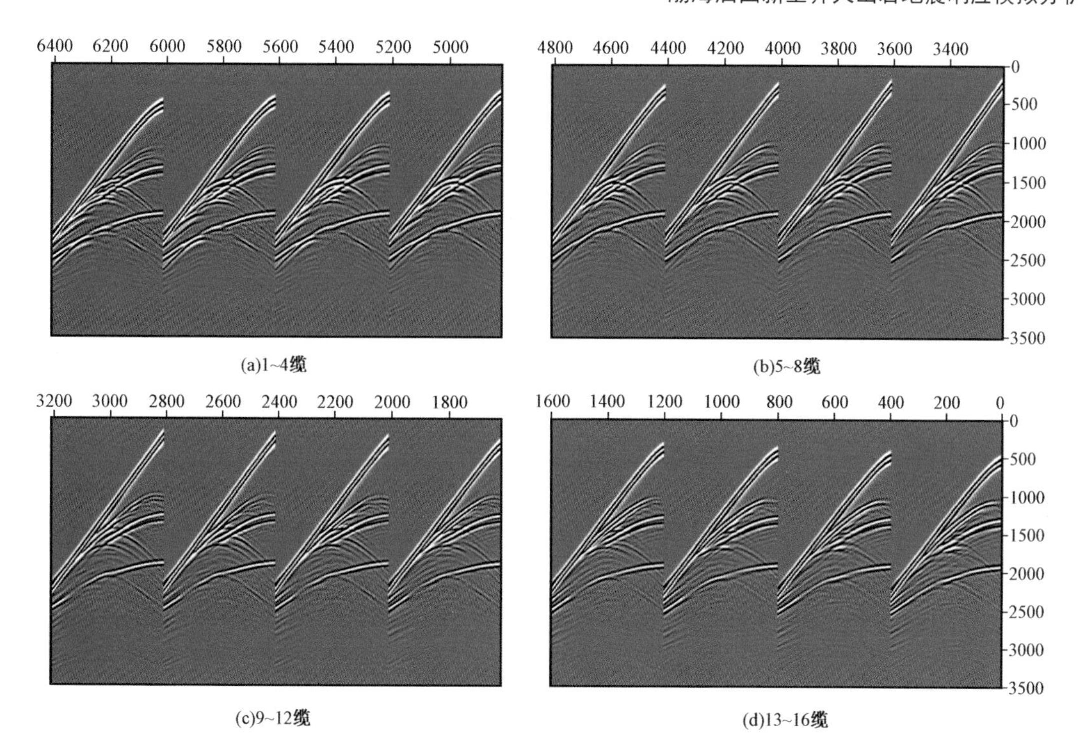

图 3－105　三维正演不同测线地震记录

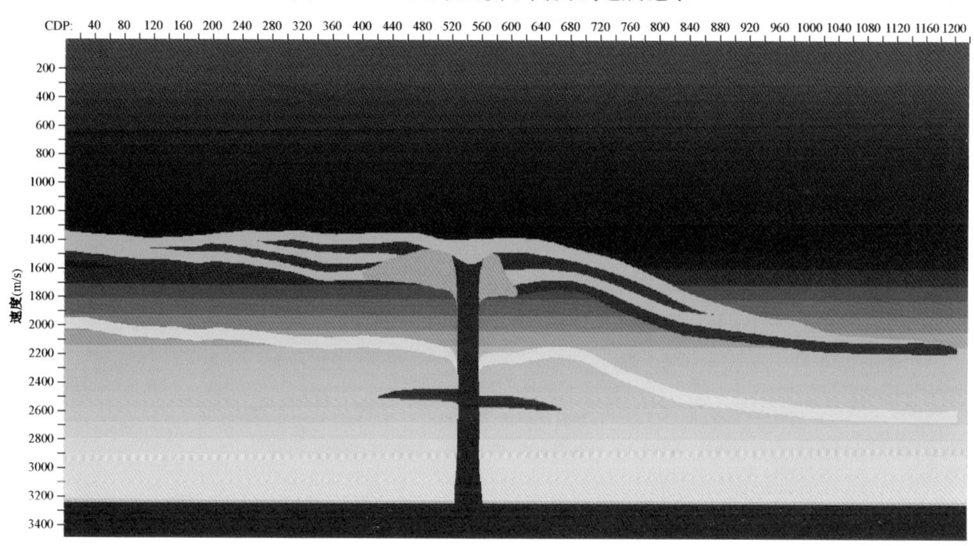

图 3－106　正演速度模型(模型一)

表 3－7　正演观测系统参数表

炮数	第一炮坐标(m)	炮间距(m)	激发接收方式
75	5	80	单边激发单边接收
每炮道数	最小偏移距(m)	最大偏移距(m)	道间距(m)
801	200	4200	5

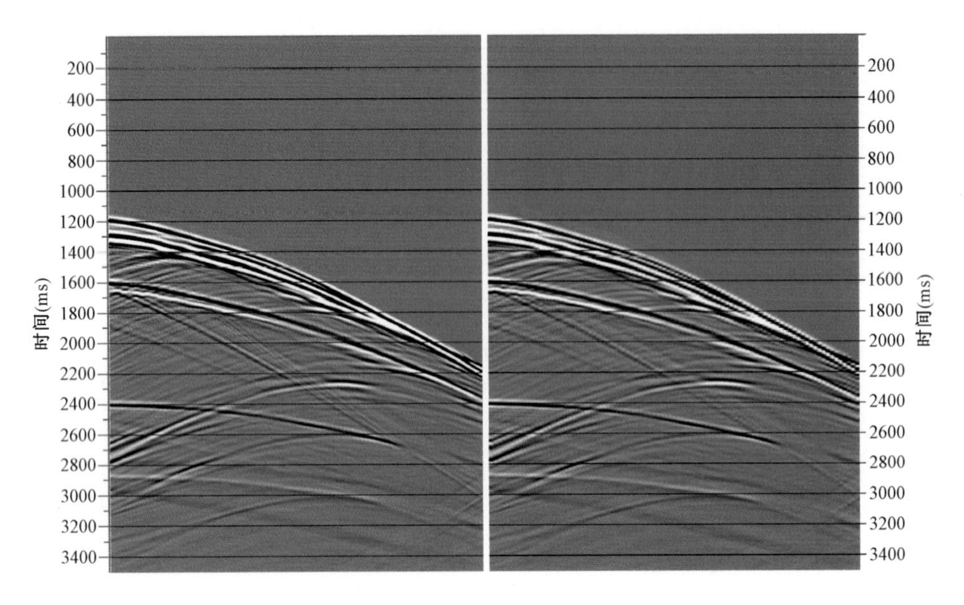

图 3－107　单炮记录采样前后对比(子波峰频＝25Hz)

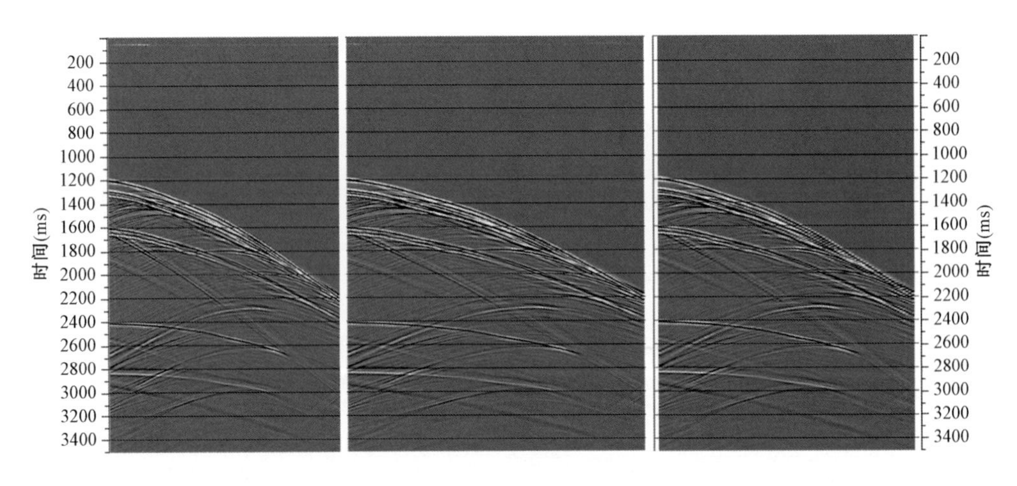

图 3－108　单炮记录(左)/5 道(中)/9 道(右)采样对比(子波峰频＝45Hz)

对采样前后的单炮记录进行 F—K 分析,分别得到对应的 T—X 域和 F—K 域的结果,如图 3－109 和图 3－110 所示。可见,当空间采样间隔较大,不满足空间采样定理时,在 F—K 域中出现较为严重的空间假频现象,因此在实际生产中,建议采用较小的空间采样间隔,实现高密度地震勘探,避免空间假频的产生,得到高精度的地震资料。

如图 3－110 所示,当地震子波主频较高时,在同一个速度模型下,由于地震波波场较短,F—K 谱中就可以出现较明显的空间假频现象;当进行抽样组合的道数较大时,F—K 谱中表现的空间假频非常严重,对后面资料处理带来严重影响,这样更加突出了地震资料采集过程中进行高密度采样的重要性。

利用 25Hz 和 45Hz 9 点叠加抽稀前后的地震单炮记录作为输入,真实速度模型作为偏移速度场，进行叠前深度偏移，得到如图3－111和图3－112所示的偏移结果剖面。同时，对真实速度模型做1000m平滑，利用此速度场作为偏移速度场，进行叠前深度偏移试验，分别得到如图3－113和图3－114所示的偏移结果剖面。分别对比两组偏移剖面可见，作为输入的单炮记录抽稀后，偏移剖面的能量明显减弱。由此可见，高密度采集对偏移处理结果有重要影响。

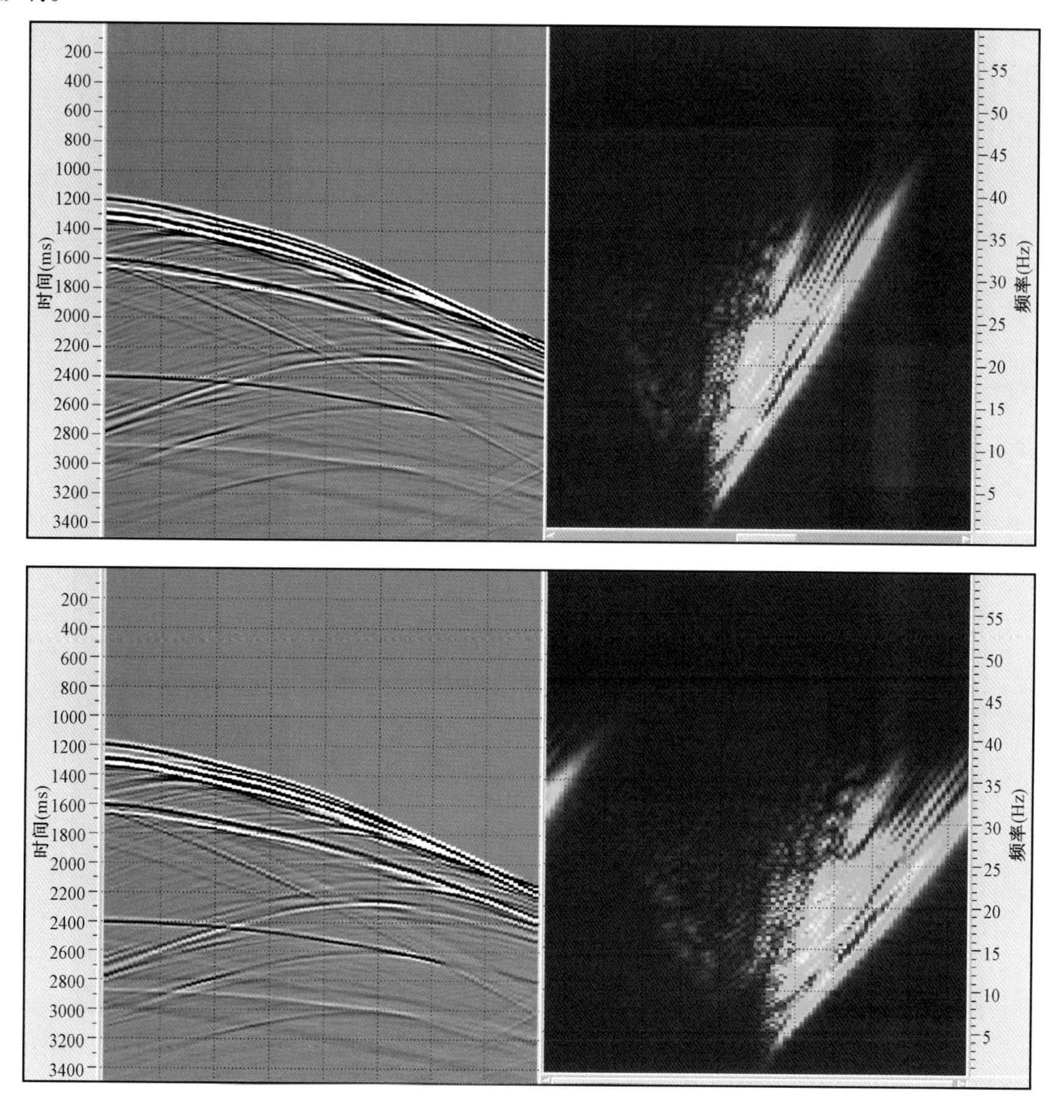

图3－109　单炮记录采样前后及其F—K谱对比图（子波峰频＝25Hz）

本节以三维声波方程有限差分正演为工具，讨论了平行于火山机构与垂直于火山机构的三维观测系统对地震资料品质的影响；另外，从二维典型含火山岩模型为基础，设计单边激发单边接受观测系统正演得到单炮记录，通过F—K分析，讨论了高密度采集方法对空间假频、单炮记录和偏移处理结果资料的影响；进而为火山岩发育区地震资料采集方案提供一定的指导。

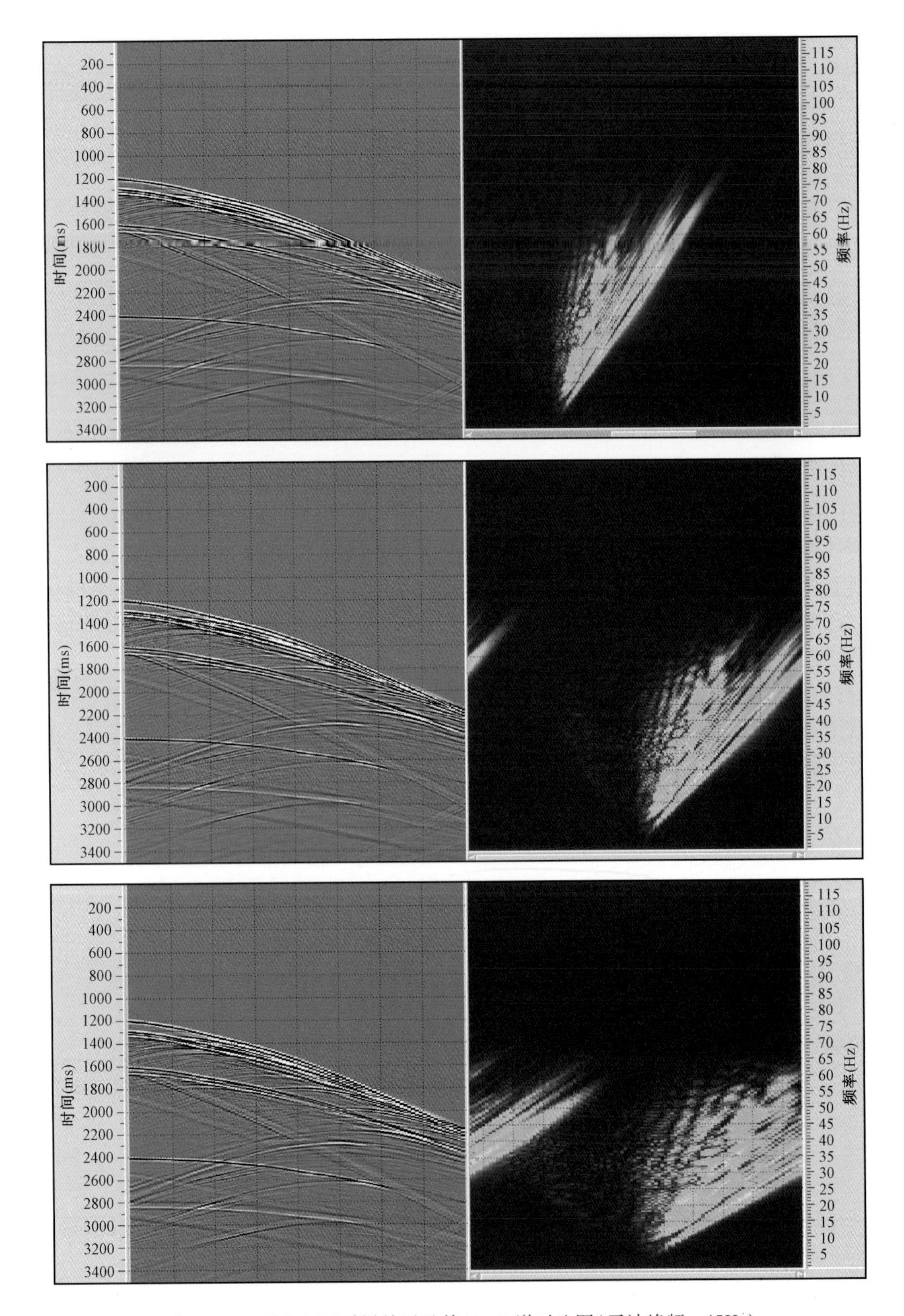

图 3－110　单炮记录采样前后及其 F—K 谱对比图(子波峰频 =45Hz)

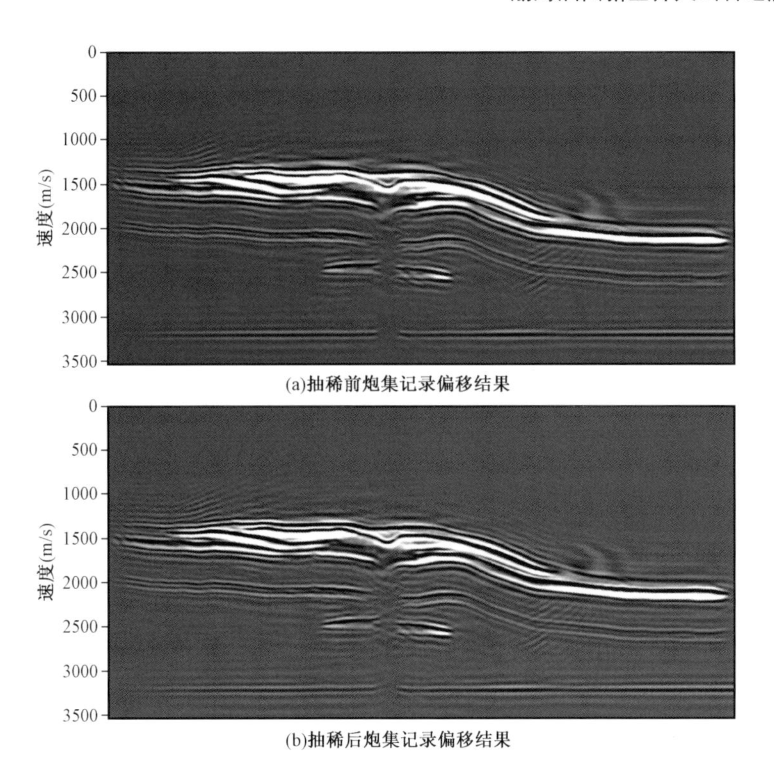

(a)抽稀前炮集记录偏移结果

(b)抽稀后炮集记录偏移结果

图 3-111　9 点叠加抽稀前后真实速度场偏移结果(峰值频率 = 25Hz)

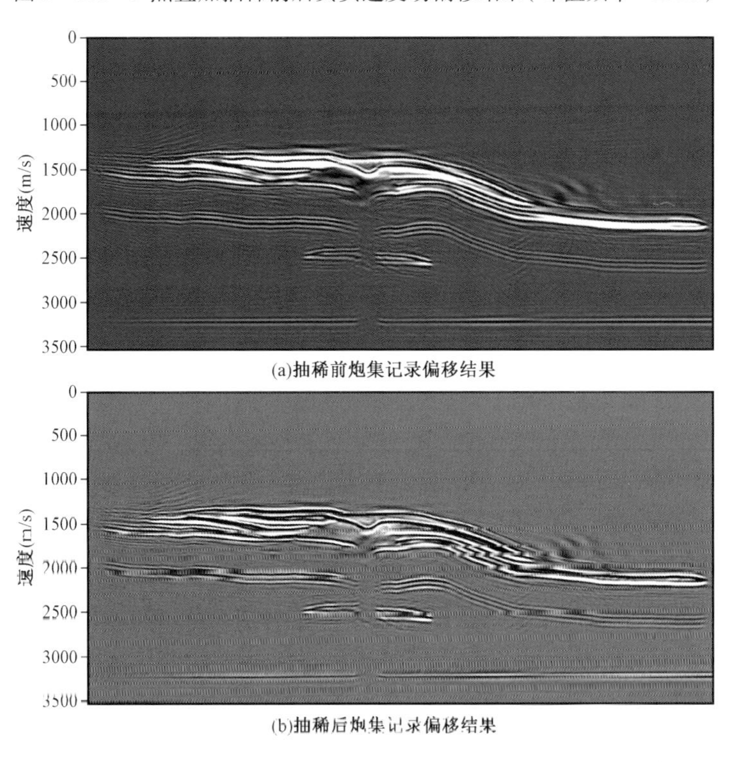

(a)抽稀前炮集记录偏移结果

(b)抽稀后炮集记录偏移结果

图 3-112　9 点叠加抽稀前后真实速度场偏移结果(峰值频率 = 45Hz)

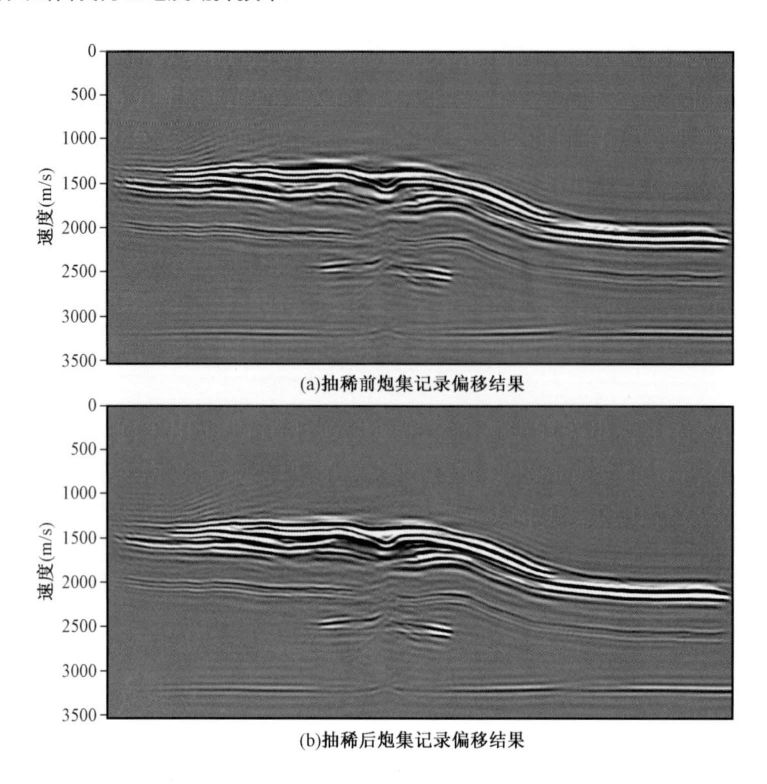

图 3-113　9 点叠加抽稀前后 1000m 光滑速度场偏移结果(峰值频率 =25Hz)

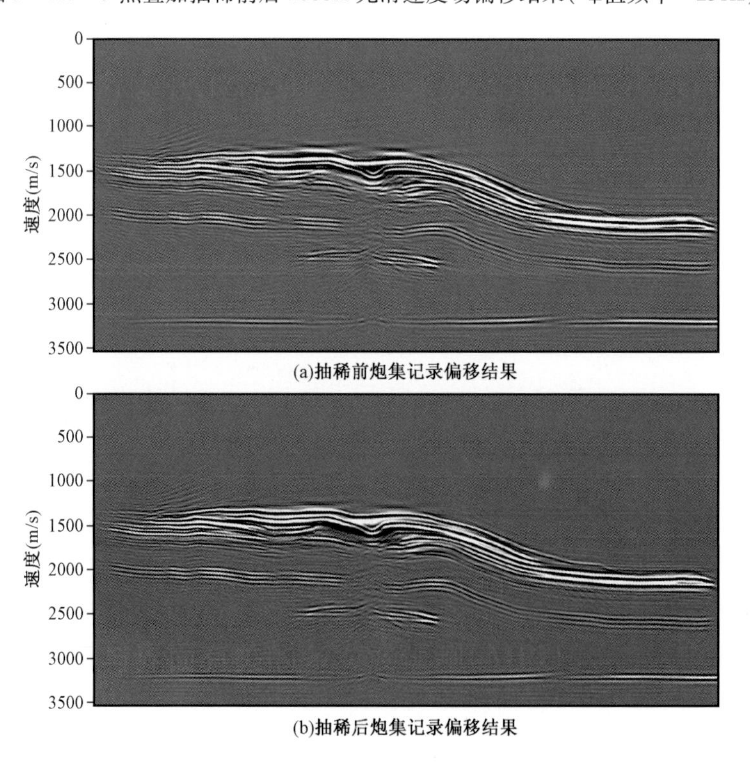

图 3-114　9 点叠加抽稀前后 1000m 光滑速度场偏移结果(峰值频率 =45Hz)

第五节　小　　结

火山岩发育区地震资料往往具有横向速度变化剧烈、波阻抗与围岩相差较大、非均质较强等特点，严重影响地震资料品质，进而降低了火山岩下伏地层的解释精度。本章首先提炼火山岩关键地质变量，然后建立二维及三维火山岩模型并进行正演，最后进行偏移成像试验，为火山岩发育区地震数据采集、地震响应分析和处理提供了有效依据。

结合工区测井资料以及前人研究成果初步确定火山岩厚度、速度、密度、非均质性、分层结构作为影响下伏目的层的关键地质变量。进行二维波动方程正演模拟，并对目的层振幅进行提取，分析 5 个关键地质变量对下伏目的层的影响得到以下认识。

(1)火山岩具有较强的屏蔽作用，其中火山岩厚度的影响较大，随着厚度的增加，目的层振幅能量逐渐减小。

(2)火山岩速度与密度对下伏砂岩储层能量影响较大，通过对研究区测井资料统计可知火山岩的速度与密度有较好的线性关系，其速度与密度成正比关系，对比变速度正演目的层振幅提取结果和变波阻抗正演目的层振幅提取结果可知二者的变化规律一致，因此可以利用速度变量代替密度变量的影响。

(3)火山岩的非均质性使得地震波发生散射，严重影响了下伏目的层识别及振幅能量提取；非均质性变量较小时对下伏砂岩储层同相轴振幅影响较小，非均质性变量较大时对下伏砂岩储层同相轴振幅影响较大。

(4)火山岩的成层性会使地震波在传播过程中产生层间多次波，严重影响了一次反射波的解释精度及振幅能量的提取；分层变量中当层数较少对下伏砂岩储层同相轴振幅影响较大，当层数分的过多时对下伏砂岩储层同相轴振幅影响较小。

(5)火山岩对高频信号相比于低频信号的衰减程度要强，因此在后面的处理中要充分利用低频信息。

针对同一个二维复杂含火山岩速度模型，本章针对 4 种主流叠前偏移方法展开了理论讨论与模型试验。叠前偏移主要论述了以 Kirchhoff 积分法为例的叠前时间偏移法和包括 Kirchhoff 积分法、傅里叶有限差分法和逆时偏移法在内的叠前深度偏移。通过对该模型的 3 个速度场(真实速度场及两个不同程度的光滑速度场)进行偏移试验，得到一些结论性的认识。

(1)用准确的速度场作为偏移速度场时，偏移方法越高级，偏移结果越接近真实地质体模型：叠前时间偏移结果优于叠后深度偏移结果；叠前深度偏移结果比叠前时间偏移结果更能准确反映真实地质体模型；逆时偏移方法用准确速度场做偏移处理时，结果剖面与地质体的对应效果最好。

(2)对于 Kirchhoff 积分法偏移而言，相对准确的(200m)光滑速度场比真实速度场作为偏移速度场，可以得到相对更好的偏移结果。而对于逆时偏移而言，实验结果表明，1000m 光滑比 200m 光滑后的速度场作为偏移速度场的结果好。

(3)对于有限差分法叠前深度偏移而言，相对精确的(100m)光滑速度场比真实速度场作为偏移速度场，可以得到相对更好的偏移结果，但是在实际生产中，如此高精度的偏移速度场很难得到。同时，实验结果表明，1000m 光滑比 200m 光滑后的速度场作为偏移速度场的偏移结果剖面结果更好，各个相态相对容易区分，但是由于这种偏移速度场只反映速度的大致趋势，因此，偏移后火山通道相两侧地层浅部低速层的同相轴张开，通道宽度变宽，而高速层的同相轴则向上弯曲，有相交的趋势，火山通道相变窄。

（4）结合前面关于 Kirchhoff 偏移以及有限差分偏移试验和讨论，分析认为，对于复杂含火山岩地层而言，当速度能够被拾取得较为准确时，Kirchhoff 积分法偏移以及傅里叶有限差分偏移方法无论是在成像结果还是计算效率上都具有较强优势。但是，当无法得到较为准确的速度模型时，逆时偏移也可以提供一个很好的成像结果，但受限于其非常庞大的计算量，逆时偏移方法应用于三维实际地震勘探中是非常困难的，因此，通过 kirchhoff 叠前深度偏移方法得到一个相对精确的偏移速度场，利用该速度场进行傅里叶有限差分偏移，结合 Kirchhoff 叠前深度偏移方法和傅里叶有限差分方法二者的优势，可以得到相对精确的偏移剖面。

最后，在三维含火山岩复杂地质体建模理论与技术的基础上，本章还展示了含火山岩三维地质体速度模型的建模结果，实现了三维声波方程有限差分正演模拟，阐明了波场的复杂性。在设计观测系统—分割速度模型—三维声波方程正演过程的基础之上，针对性地提出了采用正交观测系统可以有效改善火山岩发育区地震资料品质。另外，利用 F—K 分析方法，证明了高密度采集在避免空间假频、提高地震资料精度上的重要性。

第四章　渤海油田新生界火山岩发育区地震资料处理关键技术

渤海油田广泛发育新生界火山岩。火山岩体覆盖在沉积地层上或充填在沉积地层中。由于火山岩体特殊的表面几何形态及内部几何结构、强烈的非均质性,以及高速度和高密度特征,导致地震波在火山岩存在的地层中传播过程变得异常复杂。对岩下构造的成像带来很大难度。这正是渤海油田新生界火山岩发育区地震资料成像处理的困难所在。

火山岩体出现在沉积地层中,首先,崎岖不平的火山岩表面引起地震波的强散射,这些散射波资料的采集需要宽方位和长偏移距的观测系统,才能为后续火山岩地层的准确成像提供保障;其次,火山岩具有的高速度和高密度特征,使得其与外围沉积地层形成强反(散)射面,与海水面及海底面形成较强的多次波,火山岩体上下顶底之间也会形成较强的层间多次波;最后,火山岩体内部的强非均质性会产生多次(高价)散射波,导致地震波振幅的衰减和相位畸变;此外,火山岩体的存在严重改变地震波传播的方向,强非均质性引起的吸收衰减,屏蔽了对岩下目标反射层的照明。

针对火山岩体发育区特殊的地震、地质问题,地震数据成像处理需要有针对性的方法和技术。在前面章节中我们对火山岩的发育、分布及岩相类型等地质特征进行了分析,对火山岩的发育规律和模式有了清晰的认识;在此基础上结合钻井获得的岩性参数,完成了地震波正演模拟,分析总结了地震波传播的响应特征,并对影响地震资料处理效果的偏移方法、速度精度等因素进行了正演论证。这些工作为处理流程的构建和关键技术的研发和应用奠定了理论基础。

第一节　地震资料处理难点及处理思路

根据渤海油田新生界火山岩发育情况,将火山岩相分为6种类型,主要包括溢流相、爆发相、火山通道相、侵出相、火山沉积相和次火山岩相(图4-1)。不同火山岩相的地震反射特征存在较大的差异。由于溢流相岩体具有较强的屏蔽作用,溢流相发育区资料下伏地层地震反射能量较弱;爆发相火山岩区地震波的能量大部分被喷发岩地层吸收,仅部分能量透射传播;而火山角砾岩岩体形状不规则造成地震波能量散射比较严重,加剧了地震波能量的衰减。

在火山岩发育区内,由于火山岩与围岩接触界面凹凸不平,火山岩体内部非均质性较强、岩相变化复杂等多种因素,致使火山岩发育区的地震波场较为复杂。波场复杂性在采集单炮地震记录中表现为界面反射杂乱、双曲线特征不明显,不规则同相轴发育,反射波能量差异大,这给地震资料精确成像带来很大挑战。

(1)受各类因素的共同影响,火山岩发育区地震反射波场复杂,信噪比低。高速高密的火

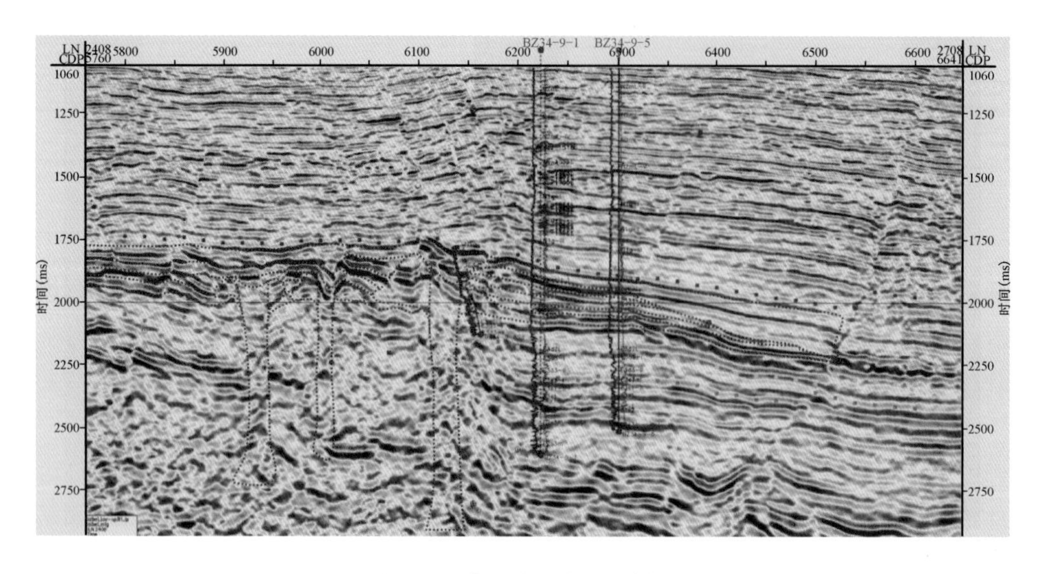

图 4 – 1　典型火山岩地震剖面

山岩产生的层间多次波严重干扰了下伏地层的有效反射，多次波的有效压制是火山岩地震资料处理的主要难点之一。

（2）常规振幅补偿技术一般采用球面扩散补偿和地表一致性振幅补偿技术，主要解决地震波传播过程中随传播时间的衰减及激发能量等差异造成的近地表影响，但无法消除火山岩屏蔽导致的地震波能量衰减，使处理成果难以准确反映真实的岩性信息，这就成为火山岩地震资料处理中的又一难点。

（3）火山岩各种岩性和岩相在空间上变化较快，其速度变化较为剧烈，而常规的速度分析未考虑火山岩地层速度变化强烈等因素，势必造成分析速度与真实速度之间有较大误差，从而影响反射波归位精度，因此高精度速度建模是火山岩地震资料处理面临的第三个主要难点。

（4）火山岩空间形态分布不规则，绕射波异常发育，且不同期次的火山岩相互叠置，给地震资料的成像处理带来巨大挑战，因此寻找适合火山机构及其下伏地层成像的偏移方法是面临的第四个主要难点。

因此火山岩地层作为一种特殊地质体，它的存在造成地震反射波场更加复杂，除地震资料成像难度增加之外，在提高火山岩发育区地震资料处理成果的信噪比、分辨率和保真度等方面均存在巨大挑战。

针对火山岩体的存在给地震资料处理带来的困难和挑战，我们发展了针对火山岩强反射界面能量屏蔽量化分析及振幅补偿技术，基于反演的界面相关的多次波压制技术及多域多次波衰减组合技术，基于构造约束的网格层析速度建模技术，保证火山喷发相和火山通道相等小尺度地质体有效精确成像的叠前时间偏移与叠前深度偏移联合成像技术等。这些技术形成了渤海油田新生界火山岩发育区地震资料处理关键技术系列，并将以上系列技术方法在研究区地震资料的实际处理进行了应用。本章将重点针对火山岩发育区地震资料的难点、技术思路、处理效果进行探讨。

第二节　火山岩对下伏反射能量屏蔽量化分析及补偿

渤海油田新生界火山岩发育区发育多样化的油气藏，由于火山岩体固有的高速高密、形态不规则、速度变化大等特性造成火山岩发育区的地震波场复杂，受火山岩屏蔽和吸收的影响，地震波透射下传能量衰减严重，影响了火山岩下伏地层的成像质量，因此对火山岩体下伏地层有效反射波的识别、能量恢复与增强技术的研究显得尤为重要。地震资料能量补偿处理是提高火山岩下伏地层反射的有效手段。

地震资料能量补偿处理的目的就是要通过对野外地震信号的分析处理，尽可能地消除非地质因素造成的地震信号特性（振幅、频率、相位、波形等）的变化，使地震信号的特性变化与地下地层的地质变化达到最佳的匹配，即保持最终成果剖面上各点间地震信号动力学特性，尤其是反射波的振幅特性的相对关系，它既包括垂向上不同地层及横向上同一地层的相对振幅关系，也包括同一反射点振幅随炮检距的变换关系。在火山岩发育区地震资料处理过程中如何既做到精确成像，又能够保证火山岩体及下伏地层的波组特征相对关系不变，是地震资料能量补偿处理一个值得深入研究的课题。

保幅处理的本质含义是地震数据的成像处理效果应该体现反射界面反射系数的真实变化，无论是反射界面上一个点的 AVA 关系，或是反射界面上各点之间的反射系数空间关系，都应该反映岩石介质的真实变化关系。从 NMO 叠加、PSTM 叠加、PSDM 叠加和 LS_PSDM 叠加看保幅成像是有所差别的。尽管如此，4 种成像处理方法本质上都希望做到保幅。保幅处理的核心环节是传播到反射点的波场振幅不受上覆地层岩性及传播因素影响。消除上覆地层岩性及传播因素影响的方法及判断消除结果是否满足保幅要求的方法就成为了保幅成像与处理的关键点。

本节首先从已知井的反射系数及合成记录出发，讨论判断保幅处理结果的判读方法，然后讨论振幅校正的方法技术及最后校正方法的实际应用，最后给出振幅校正方法及应用的总结。

一、基于多井合成地震记录标定的地震波能量规律分析

地震资料包含了丰富的地下地质信息，它反映了地质体的空间形态。声波测井和密度测井资料及其他一些测井及钻井资料都能够精确地反映井点处沿井轨迹方向的物理性质及其变化。地震反射层地质标定就是将钻井、测井资料所获取的地质信息标定到地震剖面上，然后用地震反射信息来表述地下地质情况。所以，地震反射层标定的目的就是给地震反射波赋予地质含义。因此，合成地震记录是联系地震资料和测井资料的桥梁，是构造解释和岩性储层地震解释的基础，是地震与地质相结合的一个纽带。合成地震记录质量的高低直接影响标定的正确与否。合成地震记录的制作方法就是利用测井资料求取的反射系数序列与地震子波进行褶积：

$$S(t) = R(t) * W(t) \tag{4-1}$$

其中，$S(t)$ 为合成地震记录；$R(t)$ 为反射系数；$W(t)$ 为地震子波；* 代表褶积运算。

合成地震记录是一种非常理想的模型，其假设条件是地下介质是连续的，在每个地层内介质是均匀的，并且假设没有其他波及噪声的干扰。然而实际地震记录的产生是一个非常复杂的过程，合成地震记录与实际地震记录必然会存在差异，但这种理想化的合成记录对实际问题的解决有重要意义。强反射火山岩地层会屏蔽和吸收地震波能量，造成下伏地层反射信号弱，甚至形成空白反射区。因此可以利用合成地震记录基于理想化模型的特点，寻找火山岩地层对地震波能量屏蔽和吸收的规律，从而为下伏地层地震反射的定量化补偿提供依据。

具体步骤如下：首先做好火山岩地层的解释和标定工作，其次根据井旁地震道求取时变地震子波；最后做好各条井曲线校正后，利用井声波时差曲线与密度曲线求得波阻抗曲线，进而求得准确的反射系数，从而制作比较精确的合成地震记录。图 4－2 是 BZ34－9－8 井的层位标定及合成记录结果。下面分别对火山岩地层及下伏地层进行合成地震记录的绝对振幅能量分析，将其能量比值作为理想状况下下伏地层对火山岩地层的理论上的振幅上限阈值。考虑到不同主频子波对合成地震记录振幅大小变化的影响，采用不同主频的雷克子波，制作一系列的合成地震记录，采用同样的分析时窗长度获得火山岩及下伏地层的振幅比值（图 4－3 是不同主频雷克子波的测井合成记录道火山岩层及下伏地层振幅分析统计结果），进一步将能量比值表达为频率因子的函数（图 4－4 展示了典型火山岩发育区渤中 34－9 构造内全部测井合成记录道下伏地层相对于火山岩层振幅比值统计结果）。通过对实际地震记录的时频分解，建立相对应的振幅补偿方案。

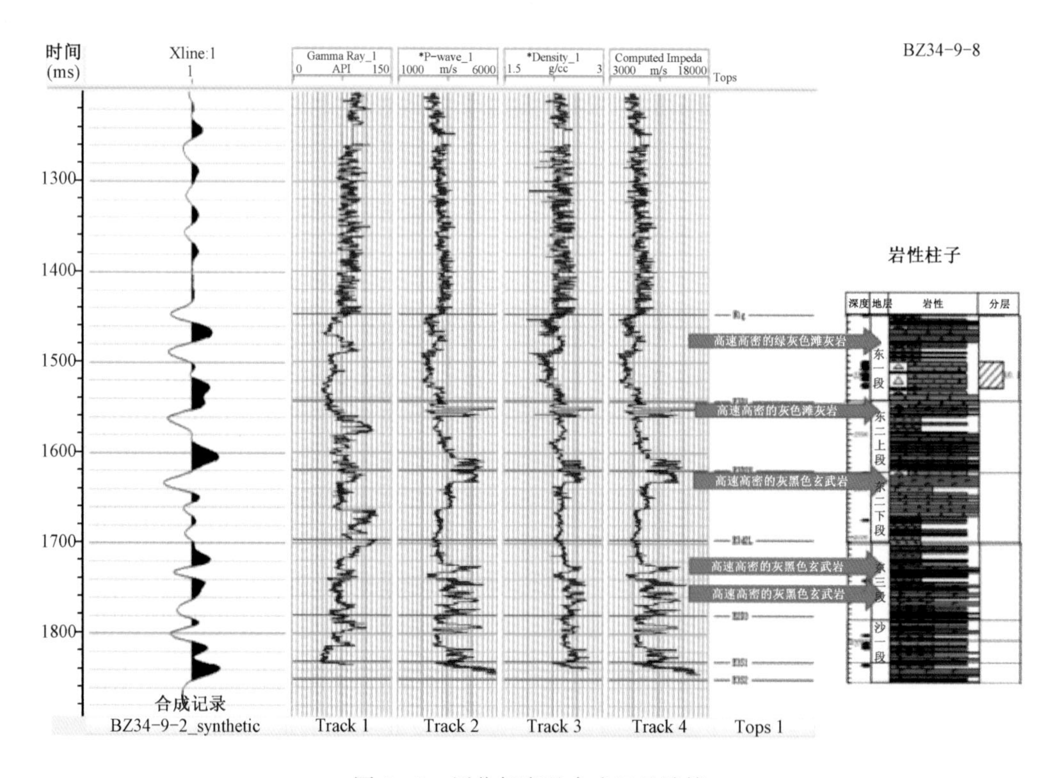

图 4－2　层位标定及合成记录计算

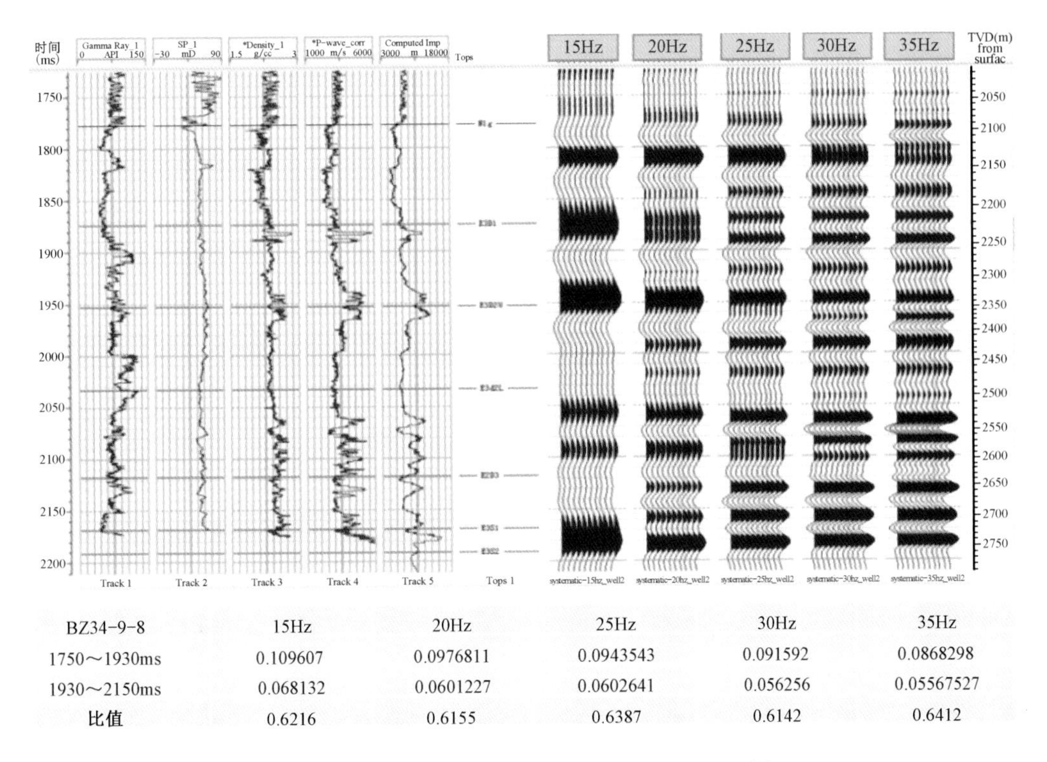

BZ34-9-8	15Hz	20Hz	25Hz	30Hz	35Hz
1750～1930ms	0.109607	0.0976811	0.0943543	0.091592	0.0868298
1930～2150ms	0.068132	0.0601227	0.0602641	0.056256	0.05567527
比值	0.6216	0.6155	0.6387	0.6142	0.6412

图 4-3　合成记录道火山岩层及下伏地层振幅分析

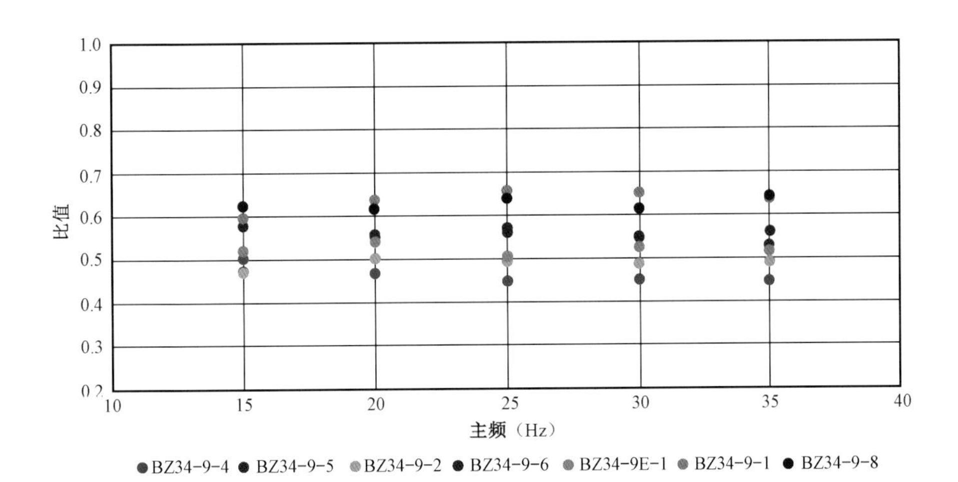

图 4-4　典型井合成记录道火山岩层及下伏地层振幅比值统计结果

二、井旁道地震记录能量分布规律分析

选取与合成地震记录相同的分析时窗，对实际地震记录进行同样的振幅比对分析，为了控制处理质量，分别对常规叠前振幅补偿前后的实际地震记录进行同时窗振幅分析，进一步确定

火山岩对下伏地层能量屏蔽的规律。图4－5是BZ34－9－8井旁地震道振幅统计分析结果。结果表明，原处理成果仅仅完成了常规叠前振幅补偿（球面扩散），没有对火山岩屏蔽进行针对性补偿处理。

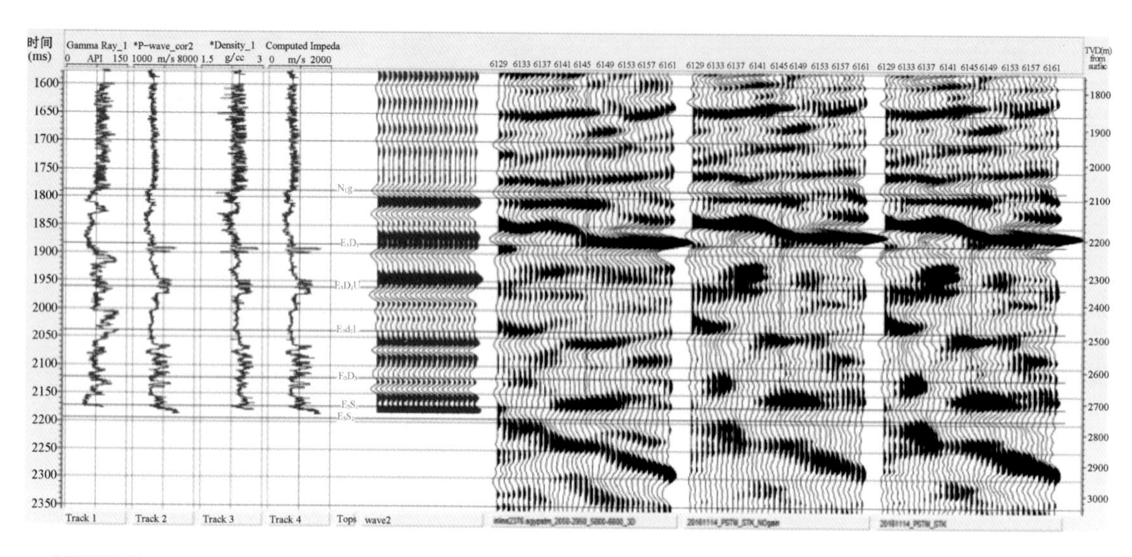

BZ34-9-8	合成记录	原处理地震资料	补偿前地震资料	补偿后地震资料
1750～1930ms	0.0943	9426	145	338
1930～2150ms	0.0603	4254	50	153
比值	0.6394	0.4513	0.3448	0.4527

图4－5　合成记录井旁地震道振幅统计分析

三、地震数据分频能量调查

从图4－6可见，相对于剖面右侧火山岩不发育区，在左侧高阻抗（强反射）火山岩发育区的下部地层，地震数据能量和频率均明显降低。从地震数据低频分频剖面（图4－7）可见，地震数据低频分量受火山岩屏蔽影响作用较小，从地震数据中、高频分频剖面可见（图4－8），位于火山岩发育区的地震数据中、高频分量受火山岩屏蔽影响作用较大；由此可见由于地震波低频分量波长大，能量可以穿过火山岩厚度小于地震波波长的地层，而高频分量地震波波长小，其能量被火山岩地层严重屏蔽。在火山岩不发育区，地震数据中、高频仍有较强能量。

四、基于广义S变换时频分解的振幅补偿方法

广义S变换结合了短时傅里叶变换与小波变换的优点，并克服了傅里叶变换的时频窗口在时频平面中不可变的问题。它的窗函数具有依赖频率的自适应可变特性，通过不同的参数取值，其时频窗口特性能够随着频率呈现各种不同的变化趋势，从而更适应实际应用中各种复杂的信号分析，是非平稳信号时频分析的良好工具（陈学华，2008）。

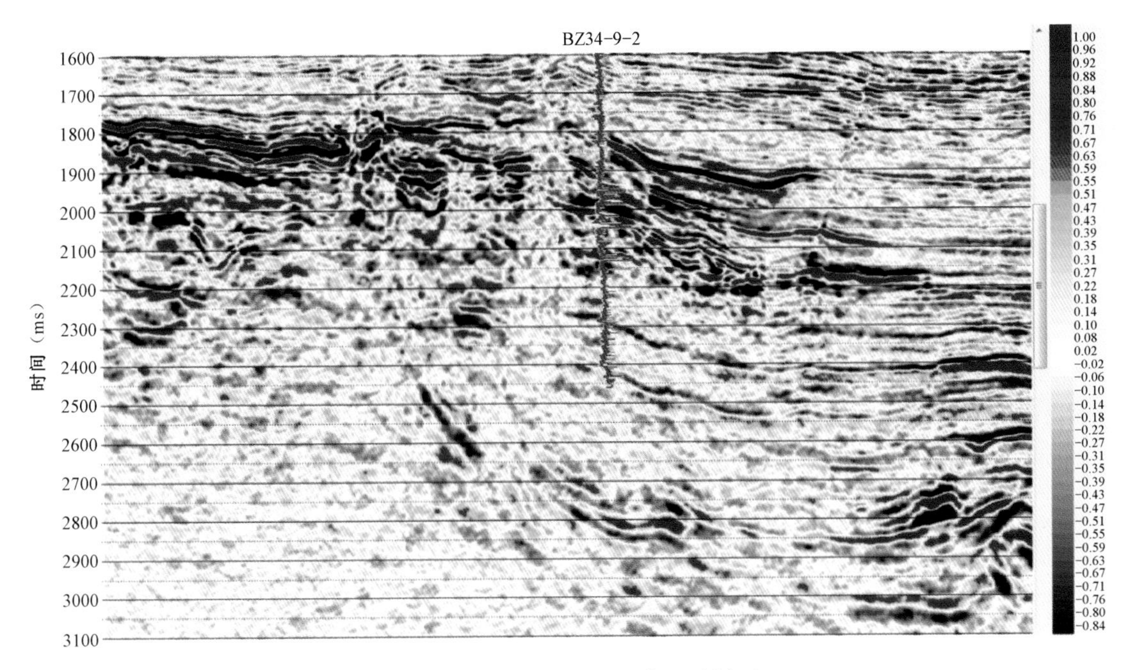

图4－6　过BZ34－9－2井地震剖面

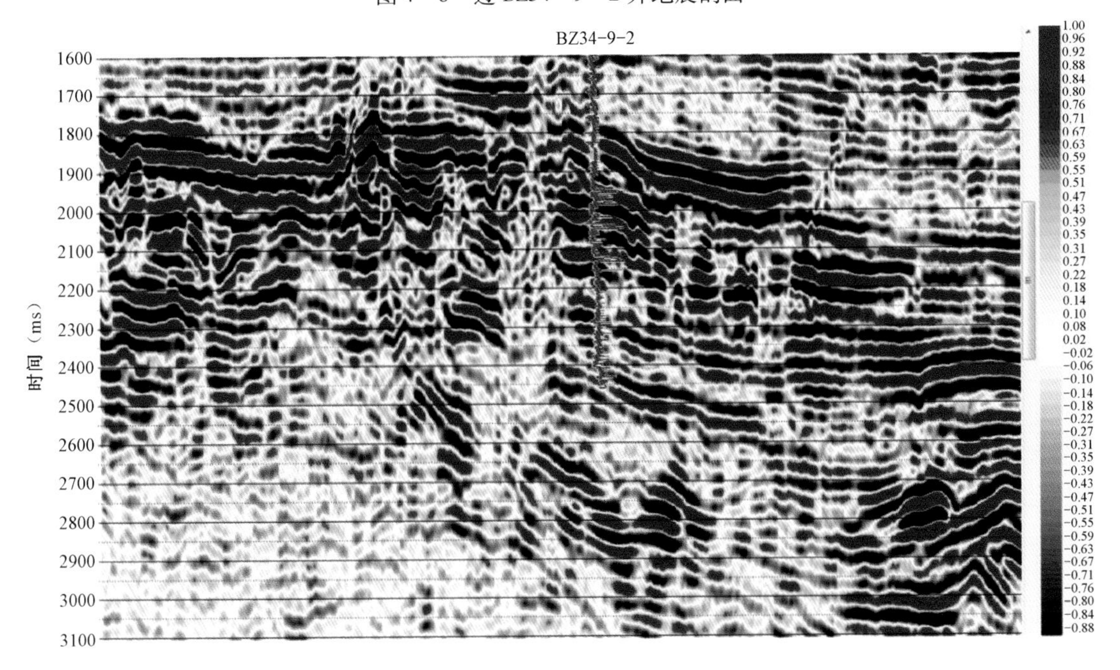

图4－7　低频5－10－15－20Hz分频剖面

广义S变换是S变换的改进，其中，由Stockwell提出的S变换形式如下：

$$S(\tau,f)=\int_{-\infty}^{\infty}h(t)\frac{|f|}{\sqrt{2\pi}}\mathrm{e}^{\frac{(\tau-t)^2f^2}{2}}\mathrm{e}^{-i2\pi ft}\mathrm{d}t \tag{4-2}$$

其中，$h(t)$为待分析的信号，基本小波实质是高斯窗与简谐波相乘的结果（图4－9）。

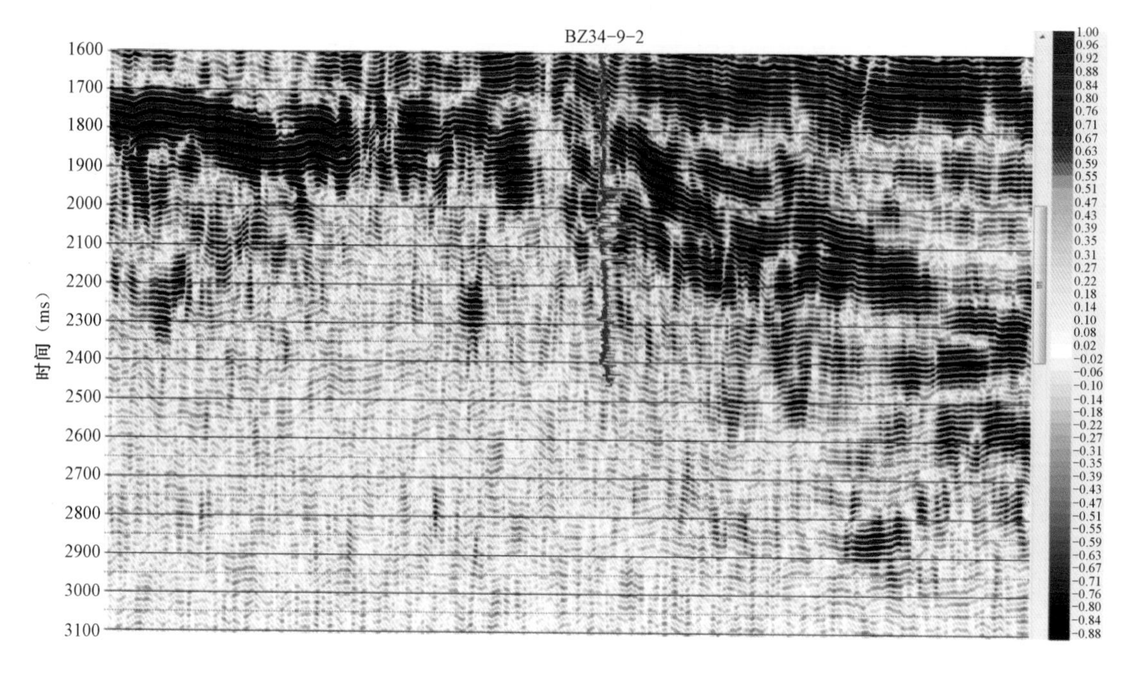

图 4－8　中高频 25－30－35－40Hz 分频剖面

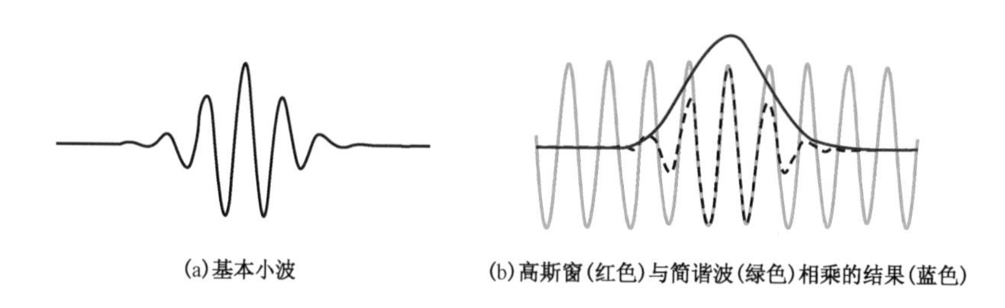

(a)基本小波　　(b)高斯窗(红色)与简谐波(绿色)相乘的结果(蓝色)

图 4－9　基本小波高斯窗(红色)与简谐波(绿色)相乘的结果(蓝色)

广义 S 变换则为

$$GS(\tau,f) = \int_{-\infty}^{\infty} h(t) A \mathrm{e}^{-\gamma(\tau-t-\beta)^2 f^2} \mathrm{e}^{-i2\pi f\tau} \mathrm{e}^{-i\varphi} \mathrm{d}t \tag{4-3}$$

设$\tau = jT, f=\frac{n}{NT}$,可以推导出其频率域算法的离散公式为

$$GS\left(jT,\frac{n}{NT}\right) = \frac{A}{|f|}\sqrt{\frac{\pi}{\gamma}}\mathrm{e}^{-i\varphi}\sum_{m=0}^{m=N-1} H\left(\frac{m+n}{NT}\right) \times \mathrm{e}^{\frac{-i2\pi\beta m}{NT}} \mathrm{e}^{-\frac{\pi^2 m^2}{\gamma n^2}} \mathrm{e}^{\frac{i2\pi mj}{N}} \tag{4-4}$$

对于一个地震数据体,坐标为 x,y,t。在 t 域中进行广义 S 变换,得到的是自变量为 x,y,t,f 的四维数据体。取固定 f,得到单频数据体,对各单频数据采取相关加权处理后,要进行逆变换,从而重新将上述单频数据体变换到时间域。

第一种方法利用 Stockwell 提出的 S 逆变换,将 S 谱对 t 积分得到 $H(f)$:

$$\int_{-\infty}^{\infty} S(\tau,f)\mathrm{d}\tau = \int_{-\infty}^{\infty}\int_{-\infty}^{\infty} h(t)\frac{|f|}{\sqrt{2\pi}}\mathrm{e}^{-\frac{(\tau-t)^2f^2}{2}}\mathrm{e}^{-i2\pi ft}\mathrm{d}\tau\mathrm{d}t$$

$$= \int_{-\infty}^{\infty} h(t)\mathrm{e}^{-i2\pi ft}\int_{-\infty}^{\infty}\frac{|f|}{\sqrt{2\pi}}\mathrm{e}^{-\frac{(\tau-t)^2f^2}{2}}\mathrm{d}\tau\mathrm{d}t \tag{4-5}$$

由于 $\int_{-\infty}^{\infty}\frac{|f|}{\sqrt{2\pi}}\mathrm{e}^{\frac{(\tau-t)^2f^2}{2}}\mathrm{d}\tau = 1$

则公式(4－5)变为

$$\int_{-\infty}^{\infty} h(t)\mathrm{e}^{-i2\pi ft}\mathrm{d}t = H(f) \tag{4-6}$$

第二种方法，利用加权S时频谱来完成由 $t—f$ 域到 $t—t$ 域的转换，选取对角线上的元素，得到原始信号。原理如下：

设：
$$x_f(\tau,t) = h(t)\mathrm{e}^{-\frac{f^2(\tau-t)^2}{2}} \tag{4-7}$$

有：
$$x_f(\tau,f) = \int_{-\infty}^{\infty} h(t)\mathrm{e}^{-\frac{f^2(\tau-t)^2}{2}}\mathrm{e}^{-2i\pi ft}\mathrm{d}t = \frac{\sqrt{2\pi}}{|f|}S(\tau,f) \tag{4-8}$$

信号 $\tilde{h}(\tau) = \int_{-\infty}^{\infty} X(\tau,f)\mathrm{e}^{2i\pi f\tau}\mathrm{d}f$ 为原始信号的近似。

以楔形模型为例(图4－10)，提取16Hz的信号，前者为带通滤波，后者为广义S变换滤波。可以看出由于时间域的震荡，第一幅剖面显得模糊不清，而后者楔形的形态更为清晰。

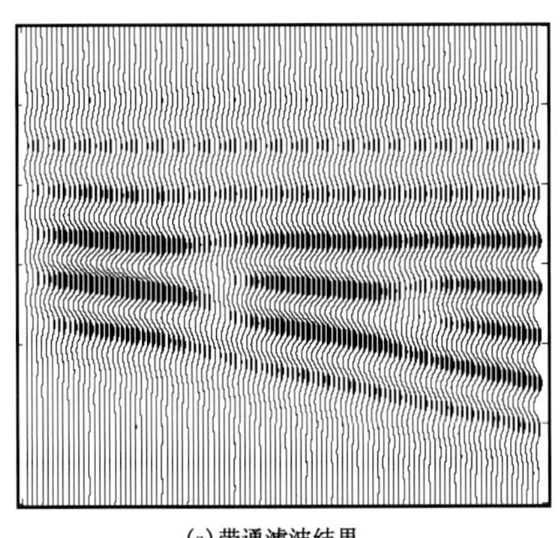

(a)带通滤波结果

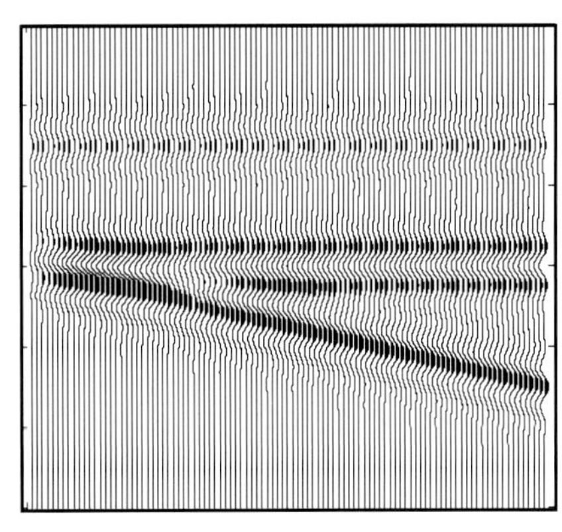

(b)广义S变换滤波结果

图4－10 带通滤波结果和广义S变换滤波结果对比

利用上述方法对地震数据进行分频，得到多个频率切片(图4－11)。

基于广义S变换时频分解的振幅补偿技术流程如图4－12所示。

以地震数据中的低频分量为参考，对地震数据中高频分量进行补偿(图4－13展示了频率切片中一张单高频剖面补偿前后的效果)。对于补偿后的频率切片，利用广义S变换的反变换，从时频率域变换到时间域，最终得到能量补偿(高频补偿)后的地震数据体(图4－14)。

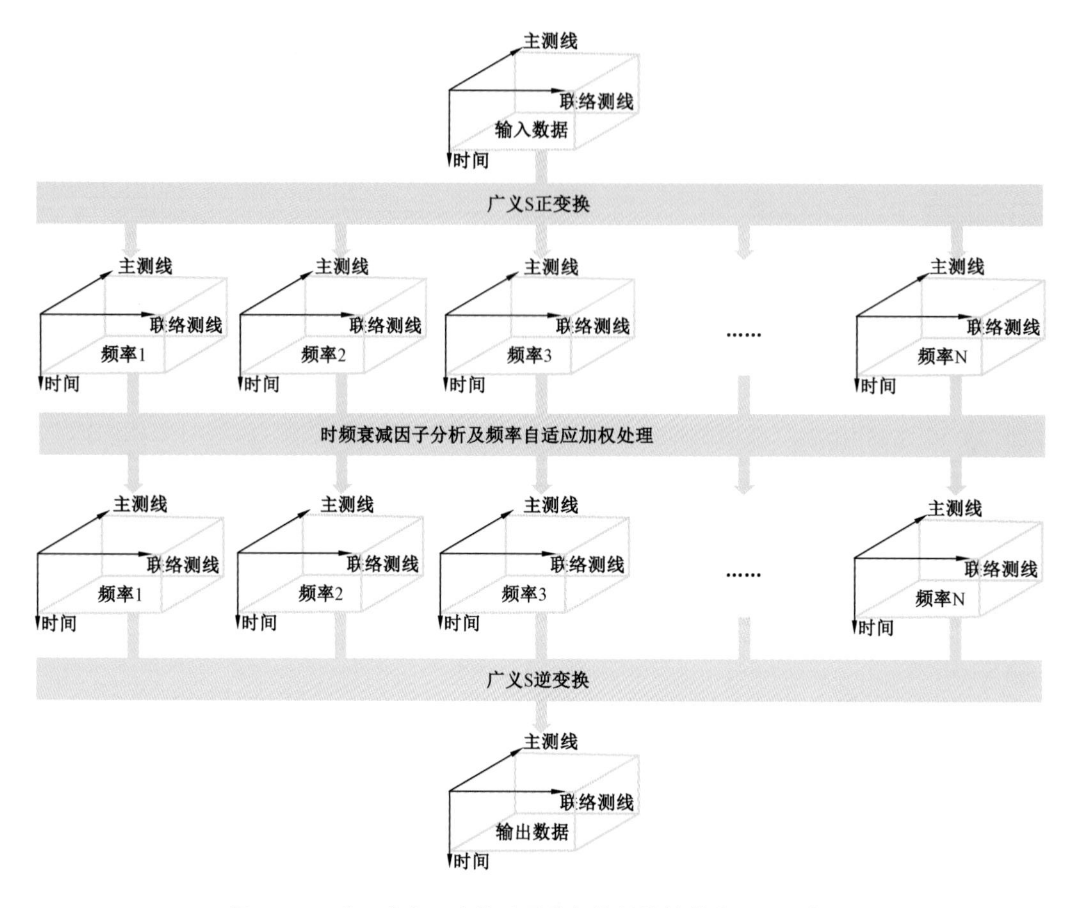

图4-11　基于广义S变换地震分频能量补偿技术流程示意图

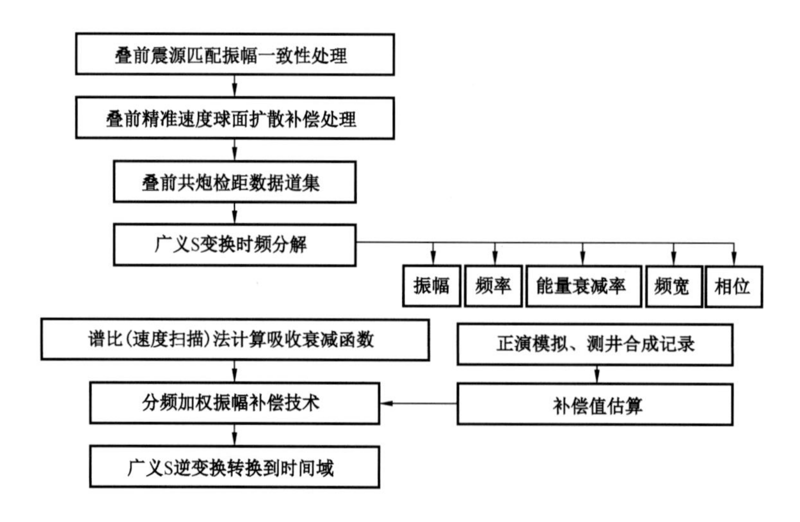

图4-12　基于广义S变换时频分解的振幅补偿技术流程图

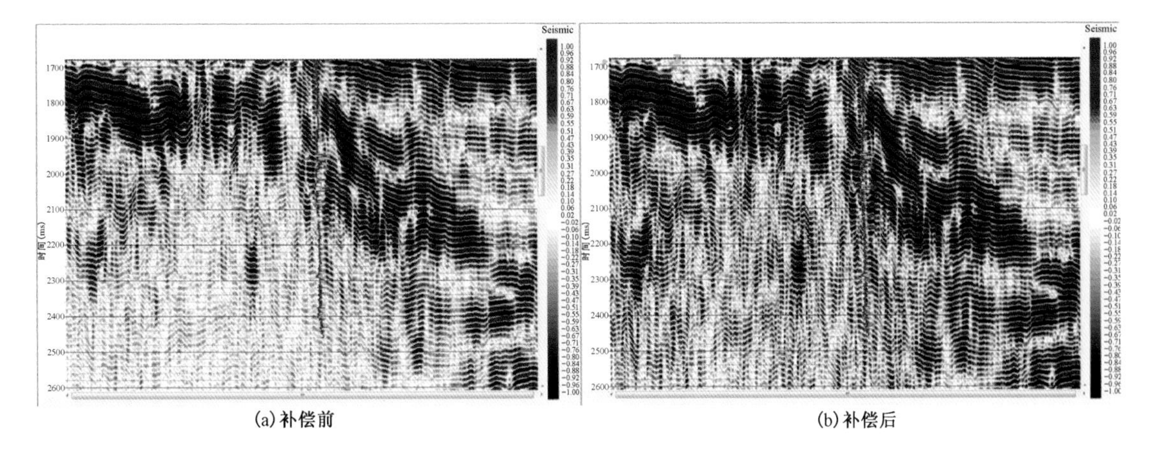

(a)补偿前　　(b)补偿后

图 4－13　地震高频分量补偿前后对比

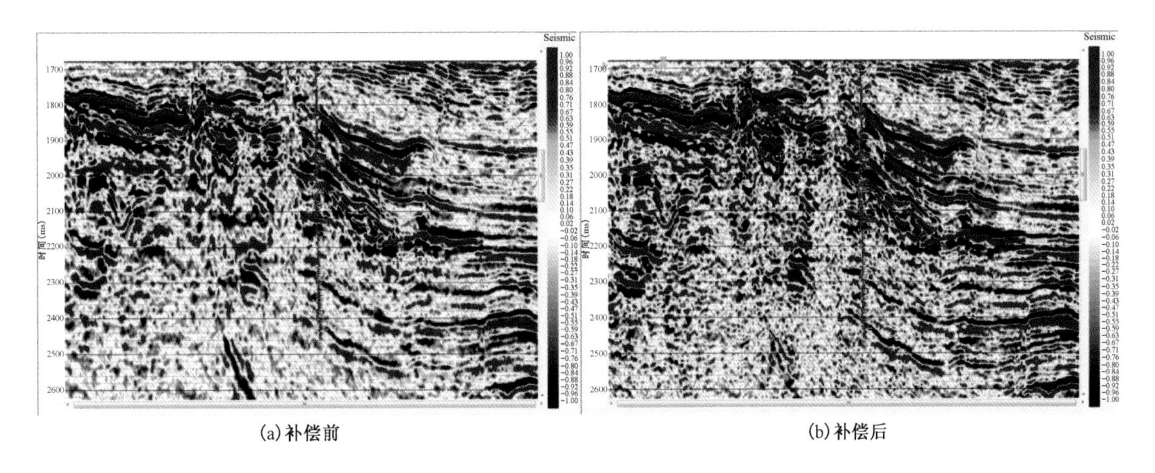

(a)补偿前　　(b)补偿后

图 4－14　火山岩下伏地层地震反射能量补偿前后对比

五、基于反射、透射理论的下伏地层振幅补偿

为了研究地震波穿过高速层的运动学和动力学特征，地球物理学家做了很多相关的工作，如林洪义(2005)提出了与反射系数相关的振幅补偿方法，该方法基于垂直入射假设，利用速度、密度信息得到反射系数剖面，从而计算损失的透射能量。在此基础上，针对渤海油田新生界火山岩发育区地震资料的特点，改进了反射系数的求取方法，利用射线追踪提取地震波传播路径上的反射系数并用来求取补偿因子，得到的振幅补偿结果较好地恢复了高速火山岩屏蔽造成的下伏地层能量损失，且地层间的振幅关系也得到相对保持，理论模型测试和实际资料应用表明该方法具有较好的效果。

1. 方法原理

对于地震记录第 n 层介质，反射振幅为

$$A_n = A_0 \xi_n \prod_{i=1}^{n-1} (1 - \xi_i^2) \tag{4-9}$$

其中，ξ_n 为第 n 层的反射系数；A_0 为入射振幅；ξ_i 为第 i 层的反射系数。

则第 n 层的透射损失补偿量为

$$C_n = \frac{1}{\prod_{i=1}^{n-1}(1-\xi_i^2)} \tag{4-10}$$

将该式进行展开，舍去反射系数 4 次以上项，得

$$C_n = 1 + \xi_1^2 + \xi_2^2 \cdots + \xi_n^2 \tag{4-11}$$

即补偿因子的连续表达式可以写成

$$C_n = 1 + \int_0^1 \xi_\tau^2 \, \mathrm{d}\tau \tag{4-12}$$

由上式可以看出，反射系数的求取至关重要。一般来说，强反射界面对应着绝对值较大的反射系数，因此在过井剖面上可以利用速度和密度剖面求取反射系数，无井情况下可利用谱反演技术求取合适的反射系数。在获得可靠的反射系数剖面后，利用射线追踪方法，提取射线路径上的反射系数，利用公式(4-12)即可获得补偿因子，进而可以得到基于反射系数的火山岩能量补偿结果。

2. 二维理论模型实验

为了测试基于反射系数的火山岩下伏地层振幅补偿效果，通过二维火山岩模型进行试验，并将该方法补偿结果与传统的 AGC(自动增益控制)结果进行对比。该模型(图 4-15 所示为速度模型)横向采样点为 1065，纵向为 300，网格间距均为 10m，正演炮集炮间距为 20m，道间距为 10m，共正演 600 炮，采用的观测系统为海洋拖缆观测方式。

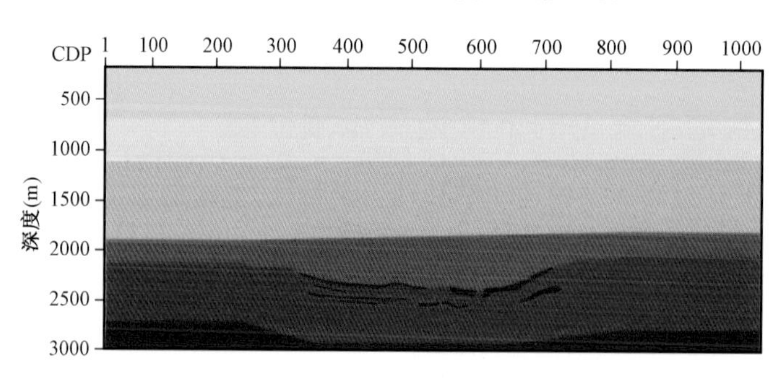

图 4-15 火山岩速度模型

图 4-16 为求取的补偿因子剖面，补偿因子较大值的位置与火山岩位置对应较好，由于火山岩层间多次波的存在，CDP300 到 CDP600 处补偿量相对较大。图 4-17 为正演数据得到的叠前时间偏移剖面，可以看出 2250ms 以下火山岩的存在导致 3000ms 处的反射层能量被严重屏蔽。

图 4-18 展示了分时窗 AGC 后结果，图 4-19 为补偿后成果剖面，可以看出火山岩下伏地层的屏蔽损失得到了较好的恢复，通过对比可以看出，AGC 在一定程度上使得地震资料纵

向能量更加均衡,但剖面横向能量差异化更加明显,部分位置的处理效果甚至不如原始的纯波剖面。

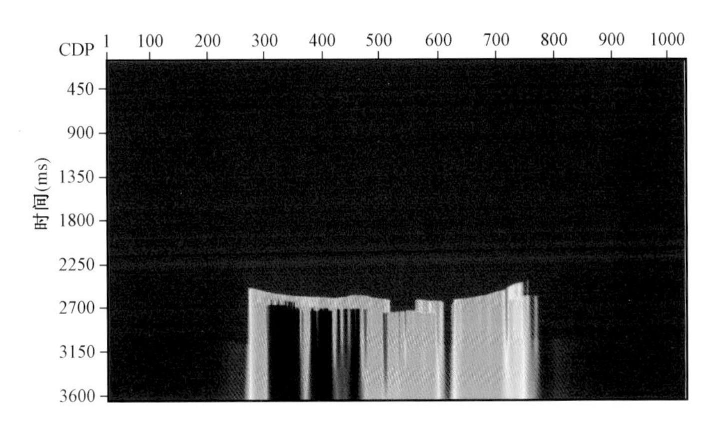

图 4-16　补偿因子

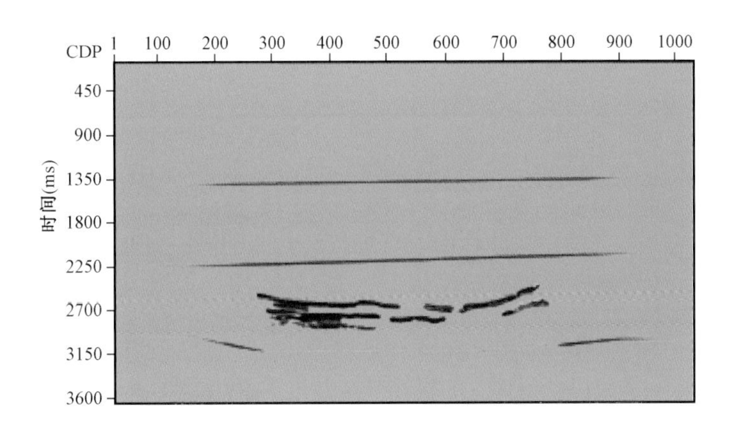

图 4-17　火山岩模型正演模拟剖面

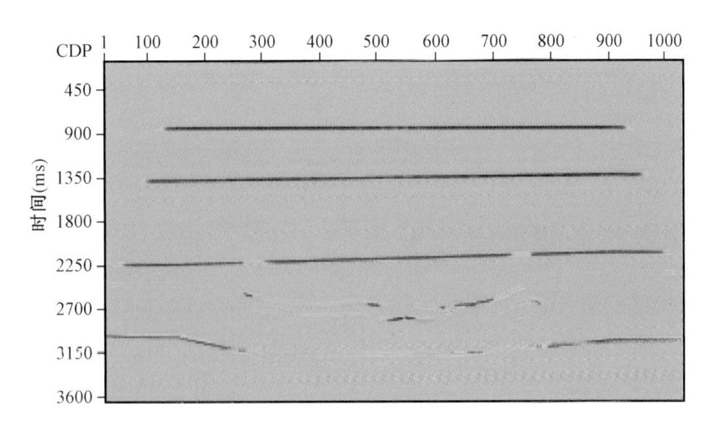

图 4-18　分时窗 AGC 后结果

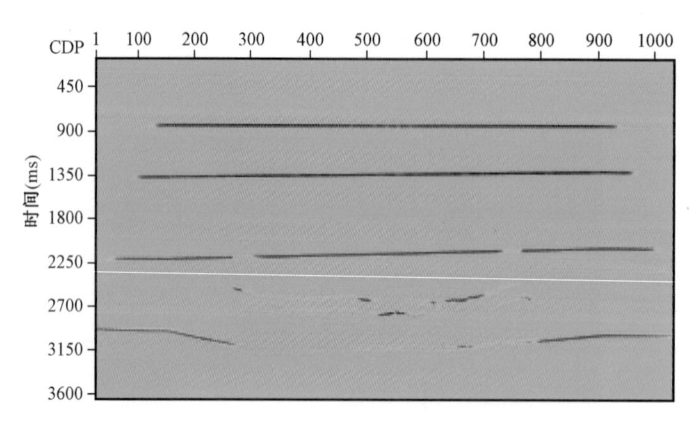

图 4－19　补偿后成果剖面

图 4－20 为均方根振幅曲线对比图，红色实线为无火山岩存在时的振幅曲线，蓝色实线为补偿前的振幅曲线，绿色实线为补偿后的振幅曲线，不受火山岩影响的地层振幅并未发生变化，受火山岩屏蔽影响的地层振幅得到较好的恢复，补偿后的地震数据并未出现 AGC 的平均效应，基于反射透射理论补偿结果相对于 AGC 更为合理。

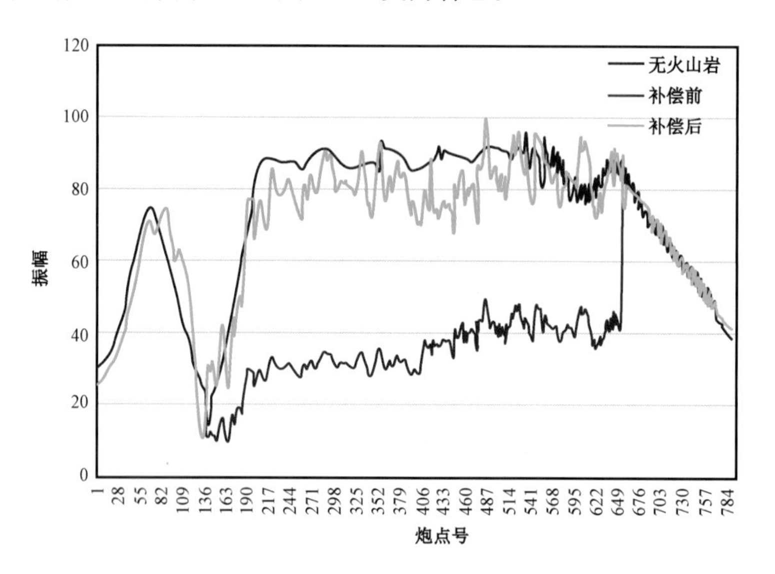

图 4－20　模型数据振幅补偿前后对比

六、实际地震资料振幅补偿处理

通过对典型火山岩地质模式能量屏蔽作用的正演模拟分析和测井合成地震记录及井旁实际地震道能量分布规律的分析，研发了基于广义 S 变换时频分解法振幅补偿和基于反射透射理论的火山岩下伏地层振幅补偿等方法，模型数据及实际资料试算结果表明这些方法具有良好的应用效果。在以上研究的基础上建立一套适合渤海油田新生界火山岩发育区的地震资料振幅补偿的技术流程（图 4－21），并在实际资料处理应用中取得了较好的应用效果。

1. 震源匹配振幅一致性处理

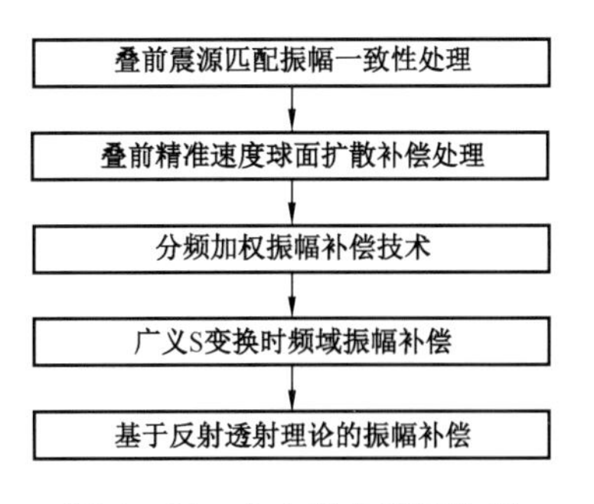

图 4－21　火山岩发育区地震资料能量补偿处理流程

研究区采集采用了 4 种类型的拖揽采集方式。渤中 34 区块双源双缆，缆长 4050m（324 道），枪震总容量 2250ft^3/阵；渤中 34 区块双源三缆，缆长 4050m（324 道），枪震总容量 2905ft^3/阵；渤中 29 区块双源双缆，缆长 4200m（336 道），枪震总容量 2370ft^3/阵；渤中 29 区块双源四缆，缆长 4200m（336 道），枪震总容量 2370ft^3/阵。从炮点能量的统计结果可以明显看出地震记录的能量大小与不同采集方式的震源类型具有一定的相关性（图 4－22）。

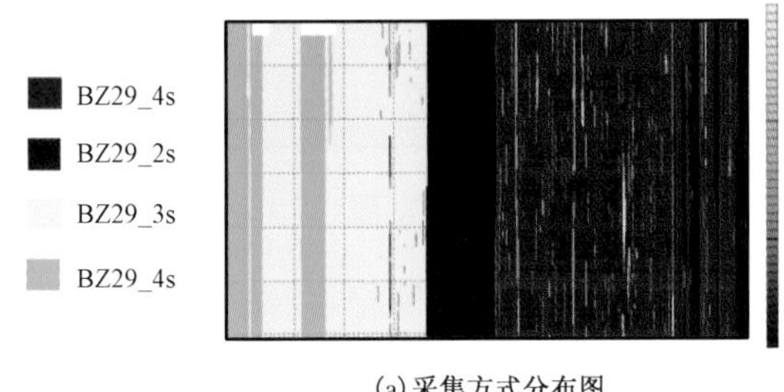

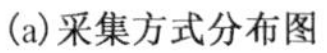
(a)采集方式分布图

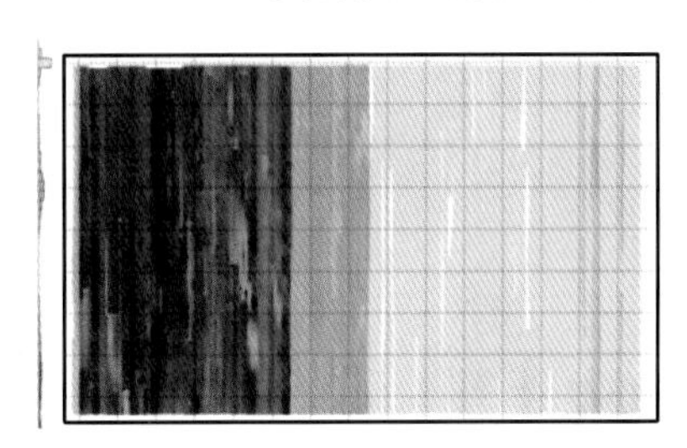

(b)炮点能量分布图

图 4－22　渤中 34－9 构造三维工区采集方式分布图及炮点能量统计图

另外，由于海上采集作业的复杂性、电缆漂移、气枪组合压力不稳定和涌浪干扰等，也会造成地震能量不一致，加之覆盖次数的不均匀，特别是参与插值计算的地震道存在极值（野值）能量时，局部插值获得的地震道能量与邻近原始地震道能量会有较大的差异。对此，采取两步法进行能量匹配处理，分别在共炮检距道集和共中心点道集对面元均化处理前、后的数据各自进行自适应极值能量压制处理；其次，针对不同采集区域炮点能量差异采用震源匹配振幅一致性处理，消除因采集因素造成的横向能量差异的问题。

图 4－24 是经过震源匹配振幅一致性处理后的叠加剖面，对比一致性处理前的剖面如图 4－23可所示，该方法较好地消除了不同震源采集引起的能量差异。

2. 精准速度球面扩散补偿处理

地震波在介质中传播，波前面是一个以震源为中心的球面，随着传播距离的增大，波前球面不断扩张。由于震源发出的总能量不变，分布在单位面积上的能量密度将逐渐减少。球面扩散补偿主要就是针对受球面扩散因素造成的纵向上的能量差异进行补偿，使其保持只与地下反射界面反射系数有关的振幅值。因此，球面扩散补偿是地震资料处理必不可少的步骤，处理结果的好坏对地震资料保幅性有较大影响。由于地震记录的是波的旅行时间，一般用速度、时间来代替路程，故球面扩散损失又是速度和时间的函数。在连续介质中波前发散对反射波振幅的衰减因子为

$$D = \frac{v_0}{(v_R^2 t)} \tag{4-13}$$

其中，D 表示衰减因子；v_0 表示初始速度；v_R 表示均方根速度；t 表示双程旅行时。

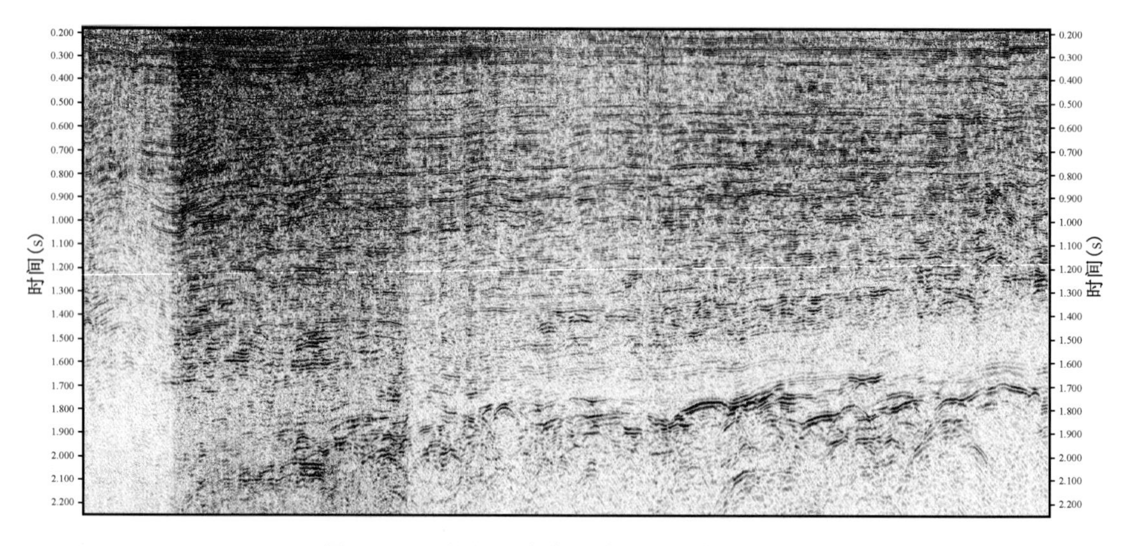

图 4－23　震源匹配振幅一致性处理前叠加剖面

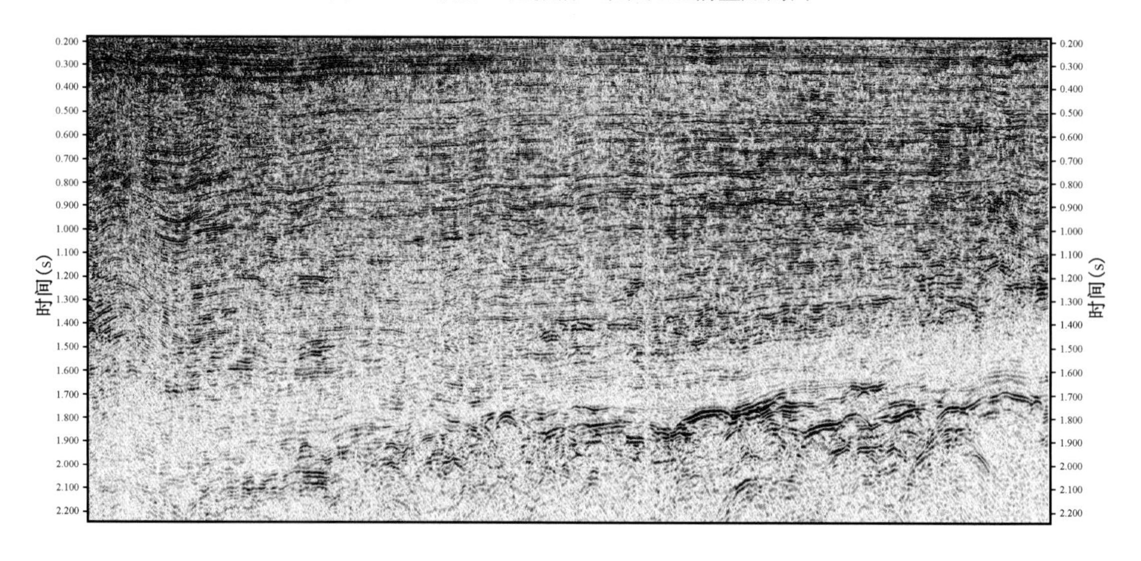

图 4－24　震源匹配振幅一致性处理后叠加剖面

由上式可知,地震反射波能量的衰减量与地震波速度有直接关系,速度精度是影响球面扩散补偿的关键要素。为此在球面扩散补偿过程中采用了相对精确的叠加速度,提高球面扩散补偿精度。图 4－25 是使用初始速度进行球面扩散振幅补偿的连井剖面,从剖面上看,深部能量补偿不足,振幅横向一致性较差。图 4－26 是使用精准速度进行球面扩散振幅补偿的剖面,深部振幅得到很好的补偿,并且振幅横向一致性较好。

3. 基于广义 S 变换分频能量补偿处理

由前文分析结果可知,高阻抗火山岩的屏蔽作用对地震数据的低频分量影响较小,而对地震数据的中、高频分量影响较大。因此,可以采用广义 S 变换技术对地震数据进行分频能量补偿处理。以地震资料的低频分量作为参考,对地震资料中、高频分量进行补充。在火山岩发育区，由于地震数据低频分量和高频分量的能量差异较大，从而得到较大的补偿因子；而在非火山岩发育区，地震数据低频分量和高频分量的能量差异相对较小，相应的补偿因子也较小。利用空变补偿因子就可以实现火山岩屏蔽作用对下伏地层反射能量的补偿。该方法为完全数据驱动而无须火山岩分布先验信息。

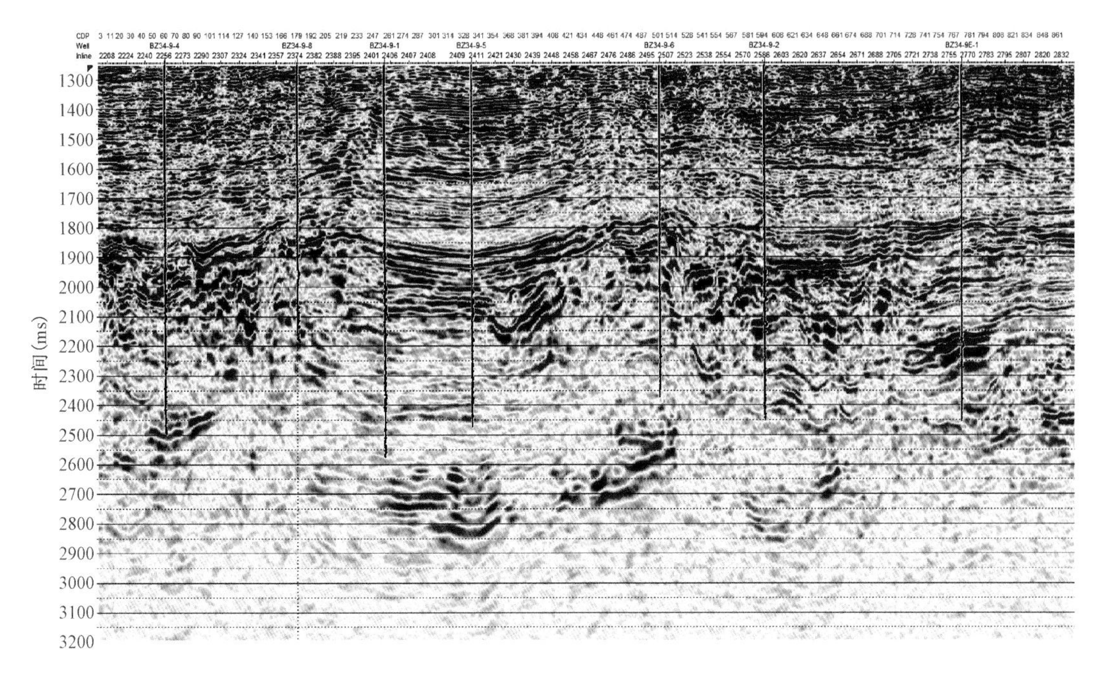

图4－25　综合速度球面扩散补偿剖面

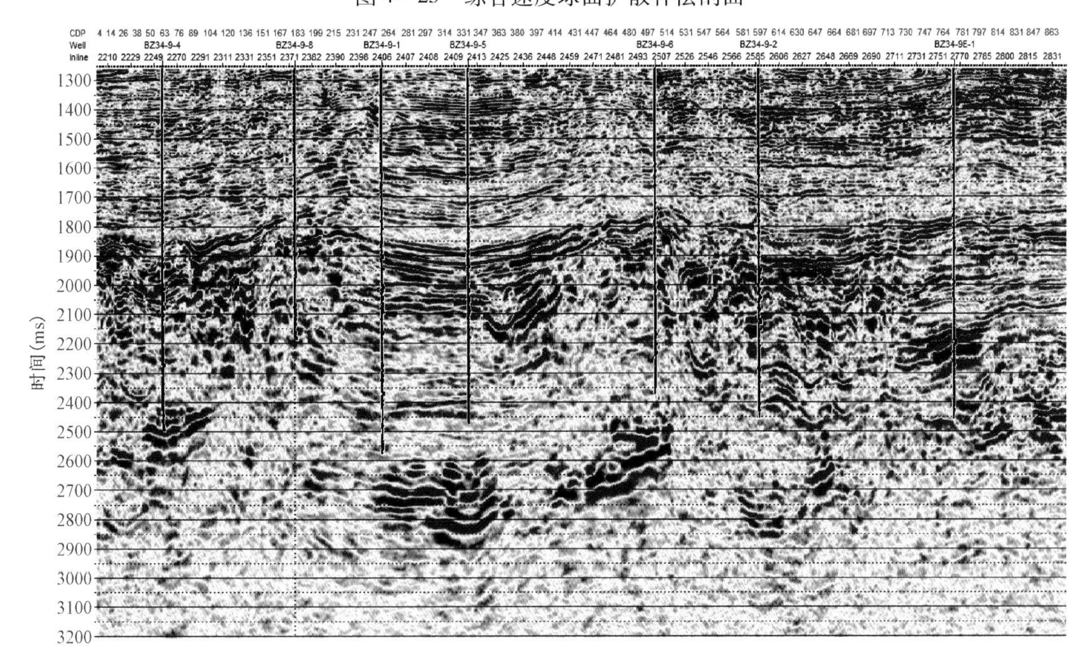

图4－26　精准速度球面扩散补偿剖面

图 4－27 是常规处理获得的叠前时间偏移成果，剖面中 CDP6000—CDP6200、时间 2.2～2.5s 之间地震信号，由于受上覆强振幅火山岩地层的屏蔽作用反射同相轴能量很弱，区域反射接近空白。图 4－28 是经过基于广义 S 变换分频能量补偿处理后的叠前时间偏移成果，剖面中目的层段反射明显，火山岩下伏地层反射地震信号得到有效增强。

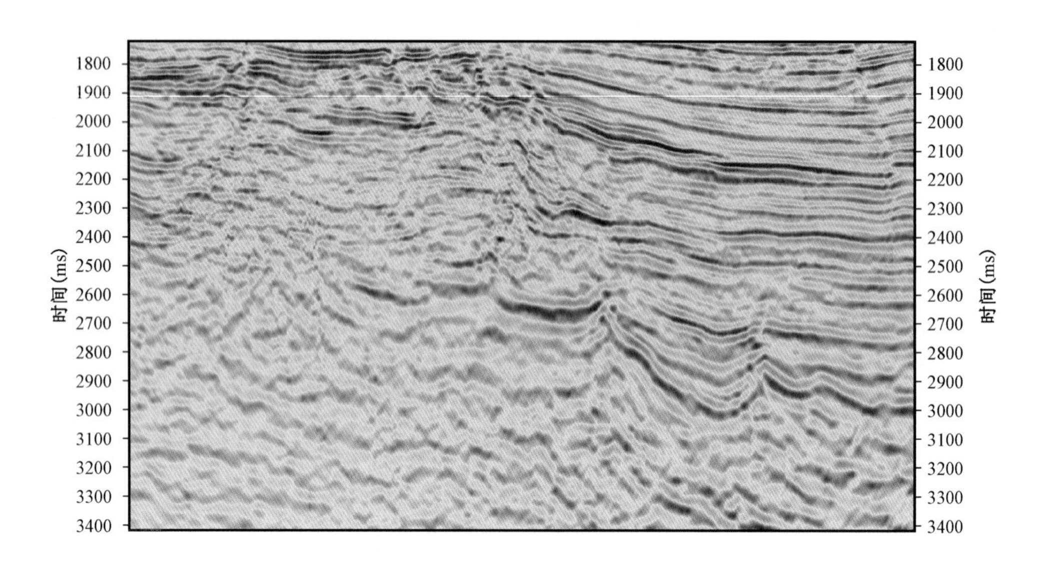

图 4－27　基于广义 S 变换分频能量补偿前的叠前时间偏移成果

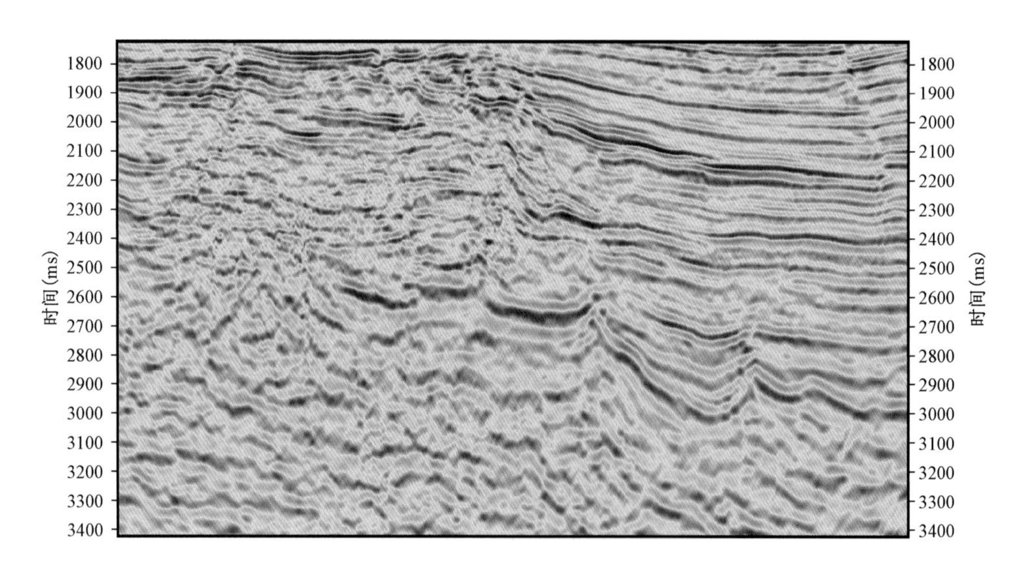

图 4－28　基于广义 S 变换分频能量补偿后的叠前偏移成果

4. 基于反射、透射理论的火山岩下伏地层反射振幅补偿

如图 4－29 所示，在 450m（相对深度）处分布着厚度达 400m 的溢流相火山岩，严重影响到下伏地层的成像效果。图 4－30 为补偿因子，图 4－31 为 AGC 后的结果，图 4－32 为本节

提出的基于反射透射理论能量补偿结果。可以看出,AGC 一定程度上可以补偿火山岩下伏地层能量的损失,但由于 AGC 的均衡作用,在火山岩夹层部分的反射能量不能有效增强,反而相对减弱,如红色圆圈部分所示。基于反射透射理论的能量补偿方法有效地恢复了火山岩下伏地层能量,且不同地层反射振幅相对关系得到了较好保持。需要说明的是,该方法适用于补偿火山岩溢流相强反射层对下伏地层屏蔽作用引起的振幅能量衰减,对于改善火山通道相和爆发相成像效果不佳,但对于深部弱信号的恢复效果比 AGC 更好。

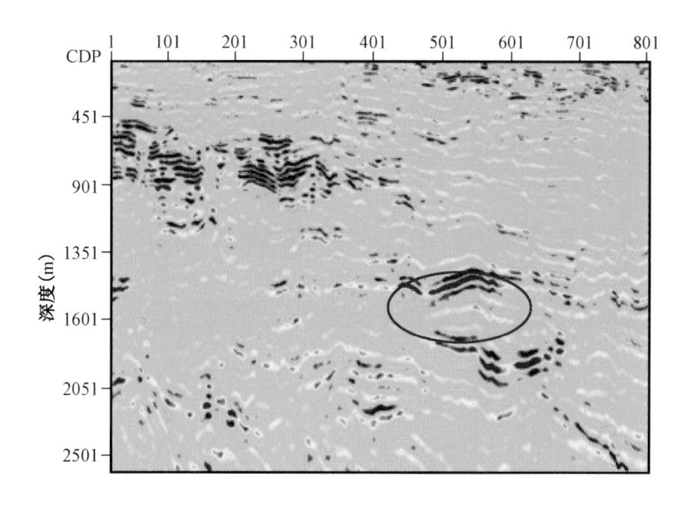

图 4-29　原始成像剖面

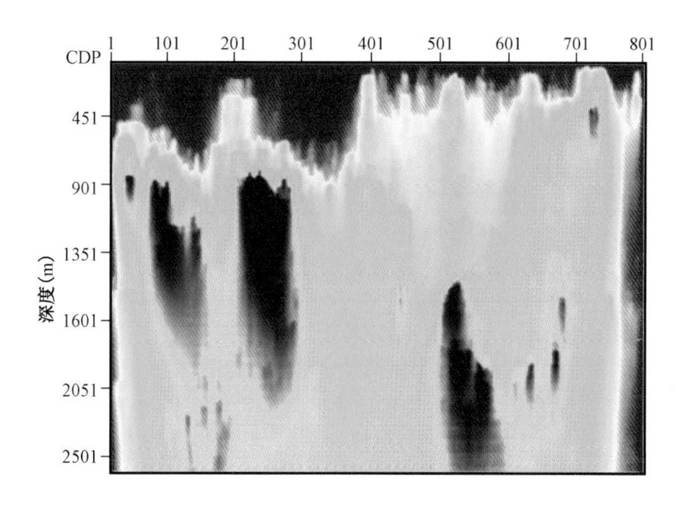

图 4-30　补偿因子

为了验证该方法对于振幅相对关系的保持性,分别提取了火山岩地层(500~756m)和火山岩下伏地层(1500~1628m)进行能量补偿前后的反射波均方根振幅对比,结果表明,基于反射透射理论能量补偿前后火山岩地层振幅相对关系得以保持(图 4-33),火山岩下伏地层补偿后能量得到提升(图 4-34),且振幅变化关系要优于 AGC 处理效果。

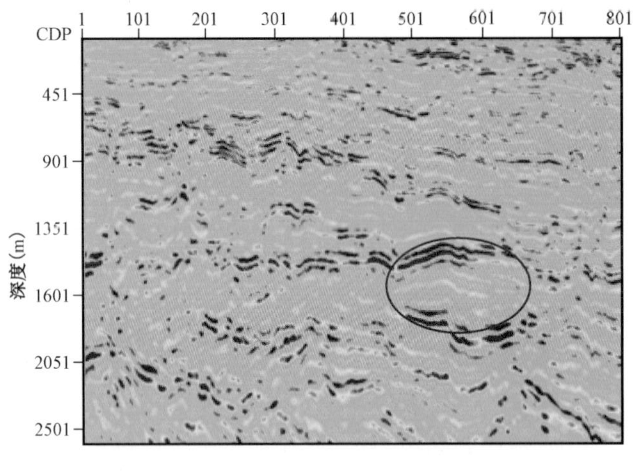

图 4-31　AGC 后结果

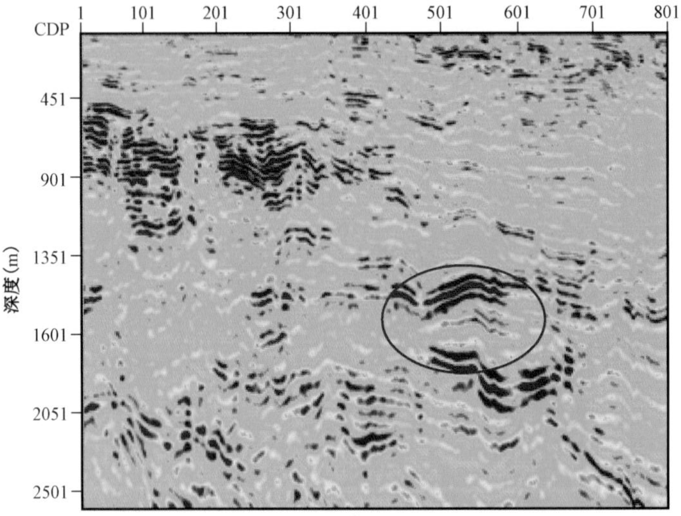

图 4-32　基于反射透射理论能量补偿结果

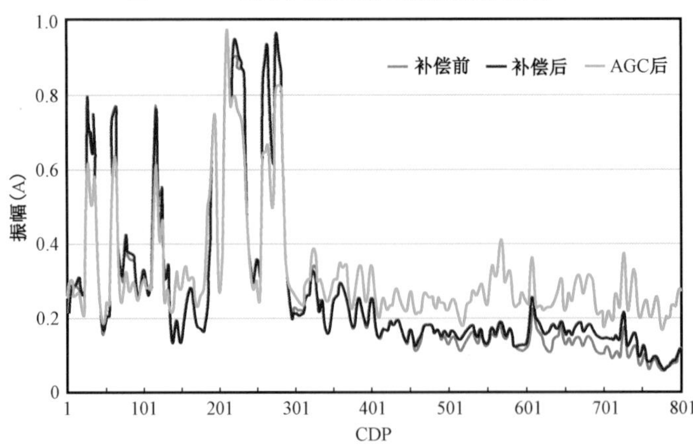

图 4-33　火山岩溢流相地层振幅补偿前后对比曲线

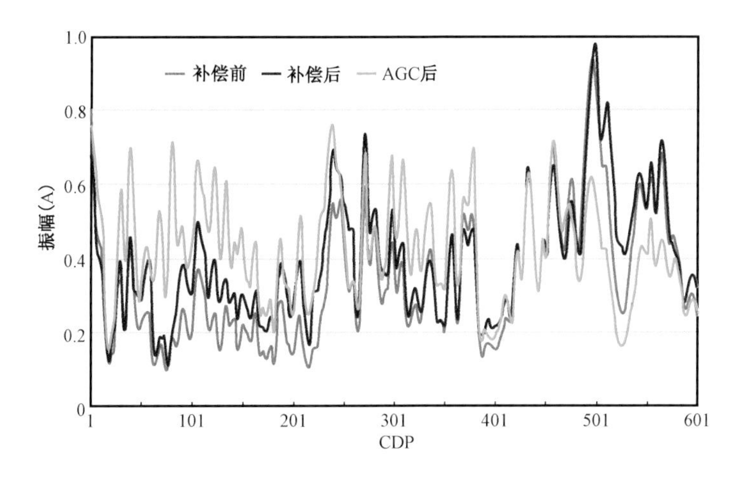

图4-34　火山岩下伏地层振幅补偿前后对比曲线

第三节　多次波衰减处理

地震波在地下介质中传播遇到强波阻抗差异界面时，会产生强能量反射波，反射波在向上传播到海平面时，由于海平面也是强反射界面，会使得反射波被再次反射后向下传播，如此往返从而形成多次反射波。海上地震数据受多次波的污染尤为严重，多次波的存在，对一次反射波成像产生了严重干扰，降低了地震资料的分辨率和信噪比，给地震资料的处理和后续解释工作带来了极大的困难。因此，如何有效地消除或衰减各种类型的多次波，并最大限度地保留一次波信号一直是海洋地震资料处理的关键环节。

长期以来，地球物理学家为解决多次波压制问题做出了不懈的努力，并提出了多种多次波衰减方法。目前，多次波的压制方法大致可以分为两大类（Weglein，1995）：一类是基于一次反射波与多次波在一些特征或性质上有某种差异的滤波方法；另一类是基于波动方程的预测减去法。

滤波方法利用了多次波与一次反射波在波的传播运动学方面的差异来压制多次波，通常包括最佳滤波叠加法、FK 滤波法、Radon 变换法等（OZ Yilmaz，1989）。这类方法压制多次波耗时少、成本低，因而被广泛地应用于实际生产中。用滤波方法压制多次波一般都需要一次反射波与多次波有较明显的差异性，但当二者差异特征很小或不明显时，该方法就很难将多次波进行衰减，甚至会严重损伤有效波，进而影响多次波的压制效果。

对于给定类型的多次波，用基于声波波动方程的地震波传播理论作为指导来生成，依此来预测出多次波的具体位置及能量大小，然后将其从实际资料中减去，这就是基于波动方程压制多次波方法的基本思想。这类方法主要有 3 种（Carvalho，1992；Wiggin，1988；Berkhout，1997；Wang，2003）：波场外推法、反馈循环法和反散射级数法。尽管基于波动理论的多次波压制方法在理论上有了一定的突破，但该方法对地震数据的先验程度要求较高，多次波的剔除效果与地震资料的品质息息相关，如果地震资料的信噪比较低，这类方法往往无法奏效。

对多次波进行成像也是当前的重点技术方向，但是非线性的多次波成像很难实施。

由于火山岩发育区多次波成因的复杂性及类型的多样性，不同的多次波衰减方法有着不同的应用条件,同时每一种方法都有其优劣性,因此仅仅用单一的一种方法很难对多次波进行彻底剔除,这就需要根据实际资料的情况,针对不同类型的多次波选择不同的压制方法,扬长避短,在最大限度不损伤有效波的前提下,达到衰减多次波的目的。处理角度看,最优叠加压制中长偏移距道中的层间多次波,结合预测反褶积等近偏移距道中层间多次压制是合适的方法技术选择。针对渤海湾探区的自由表面多次波和水体多次波可以用基于反演的多次波压制方法(MPI),MPI 方法把多次波预测和减去放在一个统一的反演框架下解决。

针对火山岩发育区多次波发育的特点,提出了一套将基于反演的与界面有关的多次波预测(MPI)衰减方法和传统的多次波剔除方法相结合的火山岩发育区多次波联合衰减技术。首先使用 MPI 技术来剔除大部分与强反射界面(包括海水面和火山岩顶面等)相关的多次波;对于剩余的浅水多次波我们采用了 Tau—P 域的非正交预测滤波器进行了有效去除;三维面元均化后进行双曲拉冬变换多次波衰减处理,最后利用高精度 Radon 变换分别在共反射点道集及叠前时间偏移后的共成像点道集内去除剩余的多次波,从而实现火山岩发育区多次波的有效压制。

本节首先讨论渤海湾区地震数据中多次波类型及特点,然后重点讨论 MPI 多次波压制方法,再展示基于上述流程的多域多层次多次波压制的应用效果,最后给出多次波压制问题的小结。

一、多次波类型及特点

地震波在地下介质中传播遇到强波阻抗差异界面时,会产生强能量反射波,反射波在向上传播到海平面时,由于海平面也是强反射界面,会使得反射波被再次反射后向下传播,如此往返形成多次反射波。

基于多次波发生下行反射的位置,可以将多次波分为自由表面多次波(图 4 – 35)和层间多次波(图 4 – 36)两大类。

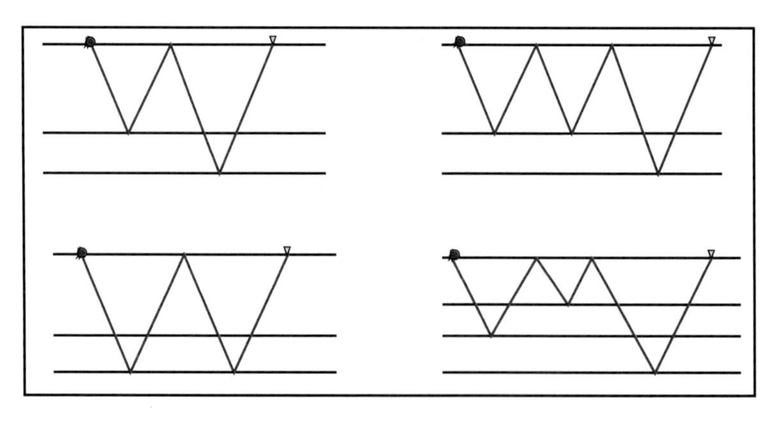

图 4 – 35　自由表面多次波形成机制示意图

二、基于反演的与界面有关的多次波预测(MPI)

渤海油田新生界火山岩发育区属浅水区,水层多次波发育。对于浅水区的水层多次波,由于近偏移距信号缺失及一次波与多次波相关叠加,常规 SRME 方法不能有效预测水层多次波,而水层多次波的存在又会对其他类型多次波的预测造成干扰。另外,火山岩地层常出现强反

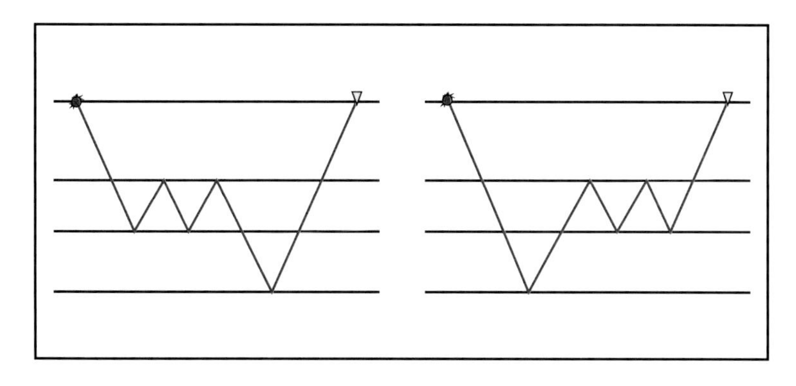

图 4－36　层间多次波形成机制示意图

射，从而形成严重的火山岩地层—水面相关的表面多次波和火山岩地层—下伏地层间的层间多次波。

为了有效压制自由表面多次波及火山岩相关的层间多次波，本文采用基于反演的与界面有关的多次波预测方法（MPI）与扩展多道匹配（EMCM）滤波方法相结合来预测和压制多次波。模型试验及实际资料处理结果表明该方法在有效地压制多次波的同时较好地保护一次反射波。

1. 方法原理

MPI 将多次波衰减问题作为一个优化问题来考虑，$\boldsymbol{P}$ 表示包含有一次波和多次波的数据，$\boldsymbol{P}_0$ 代表希望得到的多次波衰减后的数据。$\boldsymbol{P}_0^{(n)}$ 表示在第 n 次迭代以后多次波衰减的结果。

假设在第（$n-1$）次迭代后多次波衰减的结果 $\boldsymbol{P}_0^{(n-1)}$ 可以从上一次迭代的结果 $\boldsymbol{P}_0^{(n-2)}$ 得到；引用一个卷积因子 $\boldsymbol{T}^{(n-1)}$ 来表示 $\boldsymbol{P}_0^{(n-1)}$ 和 $\boldsymbol{P}_0^{(n-2)}$ 的关系：

$$\boldsymbol{P}_0^{(n-1)} = \boldsymbol{T}^{(n-1)}\boldsymbol{P}_0^{(n-2)} \tag{4-14}$$

由公式（4－14）推导，此更新因子 $\boldsymbol{T}^{(n-1)}$ 可以通过以下公式估算：

$$\boldsymbol{T}^{(n-1)} = \boldsymbol{P}_0^{(n-1)}(\boldsymbol{P}_0^{(n-2)})^H[\boldsymbol{P}_0^{(n-2)}(\boldsymbol{P}_0^{(n-2)})^H]^{-1} \tag{4-15}$$

接下来此 $\boldsymbol{T}^{(n-1)}$ 因子被借用到第 n 次迭代中以预测 $\boldsymbol{P}_0^{(n)}$

$$\tilde{\boldsymbol{P}}_0^{(n)} = \boldsymbol{T}^{(n-1)}\boldsymbol{P}_0^{(n-1)} \tag{4-16}$$

$\tilde{\boldsymbol{P}}_0^{(n)}$ 上方的波浪线～表示近似值，因为 $\boldsymbol{T}^{(n-1)}$ 是从前一次迭代中借用的估计值，并不是当前迭代中精确的 $\boldsymbol{T}$ 因子（$\boldsymbol{T}^{(n)}$）。

图 4－37 阐明了对使用 $\boldsymbol{T}^{(n-1)}$ 因子的解释。前一次迭代尽可能得到最优结果 $\boldsymbol{P}_0^{(n-1)}$，也就是说向量 $\boldsymbol{P}_0^{(n-2)}\to\boldsymbol{P}_0^{(n-1)}$ 与等值线 $\boldsymbol{C}^{(n-1)}$ 正交射入，价值函数得到局部最优化。向量 $\boldsymbol{P}_0^{(n-2)}\to\boldsymbol{P}_0^{(n-1)}$ 即为 $\boldsymbol{T}^{(n-1)}$ 因子。在当前的迭代中，多次波建模的步骤 $\tilde{\boldsymbol{P}}_0^{(n)}=\boldsymbol{T}^{(n-1)}\boldsymbol{P}_0^{(n-1)}$ 表示向量 $\boldsymbol{P}_0^{(n-1)}\to\tilde{\boldsymbol{P}}_0^{(n)}$ 从等值线 $\boldsymbol{C}^{(n-1)}$ 正交射出，自适应相减的步骤则表示波场从 $\tilde{\boldsymbol{P}}_0^{(n)}$ 到 $\boldsymbol{P}_0^{(n)}$ 的变化。第二个步骤决定了更新的步长和方向，从而使得新向量 $\boldsymbol{P}_0^{(n-1)}\to\boldsymbol{P}_0^{(n)}$（也就是 $\boldsymbol{T}^{(n)}$ 因子）与等值线 $\boldsymbol{C}^{(n)}$ 正交射入。

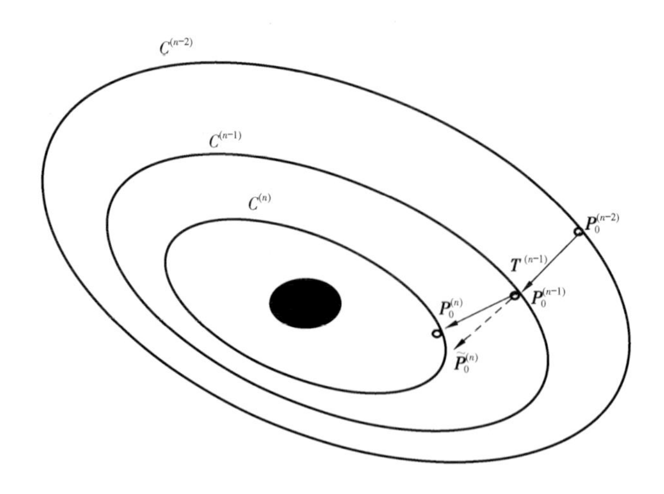

图 4－37　MPI 方法原理示意图

根据 SRME 方法原理,表示一次波预测的公式(4－17)可以转换为多次波预测的公式。在 SRME 方法中,自由表面多次波波场 $\boldsymbol{M}$ 可以定义为

$$\boldsymbol{M}=\boldsymbol{P}_0\boldsymbol{A}\boldsymbol{P} \tag{4-17}$$

其中,$\boldsymbol{A}$ 为表面因子,在物理上即为震源算子的逆、自由表面反射率和检波器模式及鬼波等因素的卷积。根据公式(4－17),公式(4－16)可以重写为

$$\tilde{\boldsymbol{M}}^{(n)}=\boldsymbol{T}^{(n-1)}\boldsymbol{M}^{(n-1)} \tag{4-18}$$

其中 $\tilde{\boldsymbol{M}}^{(n)}=\tilde{\boldsymbol{P}}_0^{(n)}\boldsymbol{A}\boldsymbol{P}$,$\boldsymbol{M}^{(n-1)}=\boldsymbol{P}_0^{(n-1)}\boldsymbol{A}\boldsymbol{P}$。如果将公式(4－15)迭代到公式(4－18),可以得到 MPI 公式:

$$\tilde{\boldsymbol{M}}^{(n)}=\boldsymbol{P}_0^{(n-1)}(\boldsymbol{P}_0^{(n-2)})^H[\boldsymbol{P}_0^{(n-2)}(\boldsymbol{P}_0^{(n-2)})^H]^{-1}(\boldsymbol{P}-\boldsymbol{P}_0^{(n-1)}) \tag{4-19}$$

式中 $n\geqslant2$。一旦得到多次波模型 $\tilde{\boldsymbol{M}}^{(n)}$,则可以使用某种自适应相减的方法从而得到多次波衰减的结果:

$$\boldsymbol{P}_0^{(n)}=\boldsymbol{P}-\boldsymbol{\Lambda}\tilde{\boldsymbol{M}}^{(n)} \tag{4-20}$$

其中,$\boldsymbol{\Lambda}$ 为频域内某一自适应滤波器。多次波相减公式(4－20)可以在时间—空间域中自适应的实现,其中空变算子 $\boldsymbol{\Lambda}$ 在相减阶段是本地自适应的(例如一道接一道)。由于 $\boldsymbol{\Lambda}$ 是随频率变化的矩阵,因此在时间域中也是时变的。在一个迭代的多次波衰减方法中,公式(4－19)和式(4－20)即分别为同一次迭代中模型预测和相减的两个步骤。

在 MPI 方法中,建模的步骤通过向量 $\boldsymbol{P}_0^{(n-1)}\rightarrow\tilde{\boldsymbol{P}}_0^{(n)}$ 表示,其方向与等值线 $C^{(n-1)}$ 正交射出,相减的步骤则通过向量 $\tilde{\boldsymbol{P}}_0^{(n)}\rightarrow\boldsymbol{P}_0^{(n)}$ 表示,最终使得向量 $\boldsymbol{P}_0^{(n-1)}\rightarrow\boldsymbol{P}_0^{(n)}$ 与等值线 $C^{(n)}$ 正交。$\boldsymbol{T}$ 因子表示前一次迭代中的向量 $\boldsymbol{P}_0^{(n-2)}\rightarrow\boldsymbol{P}_0^{(n-1)}$,其方向与等值线 $C^{(n-1)}$ 正交射入。

与其他迭代反演问题类似,MPI 方法通过迭代实现多次波模型更新。MPI 方法有两个特点:一是将多次波衰减作为一个最优化问题考虑。在每一次迭代中,通过更新当前模型(波场)来优化目标函数,期望的更新方向应当与下一次迭代的目标函数(等值线)正交。在 MPI 方法中搜寻期望的更新方向可以通过两步来实现:

(1)设置初始更新方向,该方向与当前水平的目标函数(等值线)正交;

(2)通过某种适当的自适应相减调整初始方向,使得最终的更新方向与下一次迭代的目标函数(等值线)正交。

第二个特点是 MPI 方法将表面因子隐式的考虑在多次波建模过程中。表面因子包括有效的震源特性、多次波产生界面的反射率等,而现在使用的方法需要这些因素的显式信息,然而这些信息通常是难以简单表达且是随空间变化的。由于 MPI 方法隐式的考虑了这些因素,从而可以同时在运动学和动力学上提高多次波建模的精确度,显著地减少多次波自适应相减步骤中的非线性问题。

2. 基于多道匹配滤波器的匹配相减原理

当多次波模型数据通过原始数据或假设地下模型预测得到后,原始地震数据和多次波模型数据的相减通过在滑动时窗内进行多道匹配滤波完成。该过程如下式所示:

$$p(t) = y(t) - \sum_{j=1}^{N} f_j(t) * m_j(t) \tag{4-21}$$

其中,$y(t)$为原始地震数据;$m(t)$为预测的多次波模型数据;N为匹配处理所使用的道数;$f(t)$为适应性算子;$*$是褶积符号;$p(t)$为残余能量。对多次波相减而言,残差$p(t)$即多次波去除后结果,因此$f(t)$可视为相减算子。匹配滤波使用最小二乘准则设计算子$f(t)$,即最小化选定时窗内的期望输出能量$y(t)$。褶积算子$f(t)$通过迭代求解得到。

如果不加约束地应用单道褶积滤波器,匹配就毫无意义。最简单的约束是引入振幅缩放算子。假设多次模型数据$m(t)$与对应的输入道集中的多次波$y(t)$只存在振幅比例差异,就可以引入振幅比例算子来进行多次波压制:

$$w(t) = \frac{\sum_{t=-T/2}^{T/2} y(t+\tau)m(t+\tau)}{\sum_{t=-T/2}^{T/2} m^2(t+\tau)} \tag{4-22}$$

$$p(t) = y(t) - w(t)m(t) \tag{4-23}$$

然而,如果一次反射波和多次波在缩放算子估算时窗T中是非正交的,得到精确的相减比例算子是难以实现的。

约束互均衡方法扩展了上述振幅缩放算子,考虑了子波相位和时移的变化,通过求取从原始多次波模型数据中引出的4个数据道的加权和来适应性调整多次波模型数据,如下式所示:

$$p(t) = y(t) - [w_1 m(t) + w_2 \dot{m}(t) + w_3 m^H(t) + w_4 \dot{m}^H(t)] \tag{4-24}$$

其中,m^H为m的希尔伯特变换;$\dot{m}$和$\dot{m}^H$分别为m和m^H的一次导数;w_i为权重系数。该算法遵循以下3个基本假设:(1)$m(t)$和$y(t)$的振幅差异为比例关系;(2)相位变化为常数;(3)时移变化为常数。

尽管振幅比例常数和时移常数可以作为匹配约束，简单的相位旋转常量假设不足以描述一次反射和多次反射的波形变化情况，因为实际振幅差异和相位变化都是随频率变化的，而且时移也是一个时间变量，因此，褶积运算更符合实际情况：

$$p(t) = y(t) - [f_1(t) * m(t) + f_2(t) * \dot{m}(t) + f_3(t) * m^H(t) + f_4(t) * \dot{m}^H(t)] \tag{4-25}$$

公式(4－25)中的实现与公式(4－22)中多道匹配滤波器是相同的，但 $m(t)$ 之外的3道都源于 $m(t)$，因此，可称为伪多道匹配滤波器。

综合考虑公式(4－21)和公式(4－25)，可定义扩展多道匹配滤波器如下式：

$$p(t) = y(t) - \sum_{j=1}^{N} [f_{1,j}(t) * m_j(t) + f_{2,j}(t) * \dot{m}_j(t) + f_{3,j}(t) * m_j^H(t) + f_{4,j}(t) * \dot{m}_j^H(t)] \tag{4-26}$$

其中，N 为用于传统多道滤波器处理的地震道数。在传统多道匹配滤波器中，地震道 $y(t)$ 与大小为 $N \times N_t$ 的数据进行匹配，N 为道数，N_t 为匹配时窗采样点数。在公式(4－26)中，$y(t)$ 与 $4 \times N \times N_t$ 的数据体进行匹配，式中3项数据都是由原始数据进行数学处理得到的关联数据。公式(4－26)所表示的滤波器被称为扩展多道匹配滤波器，以反映该方法在物理维度上的扩展。

3. MPI相比SRME计算的特性和优点

1）综合考虑了表面算子的空间变化

在传统的SRME方案中，表面算子假设为一个标量，$A = \lambda I$，相应的方程近似为

$$\boldsymbol{P}_0^{(n)} = \boldsymbol{P} - \boldsymbol{\Lambda} \boldsymbol{P}_0^{(n-1)} \boldsymbol{P} \tag{4-27}$$

其中，多次波模型通过 $\boldsymbol{P}_0^{(n-1)}\boldsymbol{P}$ 建立，标量 λ 包含在自适应相减的整形算子 Λ 中。传统的SRME方法认为表面算子是一个标量并且假设震源和检波器的属性在整个地震测线上不变。当该假设不成立时，为了更好地预测多次波就必须预先使用一个表面算子。在MPI算法中，先决表面算子 $A^{(n-1)}$ 被原始数据 P 及先前两步的去多次波结果 $\boldsymbol{P}_0^{(n-1)}$ 和 $\boldsymbol{P}_0^{(n-2)}$ 所替代。这样MPI算法就在多次波预测中隐含地考虑了表面算子的空间变化。

在SRME的每一次迭代中，第二步是时间—空间域中的一个自适应相减，该相减是在沿时间和空间方向滑动的窗口中进行的。这种自适应方法在很大程度上是针对传统SRME中多次波预测时忽略表面算子 A 引起的空间和时间变化。在MPI中，迭代过程利用了前一步SRME迭代中多次波的自适应特征，从而建立起表面算子 A 的信息，与传统SRME每一次迭代都重新开始明显不同。通过在多次波模型 $\tilde{\boldsymbol{M}}^{(n)}$ 中包含 $A^{(n-1)}$，多次波预测阶段中非线性最强的问题部分得到考虑，从而为随后的多次波相减阶段降低问题非线性程度。

2）边界效应最小化

传统的SRME不能正确地预测近偏移距地震道的多次波。如图4－38所示，输入的炮记

录从零偏移距到最大偏移距约1350m处都有数据。两个多次波模型的显著差别是传统SRME方案中近偏移距道存在强烈的边界效应。两个数据矩阵 P 和 P_0 代表频率域中的所有炮记录:每列是一个炮记录,每行是一个共检波点道集,主对角线是零偏移距截面(Berkhout,1984)。在实际中,该数据方阵是一个对角带状矩阵。对于炮在前的观测系统,只有上半部分带状矩阵填满了数据。在传统的SRME方法中,多次波模型由矩阵积 P_0P 给出,代表了共接收道集和共炮记录的时间域卷积,产生的边界效应如图4-37b所示。而MPI算法中,多次波模型由公式(4-19)预测,消除了边界效应。

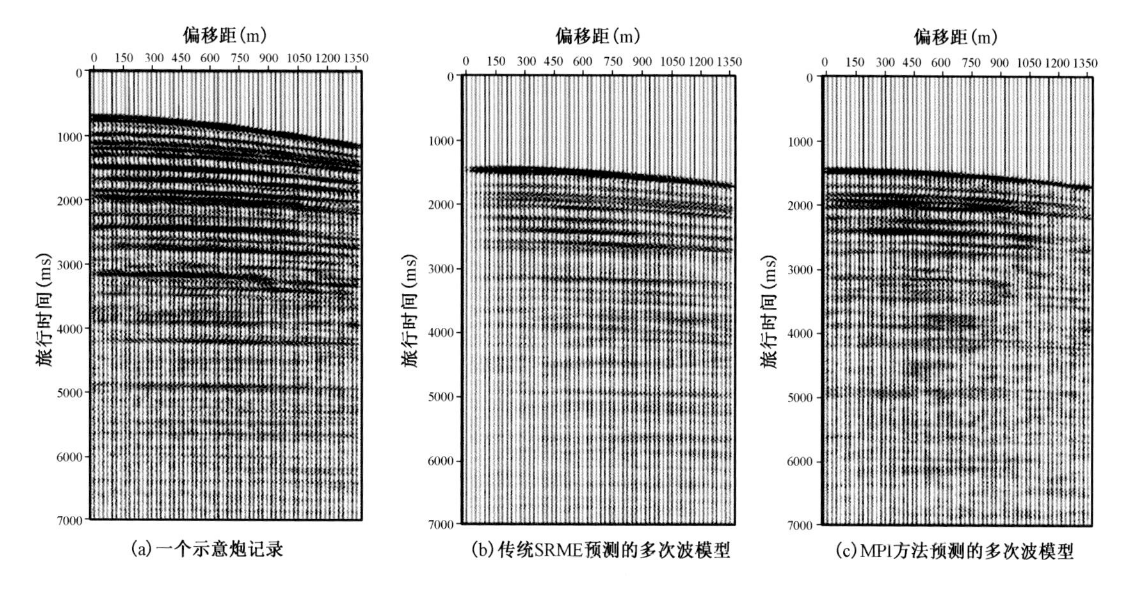

图4-38 MPI方法将传统SRME中的边界效应最小化

3)适用于近偏移距道缺失的炮记录

MPI可以在多次波建模中将边界效应减到最小,而这一特性引出了该方法的第3个特点:适用于近偏移距道缺失的炮记录。

在传统的SRME方案中,如公式(4-21)所示,多次波建模的一道是通过一个共接收点道集(P_0 的一行)和一个共炮集(矩阵 P 的一列)卷积得到。因此,传统SRME应用的一个基本要求就是在所有近偏移距地震道位置(包括零偏移距),都要存在地震道,炮记录中任何缺失的近偏移距地震道都要预先插值出来。如果某个近偏移距道缺失,那么起始的几个有数据地震道也会完全消失,这样就在多次波的预测中产生了更加严重的边界效应。使用MPI概念,通过修改被衰减掉的多次波场来生成新的多次波模型,其中卷积因子 $\boldsymbol{T}$ 可以由公式(4-15)估算,其中包含了矩阵乘积 $\boldsymbol{P}_0\boldsymbol{P}_0^H$,即共接收点道集的相关。该矩阵相乘得到一个带状矩阵,其非零元素位于主对角线上。在构造因子 $\boldsymbol{T}$ 的过程中,有两个这样的带状矩阵参与进来,因此MPI方案也适用于近道缺失的地震炮记录。图4-39a显示了一个炮集数据,其中5个近偏移距道缺失。图4-39b是预测出来的多次波模型。它是对每一个频率成分使用公式(4-19),然后用反傅里叶变换,生成时间域中的多次波模型。即使有5个缺失的近偏移距道,多次波模型并没有显示出明显边界效应的存在。

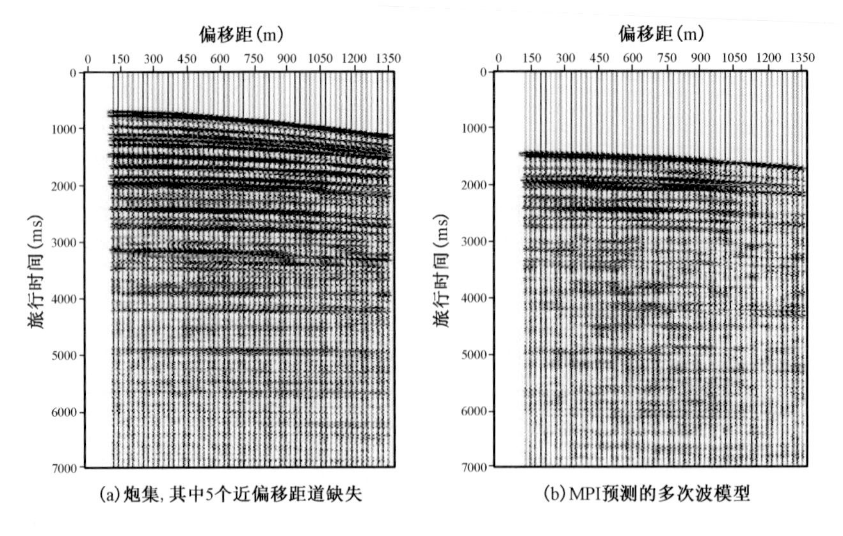

图4-39　MPI方法可以有效地处理缺失近偏移距数据的地震资料

利用MPI方案进行多次波预测的效率在很大程度上依赖于矩阵的计算,即一个在多次波预测中指明更新方向的卷积因子。在公式(4-15)给出 $\boldsymbol{T}$ 的计算中,矩阵乘积 $\boldsymbol{P}_0^{(n-1)}\boldsymbol{P}_0^{(n-2)H}$ 和 $\boldsymbol{P}_0^{(n-2)}\boldsymbol{P}_0^{(n-2)H}$ 分别代表时间域共接收点道集的互相关和自相关。为了提高效率,可以假设 $\boldsymbol{T}$ 是一个对角带状矩阵,并把它规则化为一个窄带矩阵,例如5对角或3对角矩阵,这种规则化处理不仅可以提高计算效率,而且还可以稳定求解过程。

4)MPI多次波衰减方法优点小结

与其他迭代反演问题类似,MPI方法通过迭代实现多次波模型更新。相比于传统数据驱动的多次波衰减方法MPI方法有如下特点:

(1)多次波衰减作为一个最优化问题考虑,在每一次迭代中,通过更新当前模型(波场)来优化价值函数,期望的更新方向应与下一水平的价值函数(等值线)正交。在MPI方法中搜寻期望的更新方向可以通过两步来实现:① 设置初始更新方向,该方向与当前水平的价值函数(等值线)正交;② 通过某种适当的自适应相减调整初始方向,使得最终的更新方向与下一水平的价值函数(等值线)正交。

(2)将表面因子隐式地考虑在多次波建模过程中,表面因子包括有效的震源特性、多次波产生界面的反射率等,而现在使用的方法需要这些因素的显式信息,然而这些信息通常是难以简单表达且是随空间变化的。由于MPI方法隐式地考虑了这些因素,从而可以同时在运动学和动力学上提高多次波建模的精确度,显著地减少了多次波自适应相减步骤中的非线性问题。

4. 火山岩发育区MPI多次波压制流程和应用效果

针对火山岩发育区特点,以及现有多次波压制方法的不足,建立以MPI方法为核心的多次波组合压制流程如图4-40所示。

图4-41展示了应用MPI多次波压制处理前的共中心点道集计算的速度谱结果,层间多次波明显发育(图中白色箭头所指),图4-41是经过MPI多次波压制处理后计算得到的速度谱,与图4-41相比层间多次波能量得到显著压制。

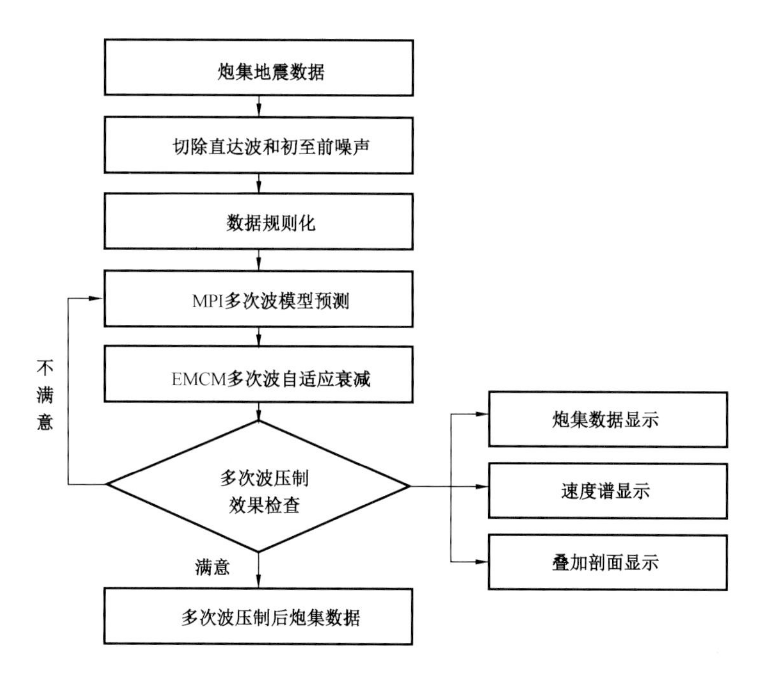

图4-40　MPI多次波压制处理流程

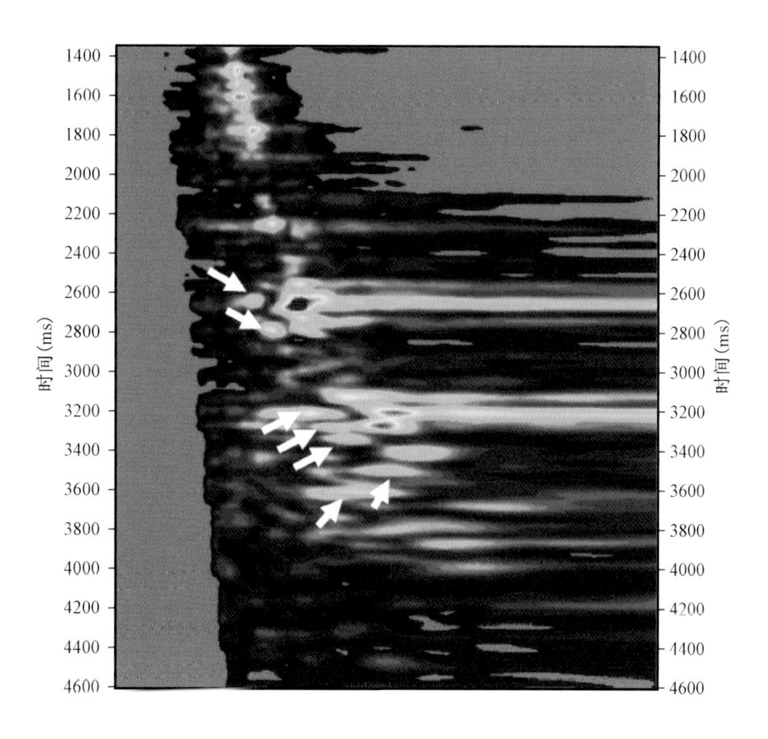

图4-41　MPI压制层间多次波前速度谱

图4－44是对应图4－42的地震道集的叠加数据剖面，观察CMP900附近2.6～2.8s的成像，对比未经过MPI多次波压制处理的剖面（图4－43），层间多次波得到了较好的压制，有效波的波组特征得到了明显改善。

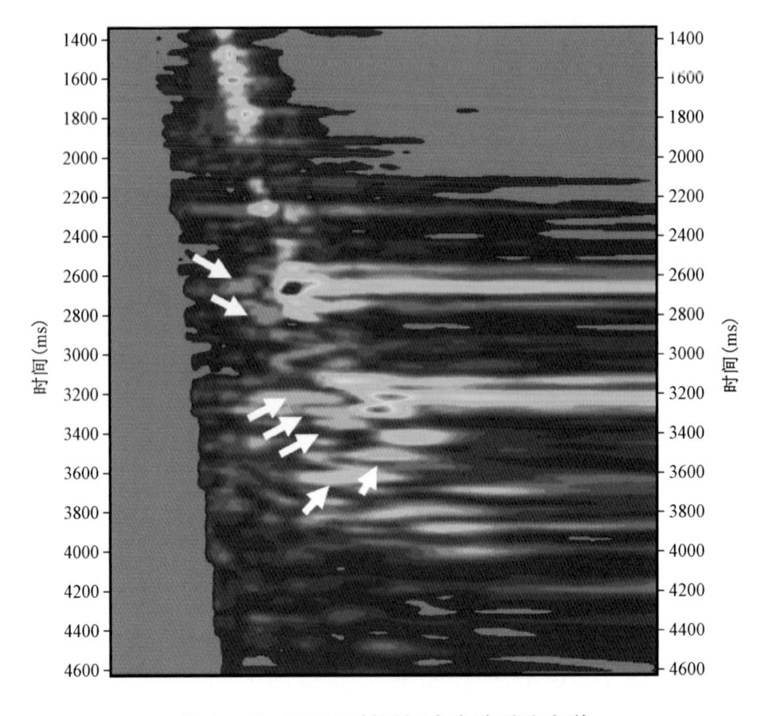

图4－42　MPI压制层间多次波后速度谱

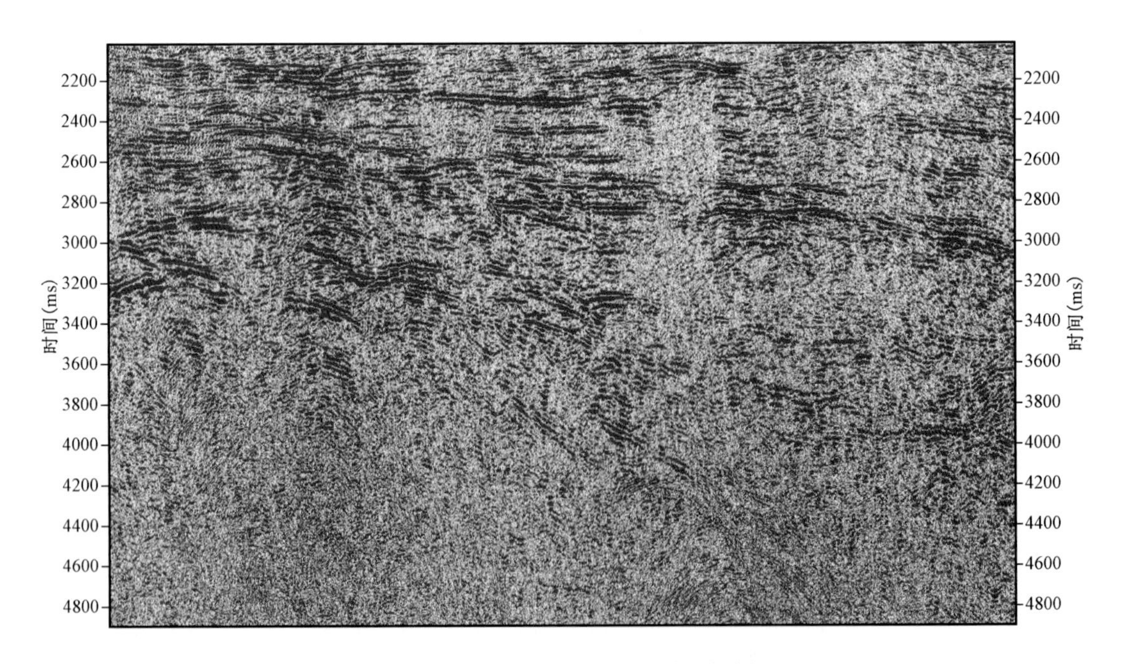

图4－43　MPI压制层间多次波前叠加剖面

图 4-44 MPI 压制层间多次波后叠加剖面

三、多域逐级衰减多次波组合处理

针对渤海油田新生界火山岩发育区多次波的复杂性和保护有效弱信号的特殊性,采用多种技术组合,在不同数据域、不同数据处理阶段对多次波进行精细预测和提取,实现对多次波的分级压制,并有效保持一次反射振幅不受损伤。

1. Tau—P 域的非正交预测多次波衰减法

对于渤海浅水多次波,传统压制方案是利用预测反褶积方法进行压制。预测反褶积是最常用的压制水层反射多次波及微屈多次波的方法。这类方法是利用自相关函数从一次反射事件中预测多次波,然后用反褶积方法来剔除它。它总是假定多次波具有周期性而一次反射波没有周期性,要求是零偏移距的地震道集,并且水底反射横向变化不剧烈。而实际资料的复杂性限制了该方法的多次波压制效果。在实际资料处理中通常采用 Tau—P 域的非正交预测滤波器来预测水层多次波,非正交预测滤波器采用稀疏准则(L1 准则),和实际地震数据的统计性质更加吻合,从而更好地保护一次波。

图 4-46 是采用 Tau—P 域的非正交预测滤波处理后的水平叠加剖面,相比较常规水平叠加剖面图 4-45,水层多次波得到压制,剖面中部 0.5s、1.0s、1.5s 附近一次波成像清晰,多次波压制效果明显。

2. 交互双曲拉冬变换多次波衰减法

Radon 变换(包括抛物型 Radon 变换和双曲型 Radon 变换)压制多次波是一种作用于地震道集的多次波压制技术(Hampson,1986)。由于在 CMP 道集上多次波与一次波视速度不同,这时,我们就可以用一次波的速度将一次波同相轴校平,并将记录变换到 Radon 域中,从而使多次波与一次波区分开来。然后在 Radon 域中将有效波能量团区域充零,再对数据进行反

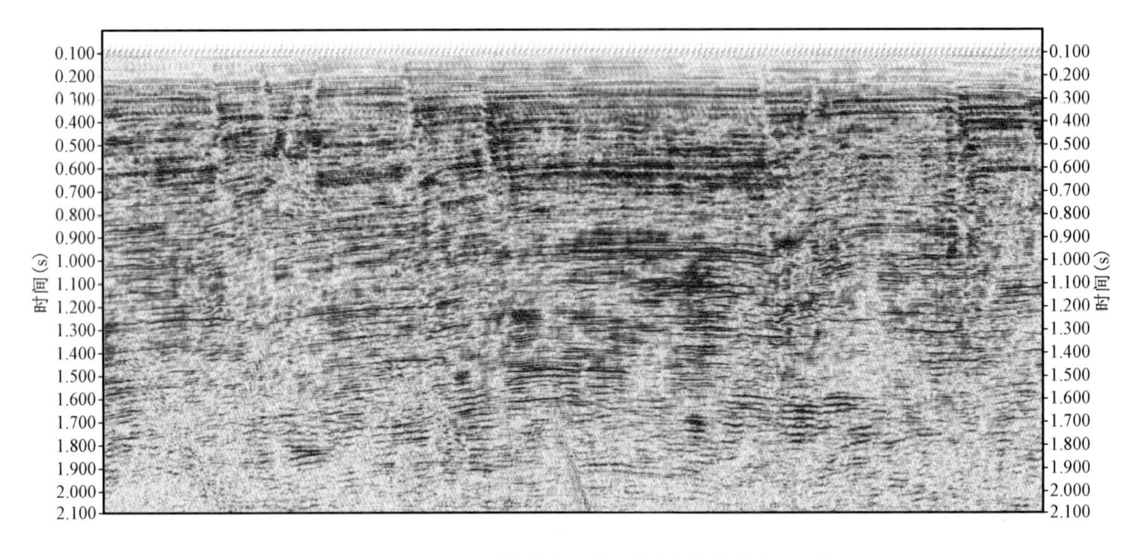

图 4－45　Tau—P 域的非正交预测滤波前叠加剖面

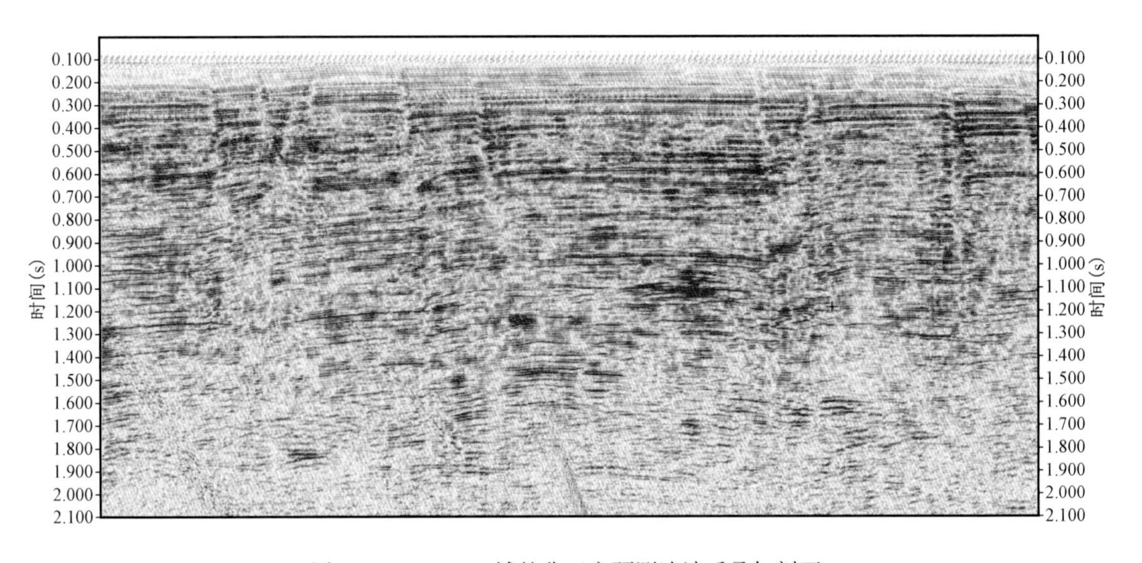

图 4－46　Tau—P 域的非正交预测滤波后叠加剖面

Radon 变换,最后将多次波从原始道集中减去。由于该方法是以多次波与一次波的剩余时差的差异为基础的,在中深水层时,多次波与一次波视速度差异大,Radon 变换衰减多次波效果较好。

在水层多次波压制后,对于其他类型的多次波,首先通过叠加速度分析处理交互拾取一次波和多次波的速度谱,从而构造出双曲拉冬变换域滤波器。在此基础上,利用匹配追踪技术在局部时窗内实现稀疏双曲拉冬变换,并结合交互构造的双曲拉冬变换域滤波器,实现多次波和一次波的分离,达到压制多次波的同时保护一次波的目的。

图 4－48 是采用交互双曲拉冬变换压制多次后的叠加剖面,注意剖面上 2.2～3.0s 之间成像品质,对比多次波衰减前叠加剖面(图 4－47),处理后数据多次波压制彻底,一次反射波得到完好保留。

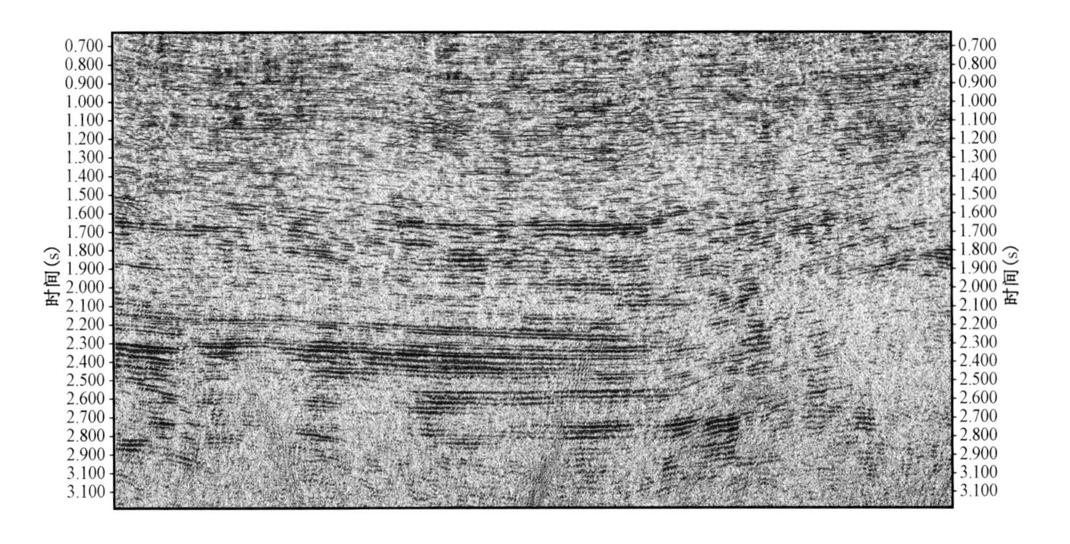

图 4－47　交互双曲拉冬变换多次波衰减前叠加剖面

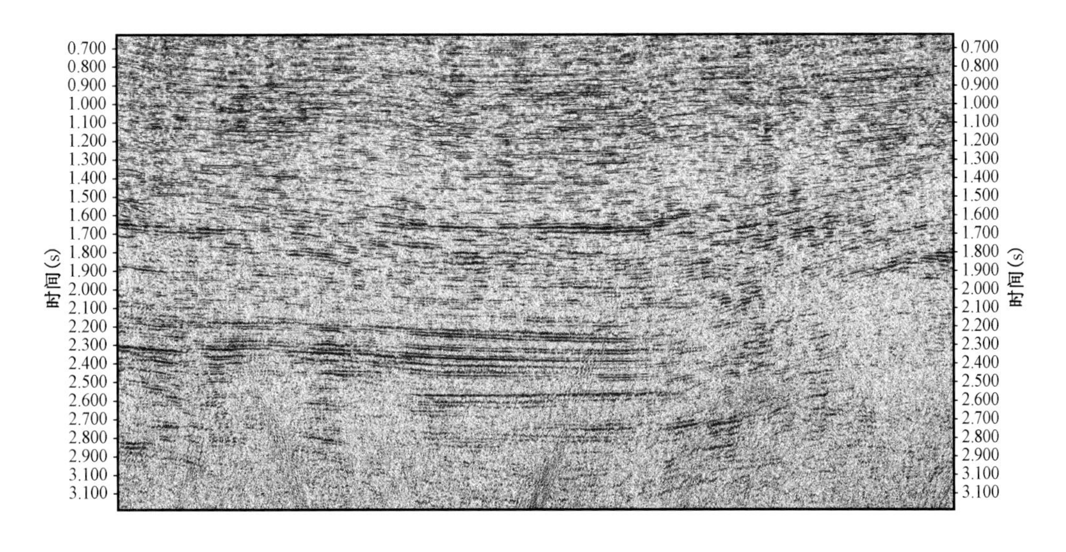

图 4－48　交互双曲拉冬变换多次波衰减后叠加剖面

3. 偏移道集中进行残余多次波压制

在应用了 MPI 方法、交互双曲拉冬变换后大部分的多次波已经在前面步骤得到了很好的剔除，但仍然有部分残留的多次波对剖面质量有一定影响，这时我们可以用高精度 Radon 变换分别在同反射点道集及叠前时间偏移后的共成像点道集内去除剩余的多次波，从而实现最大限度的多次波衰减。达到进一步提高叠前道集的质量，为速度分析或速度反演获取更准确的速度成果。

偏移后道集中有效的反射同相轴呈水平状，而残余的多次波呈双曲状，对偏移后道集再次应用高精度拉冬变换，可进一步压制多次波，提高成像剖面的信噪比。同时，也可以进一步提高叠前道集的质量，为速度分析或速度反演提供更可靠的地震资料。

图 4－50 为高精度拉冬变换处理后的 CRP 道集，对比图 4－49 未进行高精度拉冬变换的 CRP 道集，可见，因残余多次波造成的下拉同相轴得到有效压制，道集品质得到改善。

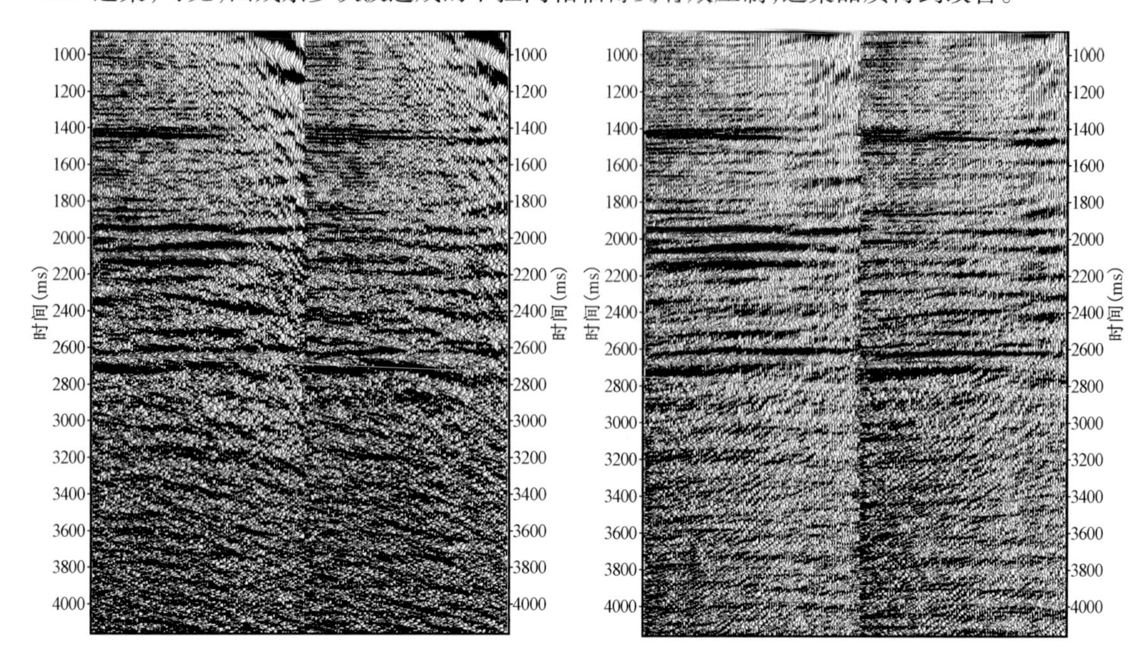

图 4－49　高精度拉冬变换前 CRP 道集

图 4－50　高精度拉冬变换后 CRP 道集

图 4－52 是基于高精度拉冬变换压制多次波后 CRP 道集计算的速度谱，对比图 4－51 多次波压制前 CRP 道集的速度谱，质量明显提高，解释出的速度场成果更加可信。

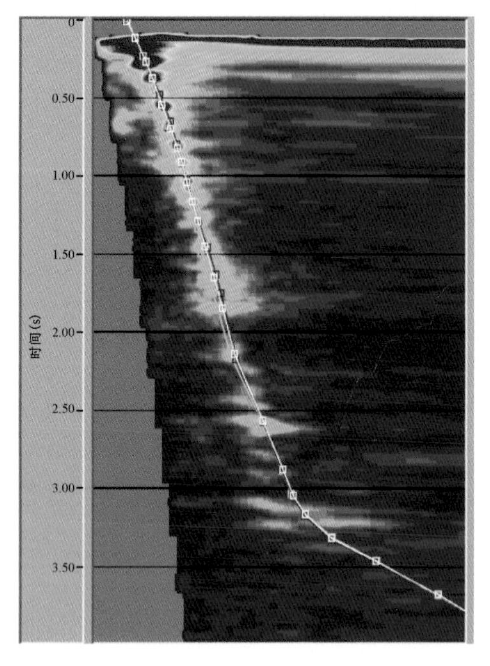

图 4－51　高精度拉冬变换压制多次波前速度谱

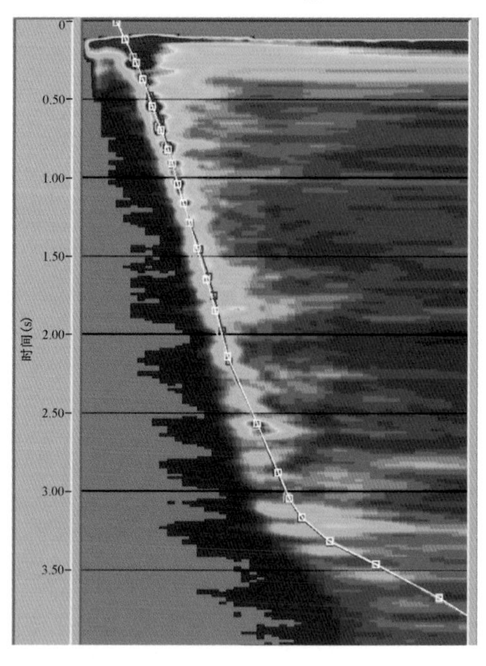

图 4－52　高精度拉冬变换压制多次波后速度谱

图4－54是对CRP道集进行高精度拉冬变换多次波衰减处理后的叠加剖面，对比多次波衰减前的叠加成果（图4－53），由于压制了残余多次波，强反射同相轴之间的弱反射信号得到增强。

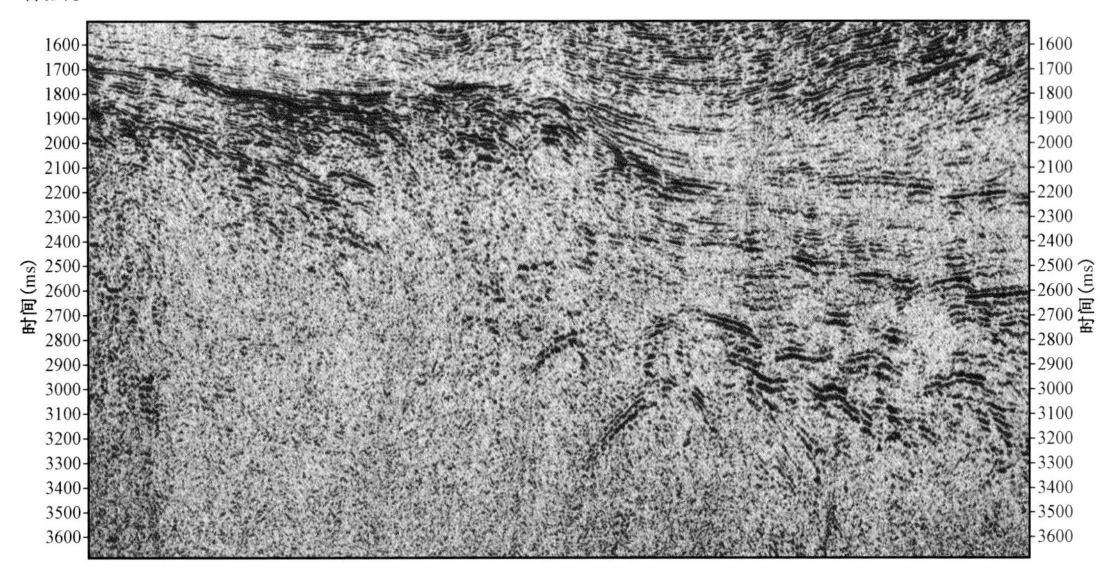

图4－53　高精度拉冬变换多次波衰减前叠加剖面

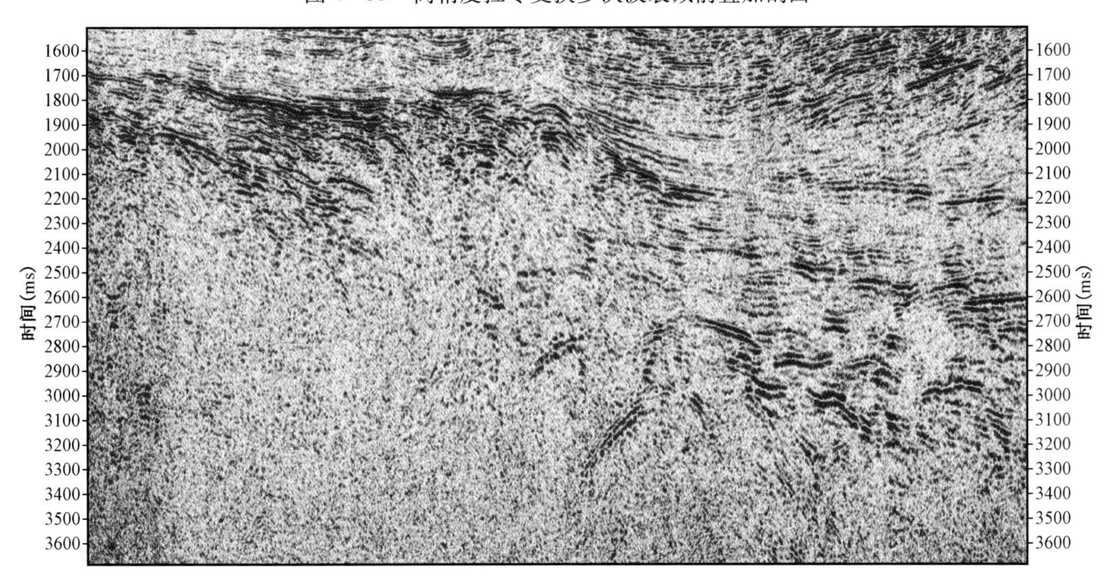

图4－54　高精度拉冬变换多次波衰减后叠加剖面

第四节　高精度速度分析与建模

地震速度场是地震勘探中最重要的参数之一，在地震数据采集、处理和解释的过程都具有重要的意义，在常规叠加处理、偏移成像、时深转换、地层压力预测及岩性与储层刻画等方面都需要速度资料。速度分析精度不仅影响地震资料的成像品质，同时对地震资料解释精度和储层综合评价的可靠性也起着关键作用。

速度分析是地震数据处理中的最重要环节之一，其目的是通过地面采集到的地震数据获得地下三维速度模型。一般来说速度建模分为速度拾取和速度反演两个阶段，其手段主要有3种方法：叠加速度分析建模方法、偏移速度分析建模方法和层析成像速度建模方法，3种速度建模方法的精确度依次增高。叠加速度分析建模方法主要指动校叠加速度分析，其理论简单、易于实现，在地震勘探中得到了广泛的应用。但要求地质模型非常简单，其重要假设是水平层状介质，因此不适合处理横向速度变化和复杂构造的情况。随着地震勘探解决问题的难度的增加，叠加速度分析建模方法已经不能满足需要，相较而言，偏移速度分析建模方法和层析速度建模方法则可以适应更复杂的地质条件。就精度而言，层析成像比偏移速度分析的反演精度高，对于解决中等到复杂程度的地质体偏移成像更为可靠。

在对渤海油田新生界火山岩地层地震速度特征及火山岩下伏地层速度规律的认识基础上，通过现有速度分析方法的适应性与有效组合研究，形成适合渤海油田新生界火山岩发育区地震速度高精度分析与建模方法：首先在对火山岩发育区速度变化规律分析的基础上，从常规处理的地震数据中分选出参与速度分析的地震数据，并进行优化噪声衰减处理，提高参与速度分析地震数据的信噪比；然后利用有效频率约束和优势频带加强等处理方法，增强有效反射波的能量；最后采用基于AVO趋势最小的密点剩余速度分析技术有效提高了时间域速度模型精度。在时间域速度精细解释基础上，利用层位约束反演的方法建立深度域初始模型，在此初始深度模型基础上，采用基于模型层析成像技术获得与构造吻合的区域速度，然后利用基于构造约束的网格层析成像技术对速度场进行精细刻画，最终建立满足实际资料处理需求的深度域高精度速度模型，为后续的精确偏移成像提供了基础。

一、时间域速度场的建立

叠前时间偏移把速度分析和叠加放在共反射点道集上进行，不再受绕射波和倾斜反射波的影响，避免了共中心点道集的弥散现象，成像质量与精度得到了明显提高，已经成为复杂构造准确成像较为理想的适用配套地震勘探技术。偏移的目的是收敛绕射波，正确归位倾斜界面反射，得到近似地下真实反射界面信息的地震图像，也就是在地震剖面与地质剖面之间建立联系。偏移后同向轴的位置精确度，实际上受偏移算法特性和速度误差共同影响。在偏移速度选取正确的情况下，地震偏移可以使地震波能量归位到其空间的真实位置，获取地下构造的准确成像。然而，针对不同的速度精度，即便选用高精度的偏移成像方法也不一定能够得到较好的成像效果。因此时间域速度场的建立准确与否就成为制约叠前时间偏移效果的关键问题，直接影响着地震反射波成像精度。

渤海海域火山岩发育区构造复杂，断裂发育，地震资料由于受采集排列长度、多次波干扰等地震地质因素的影响，给速度分析带来很多不确定因素，有时很难获得精确的叠前时间偏移速度场，造成地震反射波难以精确成像，从而给油气藏的勘探和开发带来很多的困难，为提高偏移成像精度，需要提高速度分析的精度，建立一个精确的时间域速度模型用于叠前时间偏移。

1. 火山岩发育区速度特征分析

在火山岩发育区，由于地震资料品质较差，建立高精度速度场存在较大困难，因此需要更多地质认识和地质模式的指导。通过分析火山岩发育区内地层特征进而为速度规律研究提供模式指导，最终建立符合实际地质情况的速度模型，是我们本次建立时间域精确速度模型的基本思路。本节以渤中 34 - 9 构造区为例来对火山岩发育区速度特征进行分析。

图 4 - 55 为 7 口井连井插值获得的时间域层速度剖面，在东一、二段（时间范围 1.7 ~ 2.3s）高速火山岩异常发育，井间层速度变化较大，也说明火山岩岩性在渤中 34 - 9 构造区变化快，高速和低速岩性呈现局部分布的特征；纵向上高速火山岩与低速火山岩和砂泥岩地层速度差异明显，呈现高、低速交替的特征。

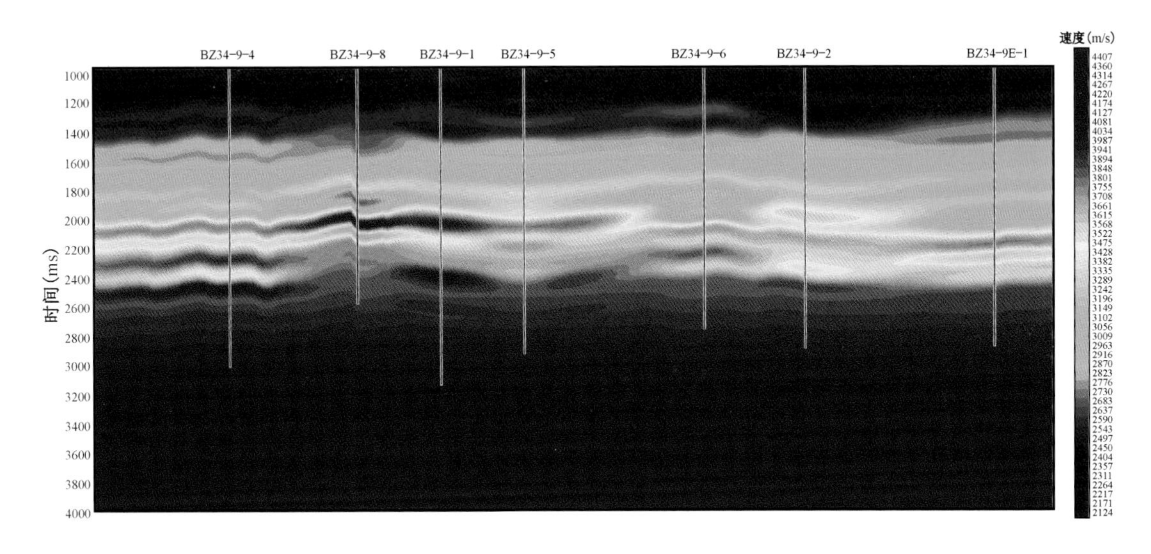

图 4 - 55　7 口井连井插值时间域层速度剖面

图 4 - 56 为东三段断裂系统及火山通道平面分布图，东三段断裂系统异常发育，且火山岩集中发育的区域断裂系统更加复杂，部分火山通道边界与断层为耦合关系。因此火山岩的存

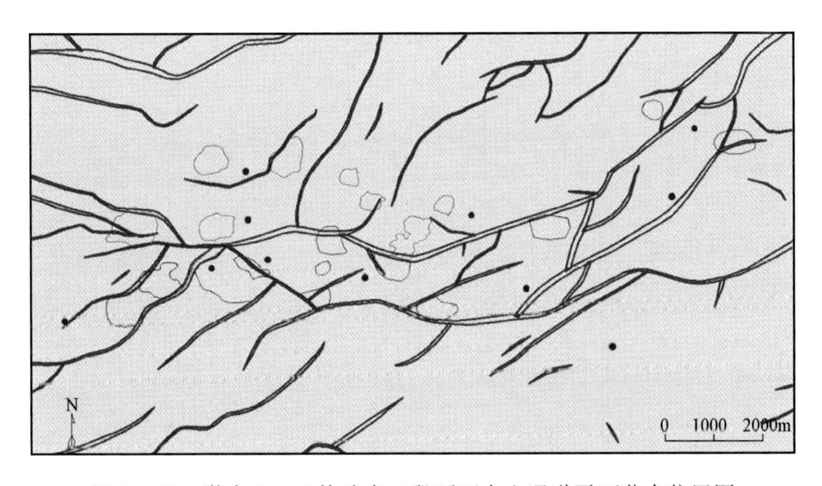

图 4 - 56　渤中 34 - 9 构造东三段顶面火山通道平面分布位置图

在进一步加剧了构造的复杂程度，不同岩性、岩相的火山岩空间上相互叠置，造成速度在空间上具有较大的突变特征，给火山岩发育区精细速度建模带来巨大挑战。

2. 面向精细速度分析的道集优化处理技术

速度精确拾取建立在高品质地震资料基础上，在火山岩发育区，地震道集中随机噪声、多次波异常发育，且中深层地震资料能量较弱，更不利于火山岩及其下伏地层准确速度的拾取，因此，有必要对道集资料进行优化处理。

在火山岩发育区速度变化规律分析基础上，对从常规处理地震数据中分选出的参与速度分析的地震道集数据进行F—X域噪声衰减处理，提高参与速度分析地震数据的信噪比，并利用有效频率约束和优势频带加强等处理方法，增强有效反射波的能量，改善速度分析数据的品质。

Canales在54届SEG年会上提出了用F—X域复预测滤波方法消除随机噪声，随后F—X滤波开始在地震资料处理中得到大规模应用，并在使用过程中不断对其进行改进。F—X域随机噪声衰减在提高数据信噪比中利用线性预测理论和随机噪声不能预测的原理，对叠前道集数据（包括有效信号和线性噪声）进行预测，分离信号与噪声，压制剖面上的随机噪声，增强有效信号。具体实现时，在F—X域中通过复数维纳滤波求取滤波因子，对原始数据进行褶积来实现（王忠仁，2000）。

设子波为$\omega(t)$，其傅里叶变换为$\omega(f)$；设叠前道集的道间距为Δx，某一线性的同相轴的斜率为k，则对于相邻第n道的记录可写为，$\omega n(t)=\omega(t-kn\Delta x)$，其傅里叶变换为

$$\omega(f)=e^{-ikn\Delta x2\pi f} \tag{4-28}$$

如果我们把第1道的频谱记为$\omega 1(f)$，那么对于某一给定频率f，其他各道的频谱为

$$\begin{aligned}
&\text{第2道} && W_2(f)=W_1(f)e^{-ik\Delta x2\pi f}\\
&\text{第3道} && W_3(f)=W_1(f)e^{-ik2\Delta x2\pi f}\\
&\vdots && \vdots\\
&\text{第}n+1\text{道} && W_{n+1}(f)=W_1(f)e^{-ikn\Delta x2\pi f}
\end{aligned}$$

写成复系数的Z变换形式，有

$$\begin{aligned}
H(Z)&=\sum_{n=1}W_1(f)e^{-ik(n-1)\Delta x2\pi f}Z^{n-1}\\
&=W_1(f)\sum_{n=1}e^{-ik(n-1)\Delta x2\pi f}Z^{n-1}\\
&=\frac{W_1(f)}{1-e^{-ik\Delta x2\pi f}Z}
\end{aligned} \tag{4-29}$$

显然，这是一个二阶的AR模型，该模型具有较强的预测性。即有

$$W_{n+1}(f)=W_n(f)e^{-ik\Delta x2\pi f} \tag{4-30}$$

但是，这种向前预测一步的滤波器，不能同时预测具有不同斜率的多个同相轴，解决此问

题的一个近似做法是加长滤波算子的长度。

设道集中具有 M 组不同视速度的同相轴，且对应不同的视速度，其子波形状也不相同，对应于某一频率 f 的空间方向上各道的频谱，其复系数的 Z 变换形式为

$$\begin{aligned} H(Z) &= \sum_{j=1}^{M} \sum_{n=1} W_j(f) \mathrm{e}^{-ik_j(n-1)\Delta x 2\pi f} Z^{n-1} \\ &= \sum_{j=1}^{M} W_j(f) \sum_{n=1} \mathrm{e}^{-ik_j(n-1)\Delta x 2\pi f} Z^{n-1} \\ &= \sum_{j=1}^{M} \frac{W_j(f)}{1 - \mathrm{e}^{-ik_j \Delta x 2\pi f} Z} \end{aligned} \tag{4-31}$$

不难看出，这是一个由 M 个二阶 AR 模型并联的 ARMA 模型，一般不能用有限阶的 AR 模型来进行预测。理论上，当因子取无限长时可以对 ARMA 模型进行逼近。这一点，与上面所说的加长滤波因子长度的近似做法是一致的。

用复数维纳滤波可以求解预测算子 $OP(f,x)$。设原始记录为 $s(f,x)$，那么对于某一频率 f_0，预测误差能量 $E(f_0)$ 为

$$E(f_0) = \sum_{x} \left[\sum_{l=1} s(f_0, x-l) OP(f_0, l) - s(f_0, x) \right] \overline{\left[\sum_{l=1} s(f_0, x-l) OP(f_0, l) - s(f_0, x) \right]} \tag{4-32}$$

根据误差能量最小，可以求出预测误差因子：

$$OP(f_0, l), l = 0, 1, 2, \cdots N \tag{4-33}$$

通常，因子长度取 5 ~ 11 个点。用上述因子与每一频率道进行褶积，就得到我们所要求的输出。

图 4 - 57 是叠前 CMP 道集优化处理前后及其对应速度谱的对比，优化后道集信噪比明显

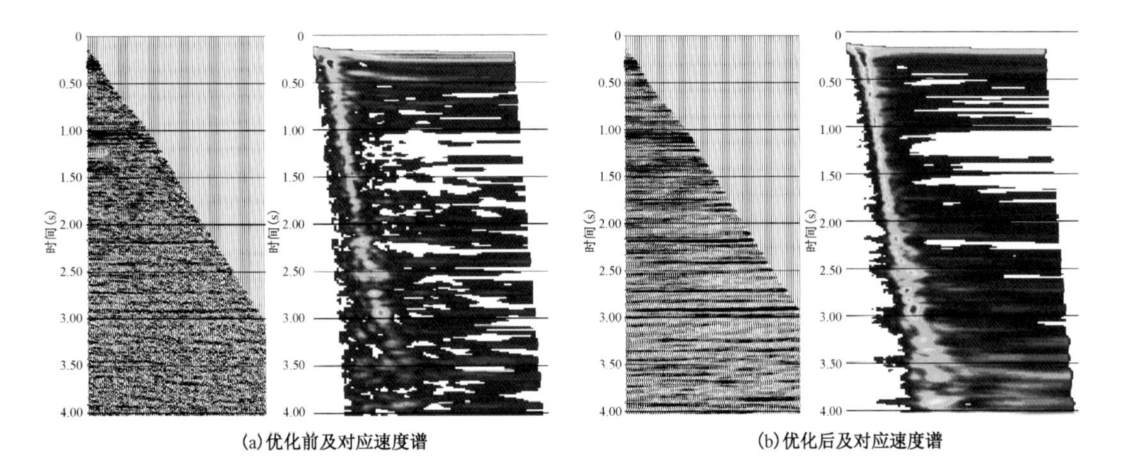

(a)优化前及对应速度谱　　(b)优化后及对应速度谱

图 4 - 57　道集优化前后及其对应速度谱对比

提高，弱反射信号得到加强，为速度谱计算提供了高品质的基础资料；相对于常规速度谱，基于优化道集获得的速度谱质量得到提升，为火山岩及其下伏地层精确速度分析提供更加可靠的地震资料。

3. 基于 AVO 趋势最小的密点剩余速度分析技术

速度谱的人工拾取是获得速度的常规途径，根据不同处理阶段对速度精度的需求，速度拾取的空间网格大小不同。在常规处理阶段，速度主要用于叠加，评判某个处理步骤的效果，速度拾取网格通常较大，比如 1km × 1km；在偏移阶段对速度精度的要求更高，此时拾取的网格大小就更小，以提高速度场精度，比如 250m × 250m，甚至 125m × 125m，速度拾取网格越小相应的工作量和工作时间就越长，但拾取网格始终较为稀疏，对于小尺度地质异常体，这种平面网格拾取的精度依然无法满足其准确成像需求，为此我们希望对每个 CDP 道集进行速度拾取。

为了进一步提高速度分析的精度，采用基于 AVO 趋势最小的密点剩余速度分析方法（Swan，2001）进行速度迭代，寻找剩余时差最优值。该方法由于可以针对每一道逐采样点进行自动计算，平面上分析密度可达到地震解释的极限。该方法在 PSTM 中间处理道集数据上进行，其基本原理介绍如下：

在 AVO 分析中，Shuey 将振幅随角度的变化简化成两项式。

$$S(\theta) = A + B\sin^2(\theta) \tag{4-34}$$

其中，S 为振幅；A 为截距，代表在零偏移距处振幅响应；B 为梯度。Spratt（1987）指出：在 AVO 分析中，小的叠加速度误差对叠加剖面影响很小，但是对于 A 和 B 的影响要远大于流体本身对 AVO 的贡献。考虑有少量剩余速度 Δt 情况下反射系数随偏移距 x 变化：

$$\Delta t = \sqrt{\left(\frac{x}{V+\Delta V}\right)^2 + t_0^2} - \sqrt{\left(\frac{x}{V}\right)^2 + t_0^2} \tag{4-35}$$

截断的麦克劳伦近似：

$$\Delta t \approx \Delta V \left.\frac{\partial(\Delta t)}{\partial(\Delta V)}\right|_{\Delta V=0} \tag{4-36}$$

剩余速度 ΔV 趋向零时：

$$\Delta t \approx \frac{-x^2\Delta V}{V^2\sqrt{x^2+(t_0V)^2}} = -t_0\sin\theta\tan\theta\frac{\Delta V}{V} \tag{4-37}$$

其中，$\theta = \tan^{-1}\left(\frac{x}{Vt_0}\right)$；

假设$\frac{\Delta V}{V}$在时间域上的变化远小于振幅随时间变化的速度，根据 Spratt 的研究忽略流体 AVO 响应，振幅 S 与截距 A 近似相等，即

$$S \approx A \tag{4-38}$$

则由旅行时误差导致的振幅差异可以近似为

$$\Delta S = -t_0 \frac{\Delta V}{V}\sin\theta\tan\theta A'(t) \tag{4-39}$$

其中,$A'(t)$为振幅在零角度时响应的时间导数。

带入式(4－34)有

$$\begin{aligned} S(t,\Delta V) &= S(t) + \Delta S(t,\Delta V) \\ &= S(t) - t_0 \frac{\Delta V}{V}\sin\theta\tan\theta A'(t) \\ &\approx S(t) - t_0 \frac{\Delta V}{V}\sin^2\theta A'(t) \end{aligned} \tag{4-40}$$

由道集不平导致的 AVO 梯度假象由复变函数表示为

$$\begin{aligned} B_a(t,\Delta V) &= B_a(t) - tA'(t)\frac{\Delta V}{V} \\ &= B(t) - t\frac{\mathrm{d}}{\mathrm{d}t}\{A_m(t)\mathrm{e}^{i(\omega x+\varphi)}\}\frac{\Delta V}{V} \\ &\approx B_a(t) - i\omega tA_a(t)\frac{\Delta V}{V} \end{aligned} \tag{4-41}$$

式中显示由速度误差引起的梯度与截距项正交。故此:

$$A_a(t)B_a^*(t,\Delta V) = A_a(t)B_a^*(t) + i\omega_0 t\left(\frac{\Delta V}{V}\right)|A_a(t)|^2 \tag{4-42}$$

由于截距和梯度项在盐水饱和的碎屑岩层序中共线,故:

$$im[A_aB_a^*(t)] = 0 \tag{4-43}$$

带入式(4－42)有

$$\frac{\Delta V}{V} = \frac{-im\{\langle A_aB_a^*\rangle\}}{\omega\langle |A_a|^2\rangle} \tag{4-44}$$

上式在道集中应用,〈　〉代表分析时窗内所有采样结果的平均值。通过迭代计算使得ΔV趋于0。

如图4－58所示为速度更新前(a)后(b)道集剩余速度谱的对比,基于AVO趋势最小的剩余速度分析使得道集同向轴更加平直,其剩余速度量更小,且该技术可以实现逐个道集逐点剩余速度的精确拾取,对火山岩发育区小尺度地质体精细建模尤为重要。

火山岩发育区时间域速度场建立的大致流程为:(1)基于不同地质目标的变网格速度拾取;(2)建立初始偏移速度场;(3)叠前时间偏移;(4)基于CRP道集的剩余速度拾取;(5)速度更新得到更加精细的速度模型。步骤(3)～(5)可以循环进行,直到获得较为精确的速度场。

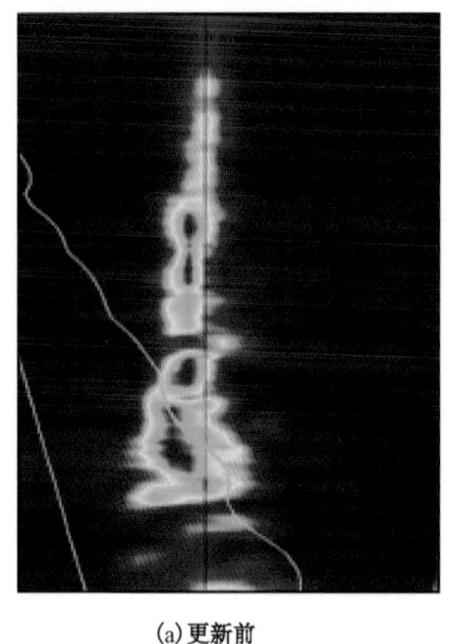

(a)更新前

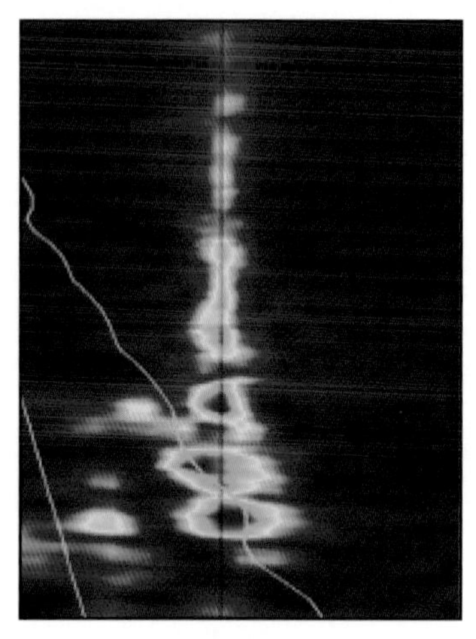

(b)更新后

图4－58　速度更新前后道集剩余速度谱对比

基于以上思路建立的速度模型进行叠前时间偏移，获得 CRP 道集。完成新一轮密点偏移速度分析。图4－60是最终叠前时间偏移的速度剖面，与常规速度分析获得的叠前时间偏移速度剖面（图4－59）比较，速度细节刻画更准确，地质信息更丰富。最终的偏移成果（图4－62）也表明，火山岩体成像效果明显好于基于常规速度偏移结果（图4－61），砂泥岩地层及火山岩的反射更加清楚，能量更加聚焦。

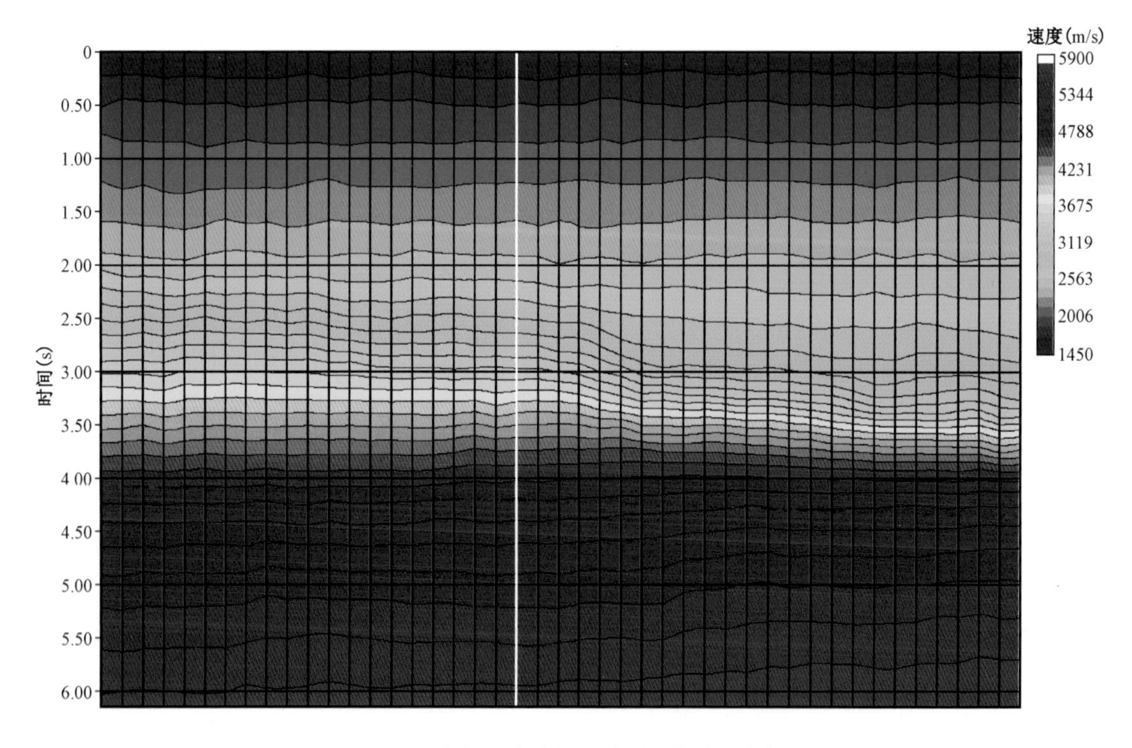

图4－59　常规速度分析叠前时间偏移速度剖面

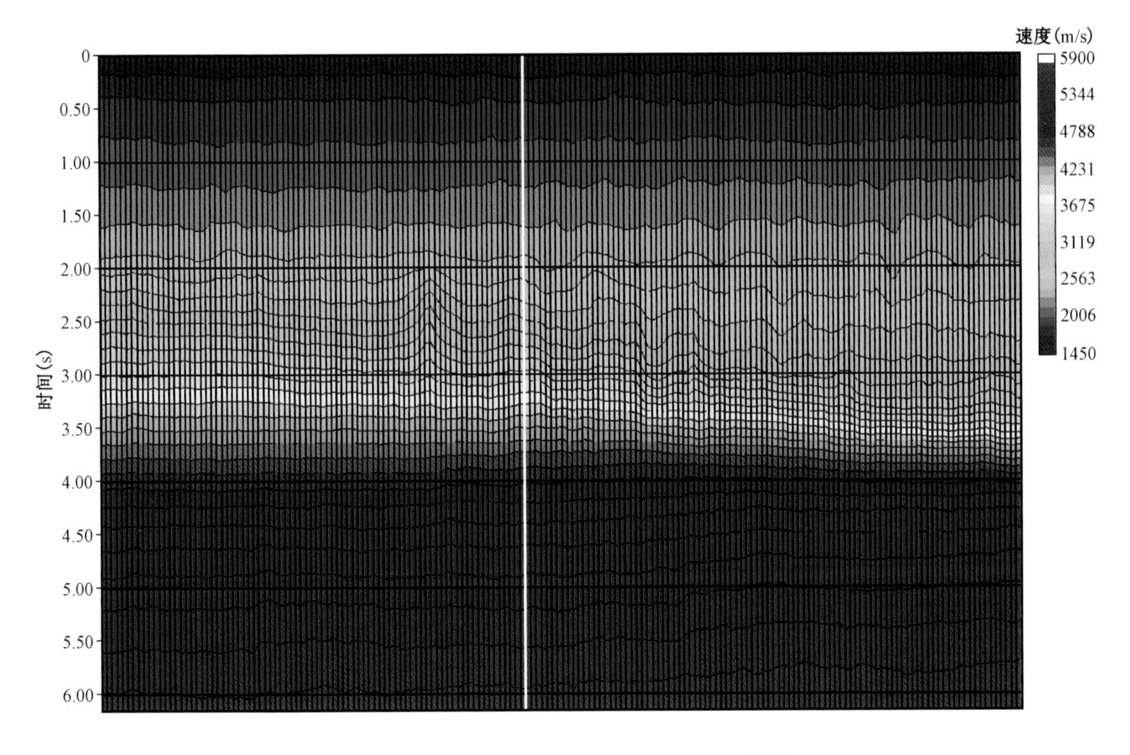

图 4－60　密点速度分析叠前时间偏移速度剖面

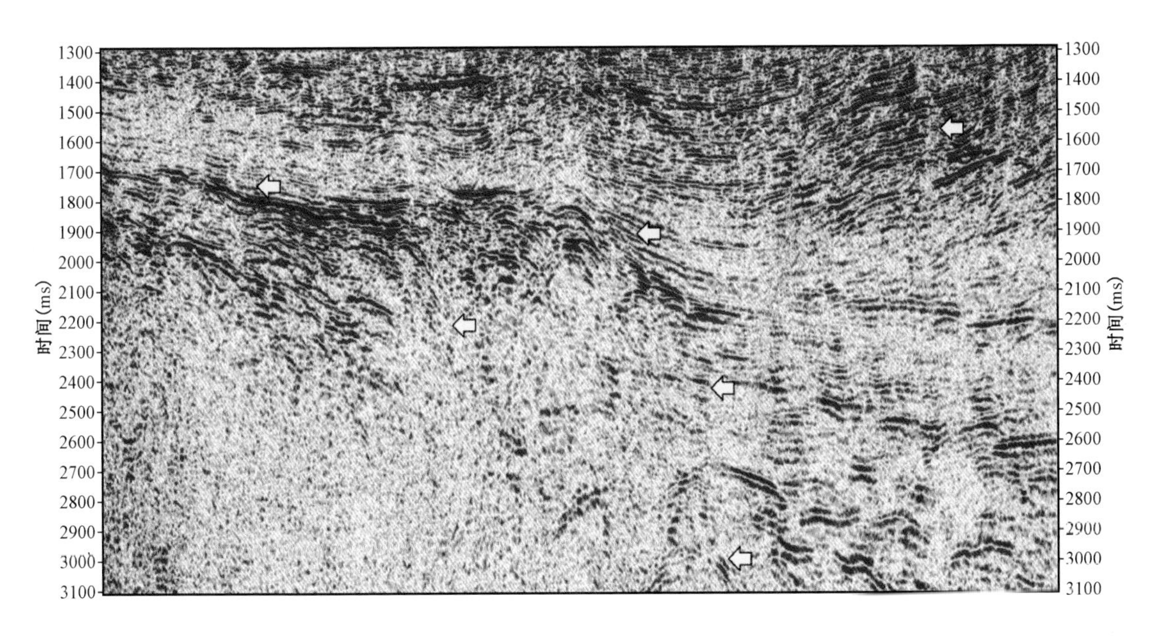

图 4－61　基于常规速度分析的叠前时间偏移剖面

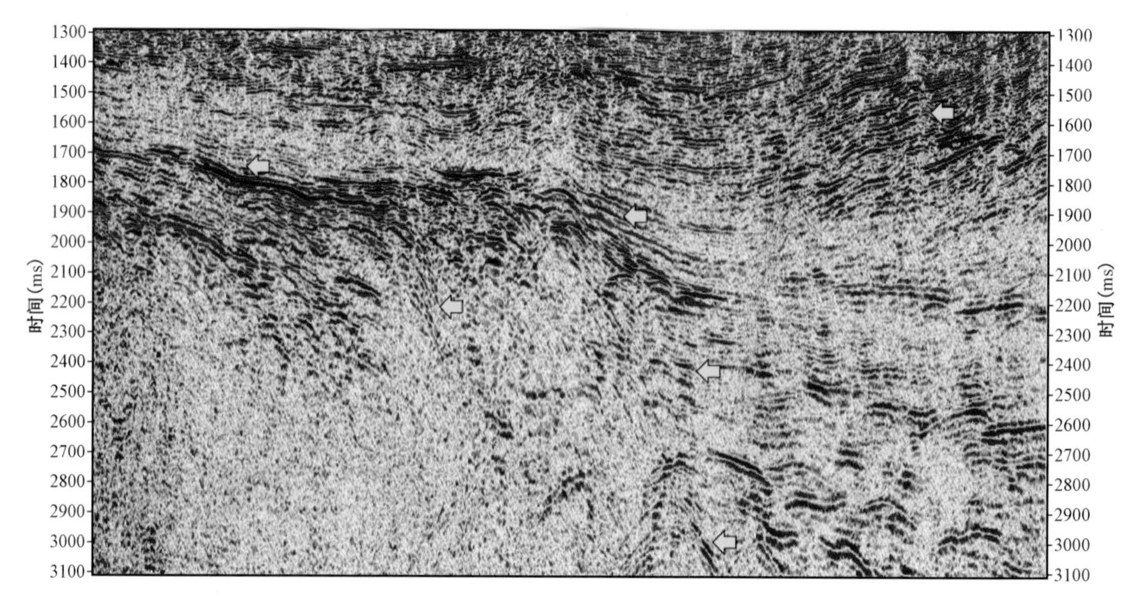

图 4-62　基于密点偏移速度分析的叠前时间偏移剖面

4. 约束层速度反演技术

叠前时间偏移速度模型是深度域速度模型建立的基础，时间域速度转换到深度域必须经过时深转换。RMS 速度转层速度常用的方法为 DIX 公式，但该方法获取的深度域层速度在同一层内波动较为剧烈，跳跃性较大，其原因主要有两个方面：

首先，由 RMS 速度估算层速度的 DIX 公式为

$$V_n^2 = \frac{V_{R,n}^2 t_{0,n} - V_{R,n-1}^2 t_{0,n-1}}{t_{0,n} - t_{0,n-1}} \tag{4-45}$$

当已知第 n 层，$(n-1)$层的均方根速度及这两层的 t_0 时间，就可以用式(4-45)计算第 n 层的层速度。但是，由于界面的不连续性，将瞬时速度分段设为常数。此时，式(4-45)的解很容易因 RMS 速度很小的变化产生速度震荡。这种速度的震荡是 DIX 公式本身造成的；其次，这种常规的在深度域建立初始速度模型的方法中需要用到由时间域经图偏移或射线偏移转换到深度域的层位模型，而深度域的初始速度模型需要经过沿层位提取深度域速度，由于本身由深度域转换过来的层位不能严格准确地与地层在深度域的层速度匹配，加之 DIX 公式转化到深度域的层速度不稳定，所以常规的利用 DIX 公式建立的深度域初始层速度容易震荡，局部变化剧烈，适用性不强。为此提出应用约束层速度反演(CVI)的方法得到深度域初始模型。CVI 这一理论是由 Zvi Koren 和 Igor Ravve 在 2005 年 SEG 年会上正式提出的。它是一种稳定的反演理论，将地球物理约束的瞬时速度从一系列的少量的、不规则的叠加、均方根速度的纵向函数中提取。这种理论的设计主要为弯曲射线叠前时间偏移、起始叠前深度偏移模型和层析成像网格化建立最优化的速度模型。与 DIX 公式转化法相比，约束速度反演法转换到深度域的层速度初始模型更加平缓自然，整体层内速度值平滑较好。

CVI 技术可将横向或纵向上的不规则采样或稀疏采样的叠加速度函数转换为规则的由精

细地质条件约束的层速度，亦适用于均方根速度函数转换为层速度。产生的层速度受趋势速度的约束，符合地质速度的变化规律，且该技术允许局部异常存在，同时加快了速度的收敛和模型的建立。CVI 流程主要包括建立全局速度趋势模型、应用约束反演和优化速度成图 3 个阶段。首先，假设速度趋势为在每个横向节点上用 3 个参数定义的渐进指数边界函数，它一般通过参考基准面计算得出。在每一节点上，初始速度趋势由对当前影响的预定区域内的一系列垂直函数定义，将反演分别运用到每个均方根垂直函数上，并由整体趋势函数控制横向和纵向上的连续性，最后对瞬时速度进行平滑和成像，在空间和时间上产生规则的经优化的层速度网格。

上述说明中，有关 CVI 技术将时间域层速度转换为深度域层速度的过程中所提到的转换速度趋势的控制，该参数在应用 CVI 技术反演层速度中极为重要，它表示速度转换过程中其转换结果遵从原始速度模型数据和该速度模型数据沿层变化趋势程度的大小。

二、深度域速度场的建立

常规叠前时间域偏移速度分析方法基于小排列、水平层状及速度横向变化小的假设条件下，而在复杂火山岩发育区这种假设条件很难满足。层析成像是利用旅行时优化速度误差的全局寻优方法，主要利用偏移和层析交替迭代的方法进行速度反演，能够恢复速度场中的高波数信息和低波数信息，反演的精度较高，且具有计算稳定的特点，是高精度速度模型建立的一种有效方法。

火山岩发育区构造起伏较大，通常由叠前时间偏移得到的速度场与构造形态差异较大，为了使速度场与构造形态更加吻合，深度域速度建模首先基于模型层析成像技术获得与构造吻合的区域速度场，然后采用基于构造约束的网格层析成像技术对速度场进行精细刻画。

1. 层析成像基本原理

反射波地震勘探速度分析从基于水平层状介质假设的 NMO 速度分析向更精细更准确的方向发展，在地层倾角较大及速度横向变化强烈的情况下，时间域速度分析手段难以得到准确的速度分析结果（胡英，2006），因此利用叠前深度偏移与层析成像方法反演速度模型成为必要手段。

自 20 世纪 80 年代医学层析引入到地球物理领域以来，层析成像逐渐成为研究热点，其研究内容主要集中在如下几个方面：（1）层析成像中的不确定性分析；（2）层析方程组的求解；（3）反射深度域速度的耦合性分析；（4）速度建模中的约束条件；（5）射线路径等。在这些方面国内外诸多学者进行了大量理论和应用的探索，Kosloff 和 Sudman（2002）探讨了从反射地震数据中确定层速度的不确定性，由数据可以反演出模型中哪些信息，以及具体使用的反演方法能否反演出理论上能够分辨的模型的信息；Stork（1992）利用奇异值分解讨论了速度和反射深度的耦合性；Devaney（1985）等首次阐述了绕射层析成像的级数展开算法；基于费马原理的射线追踪方法，Vesnaver（1996）讨论了在不规则网格中基于费马原理的射线追踪。

层析反演方法主要有射线类与波形类，其中波形类反演主要为全波形反演，该方法需要较好的资料基础和庞大的计算能力支持，目前还难以广泛应用于实际资料的生产处理。

射线类的层析反演方法前期为基于层位（layer - based）的反演，该方法假设每层的速度在纵向上一致或以一定的梯度关系变化，速度的变化表现在沿层的变化关系上（图4－63）。基于层位的层析反演在初期的深度域速度建模中发挥了重要作用，在地质结构相对比较简单、层位易于解释及层内速度变化较小的情况下能求解较高精度的背景速度模型，但其缺点是层位解释的主观因素影响较大，速度模型与处理人员的主观认识有较大关系；另外该方法在选择层位时不能过密，过密的层位解释工作量非常大且会导致反演结果的不收敛，因此基于层位的层析反演的精度受到很大限制。

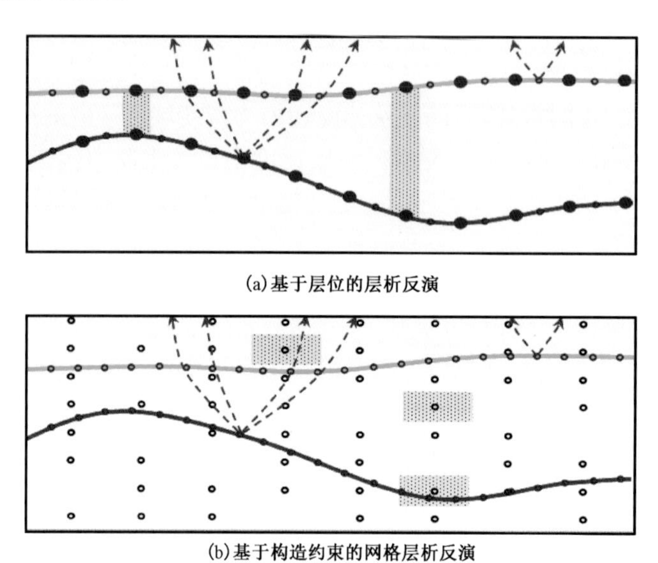

图4－63　两种深度域速度建模方法示意图

射线类层析反演另一大类为近年发展较快的网格层析反演方法，该方法是基于网格（grid－based）的速度反演。相对于基于层位的层析反演，网格层析反演将地下介质剖分为不同的矩形网格，可以沿着网格点的方向在任意采样点进行剩余速度的更新迭代，与地质构造形态无关（图4－63），因此理论上可以达到较高的速度精度。

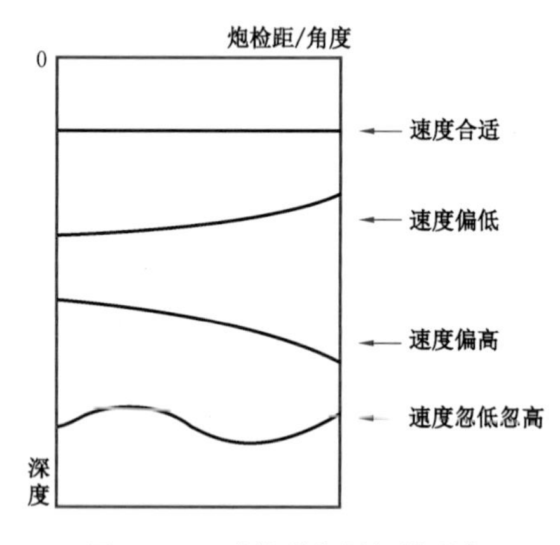

图4－64　成像道集同相轴形态与速度关联示意图

叠前深度偏移的成像道集含有地下速度的变化信息，理论上讲如果速度模型准确，则叠前深度偏移成像道集中的同相轴应全部被校平，如果速度不准确则叠前深度偏移成像道集中的同相轴存在剩余延迟，在克希霍夫偏移成像道集中为不同偏移距，在波动方程成像道集中为不同张角。以克希霍夫偏移的共成像点道集为例（图4－64），CIP道集中同相轴上翘时，上覆地层速度偏低；CIP道集中同相轴向下弯曲时，上覆地层速度偏高；而CIP道集中同相轴出现扭动弯曲时，则上覆地层部分区域速度偏高，部分区域速度偏低。通过分析拾取深度偏移成像道集中的剩余延迟，利用射线追踪以确定速度模型中需要优化的部分使得成像道集中的同相轴校平并提高成像聚焦程度。

首先对模型进行网格细分，每个网格上都有速度值，如图 4－65 所示。

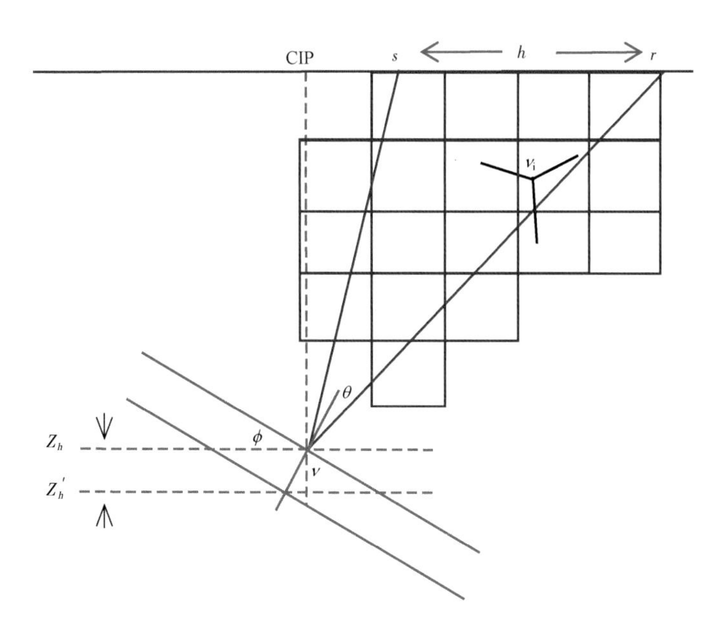

图 4－65　层析成像射线追踪示意图

根据激发点与接收点及地下地层产状，进行射线追踪计算剩余走时深度，见下式。

$$z_h' = z_h + \Delta z = z_h - \sum_i \left(\frac{\partial t}{\partial \alpha_i}\Delta\alpha_i\right)\frac{v}{2\cos\theta\cos\phi} \tag{4-46}$$

其中，Z_h 为深度关于偏移距 h 的函数；i 为速度网格的网格单元；θ 为射线在反射界面的入射角；ϕ 为反射界面的倾角；v 为反射界面的有效速度；$\frac{\partial t}{\partial \alpha_i}$为在 i 个网格的旅行时变化，即速度或慢度，在各向异性的情况下，α 可以为 σ 或 ε。

层析反演的目标是求解最佳速度的变化量 $\Delta\alpha$，使剩余延迟 RMO 的深度拾取与射线追踪的深度扰动差异达到最小，也就是使 $z_h' - z_0'$ 达到最小，其中 z_0' 为近偏移距的拾取量；z_h' 为远偏移距的拾取量。

对地下介质进行离散，沿射线的旅行残差可以表示为

$$\begin{bmatrix} z_1 \\ z_2 \\ z_3 \\ \vdots \\ z_n \end{bmatrix} = \begin{bmatrix} l_1^1 & l_1^2 & l_1^3 & \cdots & l_1^m \\ l_2^1 & l_2^2 & l_2^3 & \cdots & l_2^m \\ l_3^1 & l_3^2 & l_3^3 & \cdots & l_3^m \\ \vdots & \vdots & \vdots & \vdots & \vdots \\ l_n^1 & l_n^2 & l_n^3 & \cdots & l_n^m \end{bmatrix} \begin{bmatrix} \alpha_1 \\ \alpha_2 \\ \alpha_3 \\ \vdots \\ \alpha_n \end{bmatrix} \tag{4-47}$$

其中，l_j^i 为第 i 条射线在网格 j 中的射线长度；α_j 是网格点 j 的慢度；m 为模型的网格点数；z_i 为第 i 条射线的旅行残差；n 为射线总条数。

一般来说上述方程为超定方程，常应用阻尼最小二乘法求解矩阵。

$$\alpha_j = (A^T A + \lambda^2 I)^{-1} A^T z \tag{4-48}$$

其中，λ 为阻尼因子；A 为上述矩阵(4－47)的系数矩阵。

层析成像目标函数为线性方程组，每次迭代过程的解为线性解，因此在迭代过程中应先求解长波长解，并逐步向短波长解迭代，在每次迭代中需要控制剩余速度变化量不能超出射线追踪层析反演的线性限定，因此，剩余速度要有一定平滑度。

通常来讲，速度优化是向正确速度模型逐渐逼近的过程，每次迭代优化后的速度模型需要通过深度偏移成像、成像道集质量控制及与地下地质规律吻合度等进行确认，并通过再次偏移的成像道集的剩余延迟 RMO 拾取及层析反演进行下一轮的优化迭代。

针对渤海油田新生界火山岩发育的特点，采用全局自动剩余时差拾取与地质构造形态约束相结合的高精度层析反演速度建模方法，并通过多次迭代提高最终速度模型精度。

全局最优自动剩余时差拾取方法充分利用所采集的地震资料，可以实现在每个 CMP 偏移道集上进行剩余时差自动拾取，并根据给定的准则，通过反演的方法完成全局自动拾取的进一步优化。这种方法有一定的抗噪声干扰能力，在保证全局最优的情况下，实现高分辨率自动剩余时差拾取。

层析反演结果通常不具有唯一性，一方面正则化约束可能会使反演获得局部最优（井西利，2002），另一方面，由于渤海油田新生界火山岩地层复杂，地震资料局部信噪比低，完全按照网格点数据迭代更新速度会产生速度模型畸变。因此，利用地质构造特点进行自动约束反演，所产生的速度分布自然、合理、准确，速度变化与地质构造形态变化一致，反演稳定。地质约束可以根据地下地质构造的形态在程序中自动产生，不需要人工干预。

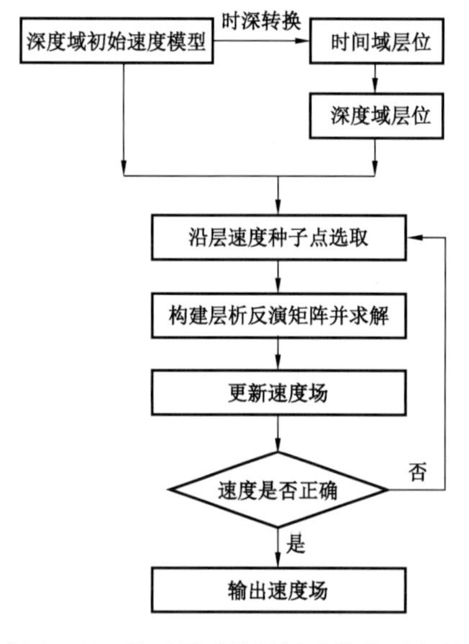

图 4－66　基于模型的层析成像处理流程

2. 基于模型的层析成像

层析速度反演在工业界的实现步骤主要分为两步：首先基于层位层析或模型层析建立符合地质构造的全局速度场，然后采用网格速度反演进一步精细刻画速度场精度。

基于模型的层析反演方法以地质层位为基础建立模型，在横向上沿地质层位网格进行参数更新，在纵向上层位间网格更新尺度随着模型的地质层位而变化；而且该方法将模型中地质层位的深度作为一个变量纳入层析反演数据空间，可以同时反演速度结构与反射点位置（或反射层深度），具有更高的反演精度。

渤海火山岩发育区构造起伏大，断层发育，且不同层段火山岩发育程度存在较大的差别，因此基于模型的层析成像必须采用较多的解释层位对其进行约束。参照层析成像对层位的要求，实际资料建模过程中选取 8 个层位进行层析建模，具体实现流程如图 4－66 所示。

图 4 - 67 所示为第 6 次模型层析迭代后的速度与初始速度对比,其中初始速度为叠前时间偏移速度经过约束层速度反演转换得到的深度域初始速度模型。相对于初始速度,层析反演建立的速度模型与构造特征更加吻合,速度场精度得到较大幅度提升,部分区域速度更新量达到了 490m/s。

初始层速度

模型层析更新后层速度(第5轮)

图 4 - 67　模型层析速度更新前后对比

三、基于构造约束的网格层析成像

基于模型的层析成像受层位数量的限制,不能精确获得每一个采样点处的速度信息,层位之间的速度往往采用插值的方式获得。为了进一步提高速度场的精度,在基于模型层析成像技术所建立的速度场的基础上,采用基于构造约束的网格层析成像技术对更多样点处的速度值进行求取。

基于构造约束的网格层析成像技术实现步骤为:(1)在模型层析得到的速度场基础上完成全数据体的叠前深度偏移,得到深度域数据体;(2)提取深度域的数据属性体(地震资料同相轴的连续性体、地层倾角体及方位角体,如图 4 - 68 所示);(3)根据地层连续性,自动提取地震资料的内部反射层位,形成不同区域的多个反射内部层位(以上 3 个步骤只需在首次速

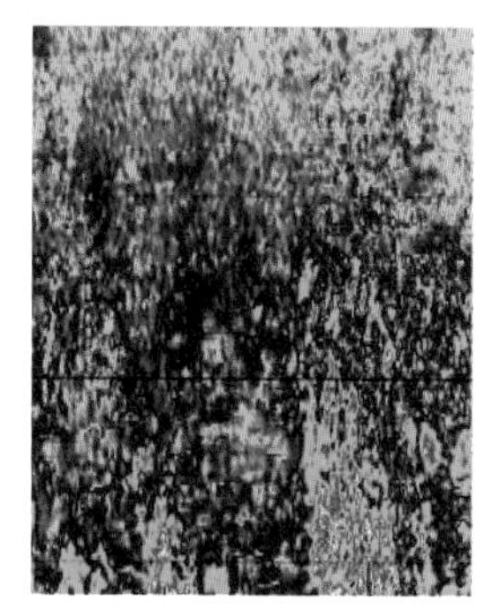

(a)表示倾角属性

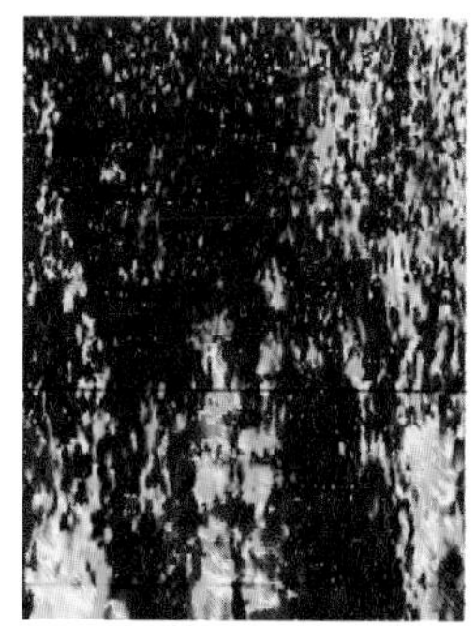

(b)表示方位角属性

(c)表示连续性属性

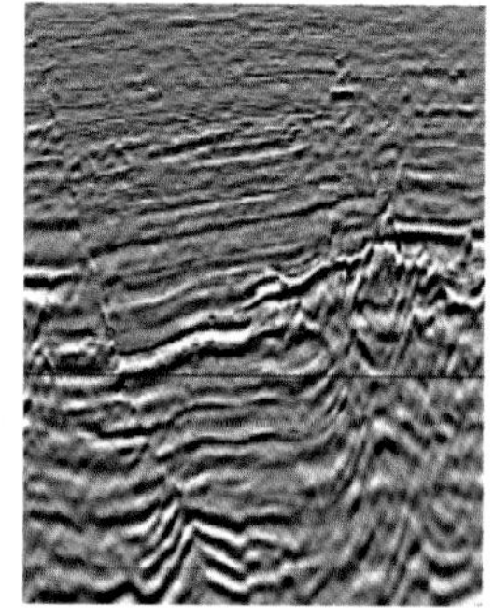

(d)为对应的地震剖面

图 4 - 68　地震剖面及其属性

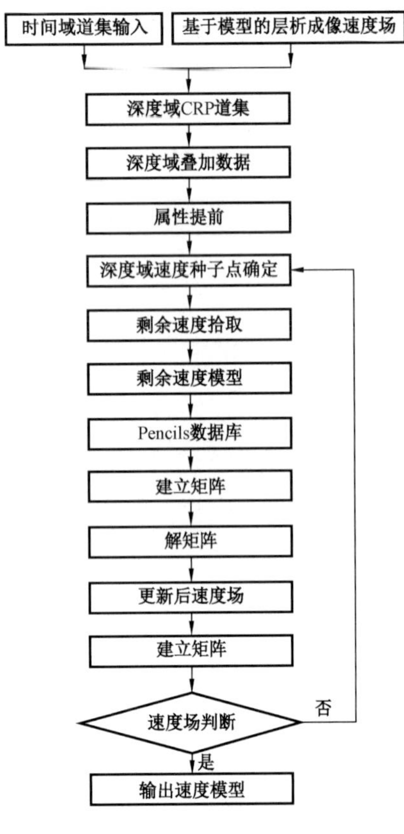

图 4－69　基于网格的层析成像处理流程

度模型优化时生成即可，可以应用于后续多次速度模型迭代过程）；（4）根据叠前深度偏移得到的共成像点道集，拾取目标测线的深度剩余速度，形成深度剩余速度体；（5）将上述的 3 种地震属性体、深度剩余速度体、初始层速度体、内部反射层位等几种数据体融合创建 Pencils 数据库，使得每个地震记录，包含上述几种信息，为旅行时计算奠定基础；（6）建立包含多个层位的全局网格层析成像矩阵；（7）利用最小二乘法，在上述几种信息的约束下，求解网格层析成像矩阵，得到优化后的深度域层速度体。重复以上各步骤，实现多次深度速度模型的优化。具体实现流程如图 4－69 所示。

图 4－71 展示了层析反演速度建模获得的最终层速度剖面，火山岩地层及火山通道相地层形态得到有效刻画，与初始速度模型（图 4－70）相比，速度建模精度得到有效提高。如图 4－72 所示，层析反演获得的速度模型在井口处变化特征与测井纵波曲线变化规律具有很好的相似性。在图 4－73 展示的速度模型剖面上高速火山通道形态清晰可见。

图 4－70　INL2376 初始深度速度模型

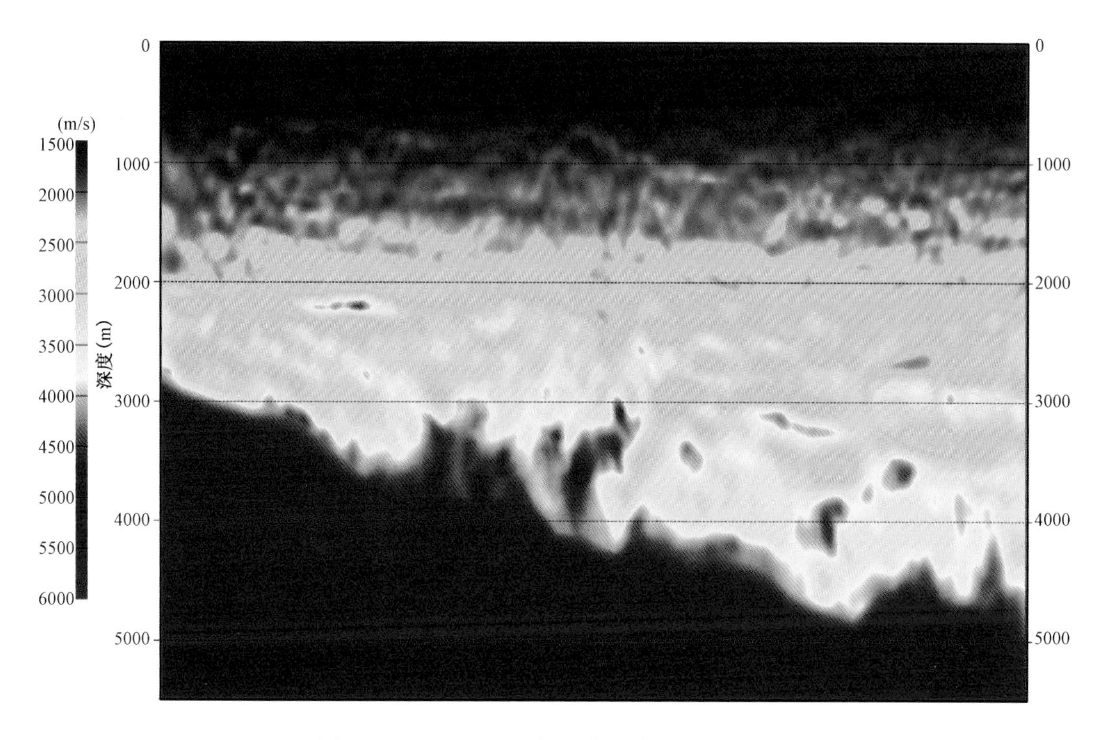

图 4－71　INL2376 层析反演最终深度速度模型

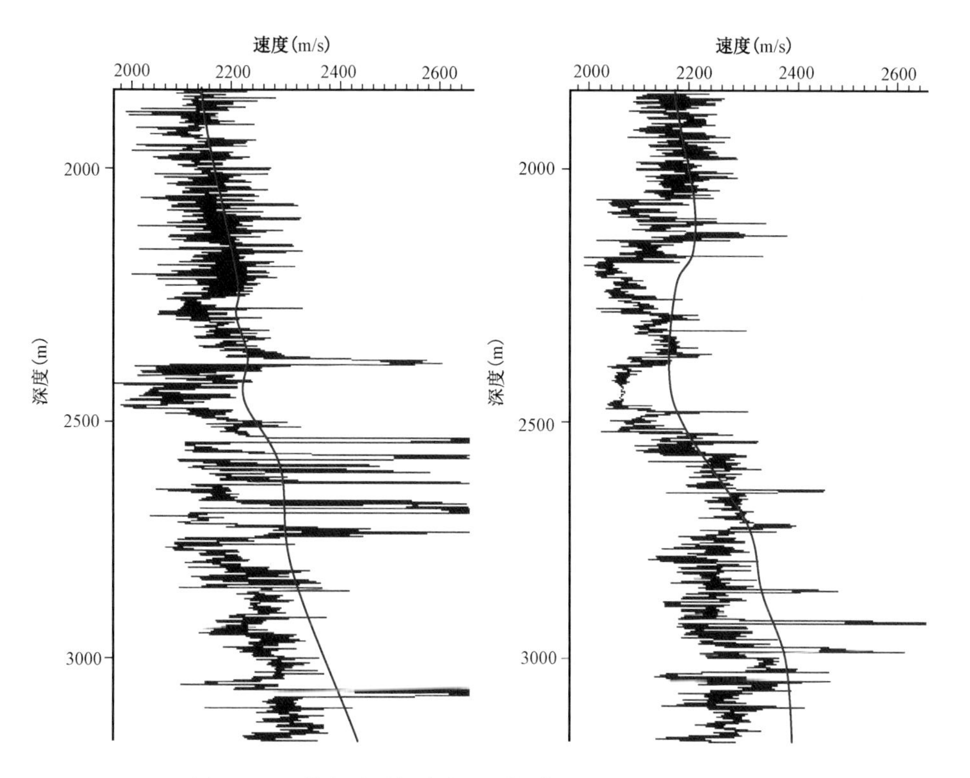

图 4－72　井点处层析速度(红线)与测井速度(蓝线)对比

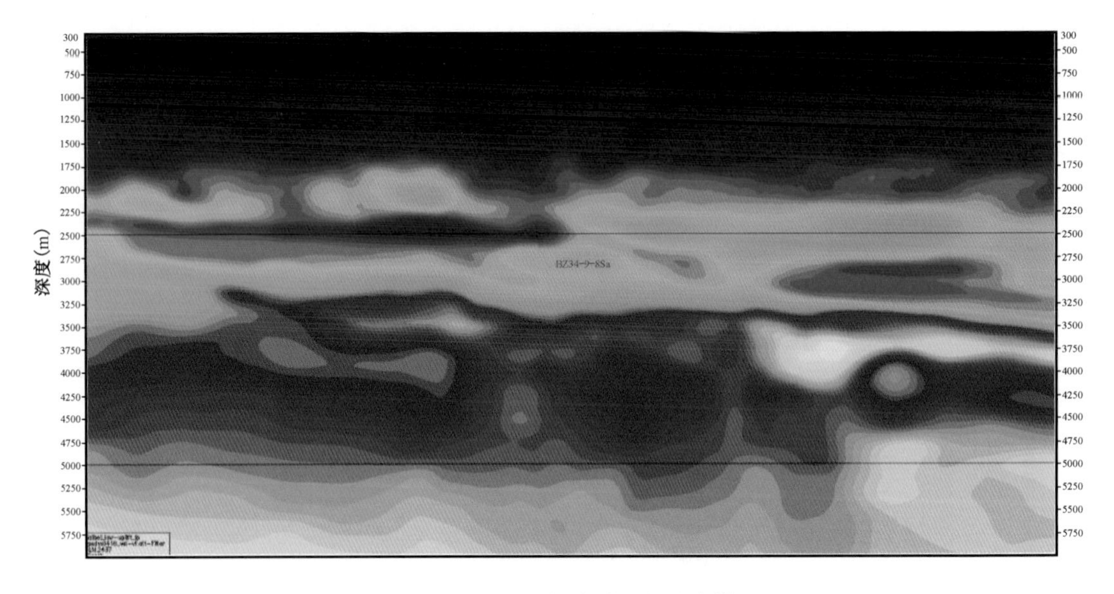

图4-73 INL2437深度域层析速度模型

第五节 偏移成像

地震偏移成像是在一定的数学物理模型(声介质、弹性介质等)基础上,应用相应的地球物理理论,将地面观测到的多次覆盖数据反传,消除地震波的传播效应并得到地下介质模型图像的过程。地震偏移成像的目的主要是确定反射点(或绕射点)的空间位置。使反射波归位,绕射波收敛。恢复反射波在地下空间位置上的反射波形和振幅特性,实现地震剖面上同相轴与实际反射界面在位置、长度、倾角等的一致性。因此,偏移剖面的质量,不仅直接影响着油气藏边界及几何形态的确定,而且也影响着其他宏观和微观岩性参数的确定。由于反射只在地下地层速度(假设密度是常数)发生变化的地层界面上发生,所以地震数据偏移技术,也是一种声波能量的地质地层成像技术。

随着计算机等硬件设备和高速计算技术的快速发展,地震偏移成像技术得到了很大突破,由原先的人工偏移到现在的计算机偏移,由叠后偏移到叠前偏移,由叠前时间偏移到叠前深度偏移,由单分量到多分量,由构造成像到岩性成像,由二维偏移到三维偏移,由简单介质到复杂介质(黏弹、各向异性介质等)。偏移成像从20世纪60年代开始走过了高速发展的50年,绕射波叠加技术(Robinson,1967)是一种沿着绕射双曲线轨迹将所有地震波脉冲振幅相加的方法。1985年Clearbout等人提出了爆炸反射面假设。即叠加剖面可以用爆炸反射界面所产生的零炮检距波场来模拟。这样$t=0$时刻的波前面形状对应于反射界面形状,这就是成像条件。为了要从地面记录到的波场来确定反射界面的几何形态只需将波场依次用深度外推回去,认准$t=0$时刻的能量,任何$t=0$时刻的波前面形态就是该反推深度处的界面形态。这个假设成为波动方程偏移的主要机理。1978年Schneider提出克希霍夫(Kirchhoff)积分法偏移。它以波动方程的积分解为基础,其基本原理与绕射叠加技术相似。它是应用最多的一种偏移方法;Stolt(1978)又提出用傅里叶变换实现偏移,即频率—波数域偏移。20 世纪 50、60 年代,苏联学者 Babich 和 Karal 等人将电磁学中的研究成果应用于解决地球物理问题中,运用抛物线波动方程法求取波动方程在射线附近的解,也就是高斯射线束的理论基础;1983 年 Whitmore 提出了逆时偏移,它以全波场双程波动方程沿着时间轴方向进行波场延拓并进行成像。

目前被广泛使用的叠前时间偏移只能解决共反射点叠加问题,不能有效解决成像点与地下绕射点位置不重合的问题,因此叠前时间偏移主要应用于地下横向速度变化相对简单的地区。当速度存在剧烈的横向变化时,需要利用叠前深度偏移技术实现共反射点的叠加和绕射点的归位,从而实现复杂构造和速度横向变化较大地区地震资料的正确成像,消除陡倾角地层和速度变化引起的成像畸变。在速度模型已知情况下,叠前深度偏移被认为是目前能够精确实现复杂构造内部成像最有效的手段(王克斌,2016)。它主要包括基于波动方程数值解的波动方程类偏移成像方法和基于几何射线理论的射线类偏移成像方法。其中波动方程类的叠前深度偏移成像方法又主要分为单程波偏移(傅里叶有限差分法和裂步傅里叶法等)和双程波偏移(逆时偏移),几何射线类叠前深度偏移成像方法主要分为 Kirchhoff 偏移和高斯束偏移等。

对于溢流相火山岩发育区叠前时间偏移与叠前深度偏移都能对其进行准确成像,但目前对火山岩复杂区域的成像精度还不能满足油气勘探的需求。针对渤海油田新生界火山岩发育区成像条件复杂及火山岩下伏地层成像难度大的特点,采用叠前时间偏移与叠前深度偏移联合成像的思路,解决火山岩发育区复杂地层的精确成像问题。

一、叠前时间偏移技术

叠前时间偏移是目前工业应用最为普遍的一种偏移方法,虽然该方法存在诸多的局限性,但是在渤海油田新生界及其他速度变化不大的地区仍得到大量的应用并有效支撑了油田的勘探开发。即使需要深度偏移解决的问题,叠前时间偏移仍然是必需的处理步骤。因此理解并做好叠前时间偏移是解决复杂火山岩发育区成像的关键。

1. Kirchhoff 叠前时间偏移的基本原理

Kirchhoff 积分法偏移建立在波动方程 Kirchhoff 积分求解基础上,把 Kirchhoff 积分中的格林函数用它的高频近似解(即射线理论解)来代替。Kirchhoff 积分法偏移的基本过程包括从震源和接收点同时向成像点进行射线追踪或波前计算,然后按照相应走时从地震记录中拾取子波并进行叠加,如果所有的路径计算得到的走时正确,那么对应的所有记录数据的叠加结果会产生极大值,从而给出反射体的位置。如图 4 - 74 所示,设 S 点为炮点、R 点为接收点、M 为地面观测点的中心点即 CMP 点、O 点为地下反射点,I 为 O 点之地面成像点。令$(\bar{x}_S, z=0)$、$(\bar{x}_R, z=0)$、$(\bar{x}, z=0)$分别代表炮点、检波点和反射点的坐标,那么令 $p(x_S, x_R, z=0)$ 为在地表观测得到的波场值,从而可以推导出地下反射点$(\bar{x}, z)$处在 t 时刻的波场值为

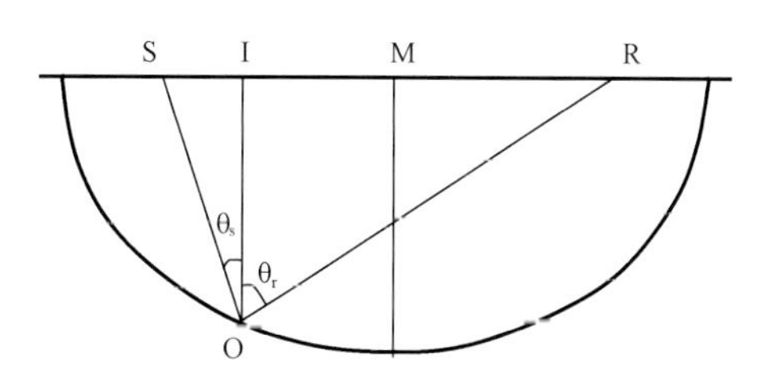

图 4 - 74 叠前时间偏移示意图

$$p(\bar{x},z,t) = \int A\left(\frac{\partial}{\partial t}\right)^{\frac{1}{2}} P\left(\bar{x}_S,\bar{x}_R,z=0,t+\frac{\bar{r}_S}{v_d}+\frac{\bar{r}_R}{v_u}\right)d\bar{x}_S d\bar{x}_R \tag{4-49}$$

这里 r_S 和 r_R 分别代表炮点到反射点和检波点到反射点的距离；v_d 和 v_u 分别代表下行波和上行波沿射线路径的层速度。在 Kirchhoff 偏移中，为了进行保幅处理引入系数 A，令

$$A = \frac{\cos(\theta_S)\cos(\theta_R)}{\sqrt{v_d v_u r_S r_R}} \tag{4-50}$$

作为振幅比例因子可以实现保幅处理。

根据成像原理，地下 $o(\bar{x},z)$ 点处的波场为

$$p(\bar{x},z) = \int A\left(\frac{\partial}{\partial t}\right)^{\frac{1}{2}} P\left(\bar{x}_S,\bar{x}_R,z=0,t+\frac{\bar{r}_S}{v_d}+\frac{\bar{r}_R}{v_u}\right)d\bar{x}_S d\bar{x}_R \tag{4-51}$$

令

$$\tau = \tau_S + \tau_R = \frac{r_S}{v_d} + \frac{r_R}{v_u} \tag{4-52}$$

而 τ_S，τ_R 可在速度模型已知的情况下，通过射线追踪、波前走时计算等各种旅行时计算方法求得。

2. 自适应孔径叠前时间偏移

偏移孔径是指用于偏移成像的地震资料分布范围，在 Kirchhoff 积分理论中，显式地可认为用于积分计算的区间。在给出高精度速度分布规律后，叠前时间偏移的品质主要取决于格林函数计算精度、加权函数和偏移孔径的选取。此处仅分析偏移孔径的影响。一般来说，为保证偏移成像的质量，要求偏移孔径内地震数据必须含有来自地下反射点的主体能量部分，主体能量满足几何光学的 Snell 定律（入射角等于反射角）。为提高成像质量，成像过程中应选取以主体能量为中心的相干带（绕射带）内地震资料，从而即可保证成像结果中的构造准确性，同时也可改善地震剖面的信噪比。据 Yilmaz 的偏移孔径试验结果，当选取小的偏移孔径时，偏移结果只保证剖面小倾角构造成像和高信噪比特征，而无法保证陡倾角构造成像，同时陡倾角构造会失真地出现“水平化”现象。当选取大的偏移孔径时，偏移可以保证陡倾角构造成像，但剖面会出现同相轴连续性变差、分辨率和信噪比变低的现象，这表明采用固定偏移孔径将难以保证复杂火山岩体的偏移成像品质。叠前时间偏移中时（深）变偏移孔径表示为

$$\text{Map} = 2\tan(\theta)Z = 2Z\tan(\theta) = 2tv\tan(\theta) \tag{4-53}$$

其中，Z 表示地层深度；t 表示观测时间；v 表示速度；Map 随深度增加而增加（图 4-75）。这种算法仅仅考虑了随深度变化的效应，对横向孔径变化没有考虑，因此对改善火山岩复杂区的偏移成像效果意义不大。

现有研究表明，随构造倾角变化确定偏移孔径方法是最精确的。偏移孔径中心由满足 Snell 定律的射线出射点确定（图 4-76），而偏移孔径大小由用户的角度给出，角度 θ 表示与 Snell 射线的最大夹角。偏移过程中，只对小于该夹角的地震数据进行成像处理，大于该角度的地震数据不进行考虑。虽然这一思路具先进性，但难以实现，其原因在于用户很难准确给出地层的倾角信息，因为地质构造复杂时倾角信息的识别和拾取存在很大困难。

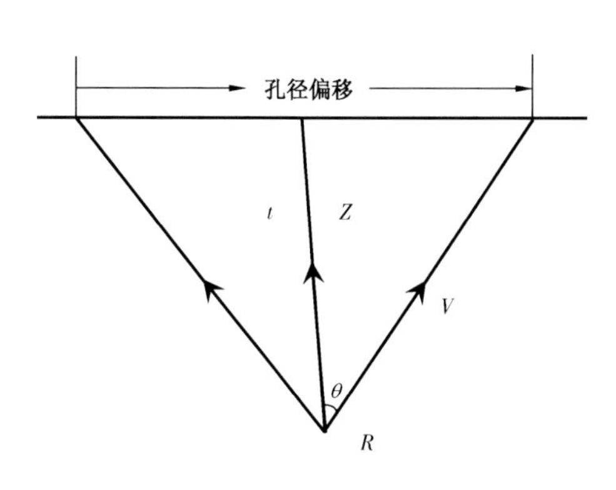

图 4-75　随深度变化的偏移孔径

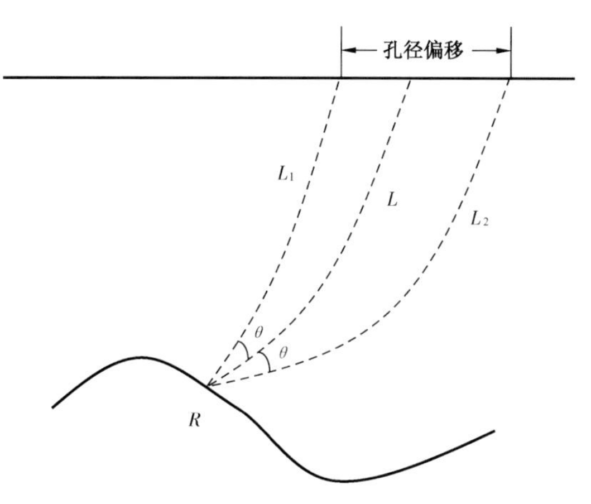

图 4-76　偏移孔径 Map 选取示意图

L 表示满足 Snell 定律的射线(真实射线路径主体能量传播方向),L_1、L_2 虚拟的射线路径反映波场的绕射特征,θ 表示偏移孔径角度域定义值,由用户给定

针对常规叠前时间偏移孔径选取方式不能实现空间变化,直接影响复杂火山岩区地震资料偏移成像效果的问题,充分利用波场相干带的计算和反射波场与衍射波场的关系,实现自适应孔径选取。

首先,反射波场与衍射波场的关系,由费马原理可知,反射波场的走时曲线与衍射波场的曲线相切,相切点反映了衍射波的主能量方面,且衍射波场的走时大于或等于反射波场的走时。由费涅尔带定义可知,当反射波场的走时曲线与衍射波场的走时差小于 $1/4T$(T 表示地震主周期)时,可近似地认为衍射波场具有相干性,其叠加结果是构成反射波场的主要部分。反过来,也可以认为沿衍射波场走时曲线对反射波场进行叠加处理,不仅反射波场具有相干性,而且可以反映出地下点衍射波场成像结果。总之可以利用该相干带的地震资料进行偏移成像,研究地下反射界面上任意点的物理属性。进一步分析表明,相干带内不仅反射波与衍射波场走时之差较小,由于两条走时曲线的相切性,两条走时曲线的倾角差也较小,因此可选取两者倾角之差来选择偏移孔径(包括主能量方向和孔径大小),从而构成自适应偏移孔径选择的基本原理。

反射波同相轴的倾角可基于叠加剖面计算求得,而绕射波的倾角可由射线追踪走时直接求出。下面给出叠加资料的倾角计算方法:首先在叠加剖面上进行双向倾斜叠加处理,自动拾取出叠加剖面中反射波同相轴的局部倾角,其方法原理如下。

$$r_{mn}(t) = \sum_{k=-n}^{n}\sum_{e=-m}^{m} u_{(i+k)(j+e)}(t + k\Delta s + nl\Delta\rho\sigma g) \tag{4-54}$$

其中,$\rho = m\Delta\rho$,$q = e\Delta\rho$ 表示倾角方向;$u(i,j)$ 表示地震数据。上式表示对于给定时间 t 沿(ρ,q)对地震数据进行叠加,选取叠加能量最大时(ρ,q)作为中心道(i,j)处时间倾角。

由倾角(ρ,q)可以计算叠前资料的倾角,计算方法基于以下变换:

$$\rho_{\rho r} = \frac{1}{t}\left(t_{NMO}\rho - \frac{2h}{v^2}\right) \tag{4-55}$$

$$q_{pr} = \frac{1}{t}\left(t_{NMO}q + \frac{2h}{v^2}\right) \tag{4-56}$$

其中,v 表示叠加速度;h 表示炮检距。

常规的叠前时间偏移技术可以实现孔径随深度变化而变化,但难以实现空间变换。渤中34-9构造区火山岩局部发育,且平面上构造起伏差异较大,因此有必要采用空变加时变的偏移孔径,以满足火山岩和不同地层的准确成像。为此引入了自适应孔径的叠前时间偏移技术。

考虑反射波同相轴倾角信息,对叠前时间偏移算法加以修改,得到实现自适应偏移孔径选取的叠前时间偏移算法如下:

$$\begin{aligned} R(x_0,y_0,z_0) &= \iint w(x_0,y_0,z_0)y[x_0,y_0,\tau(x,y,z,x_0,y_0)]\mathrm{d}x\mathrm{d}y \\ &= \iint G[(x_0,y_0,z_0,x,y)C(x_0,y_0,z_0x,y)] \\ &= y[x_0,y_0,\tau(x,y,z,x_0,y_0)]\mathrm{d}x\mathrm{d}y \end{aligned} \tag{4-57}$$

其中,$G(x_0,y_0,z_0,x,y)$表示常规叠前时间偏移处理算子;$\tau(x_0,y_0,z_0,x,y)$表示绕射波场走时;$C(x_0,y_0,z_0,x,y)$表示自适应偏移孔径因子。上式中,$C(x_0,y_0,z_0,x,y)$由倾角信息来确定,即由反射波场同相轴的倾角与绕射波场的走时倾角之差来确定,可以采用如下形式的算子确定:

$$C(x_0,y_0,z_0,x,y) = \cos(\theta/\theta_0) \tag{4-58}$$

$$\theta = \sqrt{|\rho_{\mathrm{R}} - \rho_{\mathrm{D}}|^2 + |q_{\mathrm{R}} - q_{\mathrm{D}}|^2} \tag{4-59}$$

θ_0 由用户定义,一般选择20~30之间的值。考虑费涅尔带的概念,可对 G 进行如下截断处理:

$$G(x_0,y_0,z_0,x,y) = \begin{cases} \cos(\theta/\theta_0) & |\theta| \leqslant \theta_1 \\ 0 & |\theta| > \theta_1 \end{cases} \tag{4-60}$$

θ_1 由相干带来确定。

分析自适应孔径叠前时间偏移地震剖面主测线和联络测线(图4-78和图4-80所示)与常规叠前时间偏移成果主测线(图4-77)和联络线(图4-79)对比结果表明,火山岩地层下伏东三段地层反射较弱,地层产状较为平缓,采用自适应孔径叠前时间偏移技术可以实现这类平缓地层更好的成像效果,同时高陡的火山通道反射也得到较好成像。新处理资料成果对落实东三段地层构造特征和火山岩发育规律研究提供可靠的资料基础。

二、叠前深度偏移技术

叠前时间偏移是假设横向介质速度不变,仅仅把绕射波收敛到绕射项顶点上的成像技术,在介质存在横向变速的情况下,时间偏移给出的变速层下反射界面的成像结果是畸变的。深度偏移假设介质速度任意变化,把接收到的绕射波收敛到产生它的绕射点上,在任意介质分布情况下,叠前深度偏移可以将地下反射界面进行准确归位。主要包括射线类偏移方法以及波动方程偏移方法两大类,Kirchhoff 偏移是最常用的射线类偏移方法。

Kirchhoff 积分法并不直接解波动方程,而是用数学方法来描述关于波的传播的惠更斯原理,从而求取空间上任一点波场值。而这个波场值正好满足波动方程。Kirchhoff 积分最初是为了描述波场从一个波向前传播方向上任何一点传播结果而导出的,它描述的是一个实际物理过程，这也正是我们所说的正向外推，这种正向外推的 Kirchhoff 公式对任何方向传播的波都是适用的。

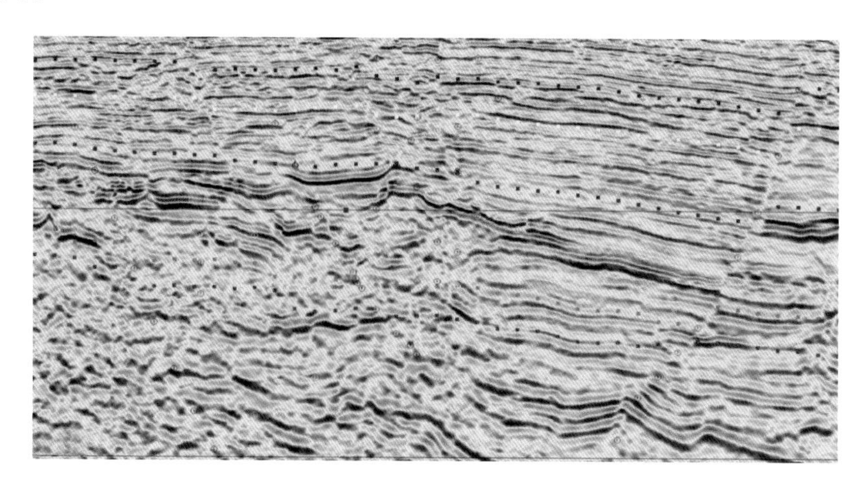

图 4 – 77　主测线 2297 叠前时间偏移剖面

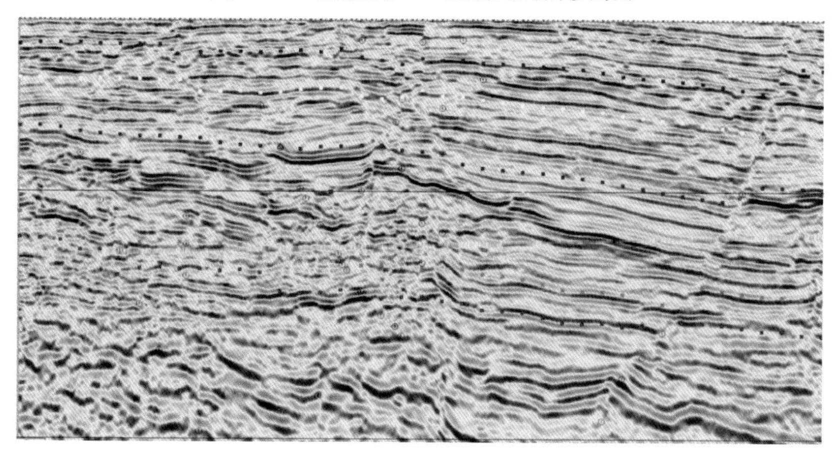

图 4 – 78　主测线 2297 自适应孔径叠前时间偏移剖面

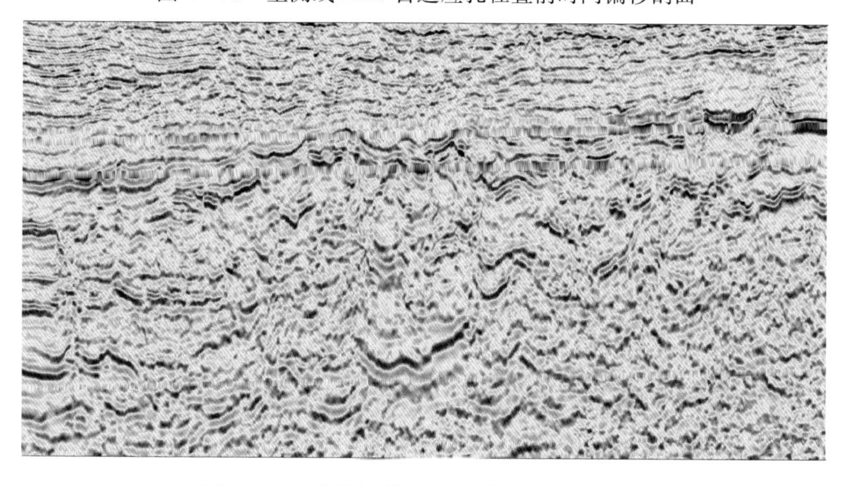

图 4 – 79　联络测线 6145 叠前时间偏移剖面

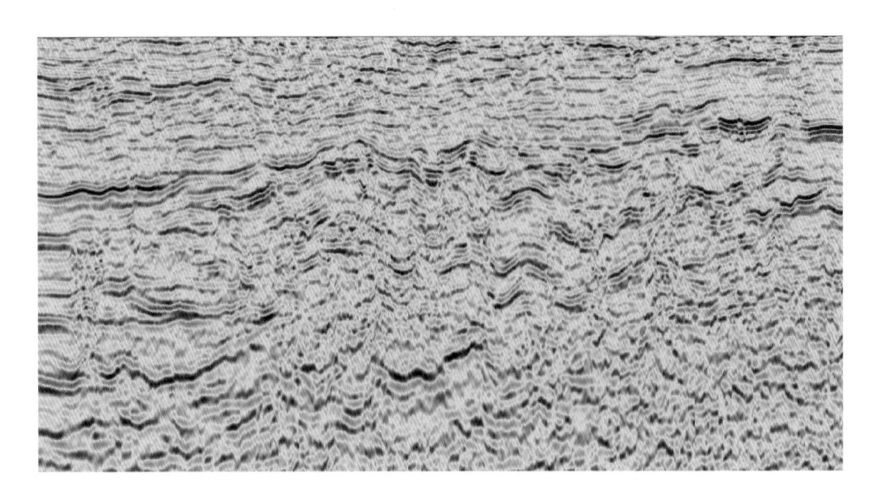

图 4－80　联络测线 6145 自适应孔径叠前时间偏移剖面

Kirchhoff 正向波场外推公式为

$$u(x_1,y_1,z_1,t) = \frac{-1}{4\pi}\iint_S \left\{\frac{1}{VR}\frac{\partial R}{\partial n}\left[\frac{\partial u}{\partial t}\right] - [u]\frac{\partial}{\partial n}\left(\frac{1}{R}\right) + \frac{1}{R}\left[\frac{\partial u}{\partial n}\right]\right\}\mathrm{d}S \tag{4-61}$$

它描述了物理波场传播的过程，也满足奇次波动方程：

$$\nabla^2 u - \frac{1}{V^2}\frac{\partial^2 u}{\partial^2 t} = 0 \tag{4-62}$$

它既可用于上行波的正向外推，也可以用于下行波的正向外推，只是外推方向由物理条件而定。对偏移来说，需要利用 Kirchhoff 积分进行反向外推，这时，我们所取的封闭体积 V 应当在波前传播方向的反方向，计算点 $M'(x_1',y_2',z_3')$ 就在这个封闭体内。根据格林定理同样可求出形式上相同的反向外推的 Kirchhoff 积分式：

$$u(x_1',y_1',z_1',t) = \frac{-1}{4\pi}\iint_S \frac{1}{VR}\frac{\partial R}{\partial n}\left[\frac{\partial u}{\partial t}\right] - [u]\frac{\partial}{\partial n}\left(\frac{1}{R}\right) + \frac{1}{R}\left[\frac{\partial u}{\partial n}\right]\mathrm{d}S' \tag{4-63}$$

式中的 $[u]$ 不再是推迟场，而是超前场 $u(x,y,z,t+R/V)$。式(4－63)为用于波场反向外推的 Kirchhoff 积分式。它可用于上行波的反向外推，也可用于下行波的反向外推。当然，这种外推与正向外推不同，它不代表一个物理过程，而只是一种重建波场的计算过程。

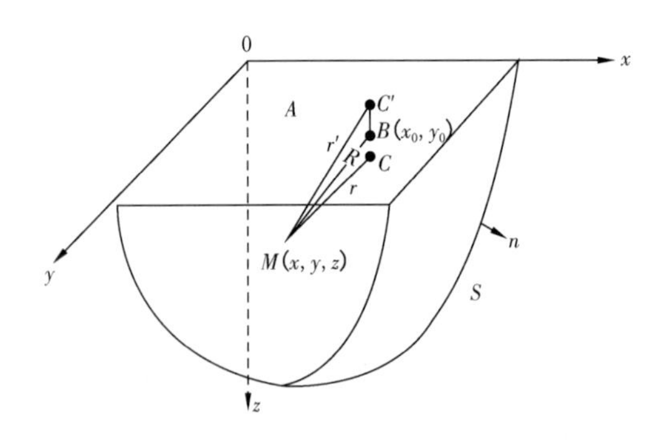

图 4－81　地震问题 Kirchhoff 积分解图示

当地震勘探时，观测是在地面上进行的，即在某个 $z=0$ 平面上进行的。现在要求出地面以下任何一点 M 上的波场值 $u(x,y,z,t)$，这可取地面 $z=0$ 平面和下半空间无穷远处的半球面和它们所围成的体积作为 Kirchhoff 积分的体积 V 和表面 S，法线方向取向外为正(图 4－81)。

因为在式(4－61)中需知道$\frac{\partial u}{\partial n}=-\frac{\partial u}{\partial z_0}$,波场在地面的法向导数值。但由于无法观测,因此需要去掉含$\frac{\partial u}{\partial n}$的项。从格林定理一般式:

$$\iiint_V (u\ \nabla^2 w - w\ \nabla^2 u)\mathrm{d}V = \iint_S \left(u\frac{\partial w}{\partial n} - w\frac{\partial u}{\partial n}\right)\mathrm{d}S \tag{4-64}$$

出发,设格林函数w为

$$w = \frac{1}{r} - \frac{1}{r'} \tag{4-65}$$

来代替$\frac{1}{R}$,则可达到目的。上式中:

$$\begin{aligned} r &= \sqrt{(x-x_0)^2+(y-y_0)^2+(z-z')^2} \\ r' &= \sqrt{(x-x_0)^2+(y-y_0)^2+(z+z')^2} \end{aligned} \tag{4-66}$$

把式(4－65)代入式(4－64)中得

$$\iint_S \left\{u\frac{\partial}{\partial n}\left(\frac{1}{r}-\frac{1}{r'}\right)-\left(\frac{1}{r}-\frac{1}{r'}\right)\frac{\partial u}{\partial n}\right\}\mathrm{d}s - \iiint_V \frac{1}{r}\ \nabla^2 u\mathrm{d}V + \iiint_V \frac{1}{r'}\ \nabla^2 u\mathrm{d}V = 0 \tag{4-67}$$

由此求出向下外推的 Kirchhoff 积分为

$$\begin{aligned} u(x,y,z,t) = -\frac{1}{4\pi}\iint_A \Big\{ [u]\frac{\partial}{\partial z_0}\left(\frac{1}{r}-\frac{1}{r'}\right) - \left(\frac{1}{r}-\frac{1}{r'}\right) - \\ \frac{1}{v}\left(\frac{1}{r}\frac{\partial r}{\partial z_0}-\frac{1}{r'}\frac{\partial r'}{\partial z_0}\right)\left[\frac{\partial u}{\partial z_0}\right]\left[\frac{\partial u}{\partial t}\right]\Big\}\mathrm{d}A \end{aligned} \tag{4-68}$$

式中A为地面的面积。

求下面的微分:

$$\begin{aligned} \frac{\partial}{\partial z_0}\left(\frac{1}{r}-\frac{1}{r'}\right) &= \frac{z-z'}{r^3}+\frac{z+z'}{r'^3} \\ \frac{1}{r}\frac{\partial r}{\partial z_0}-\frac{1}{r'}\frac{\partial r'}{\partial z_0} &= -\left(\frac{z-z'}{r^2}+\frac{z+z'}{r'^2}\right) \end{aligned} \tag{4-69}$$

把式(4－69)代入式(4－68),得

$$u(x,y,z,t) = -\frac{1}{4\pi}\iint_A \left\{[u]\left(\frac{z-z'}{r^3}+\frac{z-z'}{r'^3}\right)-\left(\frac{1}{r}-\frac{1}{r'}\right)\left[\frac{\partial u}{\partial z_0}\right]+\frac{1}{v}\left(\frac{z-z'}{r^2}+\frac{z+z'}{r'^2}\right)\left[\frac{\partial u}{\partial t}\right]\right\}\mathrm{d}A \tag{4-70}$$

当我们把z'取成地面上的点时,即$z'=0$时,则有

$$r = r' = R\frac{1}{r} - \frac{1}{r'} = 0$$

方程(4－69)变为下列形式：

$$u(x,y,z,t) = -\frac{1}{2\pi}\iint_A \frac{\cos\theta}{RV}\left\{\frac{V}{R}[u] + \left[\frac{\partial u}{\partial t}\right]\right\}\mathrm{d}A \tag{4-71}$$

式中：

$$\cos\theta = \frac{z}{r} = \frac{z}{\sqrt{(x-x_0)^2 + (y-y_0)^2 + z^2}}$$

式(4－71)又可写成

$$u(x,y,z,t) = -\frac{1}{2\pi}\iint_A \frac{\cos\theta}{RV}\left\{\frac{V}{R}u\left(x_0,y_0,0,t+\frac{R}{V}\right) + \frac{\partial u(x_0,y_0,0,t+R/V)}{\partial t}\right\}\mathrm{d}x\mathrm{d}y \tag{4-72}$$

式(4－72)与下式等价：

$$u(x,y,z,t) = \frac{1}{2\pi}\int \mathrm{d}t_0 \iint_A \mathrm{d}A u(x_0,y_0,0,t_0)\frac{\partial}{\partial z_0}\left[\frac{\delta(t-t_0+R/V)}{R}\right] \tag{4-73}$$

其中，$t_0 = t + R/V$。

由式(4－69)可知

$$\frac{\partial}{\partial z_0}\frac{\delta\left(t-t_0+\frac{R}{V}\right)}{R} = -\frac{\partial}{\partial z}\frac{\delta\left(t-t_0+\frac{R}{V}\right)}{R} \tag{4-74}$$

将式(4－74)代入式(4－73)，得

$$\begin{aligned} u(x,y,z,t) &= -\frac{1}{2\pi}\frac{\partial}{\partial z}\int \mathrm{d}t_0 \iint_A \mathrm{d}A \frac{u(x_0,y_0,0,t_0)\delta\left(t-t_0+\frac{R}{V}\right)}{R} \\ &= -\frac{1}{2\pi}\frac{\partial}{\partial z}\iint_A \mathrm{d}A \int \mathrm{d}t_0 \frac{u(x_0,y_0,0,t_0)\delta\left(t-t_0+\frac{R}{V}\right)}{R} \\ &= -\frac{1}{2\pi}\frac{\partial}{\partial z}\iint_A \mathrm{d}A \frac{u\left(x_0,y_0,0,t+\frac{R}{V}\right)}{R} \end{aligned} \tag{4-75}$$

根据褶积的定义，把式(4－73)写成三维褶积符号形式，则有

$$u(x,y,z,t) = \int \mathrm{d}t_0 \int \mathrm{d}y_0 \int \mathrm{d}x_0 \left[u(x_0,y_0,0,t_0)\frac{1}{2\pi}\frac{\partial}{\partial z_0}\frac{\delta\left(t-t_0+\frac{\sqrt{(x-x_0)^2+(y-y_0)^2+(z-z_0)^2}}{V}\right)}{\sqrt{(x-x_0)^2+(y-y_0)^2+(z-z_0)^2}}\right] \tag{4-76}$$

或者:

$$u(x,y,z,t) = u(x,y,0,t) * \frac{1}{2\pi}\frac{\partial}{\partial z_0}\left[\frac{\delta(t+R_0/V)}{R_0}\right] \tag{4-77}$$

式中,$R_0=\sqrt{x^2+y^2+z^2}$。

把式(4-77)对 x、y、t 进行傅里叶变换,则可写为

$$\tilde{u}(k_x,k_y,z,w) = \tilde{u}(k_x,k_y,0,w)H(k_x,k_y,z,w) \tag{4-78}$$

式中褶积算子 H 为

$$H(k_x,k_y,z,w) = -\frac{1}{2\pi}\frac{\partial}{\partial z}\iiint \mathrm{d}x\mathrm{d}y\mathrm{d}t\,\frac{\delta(t+R_0/V)}{R_0}\mathrm{e}^{-t(wt-k_x x-k_y y)}$$

对 t 积分得

$$H = -\frac{\partial}{\partial z}\int \mathrm{d}y\left[\frac{1}{2\pi}\int \mathrm{d}x\,\frac{\mathrm{e}^{i\frac{w}{V}\sqrt{x^2+y^2+z^2}}}{\sqrt{x^2+y^2+z^2}}\mathrm{e}^{tk_x x}\right]\mathrm{e}^{tk_y y} \tag{4-79}$$

括号内积分是第一类 Hankel 函数,上式可写为

$$H = -\frac{\partial}{\partial z}\int \mathrm{d}y\left[i\pi H_0^{(2)}\left(\sqrt{\left(\frac{w}{V}\right)^2-k_x^2}\sqrt{y^2+z^2}\right)\mathrm{e}^{tk_y y}\right] \tag{4-80}$$

利用圆柱函数间的关系:

$$H_0^{(1)} = J_0 + iN_0$$

其中,J_o,N_o是 Bessel 函数和 Neuman 函数,把它们代入对 Y 的积分式(4-80)中,则最终得到 H 的表达式为

$$H = \frac{\partial}{\partial z}\left[\frac{\sin z\sqrt{\left(\frac{w}{V}\right)^2-k_x^2-k_y^2}}{\sqrt{\left(\frac{w}{V}\right)^2-k_x^2-k_y^2}} - i\frac{\cos z\sqrt{\left(\frac{w}{V}\right)^2-k_x^2-k_y^2}}{\sqrt{\left(\frac{w}{V}\right)^2-k_x^2-k_y^2}}\right]$$

$$= -i\frac{\partial}{\partial z}\frac{\mathrm{e}^{iz\sqrt{\left(\frac{w}{V}\right)^2-k_x^2-k_y^2}}}{\sqrt{\left(\frac{w}{V}\right)^2-k_x^2-k_y^2}} \tag{4-81}$$

把式(4-81)代入式(4-80)中,得

$$u(k_x,k_y,z,w) = u(k_x,k_y,0,w)\exp\left[iz\sqrt{\left(\frac{w}{V}\right)^2-k_x^2-k_y^2}\right] \tag{4-82}$$

对于常速介质向下传播的波场等价于 $z=0$ 的波场与一个相移的积;而对于速度变化的速度场,使用格林函数可以有效地解决变速问题。

Kirchhoff 叠前深度偏移依据于波动方程的积分解，其解的形式被表述为在已知的地震观察体上的面积分。根据格林函数对声波方程克希霍夫积分解的近似，单炮的偏移积分通常能用面积分表示为

$$R(x;x_s) = \int_{\Sigma} n \nabla \tau_r(x_r;x) A(x_r;x,x_s) u^m [x_r, \tau_s(x;x_s) + \tau_r(x_r;x);x_s] dx_r \quad (4-83)$$

其中，Σ 为记录面；τ_s 表示从震源点 x_s 到地下 x 的旅行时；τ_r 表示从地下 x 到接收点 x_r 的旅行时；n 表示记录面 Σ 的外法线；u^m 表示记录道的时间导数。A 是依据常速模型近似的权系数，在这种情况下权系数可以作为速度地震波旅行的距离。因此，在计算积分时，旅行时的计算起着关键的作用。

从运动学方向来看描述偏移最简单的方法是 Kirchhoff 偏移。常常根据射线追踪计算旅行时，射线追踪将给出 τ_s 和 τ_r 的所有信息，同时也会给出射线的方向。Kirchhoff 偏移就是移动能量，把输入的未偏移时间位置上的能量移到输出偏移后的深度域的位置上去，而射线追踪则是提供了这种移动的映象关系。射线追踪理论是建立在无穷高频地震波能量遵循某一轨迹的基础之上的，这一轨迹由射线追踪公式确定。实际上，这些公式描述了能量如何沿着同一方向传播直至由于速度的改变而发生折射。射线追踪就是从地面上所有的炮点和检波点向地下发射射线，射线在事先给定的速度深度模型中旅行，计算机就算出这些射线传播到地下输出位置上的旅行时间。

激发炮点，地震波向下传播，经过反射层，反射回地面。图 4－82 为地震数据偏移表示地震能量沿着椭球面投影及成像点 M 接收来自多道的贡献。图 4－83 为 Kirchhoff 偏移的原理，虚线表示绕射旅行时曲线。上部的绕射点位于反射层，绕射旅行时曲线与反射旅行时曲线相切。沿着绕射曲线道求和是可行的，叠加结果增强。底部的图说明了两个点的绕射曲线没有位于反射层上。叠加结果相对于点在反射层上的是负值。

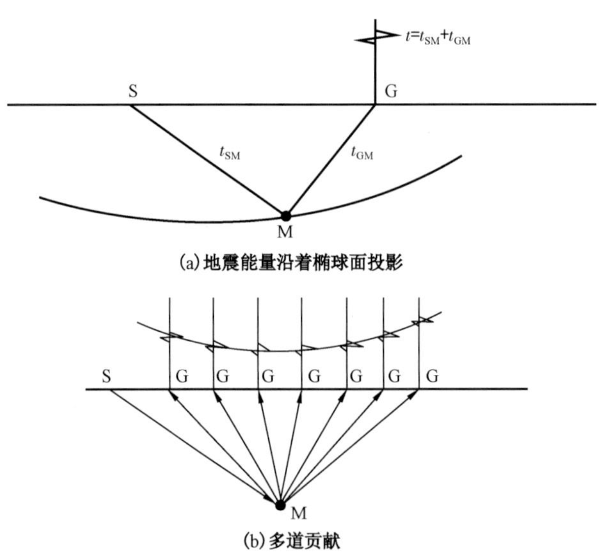

图 4－82　地震数据偏移地震能量沿着椭球面投影及成像点接收来自多道的贡献

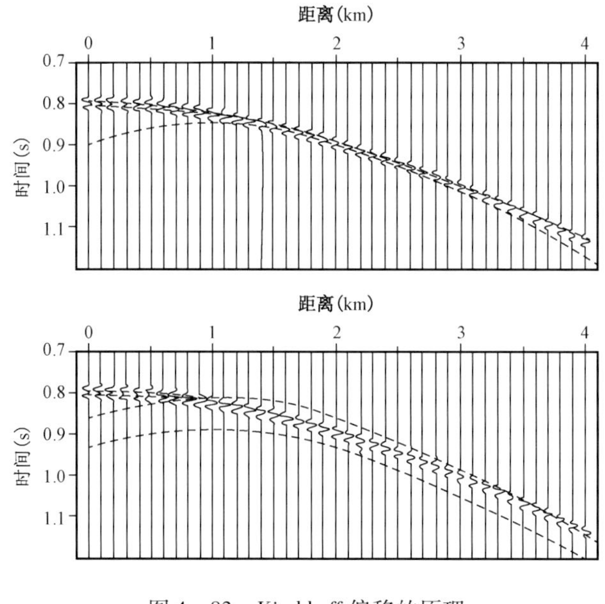

图 4-83 Kirchhoff 偏移的原理

Kirchhoff 偏移的概念是比较简单的,并且是十分通用的。仅仅这些性质并不能确保 Kirchhoff 偏移是精确的。它可以被认为是在许多种成像方法应用中具有一定精度的一种偏移方法。

三、叠前时间偏移与深度偏移的联合应用

由于渤海油田新生界火山多期次喷发,火山岩地层多旋回发育,不同地质年代、不同喷发规模的火山岩地层横向延展大小不一,纵向叠置规模不同,空间分布极不均匀,给偏移成像带来巨大挑战。通常来说,叠前深度偏移是解决复杂地质体成像的有效方法,但叠前深度偏移对速度模型有很强的依赖性,要求采用的速度模型能真实反映地下速度变化。但由于火山岩具有地层不规则及小尺度等特征,造成地震反射波凌乱,波场复杂,有效反射波能量弱,资料信噪比低,深度域准确速度模型的建立困难极大。叠前时间偏移可视为一种能适应各种倾斜地层的广义 NMO 叠加方法,其目的是使各种绕射能量聚焦。因此,叠前时间偏移所要求的速度模型精度较叠前深度偏移更低,叠前时间偏移所要求的速度模型是与 NMO 叠加速度模型类似的时间域叠加速度模型,即成像速度模型,因而叠前时间偏移的速度分析过程相对简单。因此,通过反复迭代的处理方式,在通过叠前时间偏移改善复杂火山岩区地震资料成像品质基础上,结合全区地质认识,通过已钻井井震标定,建立时间域火山岩地层空间分布模式,然后利用叠前、叠后反演技术建立与井一致的深度域层速度数据体,并将叠前时间偏移获得的均方根速度体进行时深转换后与之融合形成叠前深度偏移的初始速度模型,最后利用高精度层析速度建模技术获得更高分辨率的、能够较真实反映复杂火山岩地层特征的深度域高质量速度模型。图 4-84 是渤海油田火山岩发育区叠前时间偏移与叠前深度偏移联合成像流程图。

时间偏移与深度偏移联合成像的具体流程是:

(1)通过密点速度分析等技术细致刻画火山溢流相及火山通道相等特殊地层的精确叠前

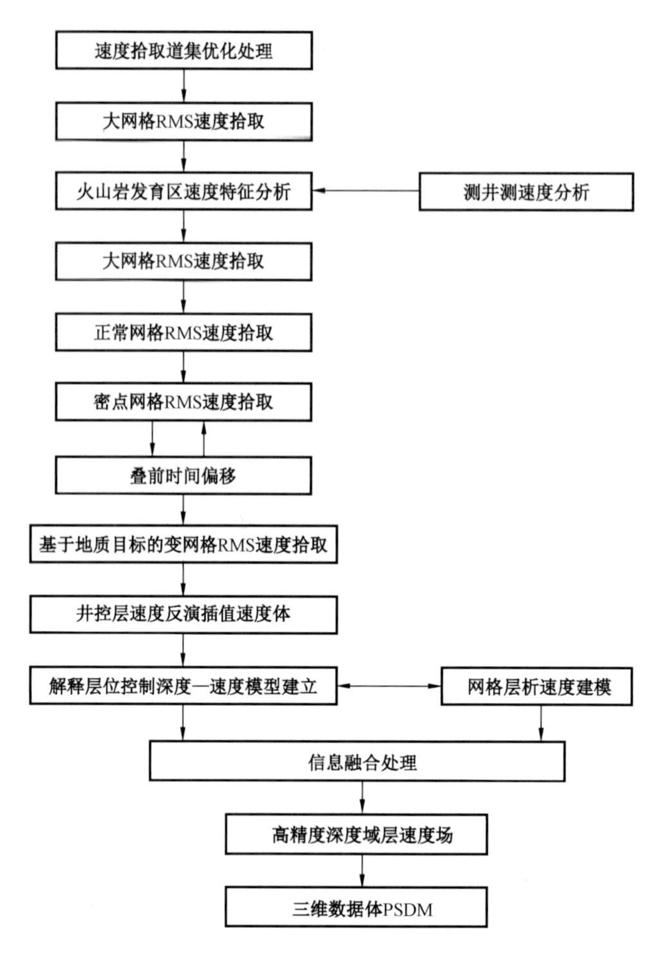

图4－84　叠前时间偏移与叠前深度偏移联合成像流程图

时间偏移均方根速度场，从而保证叠前时间偏移最佳成像效果；

(2)从建立地质层位模型入手，利用叠后反演生成火山岩层速度数据体，并充分考虑火山岩的空间展布特征，使之与叠前时间偏移均方根速度转换的深度域速度数据体进行融合，建立叠前深度偏移初始速度模型；

(3)利用层析建模技术对速度模型进行优化迭代，进一步提高速度模型的精度，使叠前深度偏移成像结果更为精确，消除由于火山岩与围岩速度横向差异过大而造成的成像假象；

(4)结合钻井资料对深度成像层位进行标定，分析误差，并根据叠前深度偏移成像效果对数据驱动网格层析建立的速度模型与井控地质层位约束建立的速度模型进行融合处理，最大程度建立成像最佳且符合地质规律的深度域层速度模型，并多次迭代形成 PSDM 最终速度模型；

(5)利用建立的速度模型进行叠前深度偏移处理，并利用井资料进行成像效果分析，结合火山岩地层特别是火山通道相地层的展布特征分析叠前深度偏移成像效果；

(6)利用叠前道集优化处理方法对速度模型进一步微调改进道集质量，形成最终深度域速度模型，从而完成全数据体的叠前深度偏移处理。

图4－85至图4－88显示了采用上述针对性系列技术与流程处理前后地震偏移成像剖面的效果对比。新处理方案中对多次波压制、能量衰减补偿及速度精细建模和偏移成像等环节

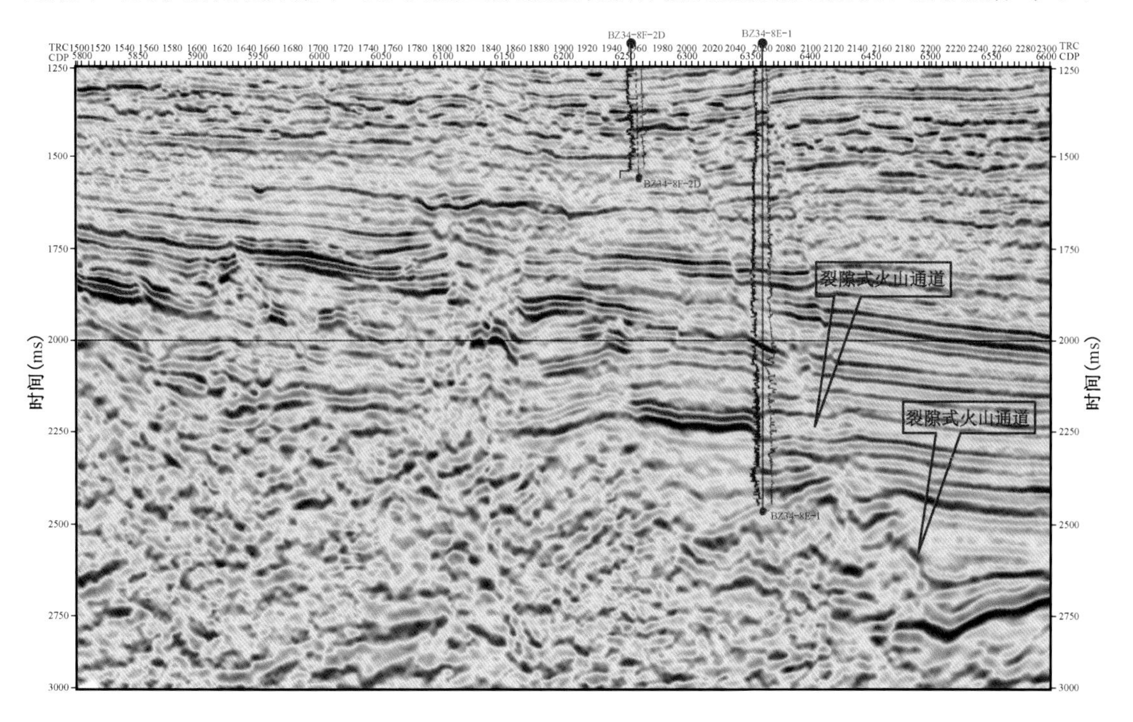

图4－85　叠前深度偏移针对性处理前剖面

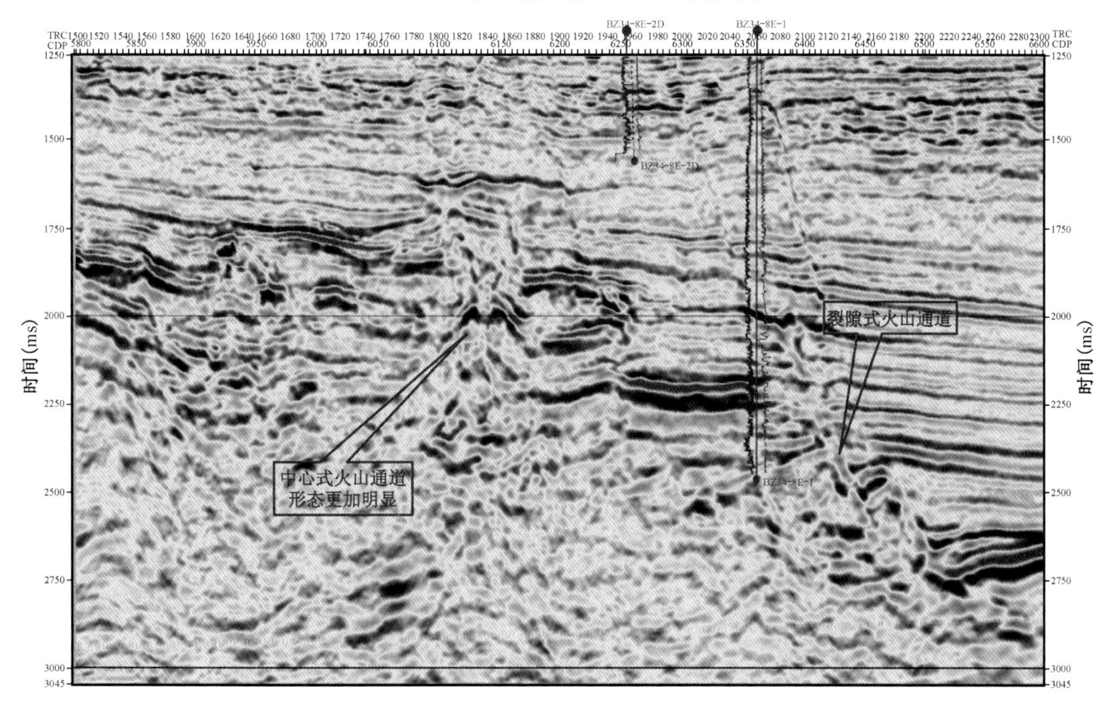

图4－86　叠前深度偏移针对性处理后剖面

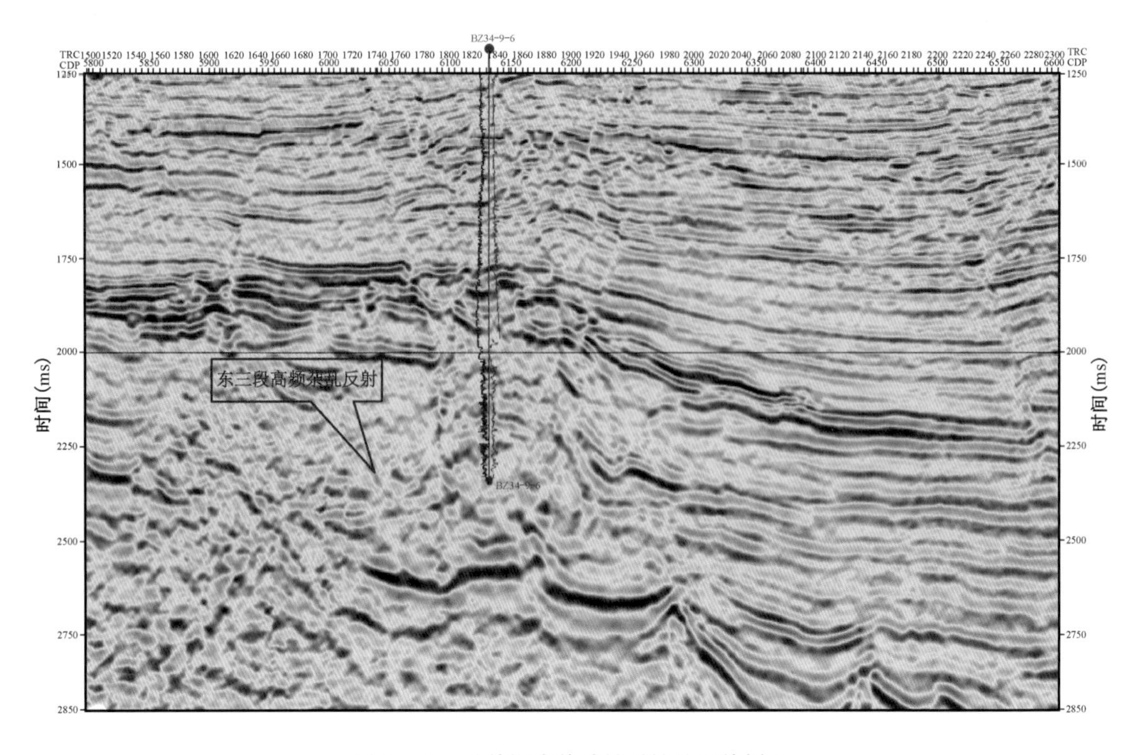

图 4－87　叠前深度偏移针对性处理前剖面

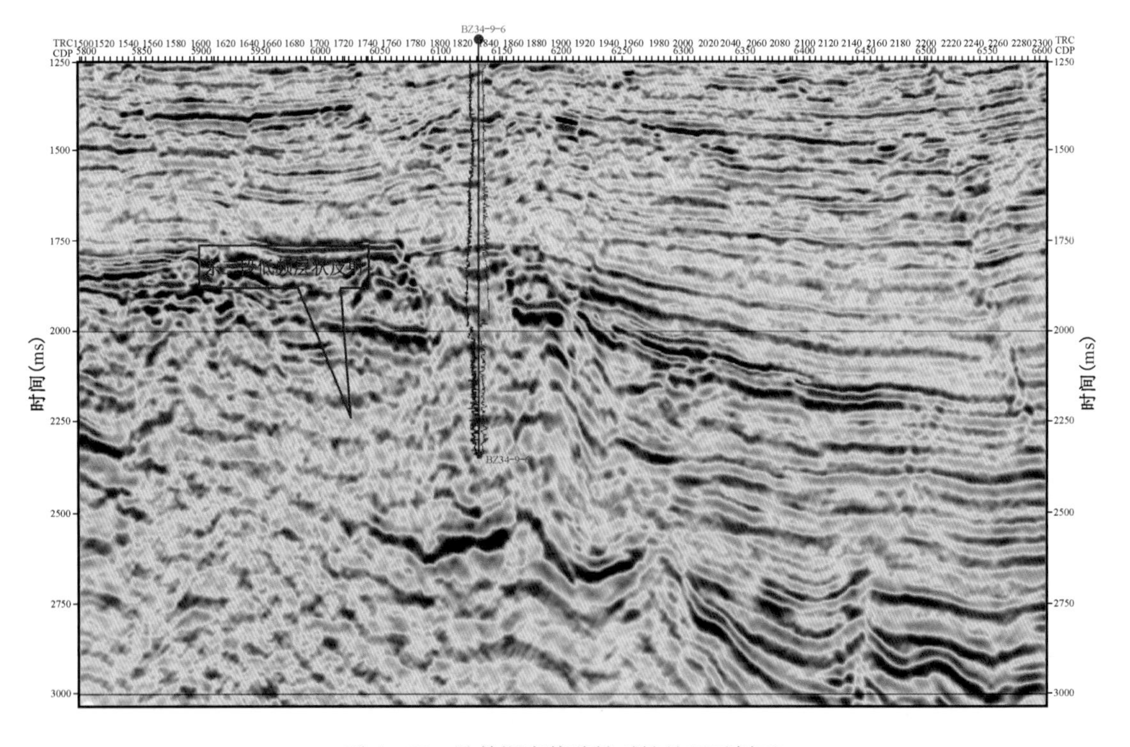

图 4－88　叠前深度偏移针对性处理后剖面

采用了针对性的技术手段，偏移剖面中地震资料同相轴更加精细，火山通道的形态和边界更加清楚。在新处理的地震资料中，BZ34－9－E1 井东侧具有明显的火山通道反射形态，并表现为低频线性特征，其顶面发育溢流相火山岩地层，而在采用新处理方案前的地震资料中，这种地质现象并不明显。

已钻井揭示了渤中 34－9 油田东三段储层自莱北低凸起向斜坡区稳定发育，因此推测在火山岩发育区和非火山岩发育区东三段储层具有相似的地震波反射特征。但在老资料中，受上覆火山岩地层影响，BZ34－9－6 井区东三段为杂乱弱反射，无法有效落实构造特征，而在新资料中，BZ34－9－6 井东三段地震资料呈现低频弱反射特征，相对于采用新处理方案前地震资料杂乱的反射特征得到明显改善，为有效落实下伏地层的构造特征提供有力的资料支撑。

为了进一步研究火山岩地层平面分布特征，验证处理资料效果，对相干切片进行了对比研究，图 4－90 和图 4－89 分别为新、老资料 1900ms 处相干切片，新资料相干切片中可以明显看

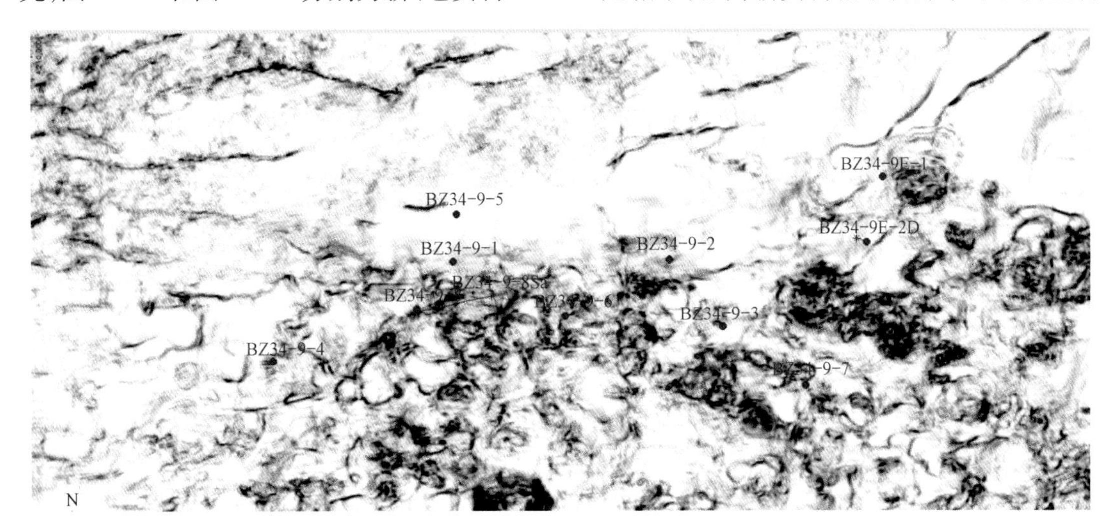

图 4－89　叠前深度偏移针对性处理前相干切片

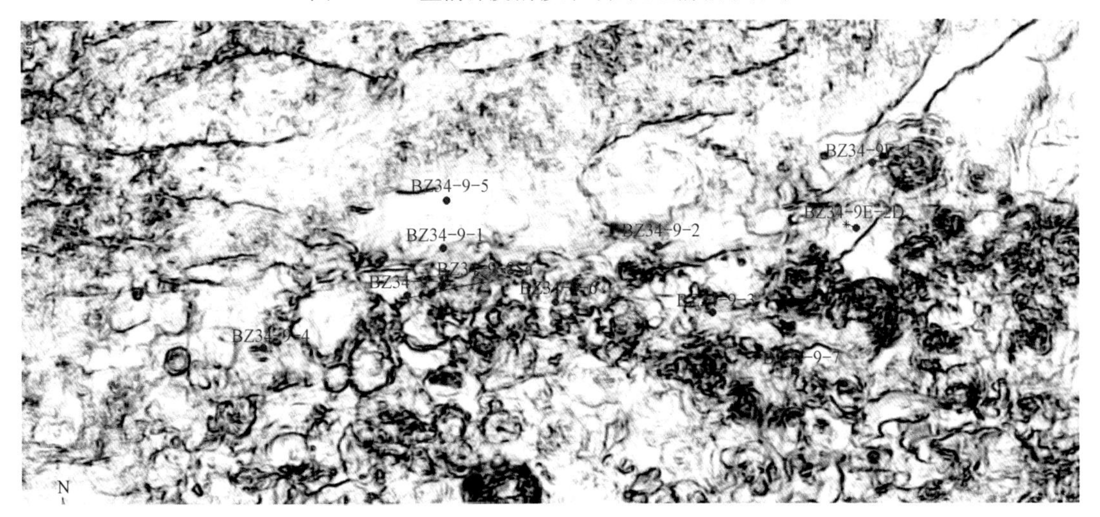

图 4－90　叠前深度偏移针对性处理后相干切片

到火山通道圆形或椭圆形的平面形态，其边界特征清晰。此外断层展布特征及交接关系在新资料相干切片中也更为清晰。成像效果改善后地震资料为火山岩地层分布规律和发育模式研究提供了可靠的资料支持。

第六节　小　　结

火山岩发育区地震资料的问题始终是困扰火山岩地震勘探的核心问题，是造成火山岩钻井成功率低下的主要原因，严重制约了火山岩相关油气藏的勘探成效。针对地震资料问题本章首先系统分析总结了火山岩地震资料处理面临的主要难点，然后在地质模式和正演模拟指导下开展了针对性的技术研发，最后通过实际资料的处理应用验证了这些技术方法的可行性和适用性，形成了针对渤海油田火山岩发育区的地震资料处理技术系列。本章形成的主要技术如下：

（1）针对火山岩下伏地层地震反射弱的问题，在叠前高精度球面扩散补偿基础上，重点研发应用了基于广义 S 变换的时频振幅补偿技术，并在叠后采用基于反射透射理论的振幅补偿方法有效增强了火山岩下伏地层振幅反射强度；

（2）针对火山岩产生的层间多次波，重点研发了基于反演的与界面有关的多次波预测（MPI）方法，将该方法与其他多次波衰减技术进行联合应用，采用多域逐级多次波压制的方法，有效压制了多次波；

（3）针对火山岩发育区地震速度场变化快的问题，采用了基于地质目标的变网格速度拾取、密点速度分析、基于模型的层析成像和基于网格的层析成像技术，建立了高精度的速度场；

（4）针对火山岩性、岩相空间变化快，小尺度地质体异常发育的问题，采用了时间偏移与深度偏移联合成像的方法有效改善了火山机构及其下伏地层的成像效果。

上述关键技术应用，有效提高了火山岩发育区地震资料的品质，处理后的地震资料火山机构更加明显，火山通道的形态更加清楚，火山通道边界反射更加聚焦，火山岩下伏地层有效反射清晰展现，为火山岩发育区的构造落实和储层预测提供了高品质的资料基础。

第五章　渤海油田新生界火山岩发育区地震解释技术

地震资料解释是物探研究成果向地质成果转化的重要环节,同时也是地震与地质结合最为紧密的环节。地震资料解释既要遵从地球物理基本原理,同时也需要引入地质的思维和概念,因此解释成果既是严密逻辑思维的产物,同时也包含了更多的人为因素,从这个角度来看,地震资料解释需要解释工作者具备更强的综合能力和专业素质。随着地震勘探的重心向隐蔽油气藏、特殊油气藏等转移,对地震资料解释提出了新的要求,为此解释工作逐渐向精细化、定量化发展。在该过程中诸多新技术新方法不断涌现,有力推动了地球物理学科的发展。

火山岩作为一种特殊地质体,给构造解释、储层预测及描述带来诸多不利,加之火山岩发育区地震资料品质较差,更加剧了地震资料解释的难度。有了挑战就有了发展的方向和动力,在复杂火山岩发育区地震勘探过程中,我们不断总结、不断提升,形成了一系列独具特色的火山岩发育区地震资料解释技术。

本章首先对渤海油田火山喷发模式进行了总结,对不同的火山岩岩性、岩相、地震相进行了系统的梳理分析,在此基础上提出了针对溢流相和火山通道相的精细刻画技术,并通过属性融合对火山机构的空间展布进行研究。并在系统的喷发模式和岩相分析基础上建立了火山岩发育区构造解释模式,进而在构造模式基础上提出了其中火山通道边界的识别和刻画直接影响含油面积的大小,为此本章对火山通道的定量刻画技术进行了详细的介绍。此外,火山岩发育区横向速度变化剧烈,为提高构造成图精度,本章提出了两种时深转换技术。实践证明,渤海油田的火山岩发育区地震解释技术为相关油田的高效勘探评价提供了有力的技术支撑。

第一节　火山岩发育区构造解释模式分析

一、火山岩喷发模式分析

火山岩喷发模式分析为地震资料中火山机构的识别以及解释模式的确定提供地质指导,是复杂火山岩发育区地震资料解释工作者必须要具备的地质先验信息,火山岩喷发模式的确立可有效减少地震资料解释中的多解性。

研究区钻遇的火山熔岩主要为玄武岩,夹有少量的安山岩和玄武质安山岩,反映了原始岩浆主要为基性岩浆。基性岩浆由于 SiO_2 含量低,具有低黏度、流速较快的特性,很难在火山通道内实现能量聚集,因此主要以宁静的中心式喷发和裂隙式喷发为主。不同地区由于构造应力背景的差异、断裂发育的规模和密度的差异,其喷发模式有所不同。

综合地震剖面解释,渤中 34 -9 构造区火山以中心式喷发为主(图 5 -1),地下岩浆从火山口喷涌出来，然后顺着地势蔓延，从钻井、岩心和录井资料显示，玄武岩及角砾岩、火山凝灰岩均发育，在地震平面属性上看，火山口形态明显，具有典型的中心式喷发特征。通过进一步对渤中 34－9 油田火山岩主要发育层段玄武岩、安山岩、凝灰岩和沉凝灰岩的统计发现，在该油田北区玄武岩、安山岩厚度约 237m（占 70%），凝灰岩厚度约 47m（占 14%），沉凝灰岩厚度约 54m（占 16%）；对于油田南区，玄武岩、安山岩厚度约 327m（占 31%），凝灰岩厚度约 61m（占 6%），沉凝灰岩厚度约 677m（占 63%）。综合分析认为，油田北区为夏威夷式的中心式喷发模式，油田南区为中心式与裂隙式共存的“串珠状”复合型喷发模式。

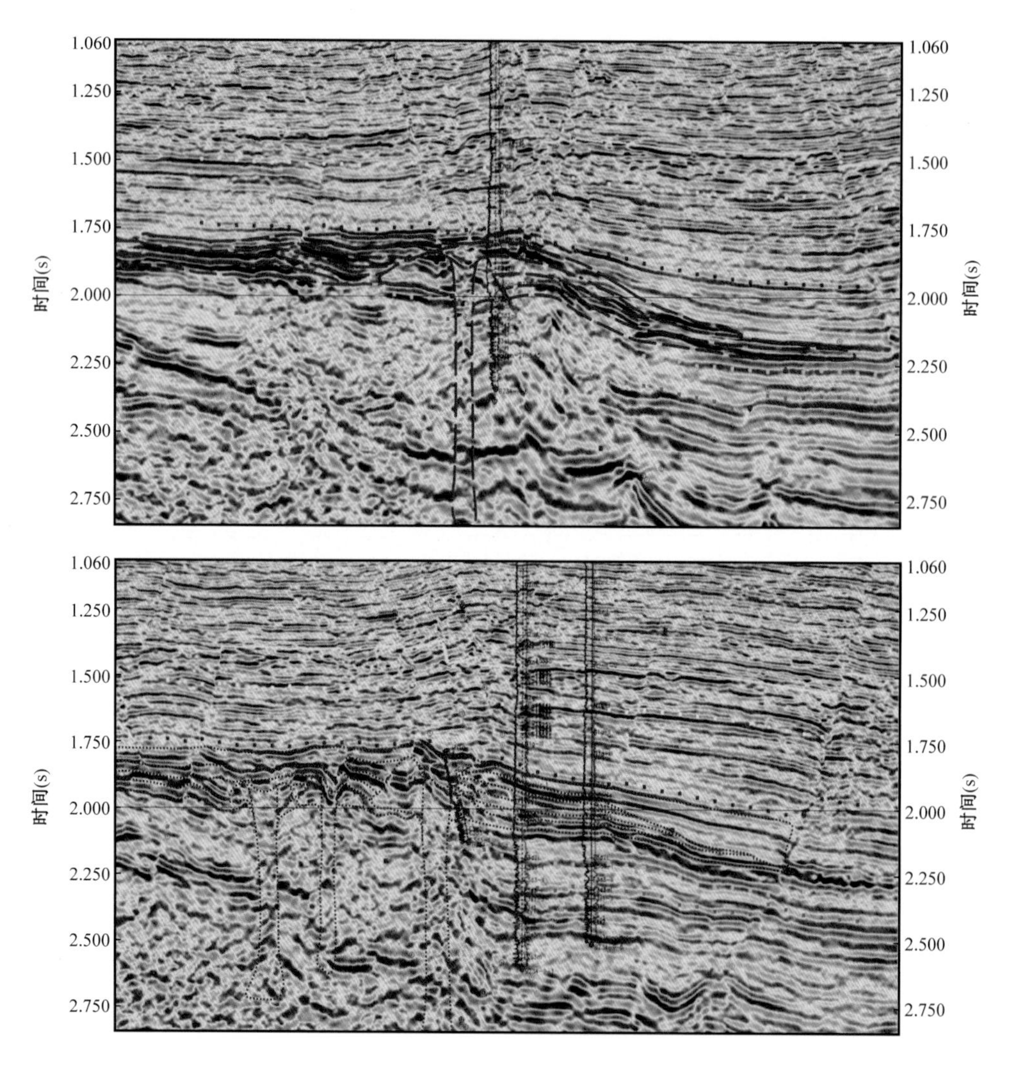

图 5－1　渤中 34－9 油田北区和南区典型喷发模式

垦利 6 区块由于位于断裂附近，在馆陶组沉积时期火山活动以裂隙式喷发为主，以通源断裂的形式沟通地下岩浆房，沿断裂涌溢出地面，往往这种方式岩浆活动能量不及中心式喷发。

渤西地区歧北断阶带由于断裂较为发育，特别是深大断裂能起到沟通地下岩浆房的作用，使得该地区火山岩喷发模式以裂隙式喷发为主，熔岩流分布广泛，火山口特征不明显（图 5－2）。

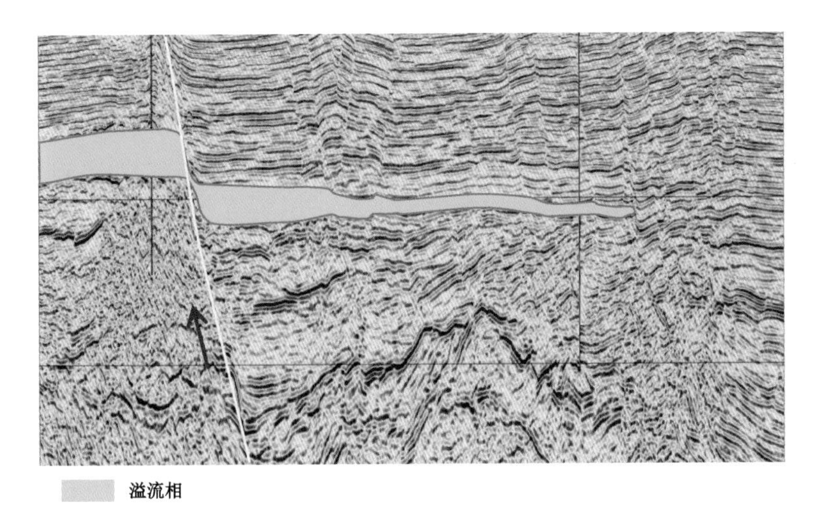

图 5－2　渤西地区歧北断阶带过 H3、CFD7－3－1 井剖面的裂隙式喷发

二、火山岩相发育模式分析

火山岩岩相模式是展现火山岩岩相之间依存关系的概念化和简单化的直观模型，它是已知剖面、钻井的相序研究成果的概括总结，同时它对于新的剖面、钻井的岩相观察和预测又应当具有指导作用。因此，岩相是火山岩成因研究的重要内容(王璞君，2008)。

岩相分析首先要从已钻井信息出发进行单井岩相综合分析，下面将以渤中 34－9 油田及已钻井为例进行岩相分析。该油田溢流相一般发育于喷发旋回的下部，向上过渡为爆发相、火山沉积相和碎屑岩沉积相。受火山喷发强度和与火山口距离的影响，可发育溢流相→爆发相→火山沉积相、溢流相→火山沉积相和溢流相→碎屑岩沉积相 3 种相序类型。

溢流相岩性以致密状玄武岩为主，发育少量安山岩和玄武质安山岩。以 BZ34－9－1 井为例，距火山口相对较远的地区主要发育溢流相→火山沉积相的相序系列(图 5－3)。当火山活动增强，喷发能量变大时，发育溢流相→爆发相→火山沉积相的相序组合(图 5－4)。当火山活动较弱、喷发能量较小时，发育溢流相→碎屑岩沉积相的相序组合(图 5－5)。

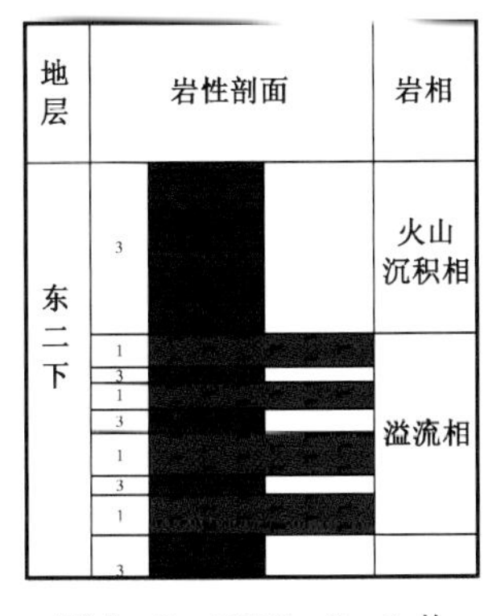

图 5－3　BZ34－9－1 井“溢流相→火山沉积相”岩相序列

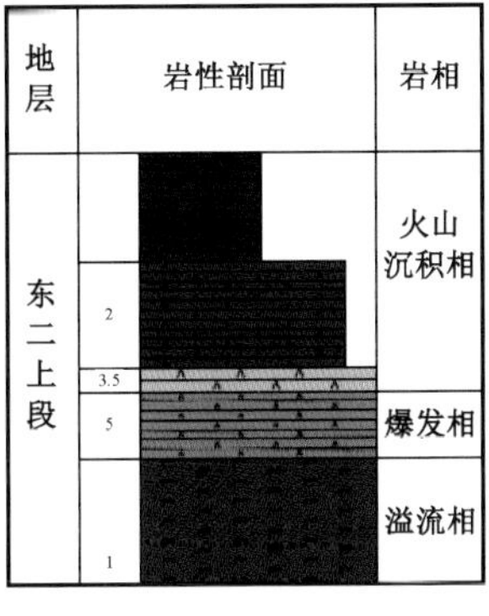

图 5－4　BZ34－9－1 井“溢流相→爆发相→火山沉积相”岩相序列

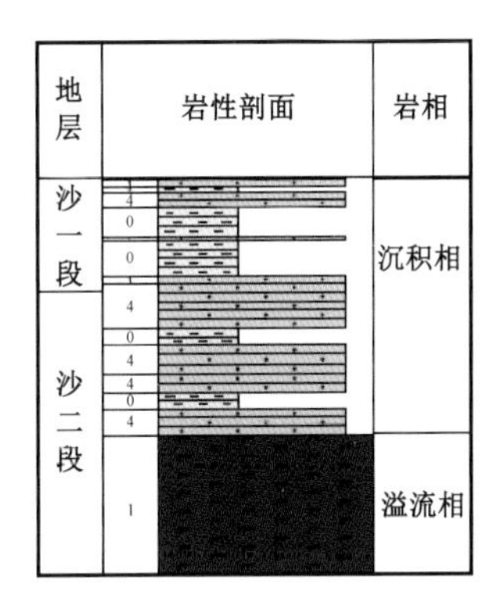

图 5－5　BZ34－9－1 井“溢流相→碎屑岩沉积相”岩相序列

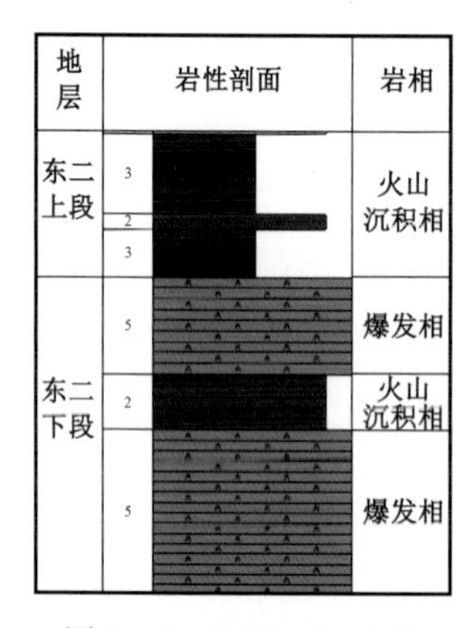

图5-6　BZ34-9-6井“爆发相→火山沉积相”岩相序列

研究区爆发相一般发育于溢流相之上，但是在构造高部位爆发相也可以发育于喷发旋回的下部，作为一个喷发旋回的开始，形成爆发相→火山沉积相的相序组合(图5-6)。渤中34-9油田范围内已钻井揭示，该油田爆发相的岩性主要以凝灰岩为主，地震剖面上以中—弱能量的杂乱反射为主。仅在BZ34-9E-1井的沙三中段，发育25.7m的火山角砾岩，地震剖面上表现为中低频、中强振幅的杂乱丘形反射特征。

火山岩通道相主要发育漏斗状和线状的火山通道(图5-7)，地震上表现为与围岩差别较大的杂乱反射特征。由于油田区内无井钻遇该岩相，因此无法确定其发育岩相特征，根据文献调研(陶奎元，1994；周晓丹，2007；黎权伟，2012)，推测其发育玄武岩熔岩和碎屑熔岩。

为了约束和指导渤中34-9油田地震—岩相解释，参考王璞君(2009)在松辽盆地火山岩研究中建立的松辽盆地酸性火山岩岩相模式，结合研究区的实际钻探及研究情况，建立了渤中34-9油田中基性火山岩岩相模式(图5-8)。

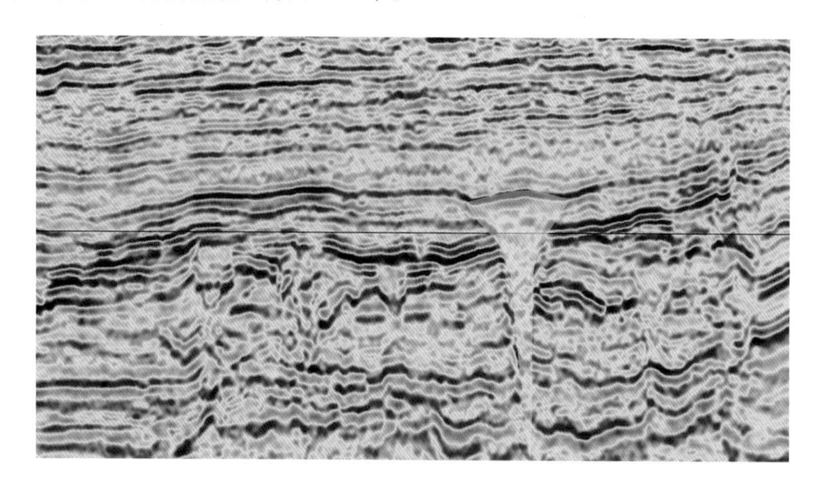

图5-7　漏斗状火山通道

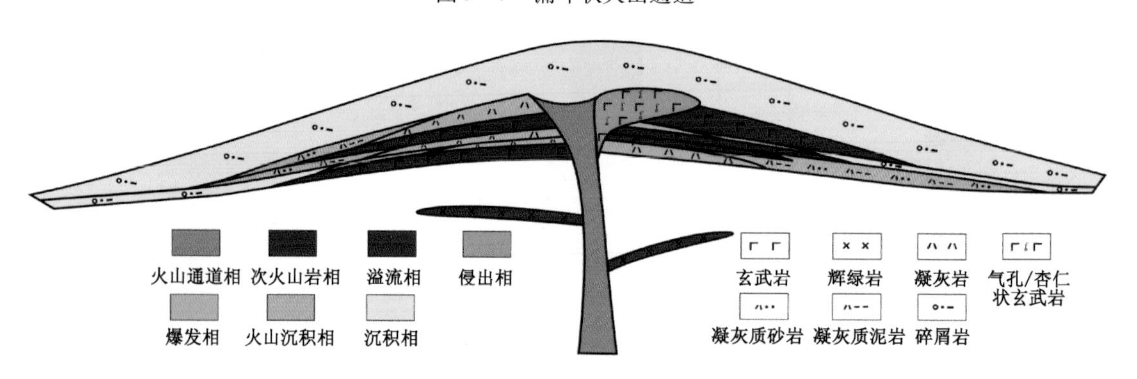

图5-8　渤中34-9油田火山岩岩相模式图

三、典型火山岩岩相地震反射特征研究

在上述单井火山岩相分析的基础上,结合各区块的喷发模式,选取三维地震工区开展火山岩相的地震资料连井对比和精细解释,分析火山岩相的地质—地震响应关系和响应机理,刻画火山岩相的地震—地质属性,总结并建立火山岩相—地震反射特征的识别模板,以期通过已知钻井约束的火山岩相的地震识别,实现火山机构的地震识别,为无井或少井的低勘探程度区中基性火山岩地层解释和油气勘探选区提供理论依据和模型指导。

1. 宏观地震反射构型

火山岩阶段性喷发、相带多样性使火山岩堆积结构复杂多变,从而导致火山岩内部反射结构具有多样性。因此,研究火山岩地震相需要以典型火山岩地震反射特征为基础。通常典型的火山岩具有清晰的反射边界,顶底面以强振幅,外形以丘形到波状中强振幅连续反射为主;内部以强振幅亚平行反射、准透镜体反射、空白杂乱反射、强振幅断续反射、强振幅连续平行反射和强振幅波状反射结构为主,并对下部岩层常产生屏蔽作用。由于火山岩和碎屑岩的成因方式不同,因此对应的地震反射结构也有明显差异。通常,沉积岩反射较为连续和稳定,而火山岩反射不稳定;沉积岩反射多以中弱振幅为主,而火山岩反射多以强振幅为主,另外火山岩反射频率较沉积岩反射频率低。

火山岩体在地震剖面上呈现出典型的反射特征如下:

(1)与沉积地层的整合性较好,但仍可以看出沿地层倾向呈楔状、舌状、火焰状、板状及丘状的形态特征,而且顺层追踪不远即尖灭;

(2)与沉积地层界面大致平行,但稍有分界,内部反射不明显且反射频率一般较低或呈杂乱的丘状、叠瓦状或蠕虫状断续反射;

(3)多分布在深大断裂附近、次级断裂控制区或在火山口附近,这是判断火山存在的首要条件;

(4)火山岩体的层速度比正常沉积层的层速度相对要高,但如果火山岩本身风化或蚀变较强时,则层速度差异不明显;

(5)如果是侵入岩体,则其与侵入岩体与沉积岩界面不平行甚至刺穿,有较强振幅的反射与围岩相区别。

通过以上分析,可将渤海油田新生界火山岩岩体地震相归纳为以下几种。

1)板状反射地震相

该类反射由产状与围岩一致或相近的一组同相轴构成,强的火山岩反射波组与相对较弱的围岩反射波组形成鲜明的对比。

火山岩反射同相轴的个数与火山岩的厚度和地震子波有关。一般情况下,当火山岩单层厚度大于100m时,可以出现顶、底反射波组分开的板状反射,其内部可能存在弱层次的反射。当发育多期火山喷发时,每一期较大规模的火山喷发可以对应一个强反射轴,多个强反射轴近于平行,内部的弱反射可能反映了不同期次的小规模火山喷发沉积相特征(图5-9)。

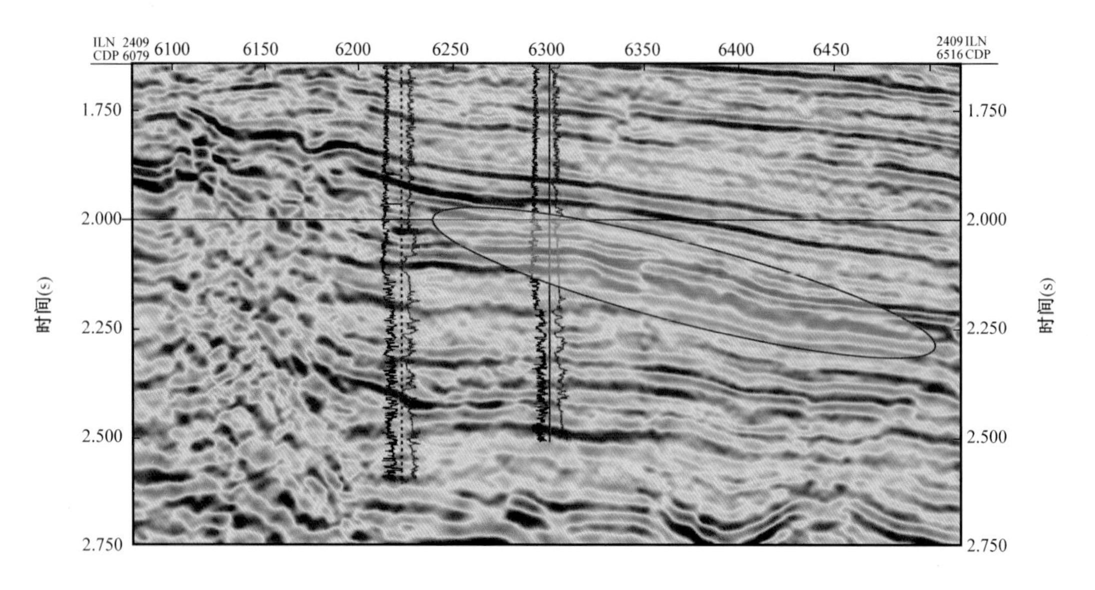

图 5－9　渤南区块 BZ34－9－5 井东营组火山岩板状反射类型

2）弧状反射地震相

该地震相反映喷溢而出的熔岩流层顺着地势流动而形成的弧状反射地震相（图 5－10）。

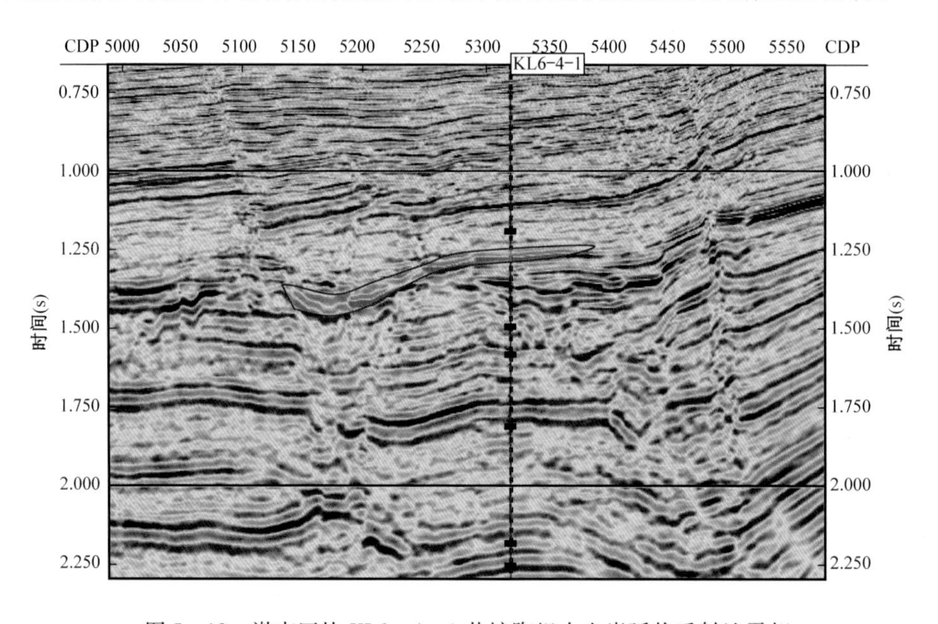

图 5－10　渤南区块 KL6－4－1 井馆陶组火山岩弧状反射地震相

3）丘状或蘑菇状反射地震相

该类反射一般是火山活动中在火山口所特有的反射特征。在地震剖面上围岩的正常层状反射波组被中断，形成一个外部轮廓呈蘑菇状的杂乱或弱的反射区，在空间上呈立式分布，自下而上连贯的杂乱区一般是火山通道的反映，其顶部一般可见地层上拱弯曲的现象（图 5－11）。

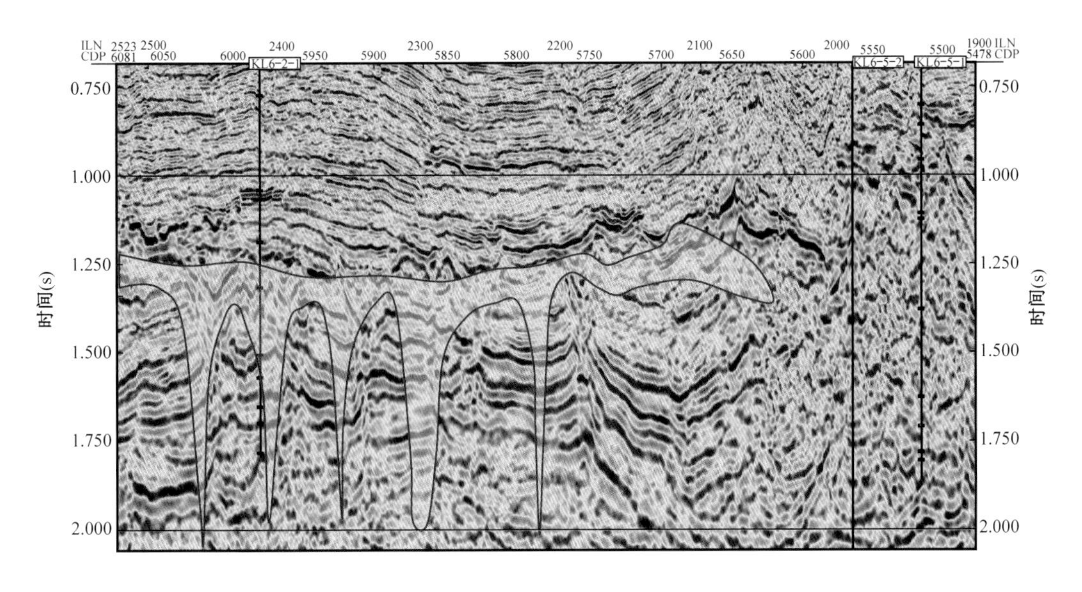

图 5－11　渤南区块 KL6－2－1 井区火山岩蘑菇状反射地震相

4）楔状反射地震相

裂隙式火山机构多表现为楔状反射地震外形，同相轴振幅相对较强，频率低、连续性较好（图 5－12），多呈火山熔岩溢流反射特征。

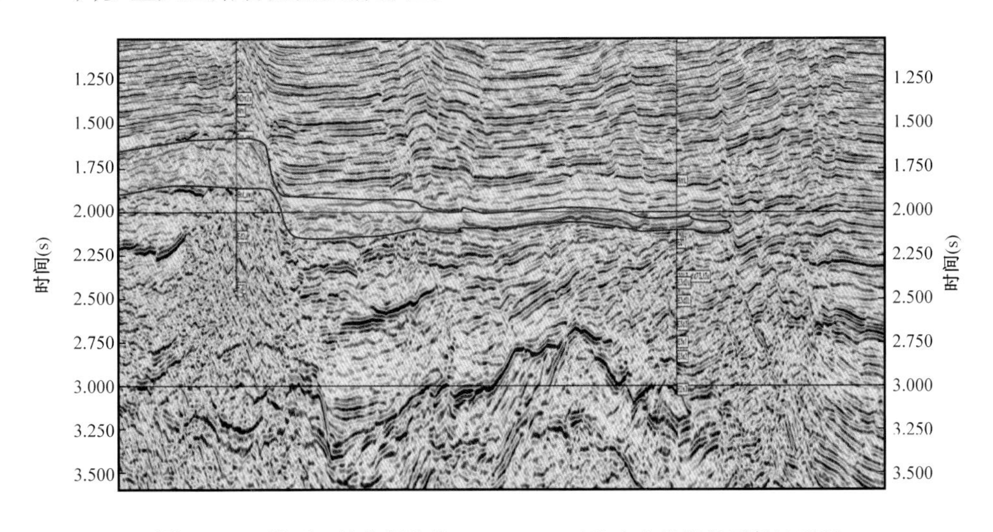

图 5－12　渤西—歧北断阶带 CFD7－3－1 井火山岩楔状反射地震相

爆发相内部火山碎屑的分选总体较差，在地震剖面上多表现为中高—弱振幅，相对高频，中—差连续性的杂乱反射特征，多具丘形或楔状外形。

2. 地震反射特征分析

火山岩作为一种非正常沉积的岩性，其形成过程与砂泥岩有着巨大的差别，但其地震反射特征与砂泥岩地层既存在差异，又有相似的地方。根据不同火山岩不同的岩石物理特征，可以对不同岩相的地震反射特征进行深入分析，这对火山岩发育区解释模式的确定尤为重要。

致密状玄武岩：交会分析显示，致密状玄武岩速度范围为4800～6000m/s，平均层速度为5200 m/s，密度为2.5～2.85g/cm³（图5－13）。由于玄武岩与围岩较大的阻抗差异，使得致密状玄武岩在区域范围内有较为典型的地震反射特征：强反射振幅、中—低频率、连续性较好、产状较稳定（图5－14）。

凝灰岩与沉凝灰岩：区域范围内的凝灰岩、沉凝灰岩与围岩速度（2800～3500m/s）混叠在一起，其速度范围为2700～3500m/s，平均层速度为3150m/s，密度为2.1～2.5g/cm³。因此，凝灰岩和沉凝灰岩并没有突出的地震反射特征，但BZ34－9－6井钻遇沉凝灰岩和凝灰岩速度低于围岩速度，而且其本身速度、密度也有一定的变化，在地震剖面上表现为中强度反射振幅、中—低频率、连续性差、产状不稳定（图5－15）。

辉绿岩：其分布较局限，除BZ34－9－4井、BZ34－9－8井和BZ34－9－1井钻遇有较厚辉绿岩，其余井区钻遇厚度较薄或无钻遇。辉绿岩速度较高，范围在5200～6000m/s，平均层速度为5500m/s，密度为2.55～2.70g/cm³。在地震剖面上表现为强反射振幅、低频、连续性较好、产状较稳定（图5－16）。

凝灰质砂泥岩：区域内发育的凝灰质砂泥岩速度与围岩相当，范围在2800～3400m/s，平均层速度为3150m/s，密度为2.25～2.45g/cm³，阻抗差异不大。地震剖面上地震反射振幅较弱、中—低频率、连续性一般、产状不稳定（图5－17）。

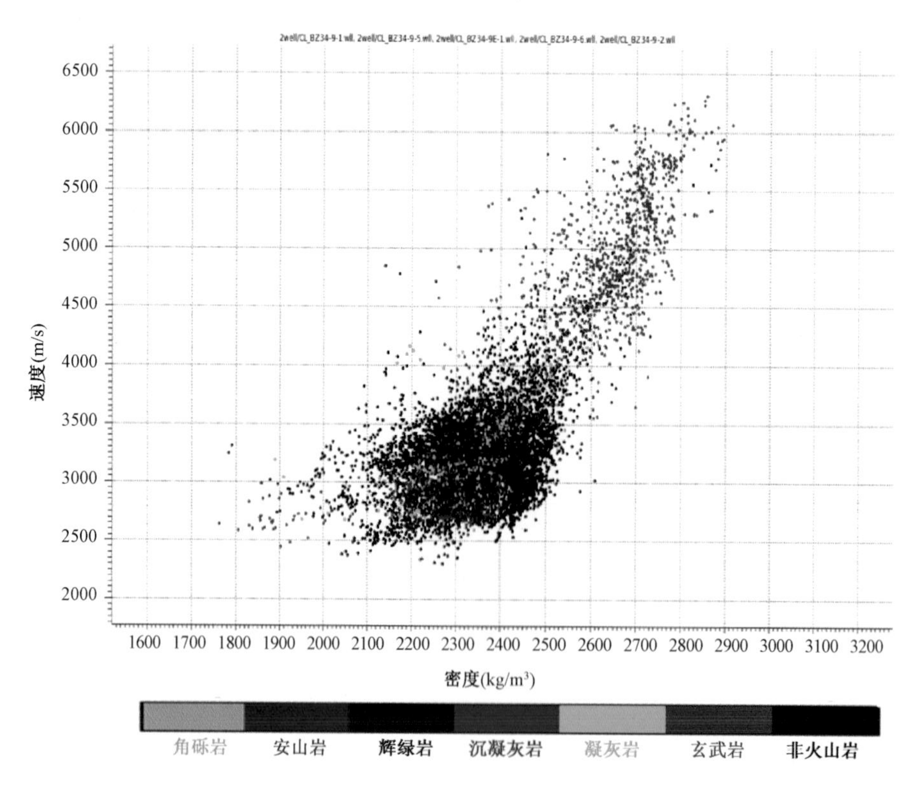

图5－13 渤中34－9油田东一、二段多井速度密度交会

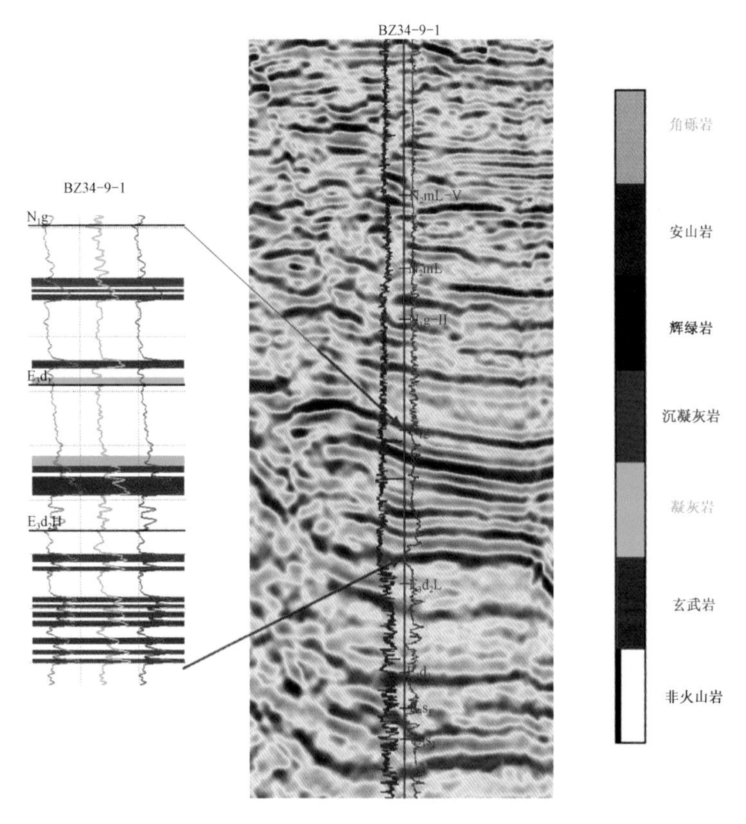

图 5-14　BZ34-9-1 井玄武岩地震反射特征

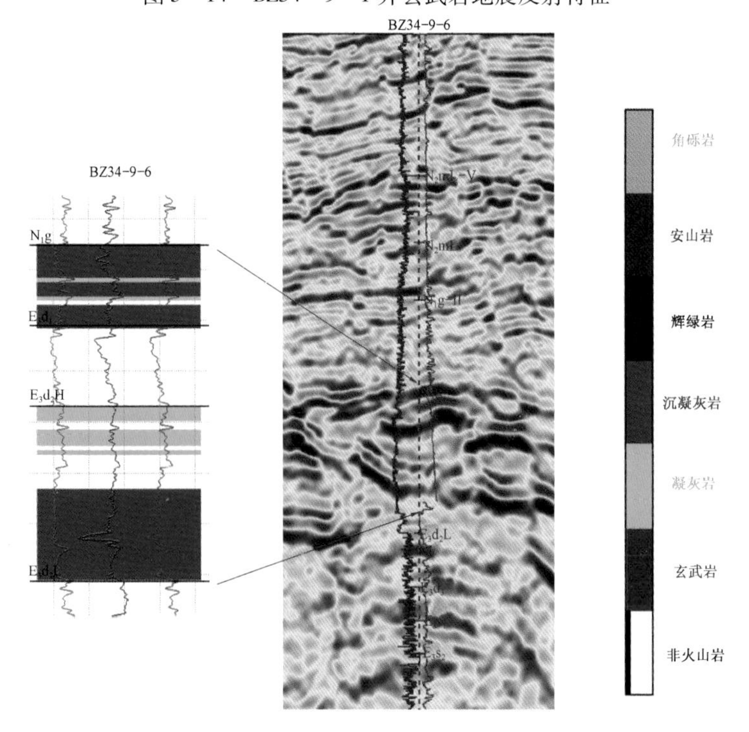

图 5-15　BZ34-9-6 井凝灰岩与沉凝灰岩地震反射特征

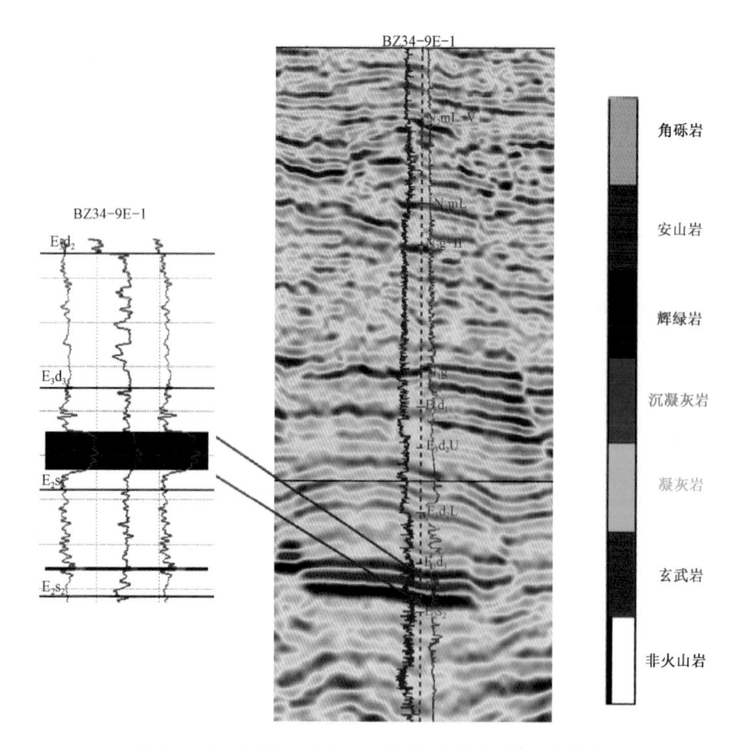

图 5-16 BZ34-9E-1 井辉绿岩地震反射特征

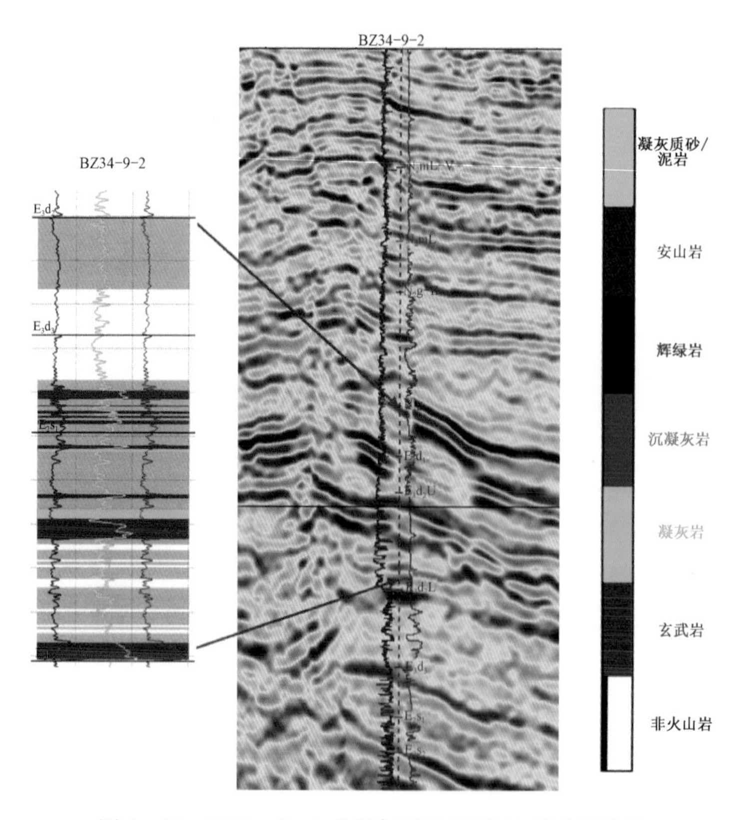

图 5-17 BZ34-9-2 井凝灰质砂/泥岩地震反射特征

火山岩结构复杂、横向变化剧烈，不同相带的火山岩发育在火山机构的不同部位，且物性差异较大，在地震剖面上具有不同的地震反射特征。研究区主要发育溢流相、火山通道相和爆发相3类典型火山岩岩相，且其对应的火山岩与沉积围岩具有相对明显的区分性。依据上述不同岩性火山岩的地震响应，结合剖面反射特征可以进一步确定典型的火山岩相地震反射特征。

溢流相内部熔岩的连续性较好，分布较稳定。在地震剖面上多表现为中—强振幅、中—低频率、连续性较好的地震反射特征，平行—亚平行地震反射结构，多具层状、透镜状外形。

火山通道相多具有近似直立的锥状外形，其内部火山岩成分较混杂。在地震剖面上多表现为弱—中振幅、高频率、差连续性的杂乱反射特征，具有近直立的柱状地震反射外形或顺断层发育。

地震剖面上，火山沉积相以上超充填为主，多具有层状外形特征，表现为顶底较强反射，内部中—弱振幅，中—高频率、中等连续性的平行—亚平行反射特征。

黄河口凹陷南斜坡渤中34－9区带和莱州湾凹陷东北洼垦利6区带火山岩反射地震相类似，通过大量地震资料的分析在渤中34－9区带和垦利6区带建立了3种识别火山岩岩相及相应的地震相（表5－1）。

表5－1　渤中34－9区、垦利6区带火山岩岩相—地震相特征

类型	实例		频率	振幅	反射特征	发育部位
	渤中34－9区带	垦利6区带				
火山通道相			中低频	弱振幅	倒锥状杂乱	火山口下部
爆发相			中低频	中强振幅	丘形断续	火山口附近
溢流相			低频	强振幅	层状连续	火山机构附近或低部位

（1）火山通道相：外形为倒锥状，中低频，弱振幅杂乱反射，分布在火山口下部；

（2）爆发相：外形为丘形，中低频，中强振幅，断续反射，分布在火山口附近；

（3）溢流相：外形为层状，低频，强振幅，连续反射，分布在火山机构附近或低部位。

对比溢流相、火山通道相与围岩的反射特征，可知溢流相较围岩振幅强，连续性好，火山通道相较围岩杂乱，连续性差。

溢流相和火山通道相是火山岩的两个主要岩相，两者形成机制不同，成分不同，因此对应不同的地震特征，主要表现在：

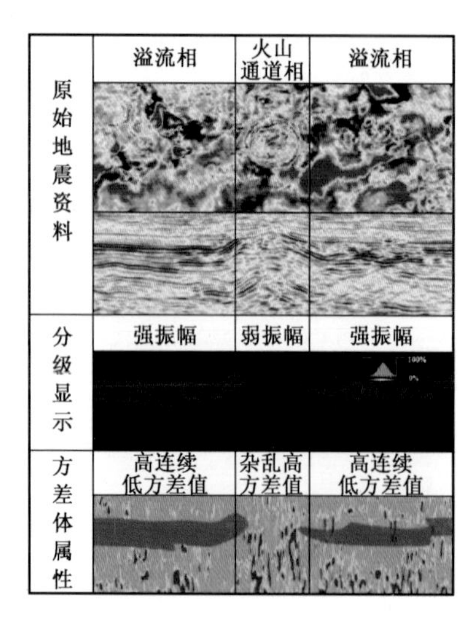

图 5-18　火山岩溢流相—火山通道相地震相特征对比

(1)溢流相频率较低,成层性好,且速度明显高于围岩速度,波阻抗明显大于围岩波阻抗(阻抗值大于 1.1×10^4 $g\cdot m\cdot cm^{-3}\cdot s^{-1}$),剖面上对应层状强反射(图 5-18);火山通道相为中低频,无成层性,弱振幅杂乱反射,外形为倒锥状;

(2)在平面上溢流相为放射状、云朵状、圆形、扇形强振幅特征;火山通道相为圆环状特征;

(3)对三维地震数据进行振幅分级显示(保留下来的为强振幅部分),可以观察到火山通道相和围岩由于振幅较弱被隐藏,只有强振幅的溢流相被保留下来,进一步证实溢流相的强振幅特征;

(4)在方差体属性特征上,同相轴连续性好的反射表现为方差低值,连续性差的则表现为高值,溢流相方差值为低值,而火山通道相同相轴方差值为高值。

通过对比火山岩溢流相和火山通道相的地震特征,可知溢流相的地震反射特征是层状连续—强反射,火山通道相的地震反射特征是倒锥状杂乱—弱反射,二者特征截然相反。

四、构造解释模式建立和实现方法

通过前面章节内容的讨论,我们对火山岩不同岩性的地球物理特征及不同岩相的地震反射特征都有了不同程度的了解,这对火山岩发育区解释模式的确定尤为重要。由于火山岩发育区地震资料品质普遍较低,因此地震地质的结合显得尤为重要。

1. 火山岩对构造解释的影响

新生界火山岩在油田范围内广泛发育,地下地质条件复杂,地震资料成像相对较差,增加了断层和层位的解释难度。因此,研究火山岩对构造解释的影响并寻求解决对策势在必行。本节首先对火山岩对地震资料解释的影响进行了分析,在此基础上结合先验认识形成了火山岩发育区构造解释新技术和新方法。

1)火山岩对断层解释的影响

油田范围内的火山岩为多期发育,溢流相火山岩在横向上不规则分布且叠置关系复杂,扰乱了断层在火山岩发育区及其下部地层的成像,使断层断点模糊,难以识别;同时,由于火山岩和断层发育的时间不同,在地震剖面上存在地层错断而火山岩未断的“假断层”现象,增加了断层解释的难度(图 5-19)。

2)火山岩对地震层位解释的影响

由于溢流相火山岩属于高速高密介质,对下伏地层的能量屏蔽作用明显,且厚度和横向展布均不规则,导致下伏地层成像同相轴连续性变差;另外,侵入相火山岩通常不沿地层发育,展布形态不规则,且在地震剖面上为强振幅同相轴,增加了层位解释的难度(图 5-20)。

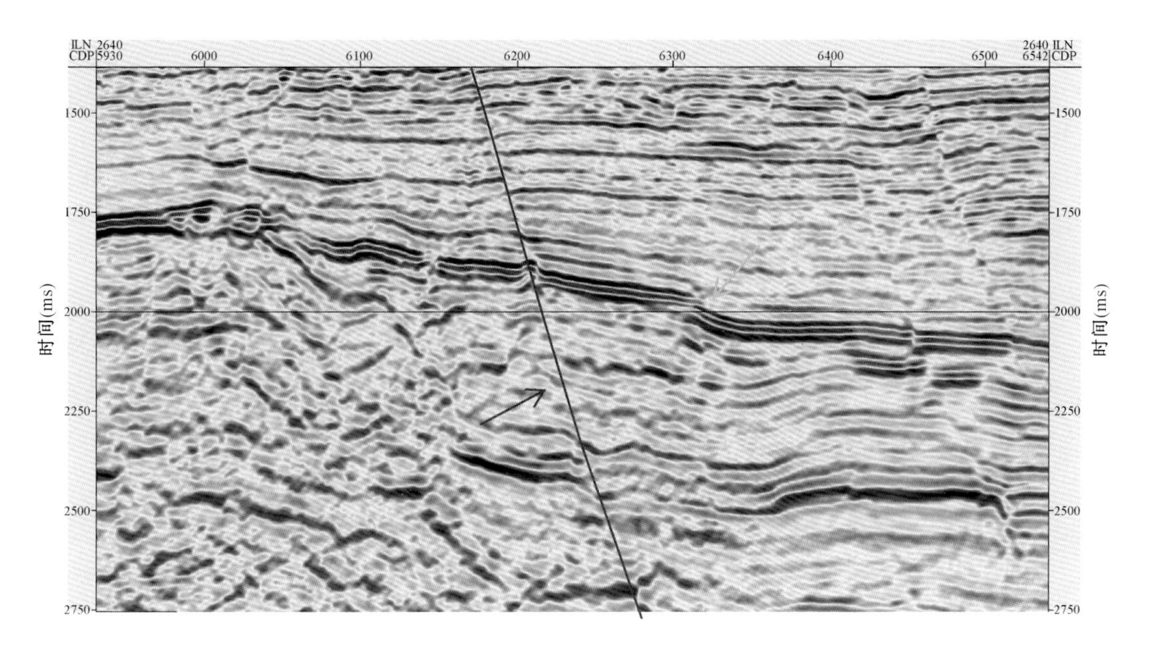

图5-19　火山岩对断层解释的影响

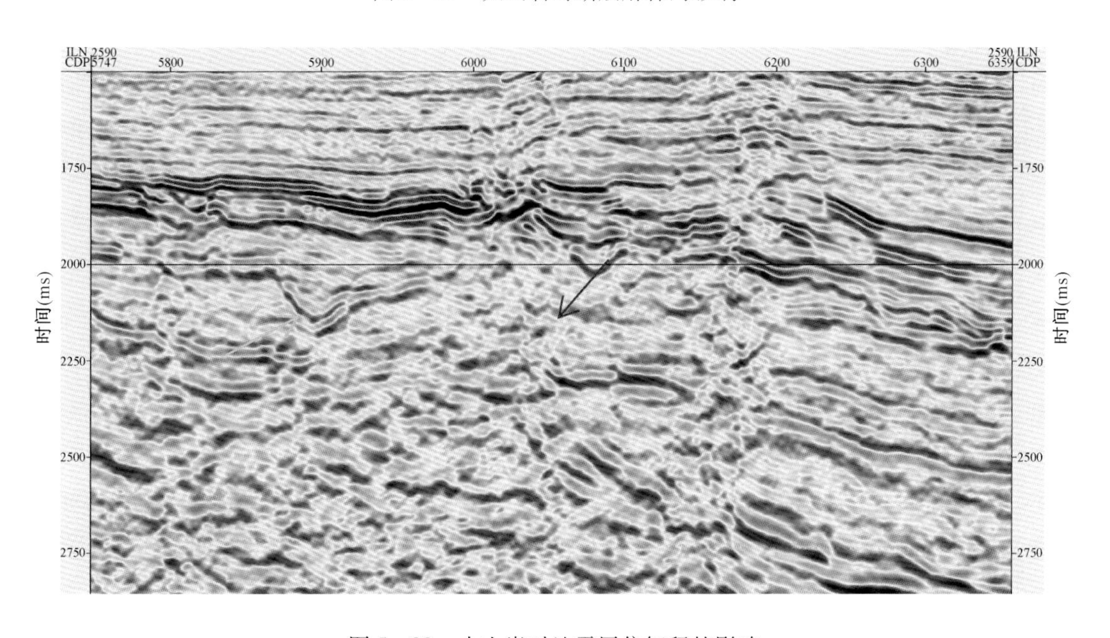

图5-20　火山岩对地震层位解释的影响

3)火山岩对储层有效空间的影响

火山岩的火山通道相具有上下贯通的特点,由于其不能作为有效的储层,因此占据了目的层段的有效储层,为了精确计算储量,有必要对其进行精确的刻画。目前有关火山通道的刻画研究较少,另外火山通道特征不一、发育区地震资料差等因素的存在,给火山通道的精细刻画带来了较大的难度。

2. 火山岩发育区构造解释方法

利用火山岩相展布的地质规律约束地震解释是解决地震相解释多解性的有效途径。在火山岩相地震解释中,有些火山岩相与亚相之间地震响应特征差异小,难以区分。这时需要结合火山机构相带空间上和火山相序时间上的特征加以限定。由于火山后期改造作用的影响,火山岩相地震解释的流程必须遵循地层、断层、岩相的顺序关系, 即首先要确定地层单元,再将被后期断层改造的地层恢复到原始喷发堆积状态,最后才能在所确定的地层单元内进行火山岩相地震解释(冯玉辉等,2014)。

研究区火山岩发育层系多,火山成因岩系与沉积充填共存,后期改造作用强烈,因此地震解释的过程中,应首先考虑本区断裂发育特征,在分析断裂改造关系的基础上,梳理地层层序,并以此建立该地区的地层格架。其次要在地层格架控制之下分析识别火山岩与沉积岩之间及火山岩体内部火山岩之间的接触关系及接触界面,以此来刻画识别火山岩体。最后分析火山岩体与断裂之间的关系,确定火山岩体的分布,并在确定火成岩体分布的基础上解释和预测火山岩相。

断层的解释过程是一个对断裂系统的认识过程,需要通过对区域构造发育及断裂系统、工区内局部构造的发育情况及各构造层的断裂系统分析的基础上建立地质模式,结合方差属性体进行断层的解释。该油田范围内断裂受双轨走滑应力和伸展应力双重因素控制,多发育北东向和近东西向断裂。

在油田范围内,断层和火山岩均为多期发育。受火山岩影响,火山岩下伏地层同相轴连续性较差,如何在复杂的地震资料中识别断层是构造解释的重点。因此,结合应力分析、地层同相轴连续性及火山岩发育情况建立断层识别模式(图5-21)。

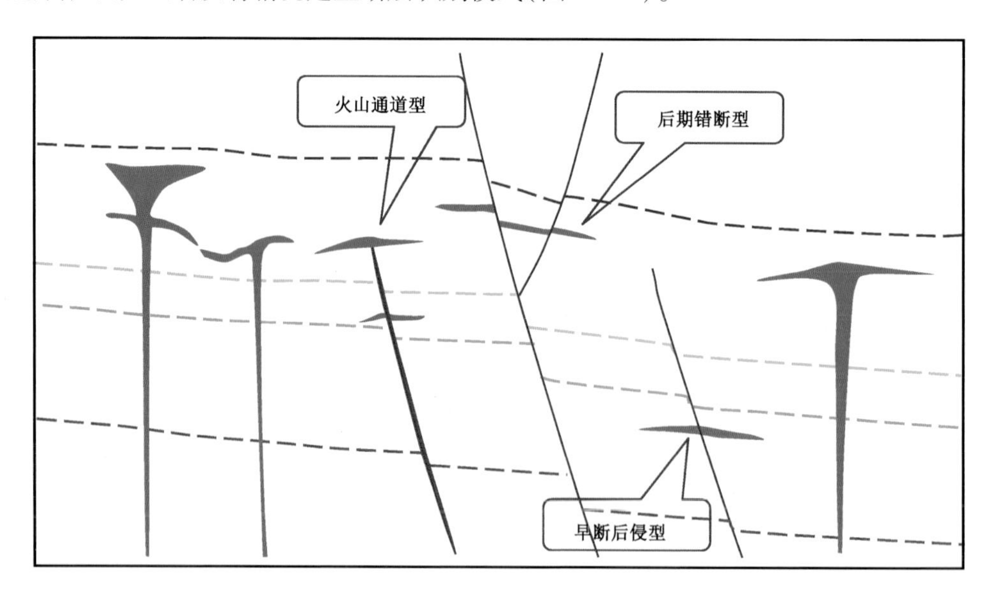

图5-21　断层识别模式

根据火山岩和断层活动的相关性,分为:早断后侵型、后期错断型、火山通道型(表5-2)。

(1)早断后侵型:断裂活动时期早于火山活动时期。断层活动时期较早,后期火山活动时，侵入相火山岩侵入到地层中，并穿过断层。在地震剖面上表现为断层两盘正常沉积地层同相轴错断，但火山岩强振幅同相轴连续。

(2)后期错断型：断裂活动时期晚于火山活动时期。火山活动时期较早，后期断裂活动切断溢流相等火山岩。在地震剖面上表现为在断层两盘地层同相轴和溢流相火山岩强振幅同相轴均被切断。

(3)火山通道型：断裂形成后，岩浆沿断裂上涌形成侵入相或溢流相火山岩。在地震剖面上表现为断层附近地层同相轴断点不清晰，断层两盘存在连续或不连续的强振幅同相轴。

表 5－2　火山岩发育区断层类型

断层模式	典型地震剖面
早断后侵型断层	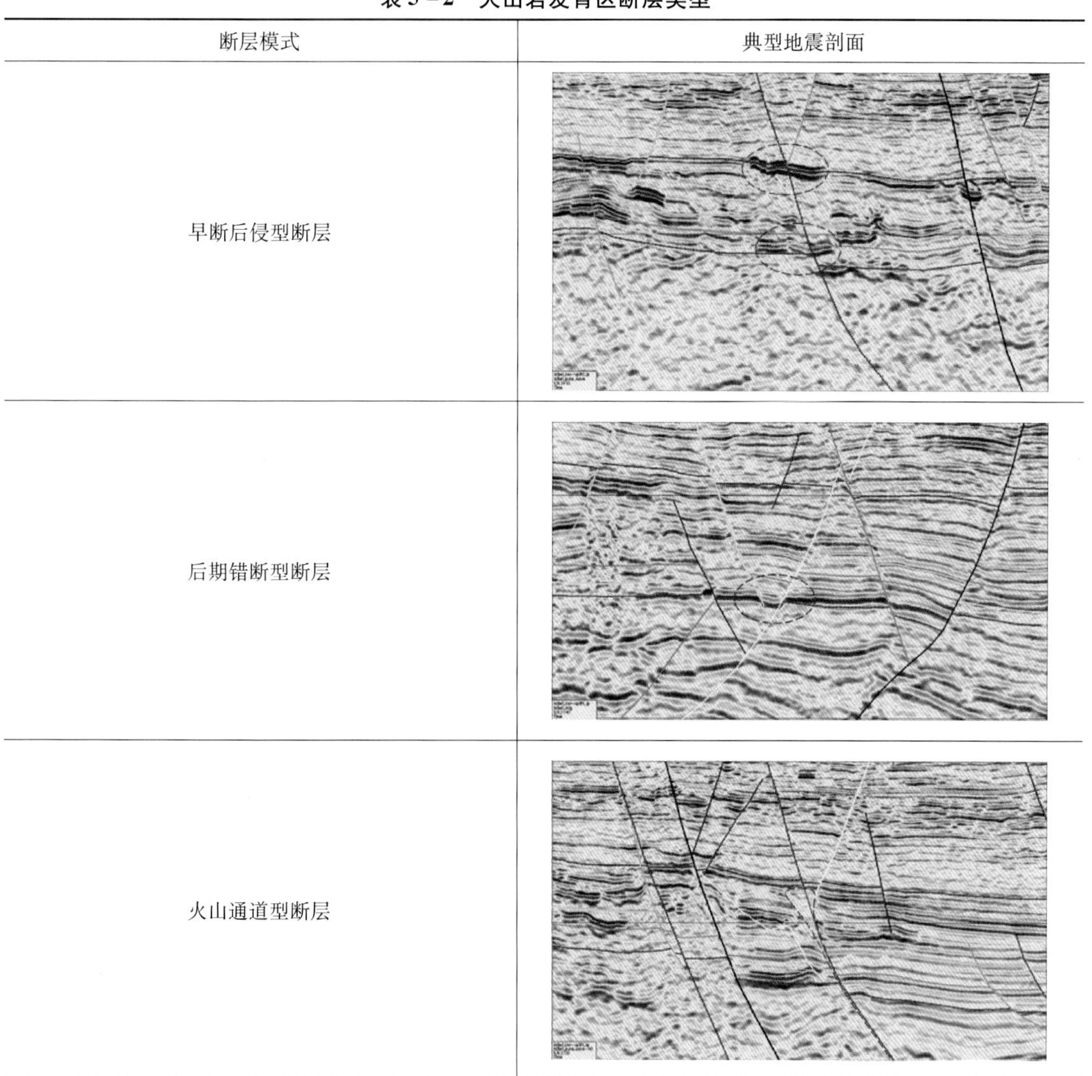
后期错断型断层	
火山通道型断层	

建立断裂识别模式后，根据断裂和火山活动的关系对油田范围内的断裂进行精细解释，对于断点不清晰的断层按照“可靠指导模糊”的原则进行解释，即：断裂上部和下部特征明显，中部特征较模糊时，由“上断—下断”指导“中断”(图 5－22)。

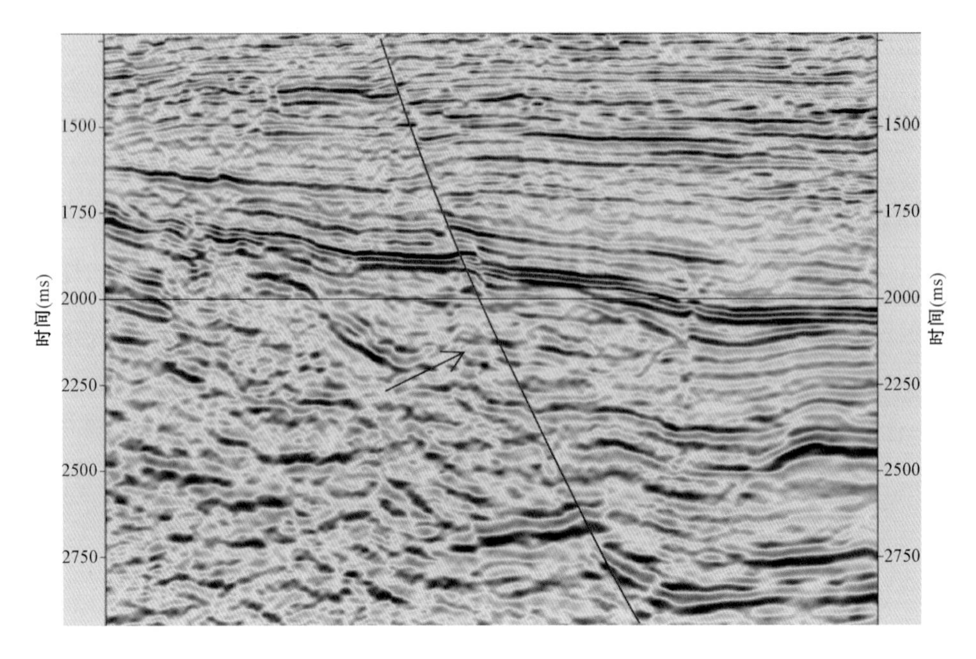

图 5-22 “上断—下断”指导“中断”

油田范围内火山岩呈现多期不规则发育的特点，在地震剖面上连续性较差，在剖面上表现为强振幅同相轴的假错断，容易错误解释为断层。对于这类“假断层”的识别，参考火山岩上部和下部地层同相轴的连续性进行识别，即：火山岩同相轴存在假错断，但上部和下部地层同相轴较清晰且连续性较好时，此时认为是由于火山岩多期发育造成的同相轴的假错断，不能按照断层解释(图 5-23)。

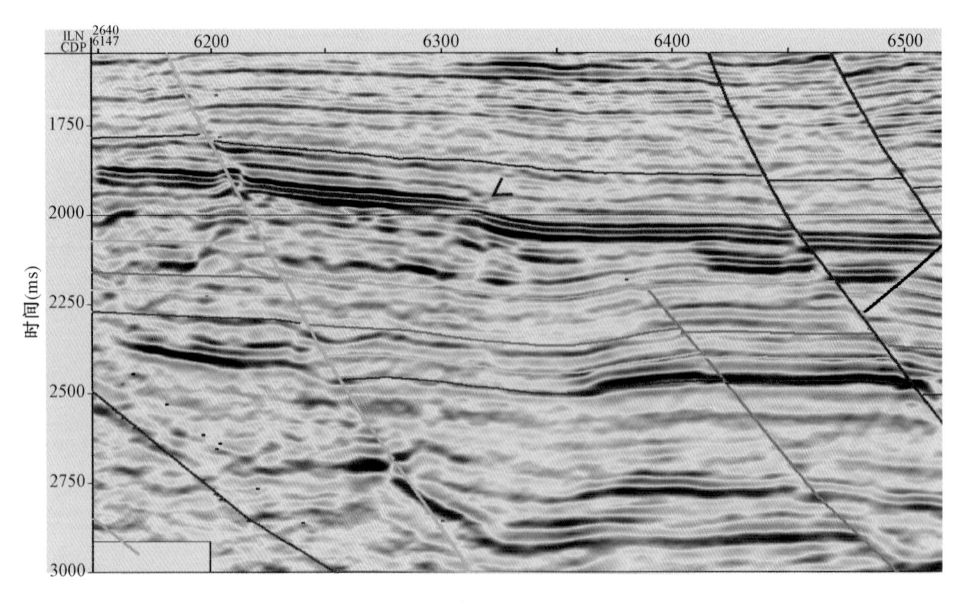

图 5-23 “假断层”识别

对于地震层位的解释，在油田南块的古近系，由于受复杂火山岩的影响，其地震资料成像质量相对较差，在常规解释原则的基础上，还需要参考目的层段的地层厚度以及周围地层的产状，实现火山岩发育区地震解释的合理性。

火山岩相地震识别具有普适性和局限性。普适性表现为不同火山岩相带之间地震相的显著性差异，使得不同火山岩相、亚相之间具有明显的可区分性。例如，火山通道相表现为火山岩体中部的烟筒状、内部反射杂乱，而同一层位的火山溢流相则总是表现为远离火山中心的楔状尖灭体、层状—亚平行反射特征。局限性是不同区块，甚至不同层位由于其火山喷发模式和强度的差异会导致火山岩相发育模式的差异，同时由于围岩岩石物理参数的不同，相同火山岩相地震响应也可能存在一定的差异。因此要求在火山岩相地震解释研究中应建立研究区块和层位的地震地质模式，而不能轻易套用现有模式。

第二节　火山岩精细刻画技术

在渤海油田火山岩勘探过程中，火山岩常常被看作是一种占据储集空间的特殊地质体，因此在勘探和开发过程中需要对火山岩的空间展布范围进行定性或定量刻画，以减少其对储层刻画的影响。受地震资料品质的影响，不同火山岩相的成像品质差异较大，且不同区域或不同喷发模式下同一岩相的成像品质也会呈现较大的差异。为此，渤海油田经过多年火山岩发育区解释技术的发展和积累，形成了针对性的火山岩地震刻画技术。

一、基于“岩性—相带”的火山岩半定量三维精细刻画方法

结合前人多种研究结论，不同岩相的火山岩表现出来的地震反射特征差异较大，从较常见的火山溢流相和火山通道相对比来看，溢流相的地震反射特征表现为层状连续—强反射，火山通道相的地震反射特征表现为倒锥状杂乱—弱反射，二者剖面特征具有明显差异（王璞君等，2003）。

占据碎屑岩储层有效储集空间的溢流相和火山通道相由于其与围岩的差异性，能有效实现属性描述和定量刻画。与围岩差异较小的沉凝灰岩、凝灰岩和凝灰质砂（泥）岩属性描述和定量刻画相对较难，主要根据火山岩相模式进行预测（图 5 - 24）。

由火山岩溢流相—火山通道相地震相特征分析可知，溢流相和火山通道相的地震反射特征截然相反，用同一种地震属性不能同时预测、刻画二者的展布特征，需要利用两种不同的属性分别进行刻画，进而将不同的刻画结果融合显示。因此，提出一种基于振幅—方差体地震属性分级—拾取—融合技术刻画火山岩的三维可视化新方法，具体步骤如下。

（1）基于三维地震数据，通过不同地震测线地震相分析，初步分析火山岩发育区及其不同亚相特征；在钻井资料允许条件下，开展测井—地震联合对比，综合开展火山岩的测井相和地震相分析。

（2）火山岩溢流相三维刻画，基于火山岩溢流相强振幅特征，具体开展如下工作：① 通过岩石物理关系，确定振幅分级标准，定义火山岩溢流相对应的振幅值范围，关键是确定其最小振幅值；② 对原始三维地震数据进行三维振幅分级显示，仅显示大于火山岩溢流相最小振幅值的部分；③ 对分级显示结果进行体素拾取，自动追踪得到溢流相的时空展布。

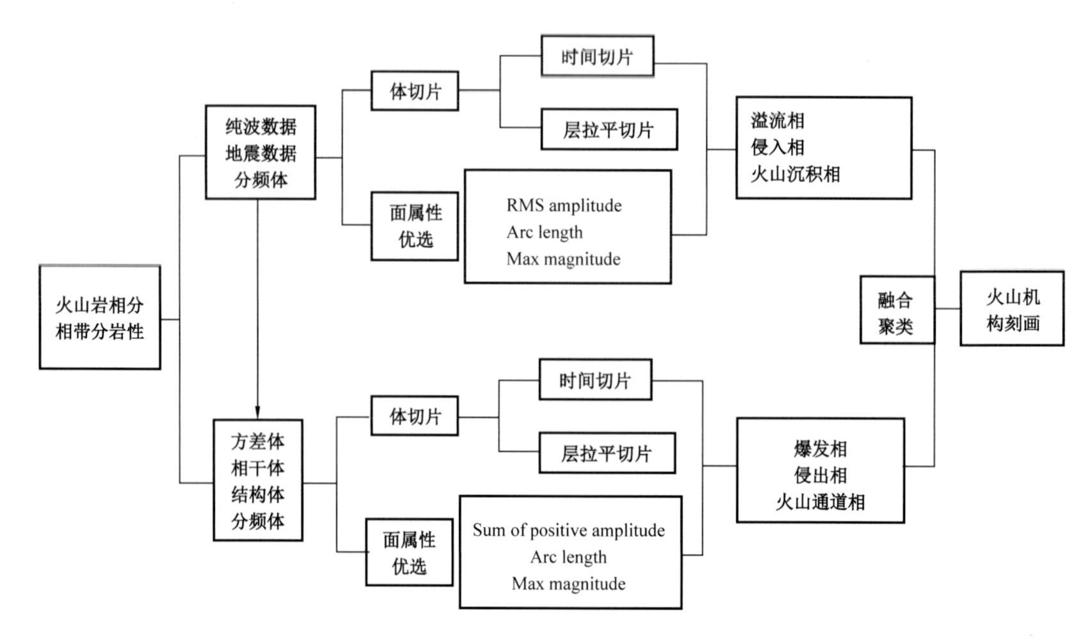

图 5－24　火山机构属性刻画流程

(3)火山岩火山通道相三维刻画,利用火山通道相的杂乱反射特征,对其开展三维刻画,具体步骤如下:① 对于三维地震数据中每个地震道样点,计算其方差;② 对每个样点的方差进行加权归一化,得到加权的方差值,所有加权后的方差的集合为方差体, 获取计算方差体属性;③ 对获取的方差体数据进行三维分级显示;④ 对分级显示结果进行拾取,拾取高值部分,从而实现火山通道相的时空展布刻画。

(4)火山岩溢流相和火山通道相融合显示,将拾取的溢流相和火山通道相融合显示,实现火山岩的三维时空展布刻画。

下面对基于振幅—方差体地震属性分级—拾取—融合技术刻画火山岩机构的新方法及应用效果(朱洪涛等,2017),进行详细说明(图 5－25)。

1. 火山溢流相属性阈值定量刻画

对钻遇火山岩溢流相钻井的不同岩性段波阻抗与泥质含量进行统计,波阻抗值由密度测井曲线(RT)与声波时差曲线(DT)计算得到,泥质含量通过基线偏移的自然伽马测井曲线(GR)计算得到(图 5－26)。对所有的单个砂岩层与单个泥岩层求平均值,然后对其波阻抗与泥质含量进行交会分析。结果表明,一般情况下溢流相熔岩的波阻抗较周围砂泥岩大,溢流相在地震上表现为强反射特征。同时由于火山岩溢流相具有高速度、高电阻率特征,在测井曲线上呈现 DT 低值、RT 高值特征,可用钻遇火山岩钻井的测井曲线进行约束,确定三维振幅分级标准。通过分析研究区波阻抗—岩性的关系,可知研究区溢流相的波阻抗主要在 $1.2\times10^4\mathrm{g\cdot m\cdot cm^{-3}\cdot s^{-1}}$以上,围岩则在 $1.2\times10^4\mathrm{g\cdot m\cdot cm^{-3}\cdot s^{-1}}$以下。在波阻抗—岩性交会图上能很好将两者区分出来。

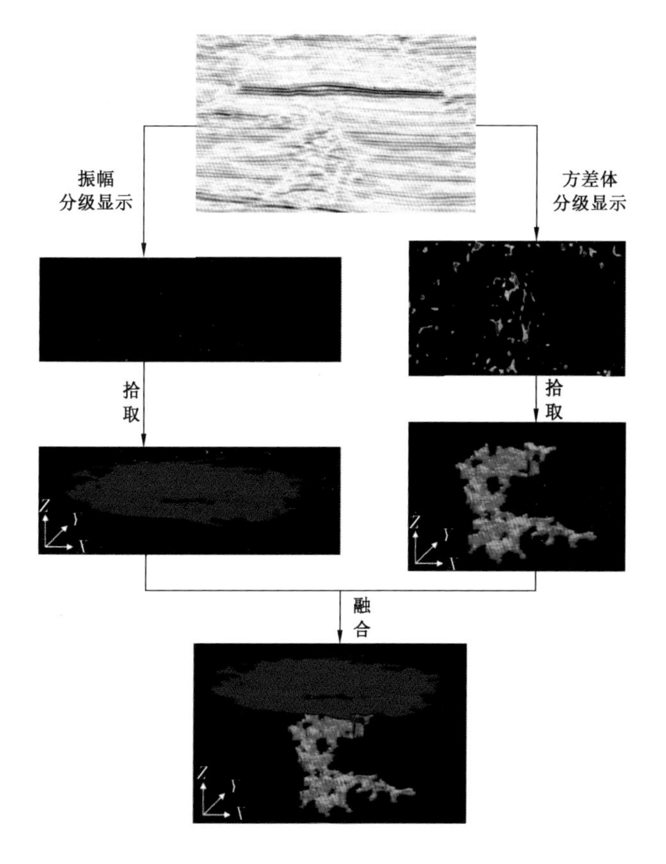

图 5－25　火山岩机构三维刻画效果

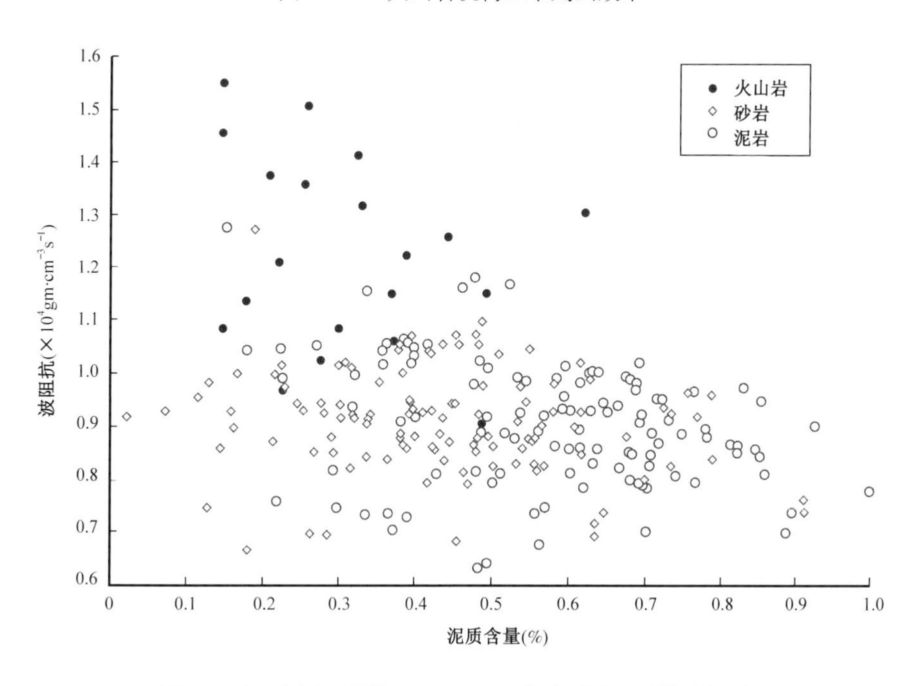

图 5－26　黄河口凹陷 BZ34－9－1 井古近系岩石物理关系

结合钻井中火山岩分布情况,将振幅绝对值大于15800的反射预测为溢流相。图5－27a为全振幅显示,振幅颜色棒中所有区段透明度均为0,溢流相火山岩与围岩界限模糊,无法确切划出溢流相的范围;图5－27b为经振幅分级显示后的同一地震剖面,振幅颜色棒中振幅绝对值小于15800对应的区段透明度为100%,只显示绝对值大于15800的强振幅,忽略与溢流相无关的弱振幅部分,突出、强调溢流相强振幅特征,可明显显示火山岩溢流相发育位置及分布形态。

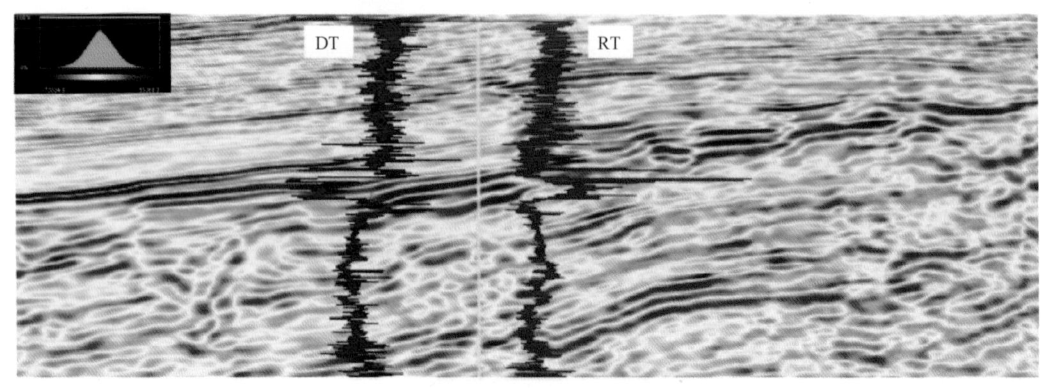

(a)全振幅显示

(b)振幅分级显示地震剖面

图5－27　地震振幅分级显示指示的溢流相空间分布特征

2. 火山通道相属性阈值刻画

火山通道在时间切片上表现为圆环状异常,在地震剖面上表现为倒锥状(漏斗形)杂乱异常,在原始地震剖面上不能完全反映火山通道这类地震异常体,而应用传统的多属性联合不仅包含其他地震异常信息,影响目标体的识别,而且耗时较多,效率不高(徐颖新等,2012)。利用火山通道相的杂乱反射特征,计算方差体属性,火山通道处的方差值为高值,在平面上和剖面上均有较好的响应,利用紧邻火山通道相的井位进行标定,方差高值大于阈值的预测为火山通道相(图5－28)。

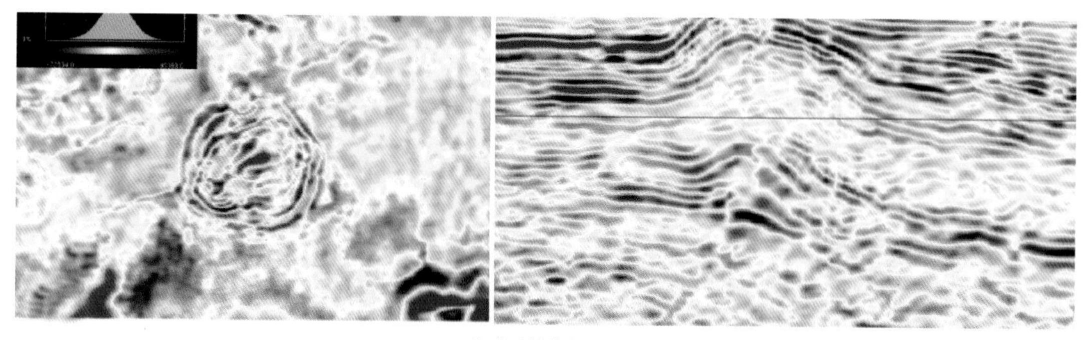

(a)地震反射特征

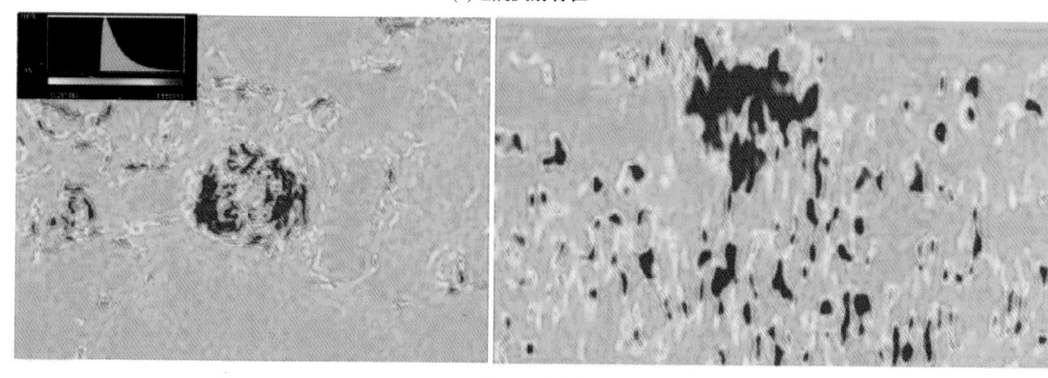

(b)方差体属性特征

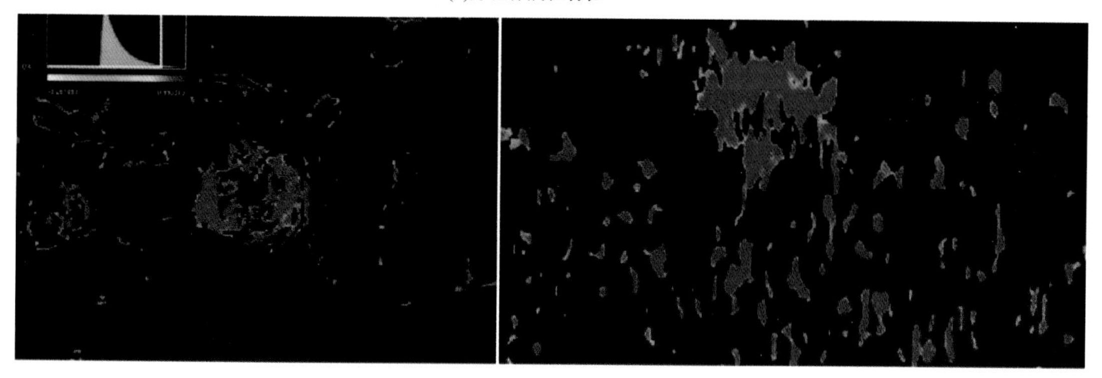

(c)方差体分级显示特征

图5－28　方差体分级显示指示的火山通道相平面和剖面特征

基于分别刻画的沙一、二段、东营组的溢流相和火山通道相结果，对二者进行融合显示，就可以直观地刻画溢流相和火山通道相的空间分布及配置关系（图5－29）。

属性刻画结果进一步论证了之前对火山喷发模式的认识，北部井区以中心式喷发为主，而南部井区以“串珠状”复合喷发为主，南北存在火山活动的差异性。东一、二段火山活动频繁，沙一、二段火山活动相对较弱。

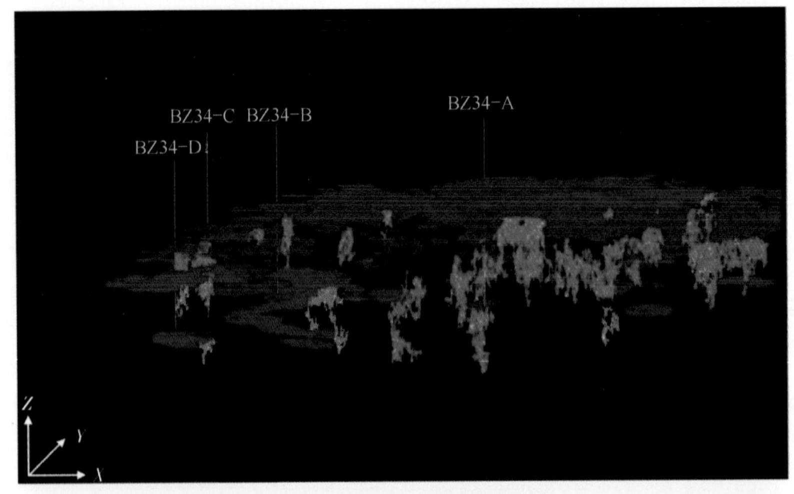

(a)沙一、沙二段、东营组火山岩分布叠合图

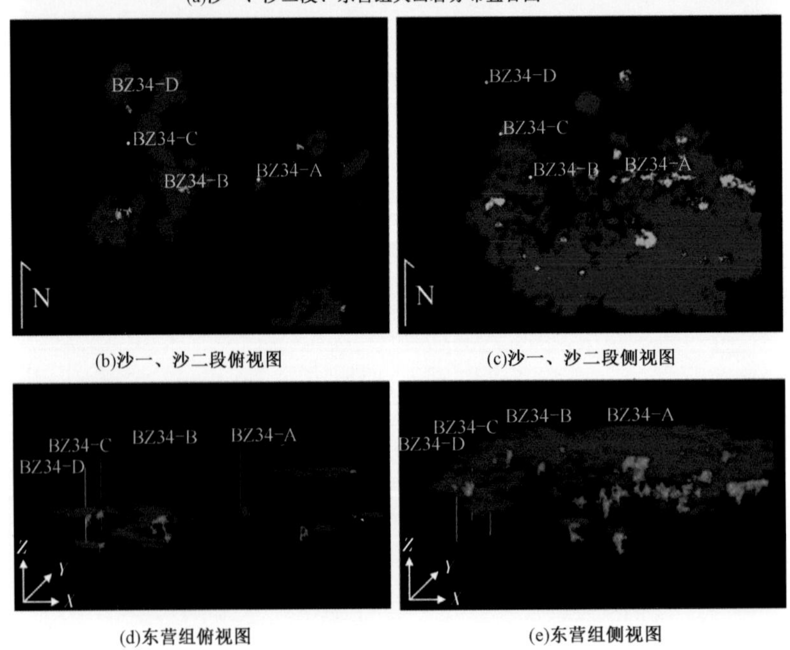

(b)沙一、沙二段俯视图　(c)沙一、沙二段侧视图

(d)东营组俯视图　(e)东营组侧视图

图 5－29　渤中 34－9 区带火山岩三维时空展布图

二、火山通道边界定量分析及刻画方法

火山通道包含有火山口和火山颈,形成于整个火山机构的发育过程中。典型的火山通道在剖面上往往表现为倒锥状的形态,火山口范围展布较大,火山颈相对较小,直径数百米不等,直立或与围岩地层相交切(杨立英等,2007)。研究认为,火山通道的存在对围岩储层成藏具有一定的促进作用,但在渤海南部地区的火山通道往往占据有效的储层空间。在含油圈闭内存在的火山通道,不能算作有效含油面积,因此火山通道边界的精确刻画显得尤为重要(魏刚等,2015)。

渤中34－9油田位于渤海南部，油田范围内普遍发育一种呈锥状特征且延伸深度较大的火山通道相火山岩，并且火山通道相贯穿了油田的主要目的层东三段、沙一段和沙二段（图5－30）。即通道相火山岩对于油气藏具有占据储层空间的影响。因此，通道相火山岩会影响贯穿构造的圈闭面积，影响评价井位的优选和储量的精确计算需要通过分析其成像特征来进行火山通道相的刻画（吴俊刚等，2013）。

为建立火山通道相边界刻画的标准，首先结合地震和地质等资料分析火山通道成像特征；然后建立火山通道正演模型并采用声波方程正演模拟；最后利用叠前时间偏移成像分析火山通道相的成像特征，建立火山通道相的刻画标准。

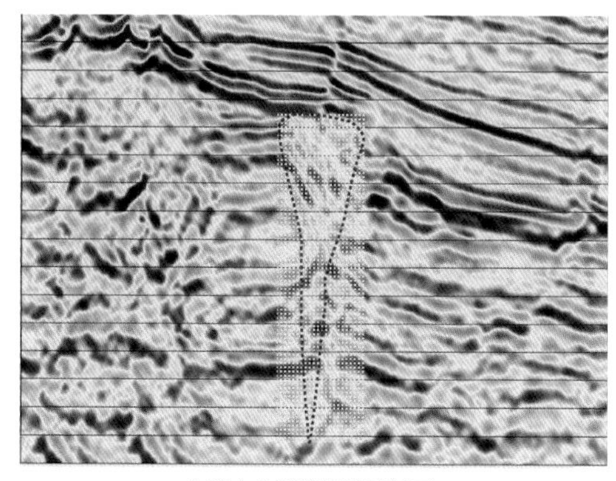
(a)典型火山通道相地震剖面

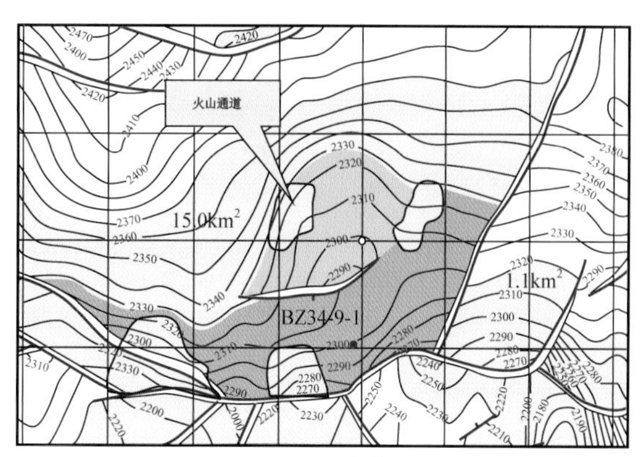

(b)局部T_3层位等t_0图

图5－30　典型火山通道相地震剖面及局部T_3层位等t_0图

1. 火山通道相成像特征分析

火山通道的形态与火山喷发的类型有关。由于不同区域的火山岩发育环境和火山活动强度的不同，火山通道的规模、形态等都不相同。分析地震资料发现，火山通道相在油田范围内较发育。其中，在油田北块，主要为孤立发育的中心式火山通道，成像特征较好，较易识别；在油田南块，中心式和裂隙式火山通道密集发育，成像特征相对较差。统计发现，工区内中心式火山通道顶部宽度通常在110～660m（图5－31），下部宽度通常在几十米。

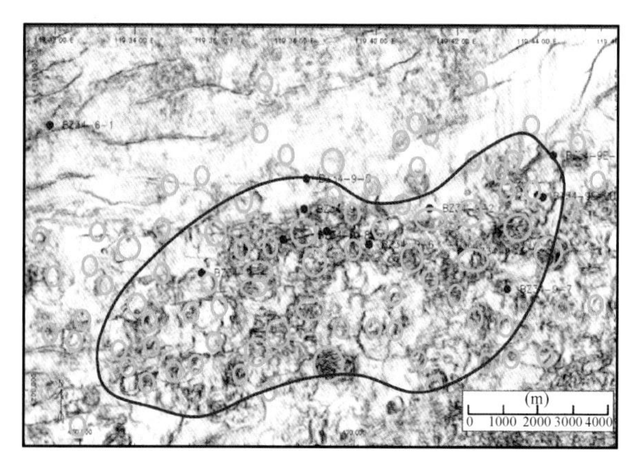

图5－31　渤中34－9油田火山通道平面分布图

在叠前时间偏移剖面上，中心式火山通道成像通常表现为近直立的倒锥状，顶部为低频强反射，侧边界成像较差或不成像，火山通道内部多为杂乱反射，受火山通道影响，下伏地层出现同相轴上拉现象，在方差切片上多为椭圆形或近椭圆形（图5－32a）；裂隙式火山通道受断裂展布控制，其特征多变，成像较复杂（图5－32b）。

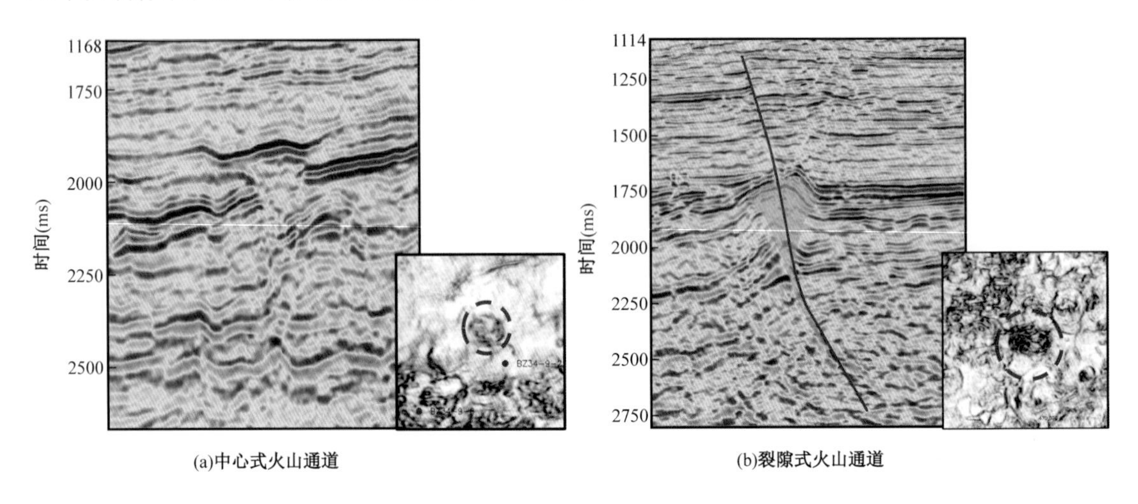

图5－32　中心式火山通道反射特征剖面

为使火山通道的统计结果更全面，对渤海油田渤中19－4、渤中25－1油田，垦利6－4、垦利6－5构造等区域新生界火山通道相均进行了统计分析。在渤中19－4、渤中25－1油田，火山通道多为孤立发育的中心式火山通道，在剖面上多为倒锥状特征，顶部宽度较大，主要集中在800～1400m，下部宽度通常在几十米左右。在垦利6－4、垦利6－5含油气构造，中心式火山通道和裂隙式火山通道均有发育。其中，中心式火山通道多为孤立发育，在剖面上多为倒锥状特征，顶部宽度较大，主要集中在400～700m，下部宽度通常在几十米左右。裂隙式火山通道沿主要断层展布，成像特征较为复杂。通过在地震剖面上统计分析发现，除了典型的火山通道外，还存在大量形态各异的火山通道（图5－33）。

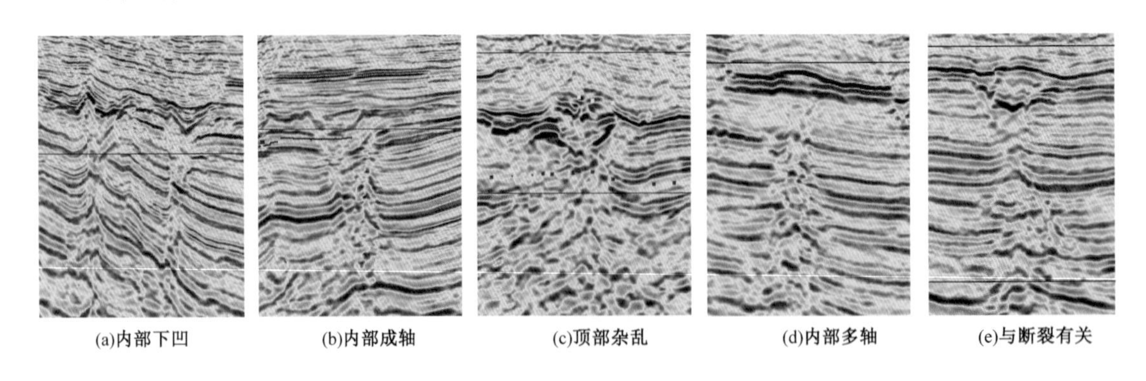

图5－33　火山通道地震响应特征形态各异

文献调研发现，对于火山通道的分类没有统一的标准。很多学者根据自己的研究提出了不同的分类方法。我们主要基于地质认识和成像特征对火山通道进行分类，如表5－3所示。

表5-3 火山通道分类

类	亚类	特征	典型剖面	模型
中心式火山通道	内幕无反射	1. 直立的倒锥状,延伸深度较大; 2. 内部杂乱反射,无明显同相轴		
	内幕有反射	1. 直立的倒锥状,延伸深度较大; 2. 内部存在反射同相轴		
裂隙式火山通道		受断层控制,形态多变		

火山通道根据其形成机制可以分为中心式火山通道和裂隙式火山通道。中心式火山通道在剖面上形态一般比较规则,通常表现为倒锥状特征,延伸一般较大,顶部表现为低频强反射特征,侧边界部分成像;在平面上主要表现为圆形或椭圆形。裂隙式火山通道主要受断裂控制,在剖面上形态多变,平面上分布与断层的展布有关。

根据中心式火山通道内部是否存在反射同相轴分为内幕无反射和内幕有反射两类。大部分火山通道在地震剖面上表现为内部杂乱弱反射,无明显反射同相轴;一部分火山通道在地震剖面上表现为内幕存在反射同相轴,需进行分类研究。

内幕无反射型再根据火山通道形成时能量强弱和火山通道顶部形态可以分为顶部凸起或水平型和顶部下凹型。顶部凸起或水平型通常在火山喷发能量较弱时,岩浆溢流出地表或形成小规模的凸起时形式;顶部下凹型通常是能量较强时喷发形成的。

根据火山通道的分类和典型剖面特征,建立了相应的模式,方便后续正演模拟和偏移成像的分析。研究表明孤立发育的中心式火山通道,成像特征较好,可以进行火山通道的精细研究;而中心式和裂隙式混合的火山通道密集发育,成像特征较差,可以进行定性识别(李军等,2015)。因此,本次研究主要以渤中34-9油田北区火山通道为例,针对中心式火山通道进行精细的地震研究。

2. 正演模拟和偏移成像分析

文献调研发现,国内许多学者基于正演模拟从理论分析和实际应用等方面对火山通道相的成像特征进行了广泛的研究。通常认为影响火山通道成像的主要因素包括采集方向、拖缆长度、偏移孔径、偏移速度等,本次研究对正演模拟和偏移成像对中心式火山通道相进行了系统分析。

1)火山通道模型建立

火山通道的内部岩性通常以填充高速的熔岩为主,建模时考虑火山岩内部为单一岩性,同时参考了野外露头及地震剖面中火山通道相的形态和规模。因此,根据渤中34-9油田具有代表性的中心式火山通道建立正演模型(图5-34)。火山通道相顶部形态凸起,两侧存在溢流相火山岩,顶部宽度1100m,垂向上延伸长度约为1500m;两侧边界较陡,左侧边界约为30°,右侧边界为45°~60°,火山通道相下部存在两套水平砂岩地层。火山通道相熔岩和砂泥岩的速度及密度由测井资料统计分析得到,高速熔岩速度约为5200m/s,密度为2.75g/cm^3;砂岩速度为3200m/s,密度为2.32g/cm^3;泥岩速度为3150m/s,密度为2.50g/cm^3。

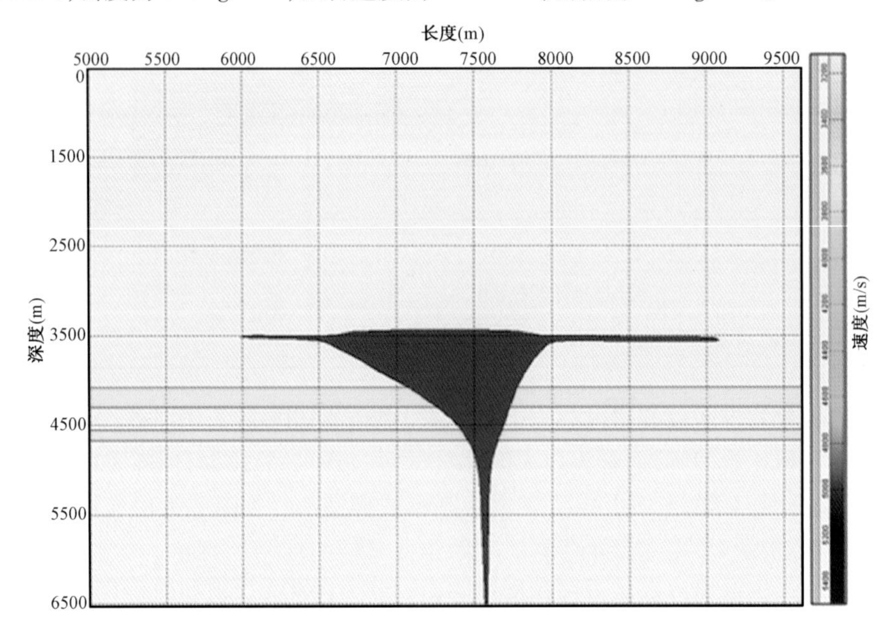

图5-34 火山通道正演模型

2)声波方程正演模拟

为使正演模拟过程更符合实际资料的采集方式,采用波动方程模拟叠前炮集。基于声波方程的正演模拟采用双程波描述地震波在地下的传播过程,相比于褶积正演和单程波动方程正演,该方法可以很好地模拟地震波传播过程中的动力学特点,具有精度高、稳定性好等特点,在理论研究和实际生产中应用广泛。

本次研究采用声波方程有限差分正演模拟,模拟参数和野外地震勘探相同。主要模拟参数如下:炮点间隔50m,检波点间隔25m,检波点长度4200m,采样率2ms,子波主频20Hz,与火山岩发育区地震资料主频相同。图5-35分别为1000ms、1500ms的波场快照和地震记录。其中,A为水平地层的反射波;B为火山通道顶边界的反射波;C为火山通道侧边界的反射波。可以发现:受火山通道影响,地震传播波场和地震记录变得非常复杂。

3)偏移成像分析

为使模型的偏移成像结果和实际资料更好地匹配,对正演模拟的炮集采用Kirchoff叠前时间偏移进行偏移成像。从偏移剖面上看,火山通道成像特征较好,顶部为低频强反射,左侧小倾角边界成像较好,右侧陡倾角边界成像较差;受火山通道影响,下伏地层同相轴存在明显的上拉现象(图5-36)。

通过对不同影响因素的分析认为:在一定条件下,采集方向、拖缆长度对火山通道成像精度影响较小;偏移孔径也可以通过偏移成像测试进行合理选择;偏移速度是影响火山通道精确成像的主要因素。

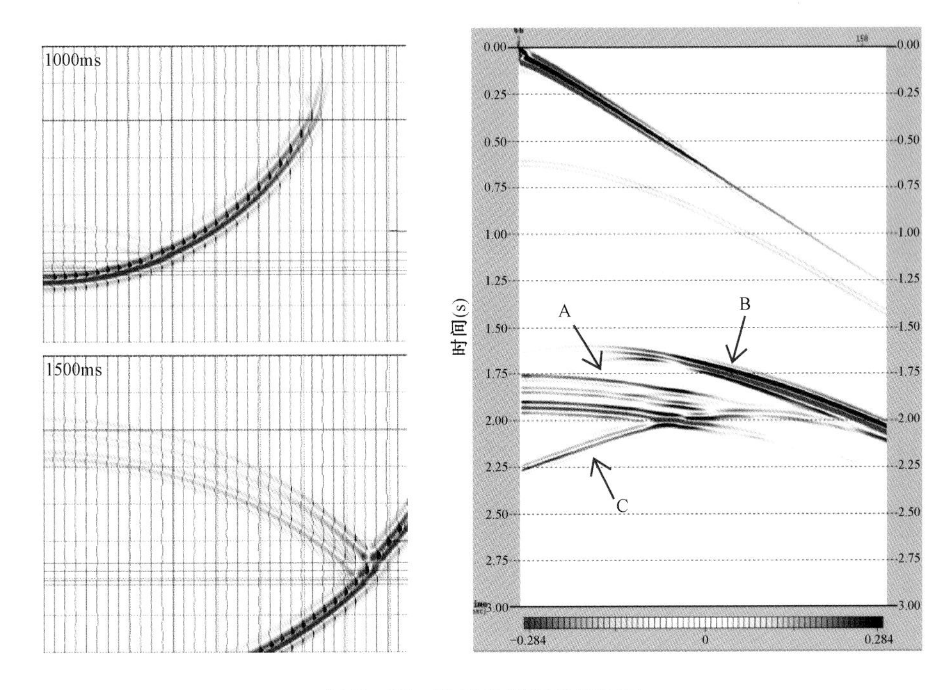

图 5－35　波场快照和地震记录

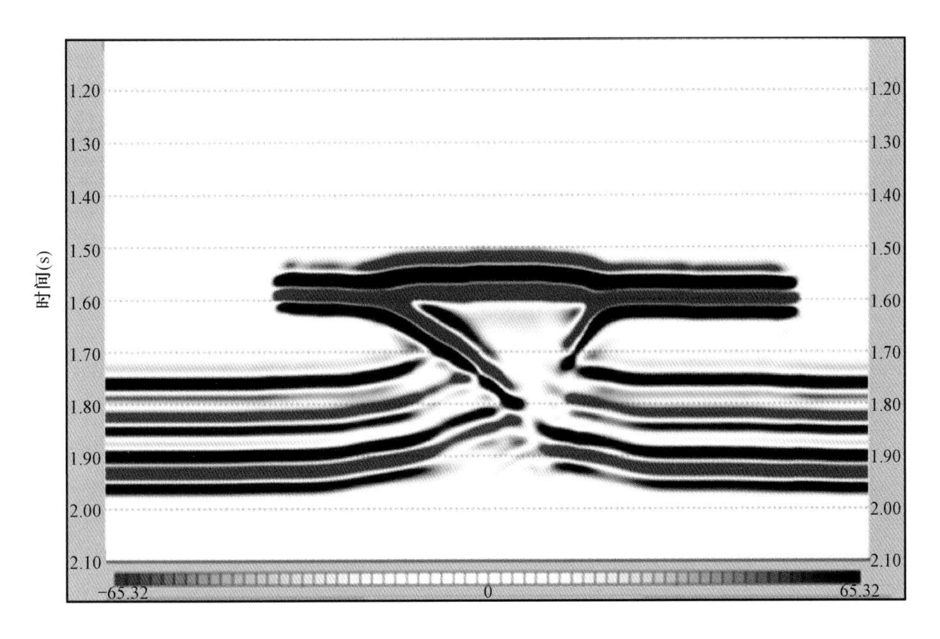

图 5－36　火山通道叠前时间偏移剖面

Kirchoff 叠前时间偏移采用的速度场为均方根速度场,由正演模型的层速度转换得到。为分析偏移速度对火山通道相成像的影响,火山通道相的偏移速度在准确速度的 80% ～120% 变化,得到的偏移剖面如图 5－37 所示。分析发现:火山通道相内部采用不同偏移速度时,火山通道相的偏移结果大致相当,侧边界的成像位置变化较小。采用不同偏移速度的火山通道大小差异对比,偏移速度较小时对火山通道大小的影响大于偏移速度较大时对火山通道大小的影响,偏移速度约为准确速度的 90% ~120% 时,剖面上识别的火山通道和模型差异较小,如图 5 -38 所示。因此认为利用 Kirchoff 叠前时间偏移进行火山通道成像时,在火山通道的偏移速度误差较小时对于边界的成像影响小,不影响火山通道相边界的识别。

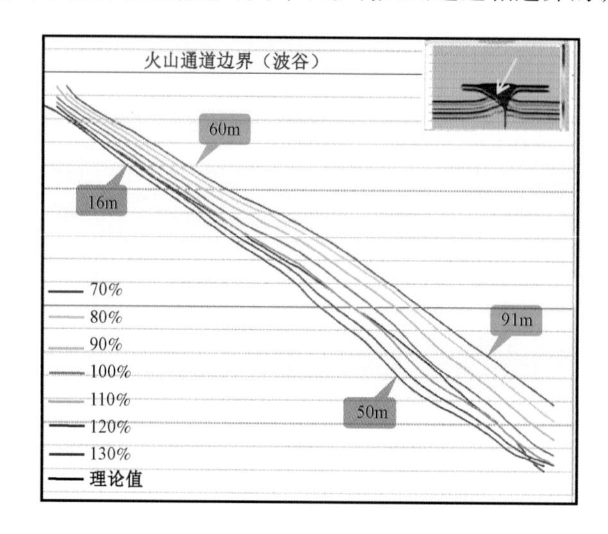

图 5 -37　不同偏移速度剖面识别的火山通道边界和模型的对比

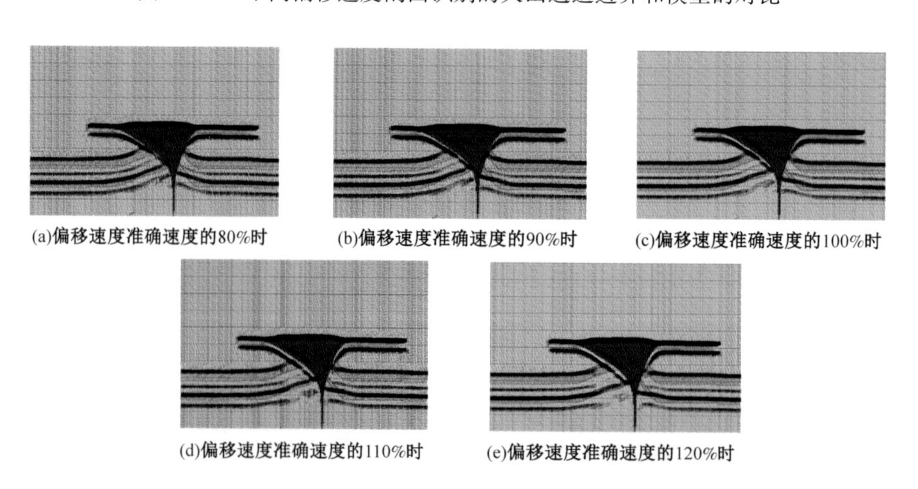

图 5 -38　不同偏移速度火山通道偏移剖面和模型速度叠合图

3. 火山通道相地震刻画标准的确立

统计油田范围内火山通道相的成像特征发现:部分火山通道相侧边界成像较清晰;部分火山通道相边界不成像,但地层同相轴错断较清晰。通过统计并对比分析认为火山通道相侧边界倾角是决定火山通道相边界是否成像的主控因素,因此基于上述模型设计不同倾角的火山通道相模型进行分析。

基于初始模型,对火山通道相的右侧边界角度分别变化为 30°、45°和 60°(图 5 -39),均采用声波方程正演模拟和 Kirchoff 叠前时间偏移成像。

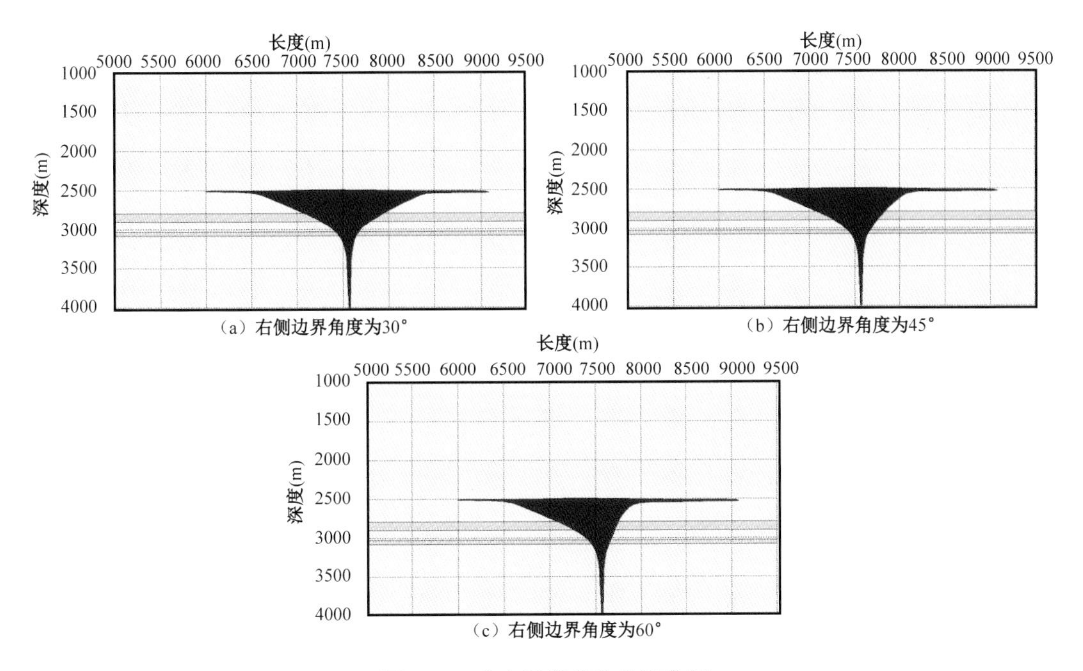

(a) 右侧边界角度为30°

(b) 右侧边界角度为45°

(c) 右侧边界角度为60°

图 5－39 火山通道偏移角度分析

对比分析发现,当倾角小于45°时,侧边界基本可以完全成像;随着倾角逐渐增大,侧边界成像变差(图5－40)。根据偏移剖面和模型的对比分析,确定了火山通道相的边界刻画标准:成像特征较好时,拾取成像界面作为边界;成像特征较差时,拾取成像界面或者地层同相轴错断位置作为火山通道相边界。

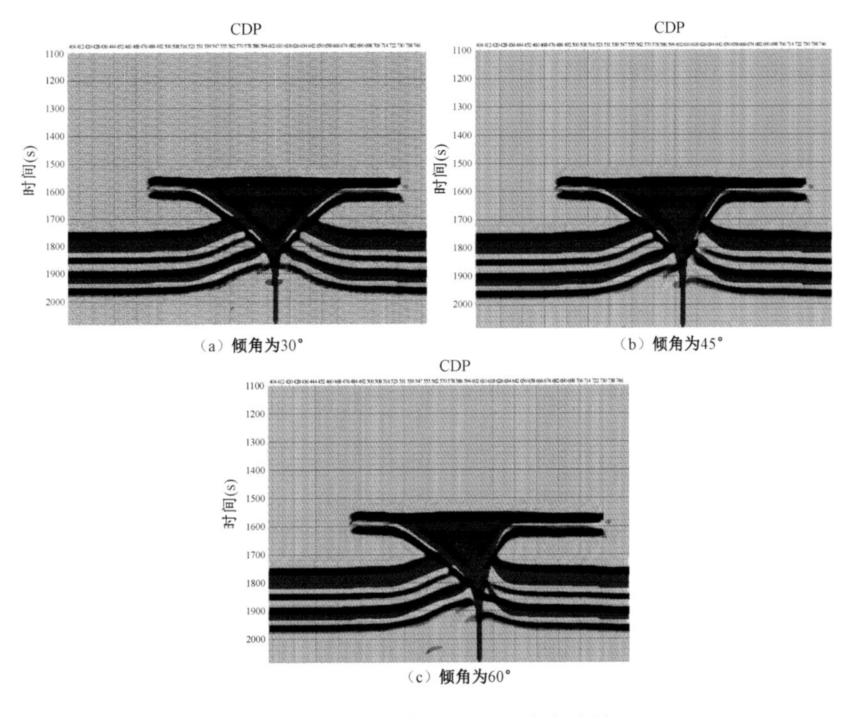

(a) 倾角为30°

(b) 倾角为45°

(c) 倾角为60°

图 5－40 不同角度火山通道偏移剖面

根据建立的刻画标准，在渤中 34 -9 油田范围内刻画出了较可靠的火山通道相 14 个，图 5 -41 为火山通道在沙一段顶面的分布，在 BZ34 -9 -5 井附近的火山通道在沙一段顶面的面积分别为 0. 159km² 和 0. 161km²。

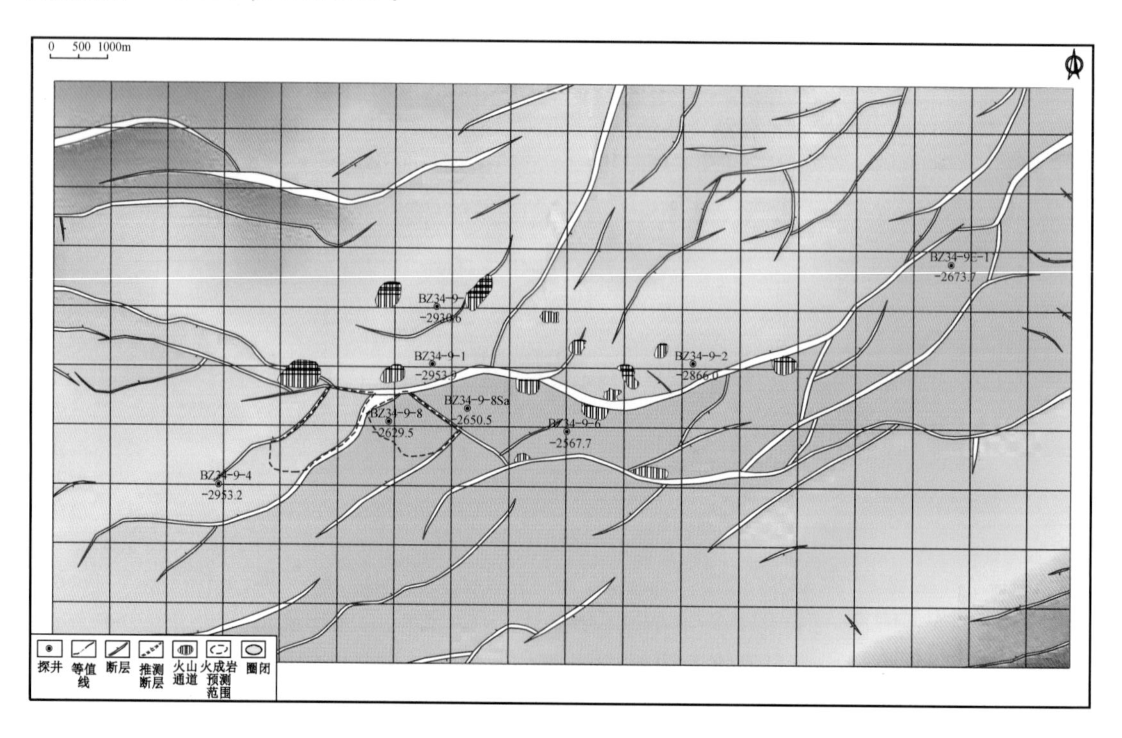

图 5 -41　渤中 34 -9 油田沙一段顶面构造图

该方法根据正演模拟和叠前时间偏移成像建立的刻画标准，并对渤中 34 -9 油田的火山通道进行了精细的刻画，有效地支持了该油田的勘探评价和储量精确计算，并为后续的开发井位优化设计提供了重要依据。

三、火山岩厚度地震定量刻画方法

上一节我们对火山机构及火山通道相的刻画进行了研究，相关成果为构造解释和储层预测研究提供了技术支撑，但是在储层发育区火山岩发育的厚度是影响我们判断储层发育情况的主要因素，因此准确预测和刻画火山岩的厚度是火山岩发育区储层预测的基础。本节将着重讲述对高阻抗火山岩厚度的地震定量刻画。

1. 基于速度场的无井约束反演方法

常规波阻抗反演往往都会利用多井插值模型，利用井上的低频信息补充地震资料缺失的低频部分，这种建模的方式适合区域内岩性变化不大的地区。当井间岩性变化较大时，多井波阻抗变化特征存在较大差异，该类方法就会存在有较大的局限性。但地震速度场在一定程度上能够反映速度的横向变化，地震资料的低频信息可以利用速度场进行有效的补充（陈星州等，2014）。

在火山岩发育区内，多种岩相的火山岩混叠在一起使得地层的非均质性较强，速度横向变化大，因此通过提取地震速度场的低频信息，引入了基于速度场的无井约束反演技术，将现有的反映反射系数的地震资料转化为波阻抗数据或者岩性数据。

在渤中 34 -9 油田区内火山岩发育具有横向变化快、单层厚度薄的特点，并且油田区内钻遇火山岩的 BZ34 -9 -1 井和 BZ34 -9 -2 井之间井距较大，约为 4. 5km，因此简单地利用这两口井资料插值来建立初始波阻抗模型无法满足该工区的火山岩研究的需要。根据前述方式，针对此问题，采用了基于地震叠加速度场的无井约束波阻抗反演技术。

由于不适合使用井资料，因此初始波阻抗模型的建立是以叠加速度场为基础进行的。首先，在平面和剖面上检查叠加速度的分布密度和质量，并将叠加速度转换为层速度。其次，在地震解释层位的控制下，将层速度插值，生成初始层速度模型。最后，使用层速度和波阻抗之间的线性关系（图 5 -42）将层速度模型转换为初始波阻抗模型（图 5 -43）。

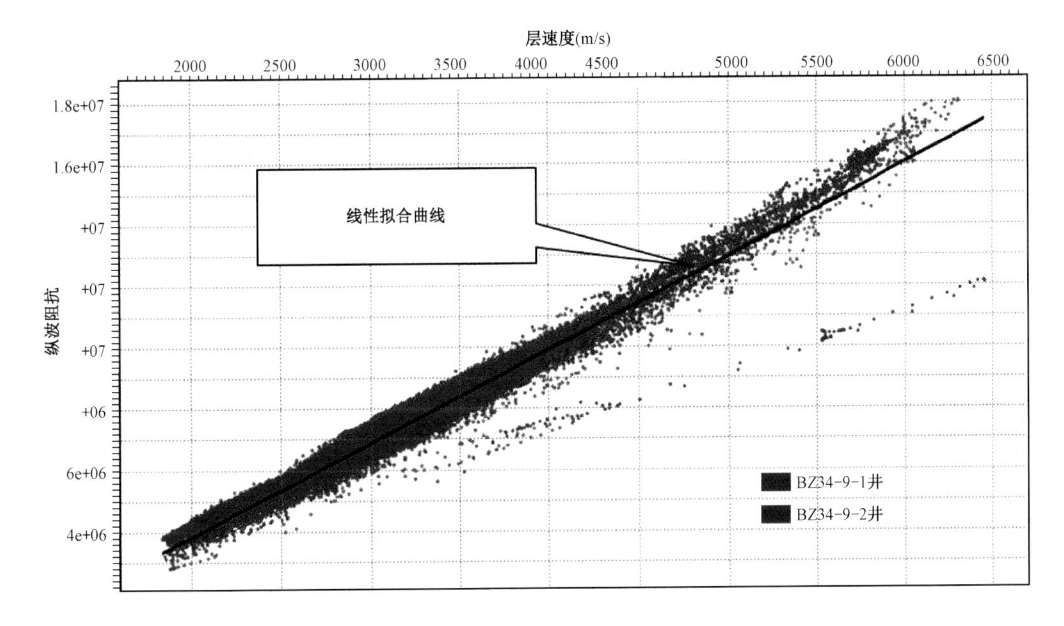

图 5 -42　层速度和波阻抗之间的线性关系拟合

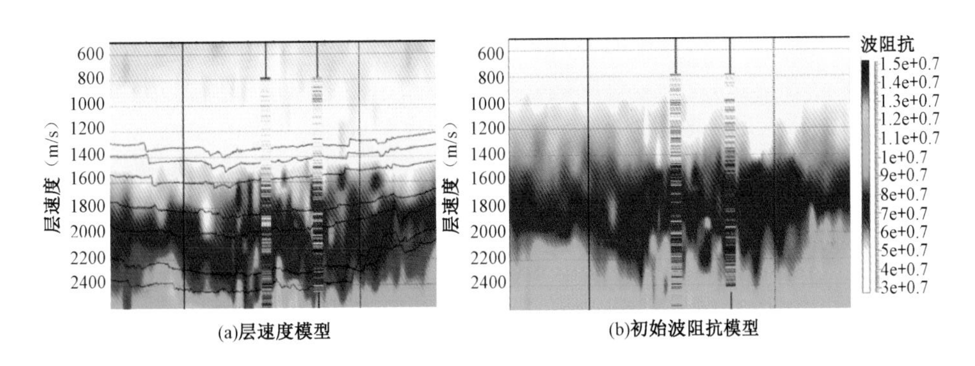

图 5 -43　层速度模型及由其转换得到的初始波阻抗模型图

以基于叠加速度场得到的初始波阻抗模型为约束条件，完成约束稀疏脉冲反演，得到全频带的绝对波阻抗数据。对比绝对波阻抗数据和 BZ34－9－1 井和 BZ34－9－2 井的火山岩岩性曲线，发现绝对波阻抗视分辨率低，满足不了刻画火山岩的要求，因此对绝对波阻抗数据进行了高通滤波，生成相对波阻抗数据。对比相对波阻抗数据和两口已钻井，认为东营组火山岩发育段内的较厚火山岩基本都有反映，相对波阻抗可以用于后续的火山岩刻画（图 5－44）。

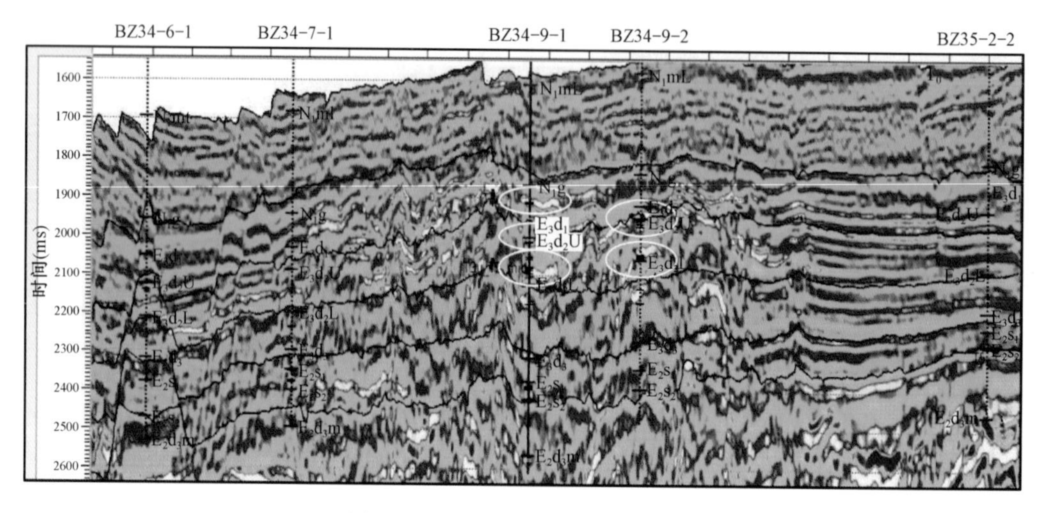

图 5－44　相对波阻抗连井剖面图

2. 基于火山岩构型的薄互层等效厚度描述方法

爆发相的凝灰岩和火山沉积相的沉凝灰岩的速度、密度与围岩（包括常规砂、泥岩，凝灰质砂、泥岩）混叠在一起为低速低密，表现为低阻抗特征。在地震剖面上以弱反射振幅为主，无较强反射界面。该类型的火山岩利用地震资料识别较为困难，但同时也证明了该类火山岩不仅对下伏目的层的能量屏蔽影响较小，而且对下伏地层的构造影响也可以忽略不计。但溢流相的玄武岩和侵入相的辉绿岩对下伏地层的能量具有一定的屏蔽作用，而且其对构造的影响不容忽视，溢流相和侵入相火山岩以横向展布较广的层状分布较多，但纵向期次也具有明显差异。侵入相的火山岩一般是单层侵入，但是溢流相火山岩主要为薄互层，其单层厚度较薄，一个火山喷发旋回内又存在多期喷发，造就了溢流相薄互层的结构（陈军等，2011）。薄互层定义为由多个薄层组成的不能够被地震反射所区分的一整套地层，其单层厚度小于地震最小分辨率，而多层又存在干涉的问题，可以说，薄互层地层结构下的厚度预测一直是困扰地球物理的一个难题，对于薄互层结构下的火山岩厚度预测也是如此。

不管是单层还是互层形式的高阻火山岩在地震剖面上都有较强反射振幅，在地震资料上较易识别。由于侵入型辉绿岩和东一段、东三段部分的玄武岩主要是单层形式，而东二段部分以 5m 左右的薄互层形式为主，对于这种结构下的火山岩，从火山岩反射构型的分析出发进行火山岩等效厚度的预测。

根据实际火山岩的统计数据，采用高阻抗类型火山岩的速度、密度和厚度以及不同组合形式，在有效的理论支撑下模拟火山岩的地震响应特征，在定性识别的基础上，实现火山岩的定量刻画（吴海波等，2014）。

1)高阻抗火山岩单层楔状体响应规律

通过多井速度密度的期望分析,认为油田范围内高阻抗火山岩的密度相对稳定在2.7g/cm³左右,而速度集中在4600~5400m/s的变化范围。因此,针对单层火山岩,建立同一密度下不同速度的多个楔状体进行正演实验,选用与实际资料相匹配的主频为18Hz的雷克子波,子波振幅能量在各井相当(差值5%以内)。

结果分析认为,在上述速度变化的范围内,火山岩四分之一波长在64~75m变化。有较强振幅响应(振幅值大于10000)的厚度在7m左右,当厚度达到14.5m左右时,有更强的振幅响应(振幅值大于20000)(图5-45)。

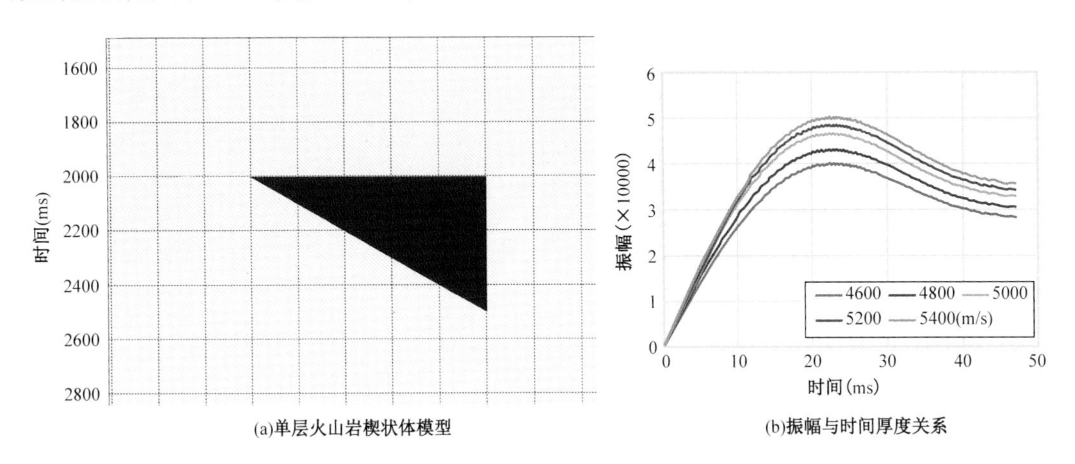

图5-45 单层火山岩楔状体响应规律分析

当单层厚度较薄(小于四分之一波长)时,其线性关系较为明显,而且振幅变化相对较小,因此我们选用该油田火山岩速度期望值5000m/s进行线性拟合,得到以下时间厚度与振幅的关系:

$$\Delta T = 6 \times 10^{-9} A^2 + 9 \times 10^{-5} A + 1.22 \qquad (5-1)$$

式中,ΔT为时间厚度;A为实际振幅值。利用地震资料可以求取单层火山岩所对应的最大振幅值,再利用以上公式可以求得对应的时间厚度,进而根据实钻火山岩速度得到真实的单层火山岩厚度。

2)高阻抗火山岩薄互层响应机理分析

薄互层定义为不能被地震反射区分出每个单层的多个薄层组成的一套地层。具体地说,薄互层的每个单层厚度小于调谐厚度,薄互层反射波是由多个单层的反射波干涉在一起形成的复合波,用此复合波不能区分每一个单层,也就是说,薄互层反射波是薄互层的整体响应。

为了更好地分析薄互层形式下火山岩响应规律,本节采用了火山岩的实际期望速度5000m/s和期望密度2.7g/cm³,从薄互层的组合形式、毛厚度和火山岩净毛比3个方面分析其影响。

(1)组合形式影响因素分析。

为了验证不同厚度的组合形式对火山岩响应特征的影响,采用表5-4所示的组合参数分析其响应特征。由于薄互层的影响因素较为复杂，为简化模型，组合形式考虑双层模型。实际火山岩组合毛厚度都小于四分之一波长，因此结合火山岩在东营组发育情况，选用毛厚度为40m，净毛比为60%的双层互层模型，并建立5种组合样式（图5-46）。

表5-4 不同组合形式模型响应参数

厚度组合（m）	22+2	18+6	12+12	6+18	2+22
毛厚度（m）	40				
净毛比（%）	60				
波峰振幅	30456	28093	25185	25814	27868
Δt（ms）	23.1	24.2	22.9	23.1	20.2

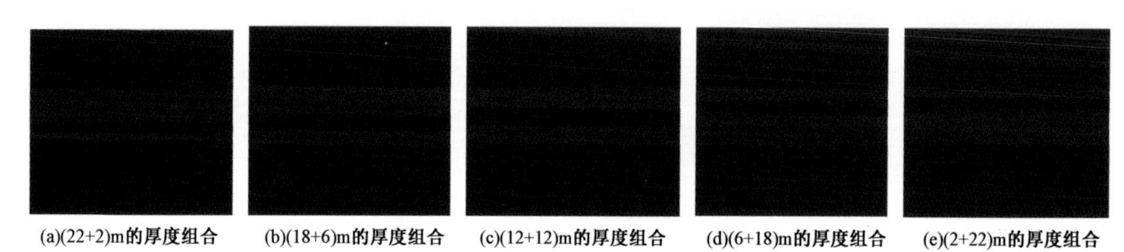

图5-46 不同厚度组合形式的双层模型

采用实际的子波褶积，正演结果分析两个数据，分别为波峰对应最大振幅值，以及在90°相移情况下火山岩所对应的时间厚度值。统计的数据如表5-4所示，振幅与时间厚度随组合形式不同的变化如图5-47所示。

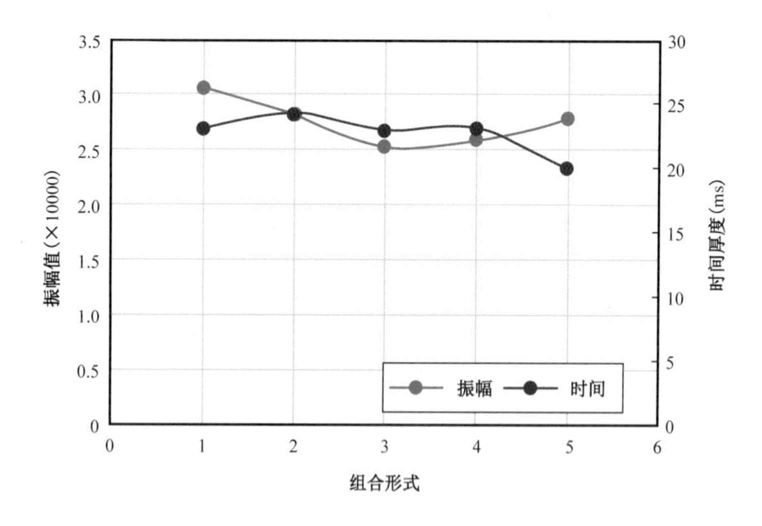

图5-47 振幅与时间厚度随组合形式不同的变化

结果表明，当净毛比固定毛厚度小于调谐厚度时，随着不同组合形式的变化，其波峰振幅值在25000~30000之间变化，变化范围较小，最大浮动范围为17%。而时间厚度值基本保持在18ms左右，变化较小。因此，组合形式对火山岩响应特征的影响相对较小。

(2)毛厚度影响因素分析。

从实际钻遇情况知道,高阻火山岩单层厚度相对较小,以薄互层形式存在的火山岩组合毛厚度小于一个波长。常规的楔状模型由3层组成,其中只有一个均匀的砂岩储层夹在背景泥岩中。在调谐厚度以内,薄层调谐振幅或频率与厚度之间存在近似的线性关系,因而可以通过振幅或频率预测薄层厚度。但油田火山岩喷发期次决定了东营组火山岩发育模式,单层之间围岩间隔相对较小,因此,通过建立楔状薄互层模型进行分析(图5-48)。

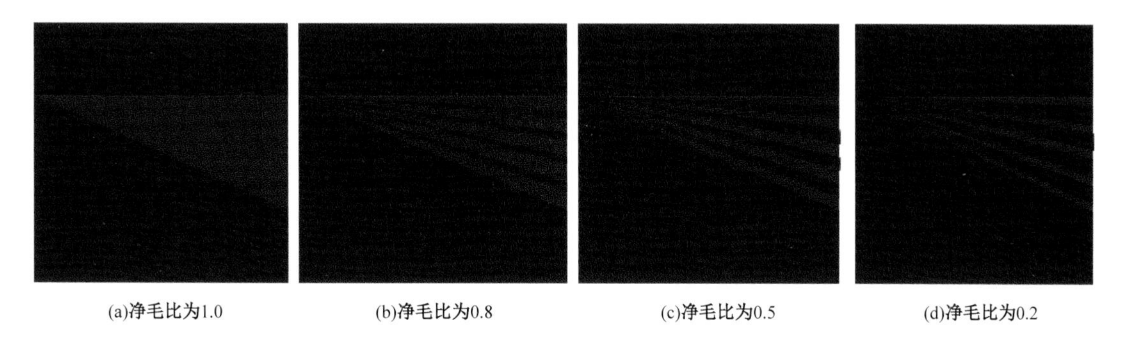

图5-48 不同净毛比薄互层楔状模型

为了探求其响应规律,分别建立了净毛比为1.0、0.8、0.5、0.2情况的楔状模型,其中净毛比为1.0时即正常单层楔状体。火山岩岩性参数与之前相同。通过褶积求取响应振幅曲线随时间厚度变化的关系,得到如图5-49所示的曲线。

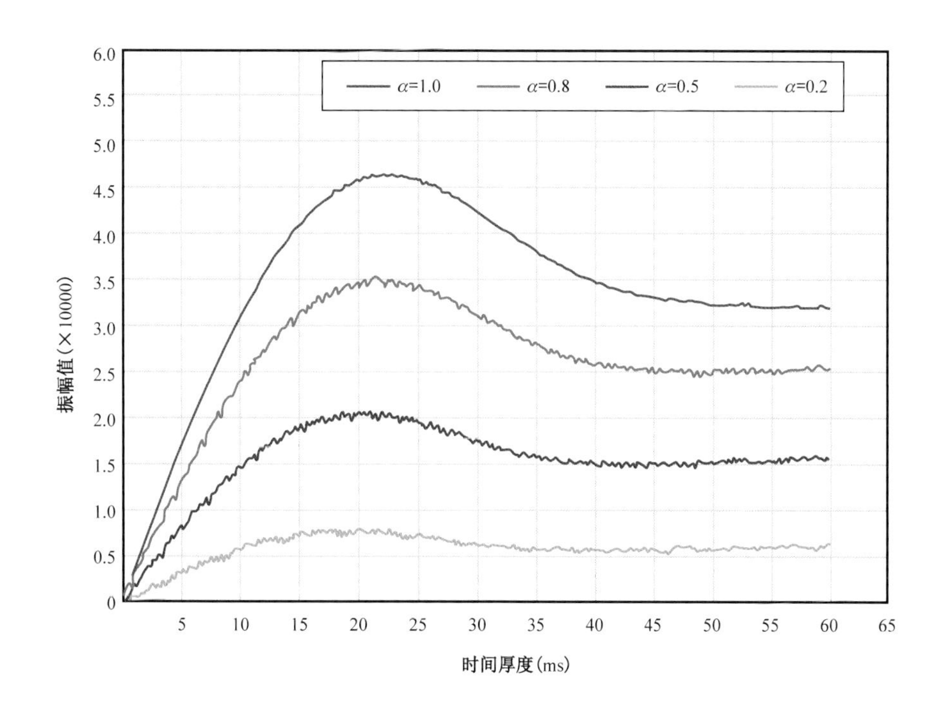

图5-49 不同净毛比下薄互层楔状模型的振幅响应

分析发现，薄互层楔状体的振幅响应曲线与正常楔状体（净毛比为1.0）的响应特征类似，在四分之一波长处达到最大振幅，但其振幅值要整体偏小。随着净毛比的减小，每个时间厚度所对应的振幅值也减小，而且随着净毛比的减小，最大调谐厚度处所对应的时间也慢慢减小。

综上可以看出，在薄层火山岩发育的东二段，毛厚度是影响薄互层响应特征的主控因素之一。实际地震纯波资料显示薄互层对应振幅一般位于10000～20000之间，由于在调谐厚度以内的振幅与时间厚度的关系有一定的线性关系，因此也提供了去调谐刻画火山岩净厚度的可能性。由于东营组发育的薄互层视厚度主要集中在14.4～32.0ms，从图中可以看到，在这个范围内净毛比对振幅的影响比毛厚度影响更大，为此需要针对净毛比单独进行分析。

（3）净毛比影响因素分析。

前面研究认为，毛厚度和净毛比对薄互层振幅响应特征有一定的影响，当毛厚度固定时，净毛比单一因素对响应振幅的影响如何？为此，通过建立毛厚度固定净毛比不同的火山岩薄互层模型进行分析。

图5－50显示了毛厚度为50m的4层火山岩薄互层模型，5个模型分别对应净毛比为24%、40%、56%、72%和88%。利用相同的18Hz雷克子波进行褶积运算，并统计对应最大振幅值和时间厚度（表5－5）。

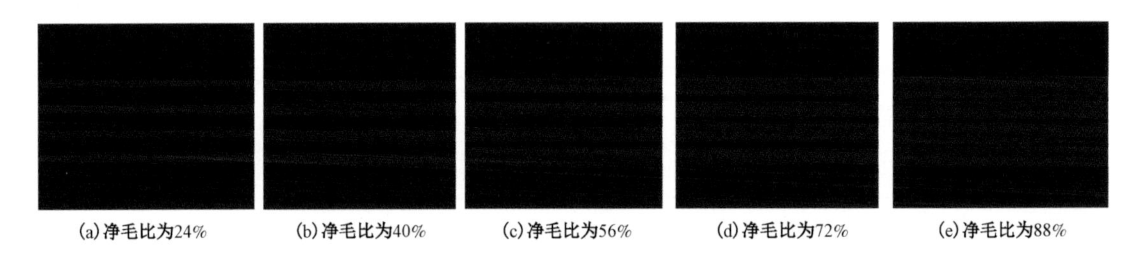

(a)净毛比为24%　(b)净毛比为40%　(c)净毛比为56%　(d)净毛比为72%　(e)净毛比为88%

图5－50　毛厚度与组合形式固定下的薄互层模型

表5－5　毛厚度与组合形式固定下的薄互层模型响应参数

层数	单层厚度（m）	毛厚度（m）	净毛比（%）	最大振幅	Δt（ms）
4	11	50	88	44432	38
	9		72	33216	34
	7		56	21652	29
	5		40	13206	26
	3		24	7943	24

将计算结果统计为振幅、时间厚度随火山岩净毛比变化关系，分析发现，随着净毛比的增加，薄互层振幅值也逐渐增加，而整体时间厚度是逐渐减小的，按10000振幅值截取的时间厚度是增加的。

从图5－51中能够看出，净毛比对薄互层振幅的影响较大，在净毛比小于30%时，振幅响应已经非常微弱，不足以识别火山岩。实验采用的子波振幅能量与实际地震能量相当，通过拟合振幅与净毛比的关系曲线，得到以下公式：

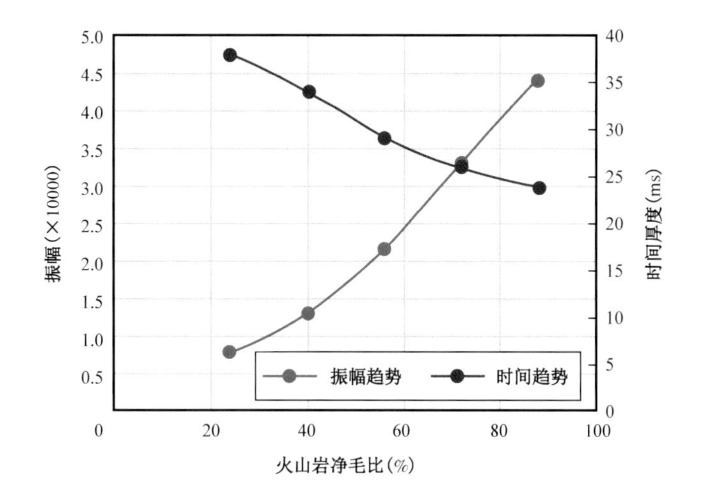

图 5－51　振幅与时间厚度与净毛比变化关系

$$N = -2 \times 10^{-10}A^2 + 3 \times 10^{-5}A + 0.05 \qquad (5-2)$$

其中,A 为振幅值;N 为火山岩净毛比。在不考虑毛厚度影响的情况下,可以利用最大振幅属性求取火山岩薄互层的净毛比,再利用反演资料追踪得到薄互层视厚度,进而可以得到实际的时间厚度分布,利用火山岩期望速度值可以转换得到实际的火山岩厚度分布。

从实际纯波资料来看,单层火山岩响应振幅一般在 20000 以上,其中 BZ34－9E－1 井处的辉绿岩振幅超过 50000,而以薄互层形式为主的玄武岩对应振幅一般位于 10000～20000 之间,相比单层的响应振幅值要小。

3) 火山岩定量刻画

已钻井揭示了渤中 34－9 油田火山岩主要分布在古近系东营组和沙河街组,单层厚度不超过百米,且单层厚度以薄层为主,集中在 0～20m 的范围。整体来看沉凝灰岩相对其他岩性较厚,最大厚度达 90m,但分布较为局限;凝灰岩相对较薄,一般不超过 20m,和其他类型火山岩共存为主;辉绿岩在地震剖面上有较为典型的反射特征,由于是浅层侵入岩,其厚度相对比较稳定,工区内在 BZ34－9－4 井和 BZ34－9E－1 井处钻遇辉绿岩,厚度在 40m 左右;玄武岩分布最为广泛,占据所有钻遇单层总量的 60% 以上,但单层厚度也是最小的,大部分的单层玄武岩厚度都小于 15m,而且 0～5m 厚度范围内的玄武岩占据多数,以薄互层形式存在,前期响应机理的研究也是建立在此基础上。

利用响应机理分析的认识进行火山岩的定量刻画,正演所用子波为实际子波。通过对多井井震标定,提取到正演所用子波。再利用反演资料进行目标火山岩体视厚度的追踪解释。将追踪得到火山岩体利用前面所得公式进行单层厚度估算或者薄互层净毛比的求取,进而可以得到时间域净厚度。利用火山岩速度期望值,最终可以求取得到火山岩净厚度。

BZ34－9－1 井和 5 井处的火山岩地震剖面显示有同一套溢流相玄武岩在东一段,选用 1 井为参与井,5 井为验证井进行净厚度预测,其实钻厚度为 12.3m。常规做法利用顶底相减得到时间厚度,再利用井点校正。图 5－52 为利用本次方法求取得到的净厚度平面分布图;

图5－53为利用常规方法求取得到的净厚度，能够看出两者存在一定的差异性，常规做法求取得到的厚度为11.1m，误差在9.7%；本次方法求得的厚度为12.7m，与实钻更为接近，误差在3.2%，而且平面分布图也指出最大厚度所在位置及最大厚度值都不同。

为了验证薄互层形式玄武岩净厚度预测精度，针对BZ34－9－1井和BZ34－9－5井处东二段处的薄互层进行预测，利用拟合公式得到该处薄互层火山岩的净毛比。

图5－54是利用本次方法求取得到的薄互层净厚度平面分布图，同样选取BZ34－9－5井为验证井，实钻薄互层单层累计厚度为24.3m。能够看到，图5－55为常规方法求取得到的净厚度为28.2m，误差较大，达到16%；而本次方法求取得到的净厚度为25.5m，误差在4.9%，精度有较大的提高。

图5－52　新方法预测得到的BZ34－9－1、BZ34－9－5井区上部单层厚度

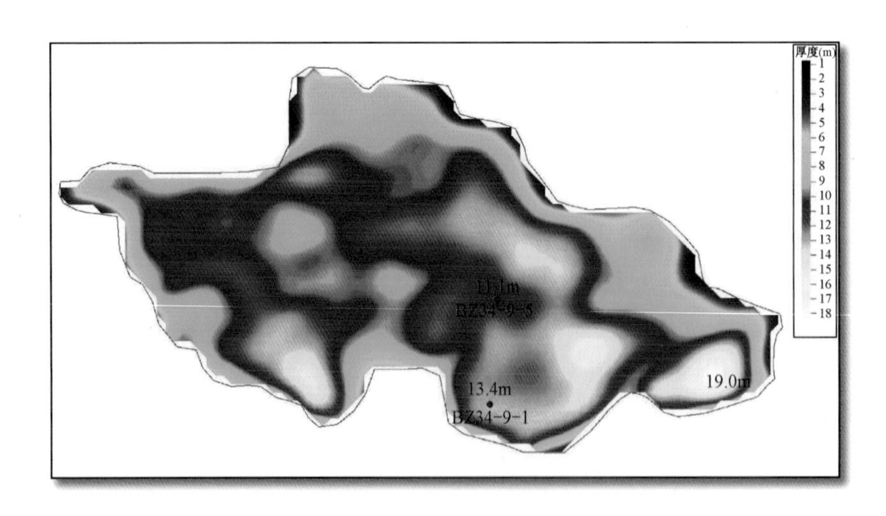

图5－53　常规方法预测BZ34－9－1、BZ34－9－5井区上部单层厚度

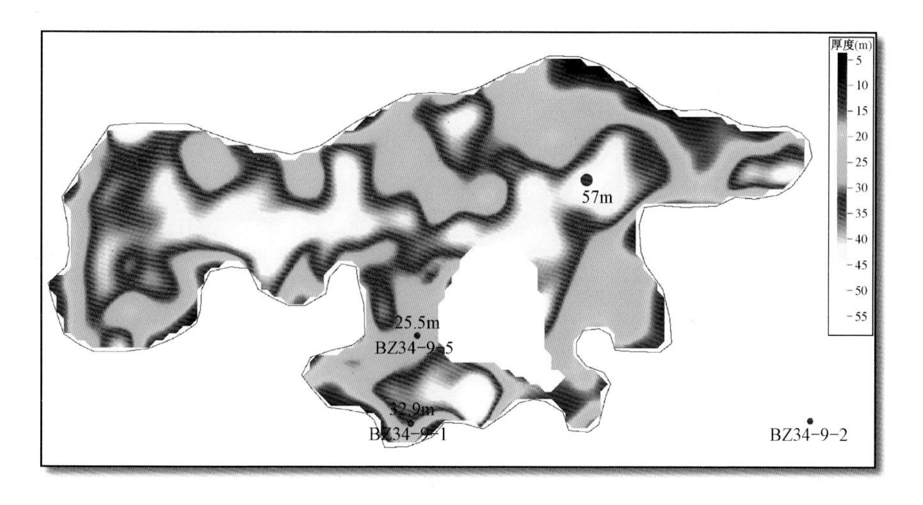

图 5-54　新方法预测得到的 BZ34-9-1、BZ34-9-5 井区东二段薄互层厚度

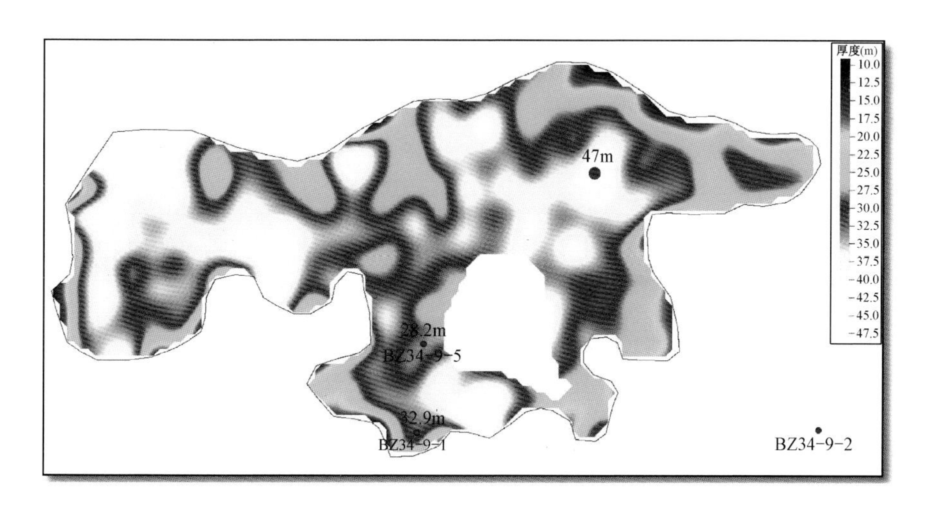

图 5-55　常规方法预测得到的 BZ34-9-1、BZ34-9-5 井区东二段薄互层厚度

3. 基于火山岩构型的单层厚度定量刻画方法

前一小节介绍了对于薄互层结构下的火山岩厚度的定量刻画方法,这种薄互层结构多以溢流相的玄武岩为主,但在渤海油田还大量发育单层大套火山岩,尤其是侵入相的辉绿岩,其厚度相对较厚,能明显影响下伏地层的构造,造成同向轴上拉现象,准确计算这种类型火山岩厚度和横向范围对该区时深转换具有十分重要的意义。下面以垦利 10-1 油田为例重点介绍单层火山岩厚度的定量刻画方法。

垦利 10-1 油田位于渤海湾盆地莱州湾凹陷北洼,主力含油层为沙三段,在沙三段局部发育火山岩。火山岩破坏了沙三段碎屑岩沉积的连续性,导致了这些井原有的目标油层缺失,减少了含油面积,储量规模也相应降低,大大增加了油田开发的不确定性和风险性。同时由于火山岩的存在,也提高了钻井工程及资料录取的难度。因此,应用已有的钻井和三维地震资料,开展火山岩空间分布规律的预测,对油藏进行重新评估,有针对性地调整油田开发方案,降低油田开发的风险，提高油田开发效果。更为重要的是，可以依据火山岩预测成果，在井位设计时制定相应的钻完井政策和资料录取方案，通过有针对性的预案规避火山岩对钻井及资料录取带来的风险。

垦利10－1油田沙三中段火山岩属于后期侵入型火山岩，岩性以辉绿岩为主，具有低自然伽马、低声波时差、高电阻率、高密度的测井响应特征，在地震剖面上火山岩呈现低频、强振幅、连续性好的地震反射结构，与上下围岩的地震响应呈现明显的差异，剖面上厚度稳定，呈现平行亚平行的反射构型，上部的沉积岩小角度超伏二者的分界面上，而下伏的沉积岩则以一定的角度与火山岩削截接触。如图5－56a所示。图5－56b和图5－56c是提取的瞬时振幅属性的过井剖面和瞬时地层切片。火山岩地层均方根振幅远远高于围岩。均方根剖面上火山岩的高值与围岩的低值形成了鲜明的对比。与原始地震剖面相比，均方根振幅剖面上火山岩形特征更突出，与围岩的界限更清晰，二者的接触关系更明显。在均方根振幅瞬时地层切片上（图5－56c），依据火山岩特征的高值可以很容易地识别出火山岩的平面分布范围，非常直观地确定火山岩的几何形态。

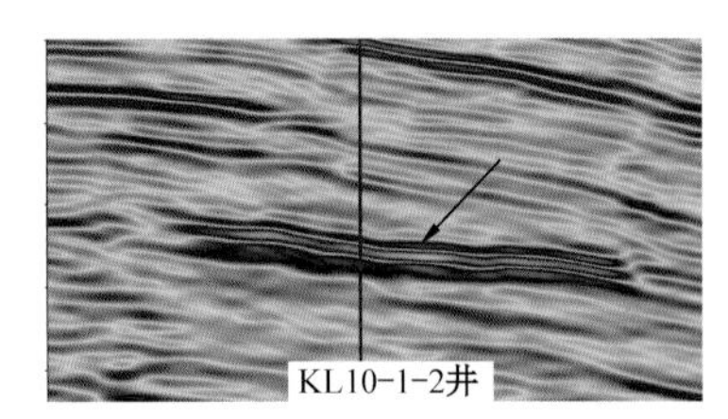

(a)火山岩过KL10-1-2井地震剖面

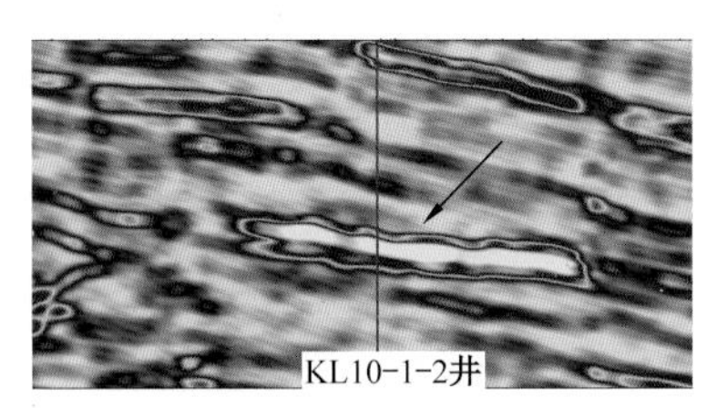

(b)火山岩过KL10-1-2井均方根振幅剖面

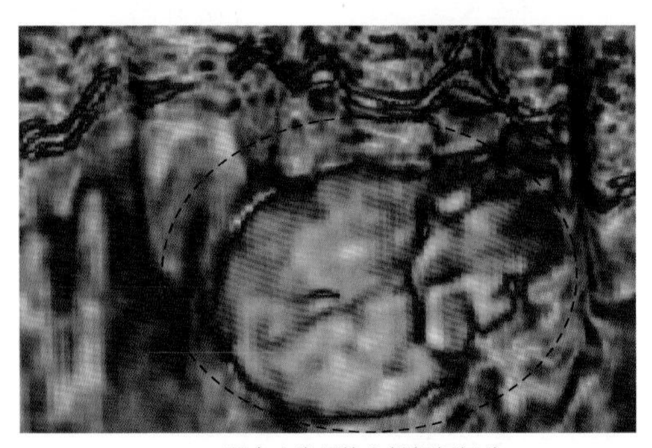
(c)顺火山岩层均方根振幅切片

图5－56　垦利10－1油田沙三段火山岩地震响应特征

火山岩平面分布规律是通过火山岩特征的地球物理响应，在多井火山岩解释的基础上，开展火山岩顶底面的追踪，准确地刻画火山岩分布范围，并依据火山岩顶底面的时间差得到火山岩时间域厚度，最后通过时深转换得到火山岩深度域的等厚图，完成火山岩平面分布规律的预测。如图5－57所示为垦利10－1沙三段火山岩厚度预测等厚图。从图中可以看出，该火山岩体平面上呈扇形，自莱北断层向西南方向堆积，延伸长约1200m，宽约750m，平面分布面积为1.3km^2。火山岩分布以2井、20井为中心，厚度达70～80m，等值线稀疏平滑，反映火山岩主体部位厚度较为稳定，但在火山岩体边缘附近等值线加密，反映火山岩厚度急剧变薄并消失。

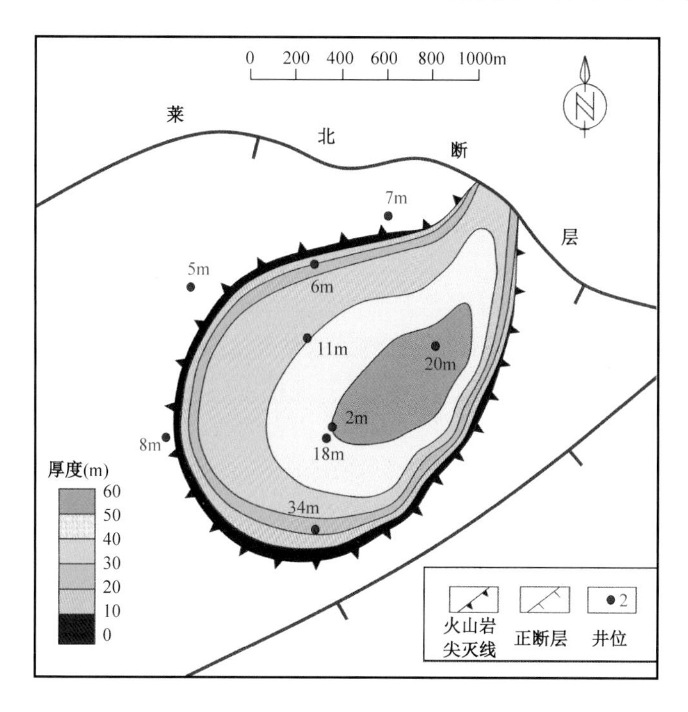

图 5-57 垦利 10-1 沙三段火山岩厚度预测等厚图

如表 5-6 所示为钻前预测火山岩厚度与实钻火山岩厚度对比,对于埋深在 2700m 的火山岩,这种厚度预测误差已十分微小。

表 5-6 火山岩预测厚度误差分析

井号	2	A6	A11	A20	A24
岩性	辉绿岩	辉绿岩	辉绿岩	辉绿岩	辉绿岩
亚段	沙三中	沙三中	沙三中	沙三中	沙三中
实钻厚度(m)	50.1	21.3	40.0	54.5	26.9
预测厚度(m)	53.6	19.7	38.7	56.9	24.1
误差(%)	-3.5	1.6	1.3	-2.4	2.8

第三节 火山岩影响区构造校正技术

在火山岩发育区,由火山岩厚度不均,且其速度远高于沉积岩,使得时深转换的平均速度与围岩存在较大差异,使构造成图时产生较大的误差,造成钻井深度误差和构造不落实的问题。如何在构造成图时消除火山岩的高速影响,对解释成果进行准确的时深转换,是火山岩下伏地层勘探的关键。本节根据不同火山岩特点提出了两种时深转换的方法。在复杂的多期次火山岩发育区,采用基于微层楔状模型的时深转换方法;在大面积稳定发育的火山岩发育区,采用基于压实及厚度的二元时深关系转换方法,以上两种方法有效解决了火山岩发育区的时深转换难题,其效果已通过实际钻井验证。

一、基于微层楔状模型的时深转换方法

在火山岩多期次发育的地区，火山岩纵向厚度变化较大，平面分布不均一性较强，导致不同区域已钻井的时深关系差异较大，无法利用常规时深转换方法进行构造成图。由于火山岩多期次发育，单层厚度及展布范围变化较大，无法逐一刻画每套火山岩厚度，为进行精细时深转换，在获得火山岩累积校正厚度的基础上，采用基于微层楔状模型的时深转换方法进行时深转换，下面以渤中 34－9 构造为例介绍该方法的技术流程。

随着地震波波长和非均质体尺度关系的变化，地震波在地下介质中传播时，可能满足射线理论（陈可洋，2010）、Backus 等效介质理论或散射理论等（Backus G，1962）。因此不能简单利用射线理论成立前提下的公式（5－3）计算出由火山岩的存在而引起的下伏地层上拉时间。

$$\Delta t = 2\Delta H/V_{背} - 2\Delta H/V_{火} = 2\Delta H(1/V_{背} - 1/V_{火}) \quad (5-3)$$

将 BZ34－9－1 井火山岩发育段的速度和密度曲线替换为背景速度和密度，然后建立成微层状介质模型。利用基于建立的微层状模型，以及表示火山岩厚度分布的楔状模型，完成由于火山岩存在（不同厚度）而引起的下伏地层上拉时间关系式的求取（图 5－58）。其中图 5－58a为用于正演模拟的数值模型，其中代表火山岩的楔状模型置于渤中 34－9 油田火山岩相对发育的东营组内。基于实际资料，经正演得到火山岩与下伏地层时间校正量关系式为

$$y = -7E-08x^4 + 3E-05x^3 - 0.0022x^2 + 0.1644x, R^2 = 0.9997 \quad (5-4)$$

其中，x 为火山岩厚度；y 为对应的时间校正量。

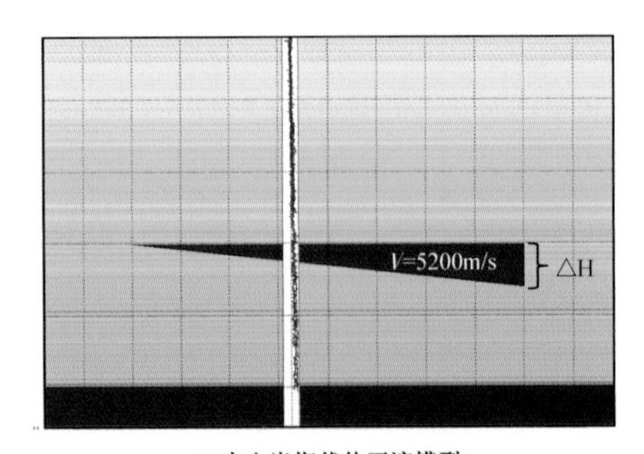

(a)火山岩楔状体正演模型

(b)正演模拟剖面

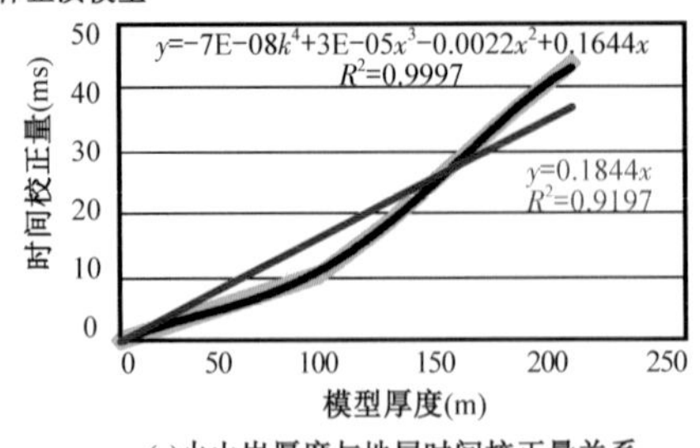

(c)火山岩厚度与地层时间校正量关系

图 5－58　不同厚度火山岩与其引起的下伏地层上拉时间关系式的求取

根据前面介绍的定量刻画方法可以获得东二段火山岩校正厚度平面图(图5－59a)及时间校正关系式5－4即可求取出东二段火山岩引起的东二段上拉时间校正量平面图(图5－59b),同理,再求取出东一段及东三段相关上拉时间校正量平面图,将求取的各层段火山岩引起的上拉时间校正量累加就完成了T_3地震反射层在时域同相轴上拉时间的求取,如图5－59c所示。

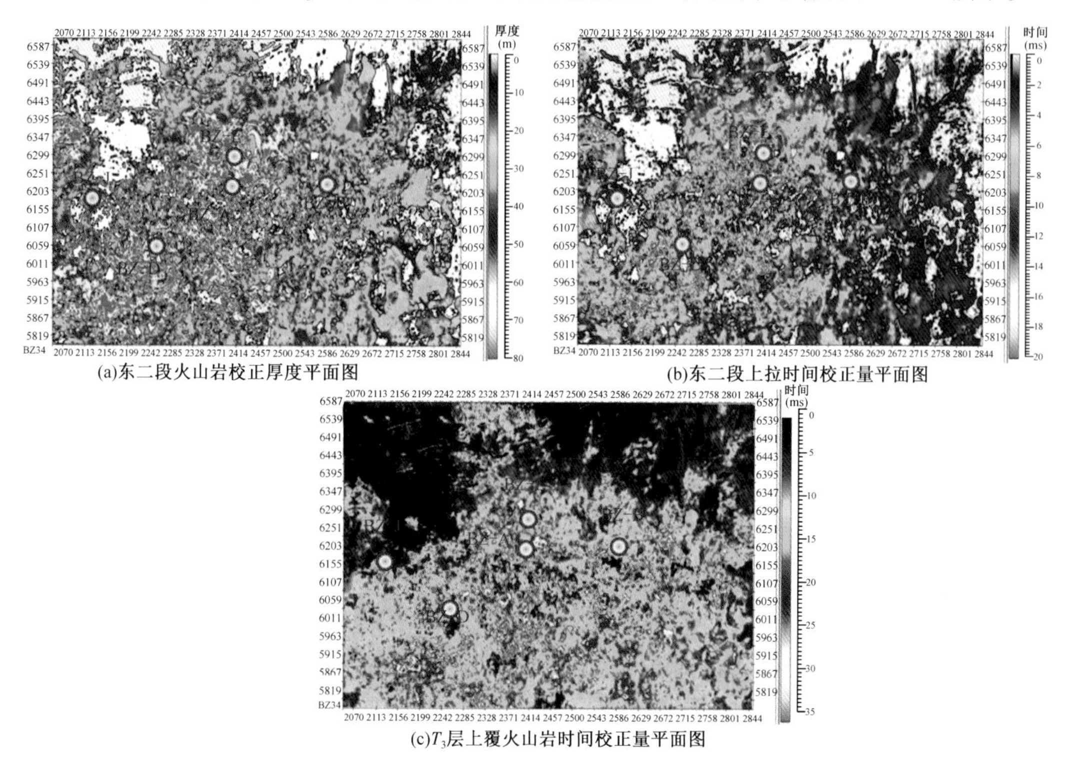

(a)东二段火山岩校正厚度平面图
(b)东二段上拉时间校正量平面图
(c)T_3层上覆火山岩时间校正量平面图

图5－59　时间校正量图及上覆火山岩相关的时间校正量平面图

根据“T_3层位上覆火山岩相关的时间校正量平面图”及“基于实际地震成果资料解释好的T_3层位等t_0图”,即可得“校正后的T_3层位等t_0图”。

通过上述方法可以获得不受火山岩影响的等t_0图后,时深转换同样需要不受火山岩影响的时深关系,而通过钻井的声波测井资料可以较容易地获得不受火山岩影响的时深关系。

测井资料相对地震资料具有高分辨率的特征,可以等效成微层状介质,其中每层均为各向同性弹性介质,每层介质可由方程(5－5)以描述。

$$C_{\alpha\beta}^{\mathrm{iso}}=\begin{bmatrix} c_{33} & (c_{33}-2c_{44}) & (c_{33}-2c_{44}) & 0 & 0 & 0 \\ & c_{33} & (c_{33}-2c_{44}) & 0 & 0 & 0 \\ & & c_{44} & 0 & 0 & 0 \\ & & & c_{44} & 0 & 0 \\ & & & & c_{44} & 0 \\ & & & & & c_{44} \end{bmatrix} \tag{5－5}$$

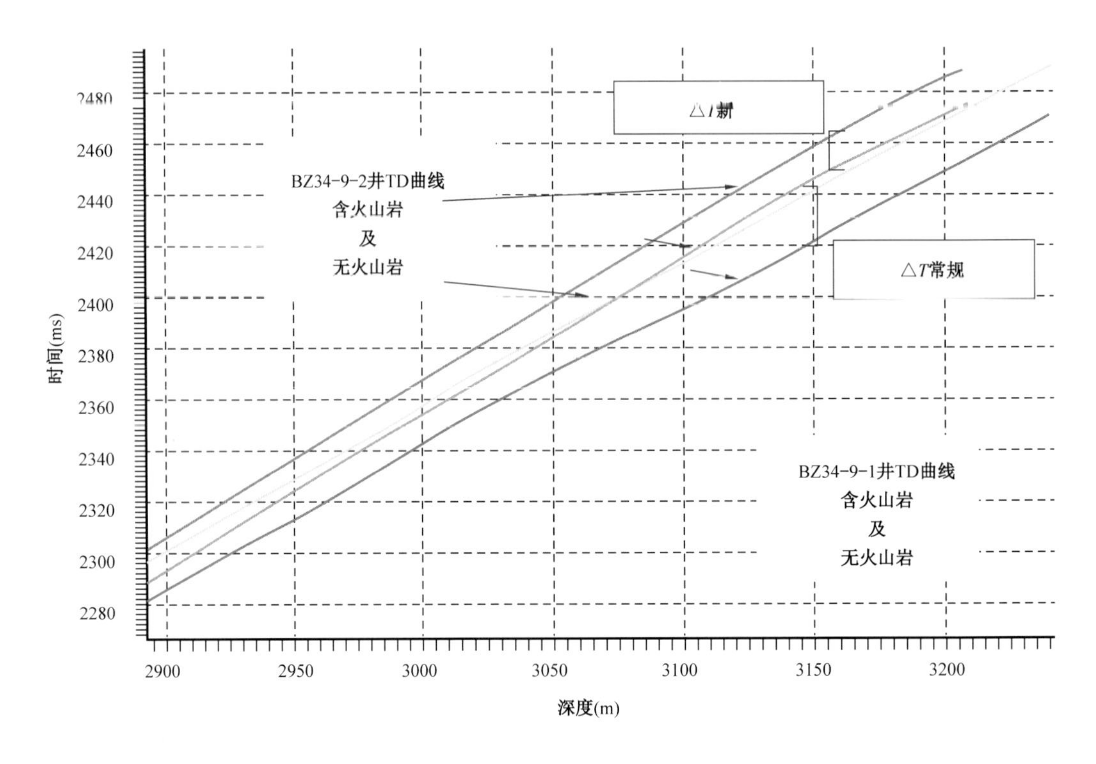

图5-61　BZ34-9-1及BZ34-9-2井含火山岩及无火山岩情况下
东三段及下部地层TD曲线关系对比图

通过BZ34-9-4井和BZ34-9-5井对两种方法进行验证。分别对两口井的层位预测误差进行对比分析,可以有效验证本次研究所提出新方法的可靠性。经统计分析可得,新方法相对于传统方法的预测误差整体平均可提高50%。

二、基于压实及厚度的二元时深关系转换方法

通常认为地层速度随着埋深的增加逐渐变大,且同一层段地层速度相当或呈线性变化(周蒂,2008),但在火山岩发育区,地层速度除了受埋深或压实的影响外,还受到火山岩发育程度的影响。对于大面积稳定发育的火山岩发育区,火山岩厚度变化较缓,对下伏地层的影响较稳定,时深转换时可以分别计算压实和火山岩厚度的影响,采用基于压实及厚度的二元时深关系转换方法进行时深转换研究。下面以曹妃甸2-1油田的实例,重点讲述基于地层压实趋势和火山岩厚度的二元时深关系转换方法(白青云,2015)。

曹妃甸2-1油田位于渤海西部海域,油田范围内馆陶组稳定发育大套火山岩。由于火山岩厚度的不同,导致速度横向变化剧烈,如图5-62所示。油田范围内5口探井的全井段的层速度随着深度增加而增加,埋深压实效应是速度的一个影响因素(图5-63),去除压实趋势后的层速度分析发现在深度2000~2500m处存在明显速度异常(图5-64),且异常点都在馆陶组一套火山岩地层内,而这套火山岩地层平面分布不均匀导致其下伏地层平均速度横向变化。

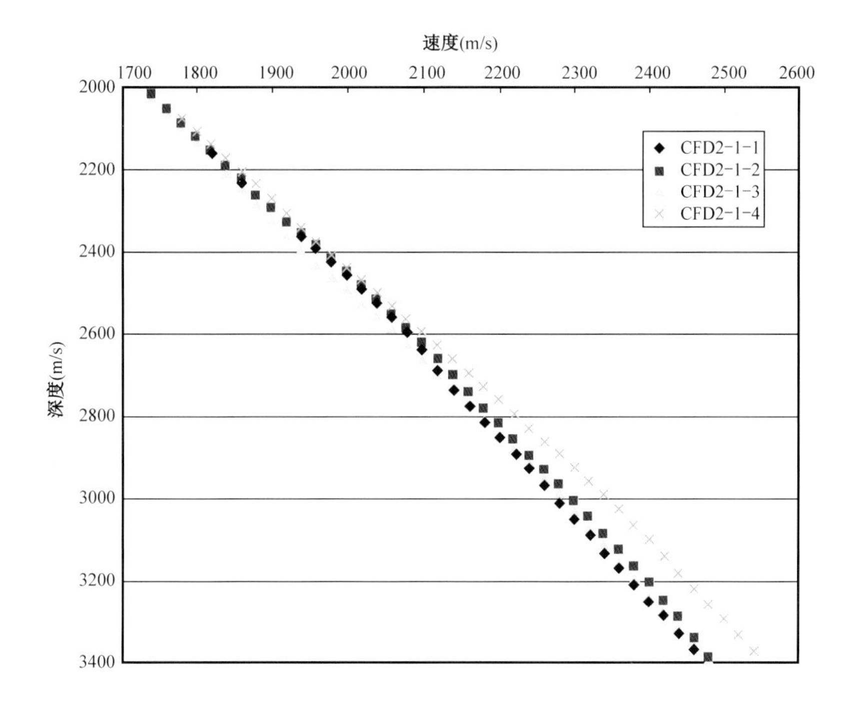

图 5－62　曹妃甸 2－1 油田速度变化图

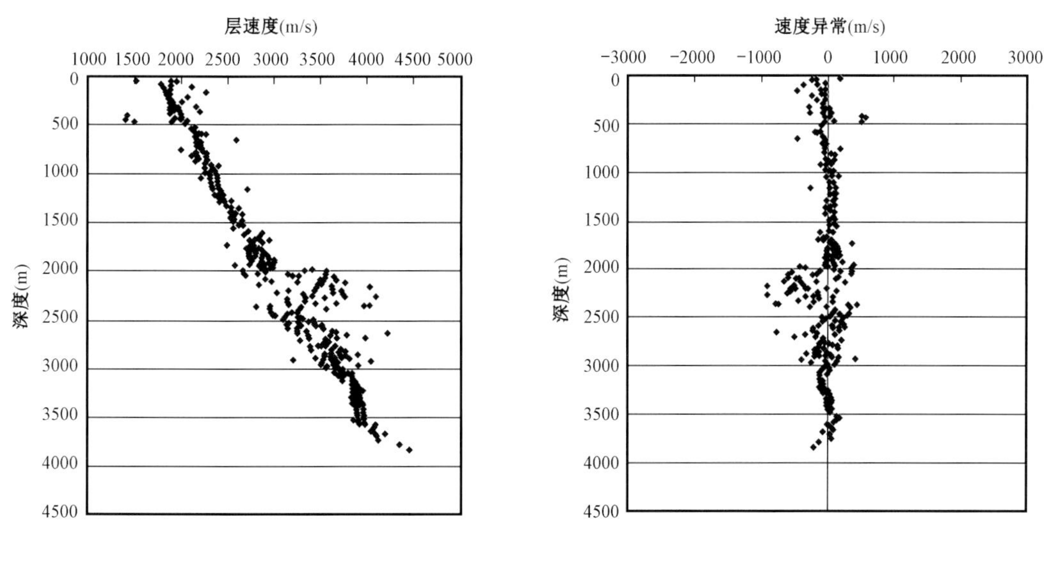

图 5－63　层速度变化趋势图

图 5－64　去压实后层速度变化趋势图

影响目的层速度的因子有两个:压实效应和高速火山岩地层厚度,其中压实效应随着深度的增加而增加,可以用目的层的时间深度来近似刻画,研究重点放在另一个速度影响因子即高速火山岩地层厚度的定量描述上。结合火山岩地震剖面响应特征,进行火山岩顶底界面的追踪解释(图 5－65),得到了火山岩整套地层的厚度。

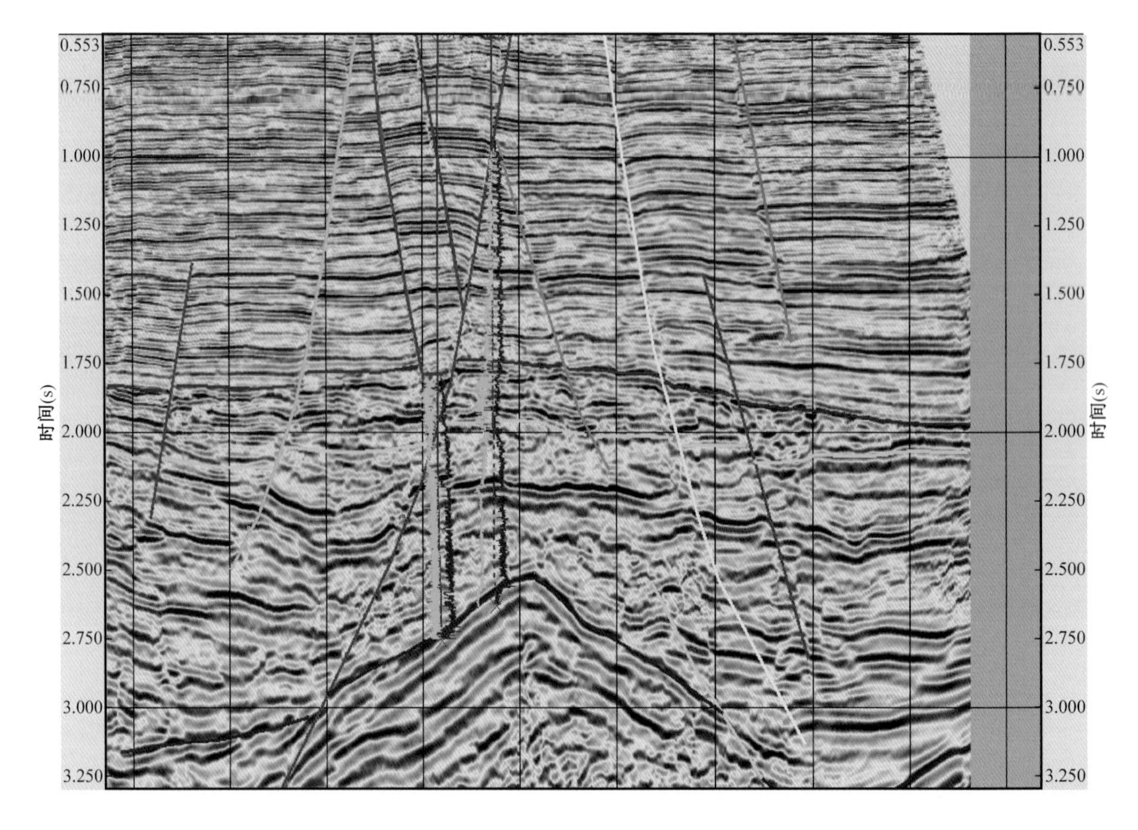

图 5－65　火山岩顶底面解释

通过测井曲线分析发现,火山岩岩性复杂,顶底界面之间既有高速地层,又有低速地层,而真正造成速度横向变化的是其中的高速地层,通过类似"砂地比"的概念,创新性地引入了"高低比"参数来表征火山岩地层中高速成分的含量,火山岩地层厚度与"高低比"参数相乘可以得到高速火山岩地层的厚度(图 5－66)。

由于目的层之上存在一套较厚的高速火山岩,造成了目的层地震资料分辨率较低、信噪比较低,且地层倾角大造成叠加速度与均方根速度之间存在较大差异,所以叠加速度谱法不适用;而制约平均速度方法的因素是井的分布情况,从油田井位分布图可清楚地看到井分布不均匀,通过插值方法得到的平面速度场误差较大,不能满足对构造精度的要求。

传统做法采用一元回归公式进行拟合,速度的影响因子只考虑了压实效应,即速度垂向变化(图 5－67)。基于以上分析,对传统时深关系拟合方法进行改进,针对油田速度影响因子的实际情况,创新性地将传统的一元回归扩展到二元回归,同时考虑速度的垂向和横向变化,经过改进后的时深转换方法可以适用于速度横向变化剧烈的地区,深度预测的精度会大大提高。

二元回归是指运用影响一个因变量的两个自变量进行回归分析的一种预测方法。关键是通过因变量同两个自变量的因果关系进行回归分析解回归方程,对回归方程进行检验得出预测值。通过前面的分析,速度(Velocity)的影响因子除了垂向变化因子(Ver),还有横向变化因子(Lat),即

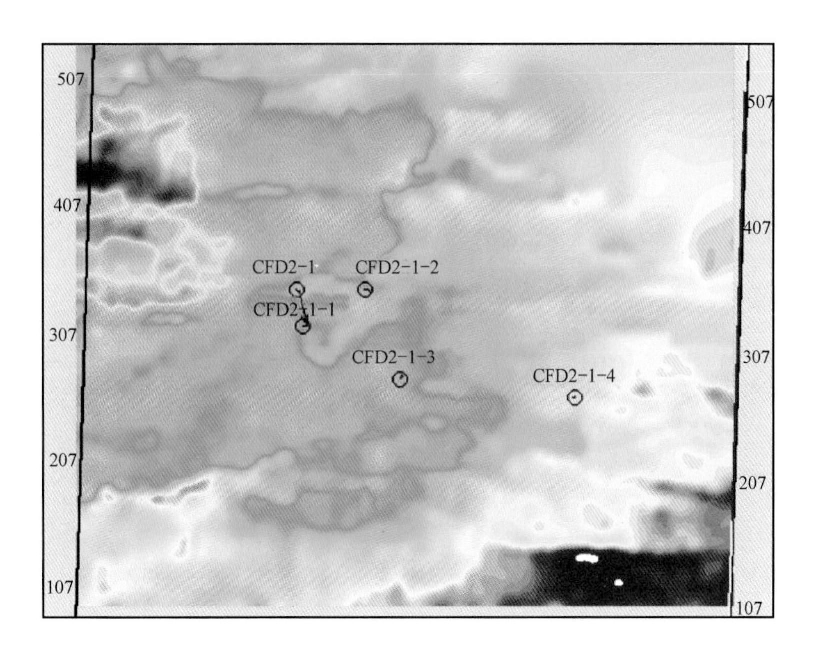

图 5-66　高速火山岩厚度分布

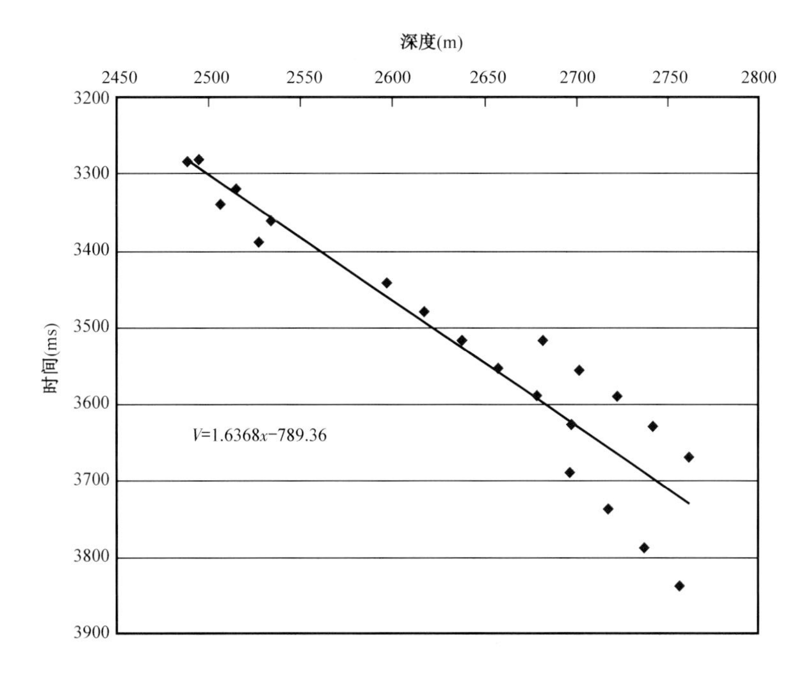

图 5-67　曹妃甸 2-1 油田时深关系变化图

$$\text{Velocity}_i = \beta_0 + \beta_1 \text{Ver}_i + \beta_2 \text{Lat}_i \quad (5-11)$$

将每口探井在目的层的速度、时间、火山岩厚度关系对提取出来，组成回归公式的技术数据集，(Velocity_i、Ver_i、Lat_i)$i=1,2,\cdots\cdots,n$，然后通过最小二乘法来求取关系式中的待定系数(β_0、β_1、β_2)，具体的解析表达式分别如下：

$$\beta_0 = \frac{1}{n}\sum_{i=1}^{n}\text{Velocity}_i - \left(\frac{1}{n}\sum_{i=1}^{n}\text{Ver}_i\right)\times\frac{\left(\sum_{i=1}^{n}\text{Velocity}_i\times\text{Ver}_i\right)\left(\sum_{i=1}^{n}\text{Lat}_i^2\right)-\left(\sum_{i=1}^{n}\text{Velocity}_i\times\text{Lat}_i\right)\left(\sum_{i=1}^{n}\text{Ver}_i\times\text{Lat}_i\right)}{\left(\sum_{i=1}^{n}\text{Ver}_i^2\right)\left(\sum_{i=1}^{n}\text{Lat}_i^2\right)-\left(\sum_{i=1}^{n}\text{Ver}_i\times\text{Lat}_i\right)^2} - \left(\frac{1}{n}\sum_{i=1}^{n}\text{Lat}_i\right)\times\frac{\left(\sum_{i=1}^{n}\text{Velocity}_i\times\text{Lat}_i\right)\left(\sum_{i=1}^{n}\text{Ver}_i^2\right)-\left(\sum_{i=1}^{n}\text{Velocity}_i\times\text{Ver}_i\right)\left(\sum_{i=1}^{n}\text{Ver}_i\times\text{Lat}_i\right)}{\left(\sum_{i=1}^{n}\text{Ver}_i^2\right)\left(\sum_{i=1}^{n}\text{Lat}_i^2\right)-\left(\sum_{i=1}^{n}\text{Ver}_i\times\text{Lat}_i\right)^2} \quad (5-12)$$

$$\beta_1 = \frac{\left(\sum_{i=1}^{n}\text{Velocity}_i\times\text{Ver}_i\right)\left(\sum_{i=1}^{n}\text{Lat}_i^2\right)-\left(\sum_{i=1}^{n}\text{Velocity}_i\times\text{Lat}_i\right)\left(\sum_{i=1}^{n}\text{Ver}_i\times\text{Lat}_i\right)}{\left(\sum_{i=1}^{n}\text{Ver}_i^2\right)\left(\sum_{i=1}^{n}\text{Lat}_i^2\right)-\left(\sum_{i=1}^{n}\text{Ver}_i\times\text{Lat}_i\right)^2} \quad (5-13)$$

$$\beta_1 = \frac{\left(\sum_{i=1}^{n}\text{Velocity}_i\times\text{Lat}_i\right)\left(\sum_{i=1}^{n}\text{Ver}_i^2\right)-\left(\sum_{i=1}^{n}\text{Velocity}_i\times\text{Ver}_i\right)\left(\sum_{i=1}^{n}\text{Ver}_i\times\text{Lat}_i\right)}{\left(\sum_{i=1}^{n}\text{Ver}_i^2\right)\left(\sum_{i=1}^{n}\text{Lat}_i^2\right)-\left(\sum_{i=1}^{n}\text{Ver}_i\times\text{Lat}_i\right)^2} \quad (5-14)$$

求取出待定系数后，就可以得到速度与垂向影响因子和横向影响因子之间的关系，最后将关系式在全区应用得到全油田的平均速度场，从而进行时深转换。经过二元时深转换得到的结果可以更加准确地刻画目的层的真实构造。新井实钻结果表明，相对于传统线性拟合方法，二元拟合结果预测误差从35m提高到了7m。

第四节　小　　结

火山岩作为一种特殊地质体，它的发育模式与沉积岩截然不同，因此在地震资料解释过程中必须采取针对性的解释技术和措施，首先厘清火山岩的空间展布规律，然后在分析火山岩对正常地层沉积影响基础上落实围岩的构造发育特征。在该思路的指导下形成了多项火山岩发育区特色解释技术：

（1）形成了基于“岩性—相带”的火山岩半定量三维精细刻画技术，将火山通道相和溢流相根据其反射特征的差异，通过将多种属性进行融合显示，半定量地刻画了火山机构的空间展布形态；

（2）形成了火山通道边界定量分析及刻画新技术。在火山通道相地震反射特征基础上，建立了典型的火山通道模型，采用正演模拟的手段重点对火山通道边界的倾角、速度精度等因素进行了定量分析，形成了火山通道边界的刻画标准；

(3)形成了基于火山岩构型的薄互层等效厚度描述方法和基于火山岩构型的单层厚度定量刻画方法,分别对不同形式下火山岩厚度的定量刻画进行了研究,并得到实际钻井的验证;

(4)形成了基于微层楔状模型的时深转换方法和基于压实及厚度的二元时深关系转换方法,为火山岩下伏及围区构造的准确落实提供了的技术支持。

第六章 勘探实例

随着渤海油田勘探开发程度的不断深入，与新生界火山岩相关的油气藏正逐渐成为勘探与开发的重要目标。近几年来，在渤海海域有40余口井在新生界钻遇火山岩，主要分布在新港重力高、沙南地区、黄河口凹陷东部和莱东—庙南构造带，纵向上看从新近系和古近系中均有火山岩分布。研究表明，火山岩与油气成藏关系密切，其对油气生成和运移、构造和圈闭形成和改造、有利储层分布等方面均有重要影响。而火山岩发育区地震资料往往品质较差，不同火山岩相刻画难度大，这就使得对其发育模式及发育规律认识不清，进而影响了火山岩发育区的油气勘探开发进程。针对渤海新生界火山岩发育区地震资料目前存在的识别及刻画难度大的问题，开展地震正演模拟、地震资料处理、火山岩三维定量刻画一体化研究，认清渤海海域新生界火山岩发育区典型地震响应机理，通过对适合渤海新生界火山岩典型地质体精细刻画为目的的地震资料处理方法研究，获得能够解决渤海油田新生界火山岩发育区复杂地质条件问题的高品质地震资料，在此基础上建立新生界火山岩地震综合研究方法及技术流程，进而推动勘探目标的发现与勘探进程。下面就以黄河口凹陷南斜坡渤中34－9构造和莱州湾凹陷东北洼垦利6构造区为例介绍地球物理技术在新生界火山岩发育区的应用。

第一节 黄河口凹陷南斜坡渤中34－9构造

在地幔上涌区域拉张应力和郯庐走滑右旋张扭作用下，黄河口凹陷发育一系列呈近东西向和北北东向的次级断裂，进而形成断阶带、断隆带等构造带。其中近东西向断裂主要为张性正断层，控制凹陷格局；北北东向断裂为走滑断裂，是郯庐走滑断裂带的西支。渤中34隆起带将凹陷分为东西两个次洼，西深东浅，形成“两洼夹一隆”的构造格局。受多期构造运动的影响，黄河口凹陷构造变形复杂。凹陷南部斜坡带，火山岩广泛发育。

古近系断裂强活动期主要有3期，其中沙河街组沉积时期主要以伸展断层为主，形成北北东向、北东向、近东西向伸展断层和北西—北西西向伸展变换断层（图6－1a），东营组沉积时期随着郯庐右滑走滑强度加大，北北东向右旋走滑伸展断层和北西—北西西向左旋走滑伸展断层活动强烈（图6－1b），明上段—第四系沉积时期受郯庐断裂带走滑活动的影响使北北东向断裂再次发生右旋走滑活动。受多期构造运动的影响，黄河口凹陷构造复杂、圈闭和油气藏类型多样。在凹陷南部斜坡带，火山岩广泛发育，在构造上形成岩浆底辟构造。研究区沙二段—东一段各层均有火山岩发育，火山口伴随断裂带呈“串珠状”分布。

一、渤中34－9构造勘探难点

渤中34－9构造位于黄河口凹陷南斜坡，紧邻郯庐断裂中支，围区相继发现渤中35－2油田、渤中34－6/7油田及垦利6－1含油气构造，表明斜坡带油气运移通畅，成藏条件优越。研究区由于其构造活动强烈，断裂系统复杂，且新生界古近系发育多套的火山岩（图6－2）对下

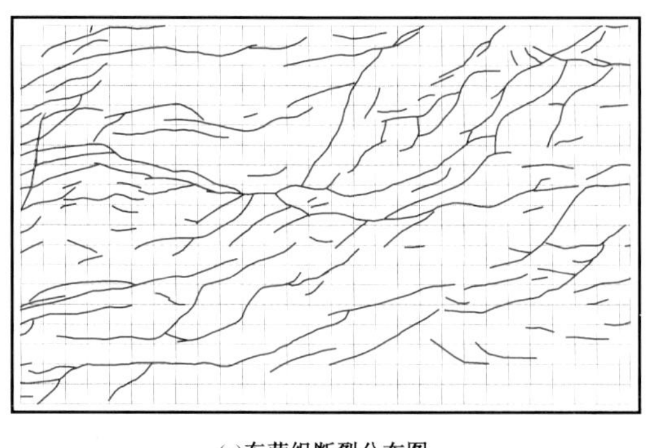
(a)东营组断裂分布图

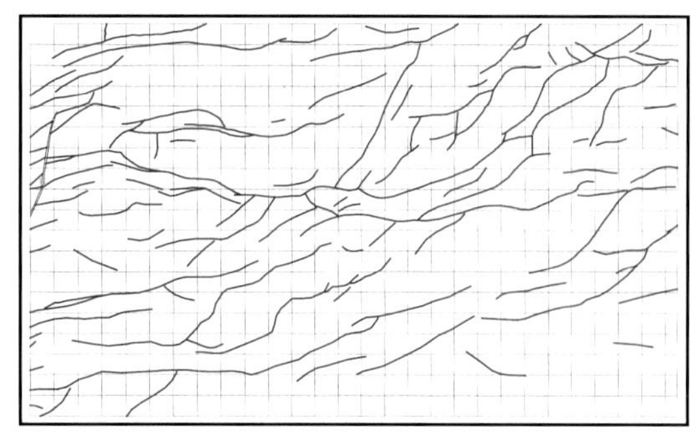
(b)沙一二段断裂分布图

图 6－1　黄河口凹陷渤中 34－9 区带古近系断裂分布图

伏地层地震反射产生强烈的屏蔽和干涉作用，致使构造落实和储层研究困难重重。该区历经 30 余年的自营和合作勘探，均因其复杂的地质条件而受挫，一直未取得规模性进展。

下图是黄河口凹陷南斜坡带方差数据体 1950ms 切片，大致反映了东二上段火山岩的平面分布范围（图 6－3），形状似哑铃型，长轴方向为东西向，与基底大断层的方向一致。该区基底大断层成阶梯状向凹陷过度，断距较小，平面上东西向展布，延伸较长，夹在郯庐走滑断裂东西两支之间，该区渐新世后期火山活跃与郯庐走滑和东西向的基底断裂有直接关系。

受火山岩的影响，中深层地震资料品质较差，下图为过斜坡带受火山岩影响的一条南北向的地震资料剖面。从剖面中可以看出，火山岩在斜坡带分布比较广泛，为一套外形似丘状杂乱或者板状连续的强反射，受其遮挡，下部层位反射能量减弱，信噪比降低，以杂乱反射为主，局部见低频弱连续同向轴，地震解释难度较大（图 6－4）。

二、关键技术及应用

1. 火山岩发育区地震处理技术

从前几章的分析可知，由于火山岩各相带空间发育的不均衡性，造成火山岩发育区的地震波场复杂，波场的复杂性导致采集单炮资料中反射双曲特征杂乱且常见不规则的同相轴，此外，水层多次波、火山岩强反射导致的表层和层间多次波进一步“污染”了有效信号，从而影响了火山岩本身及其下伏地层的成像质量，因此对火山岩体以下有效反射波的识别、恢复与增强技术的研究显得尤为重要。

主要通过以下步骤进行火山岩发育区地震资料的处理。

1）火山岩下伏地层反射能量补偿技术

（1）通过建立典型的火山岩体地质模型，正演分析不同火山岩关键特征参数（厚度、速度、分层、非均质性等）地震响应特征，总结典型火山岩体能量衰减规律；

（2）采用不同主频的雷克子波，制作一系列合成地震记录，分析火山岩地层及下伏地层的绝对振幅能量比值，并将能量比值表达为频率因子的函数。同时对实际地震记录进行相同的分频振幅比分析，分析结果表明高阻抗火山岩的屏蔽作用对地震的低频分量影响较小，而对地震的中高频分量影响较大，从而选择利用广义 S 变换时频分解法对火山岩下伏地震反射进行能量振幅补偿。

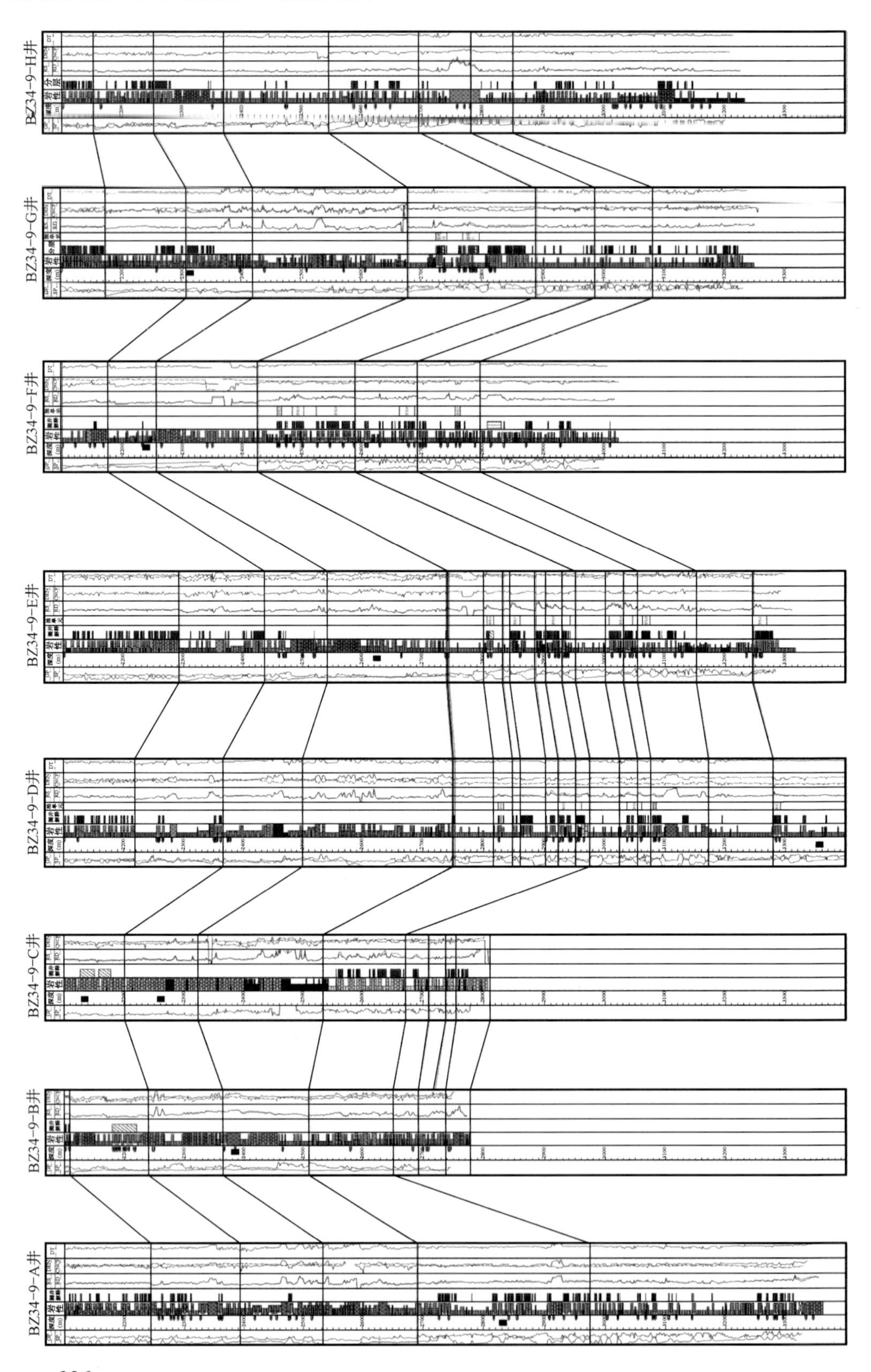

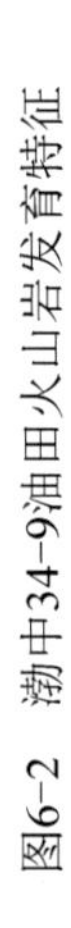
图6-2　渤中34-9油田火山岩发育特征

图6-3　斜坡带东二上段方差切片

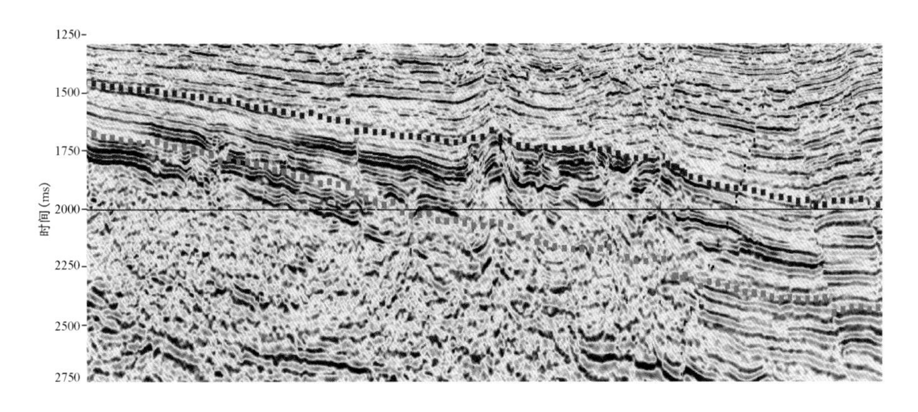

图6-4　斜坡带火山岩影响的地震剖面

2)多次波的衰减处理

由于火山岩发育区属浅水区,水深17~24m,海面和海底之间会产生多次波;此外当地震波在地下介质传播的过程中,遇到火山岩的强波阻抗界面时,也会产生多次波;通过对多次波特点的研究,采用多域逐级衰减的组合处理方法对多次波进行衰减。首先通过迭代反演的方法预测与界面有关的多次波类型。对于水层多次波,利用预测反褶积方法压制;对于其他类型的多次波,首先利用叠加速度分析,交互拾取一次波和多次波的速度谱,从而构造出双曲Radon变换域滤波器,实现多次波和一次波的分离,并实现在压制多次波的同时,保护一次波。

3)基于网格层析速度建模技术的叠前时间域深度偏移联合成像

由于火山多期次喷发,火山岩地层多旋回沉积,形成了火山岩空间分布不稳定的特点,这也造成了火山岩区成像条件的复杂性,在叠前时间偏移得到较为理想的时间域成像效果的基础上,进行精细构造分析,建立较精确的符合火山岩特点的时间域地质构造模型,通过井震标定的时深转换,获得较为可靠的初始深度速度模型,再经过高精度网格层析速度建模技术得到高分辨率的深度速度模型,最后通过叠前深度偏移技术来解决复杂区的火山岩地层的精确成像。

4）应用效果分析

如图6－5所示，新老资料对比有以下几点改善：

（1）新资料信噪比较高，火山岩体的成像更为清晰；

（2）新资料火山岩下伏地层地震成像明显改善，地震同相轴连续性增强，有利于构造解释；

（3）火山通道边界成像改善，利于后续的刻画。

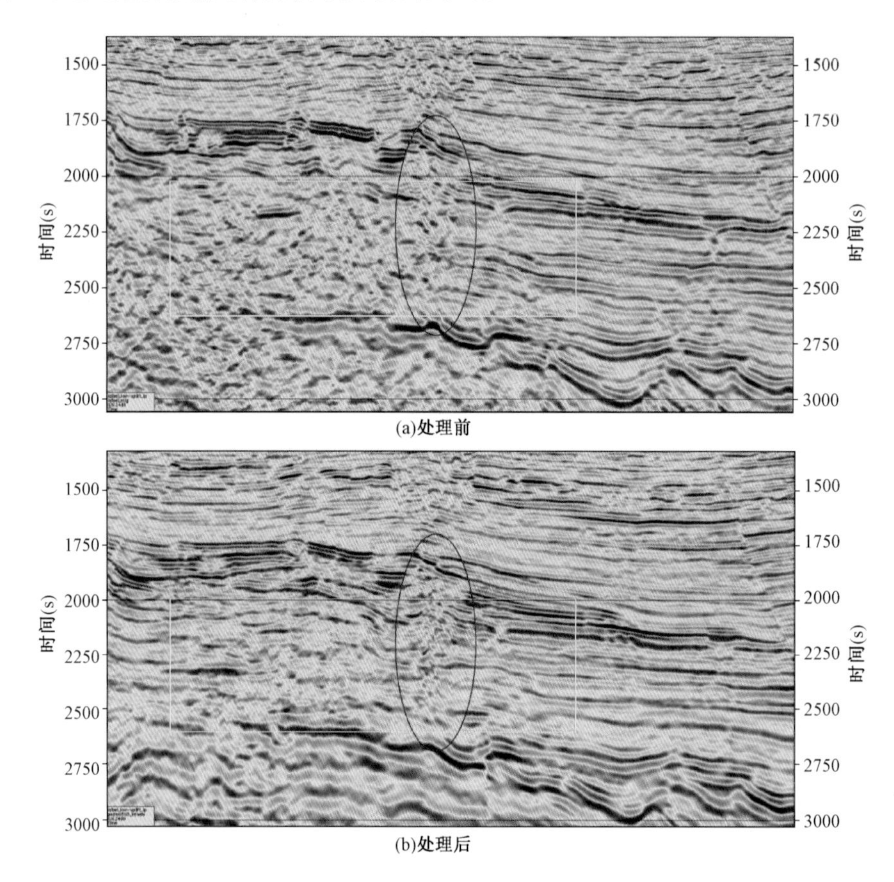

图6－5　处理前后对比图

2. 火山通道的定量刻画

构造区普遍发育一种纵向上呈锥状特征且延伸深度较大的火山通道相火山岩，并且火山通道相贯穿了油田的主要目的层东三段、沙一段和沙二段，影响圈闭的有效面积。通过结合地震和地质等资料分析火山通道的成像特征；建立火山通道正演模型并采用声波方程正演模拟；并利用叠前时间偏移成像分析火山通道相的成像特征，建立火山通道相的刻画标准，通过分级地震属性进行火山通道的三维定量刻画。

火山通道在时间切片上表现为圆环状异常，在地震剖面上表现为倒锥状（漏斗形）杂乱异常。通过建立典型的火山通道模型，正演模拟采集方向、拖缆长度、偏移孔径、偏移速度等不同因素对火山通道边界成像的影响，认为偏移速度是影响火山通道精确成像的主要因素。同时通过正演模拟火山通道相侧边界不同倾角下的成像特征，确定了火山通道相的边界刻画标准：成像特征较好时，拾取成像界面作为边界；成像特征较差时，拾取成像界面或者地层同相轴错断位置作为火山通道相边界。

利用火山通道相的杂乱反射特征，计算方差体属性，火山通道处的方差值为高值，在平面上和剖面上均有较好的响应，利用紧邻火山通道相的井位进行标定，方差高值大于0.34预测为火山通道，图6－6为基于方差体高值拾取的3期火山通道相的空间展布形态，火山通道相均呈现柱状形态。最终在渤中34－9油田范围内刻画出了较可靠的火山通道相14个，图6－7为火山通道在沙一段顶面的分布。

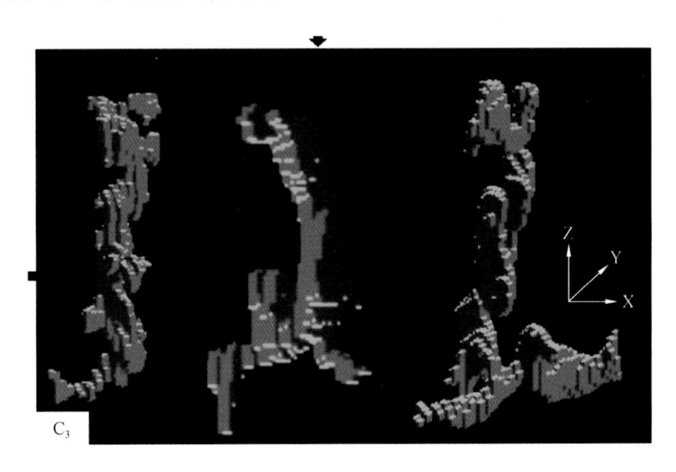

图6－6　渤中34－9区中心式喷发火山岩溢流相和火山通道相三维刻画

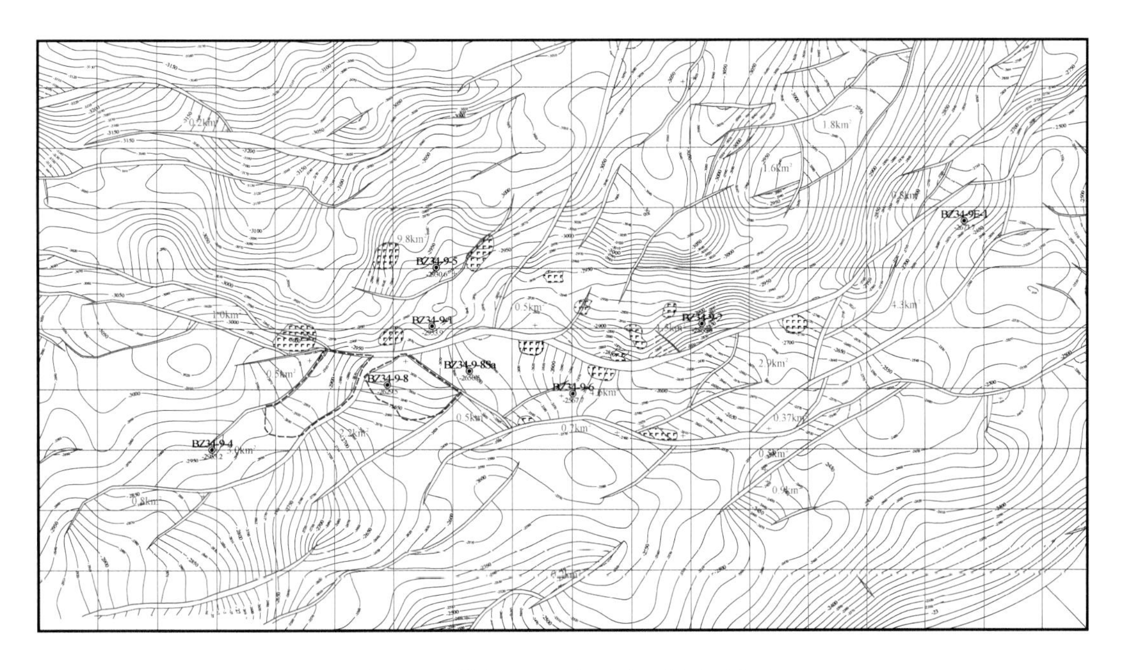

图6－7　渤中34－9油田沙一段顶面构造

3. 火山岩影响区高精度构造成图技术

当地层中有高速高密的火山岩时，地震波的双程旅行时会有一定程度的减小，下伏地层地震反射同相轴出现上拉现象（与周围不含火山岩的地震反射相比）。根据 Bakus 经典理论（BackusG. 1962），在射线理论成立的前提下，下伏地层的地震反射轴理论上拉时间为

$$\Delta t = t_{背景} - t_{火} \tag{6-1}$$

其中

$$t_{背景} = 2H/V_{背景}, t_{火} = 2H/V_{火} \tag{6-2}$$

其中，H 表示火山岩的厚度；$V_{背景}$ 表示砂泥岩的层速度；$V_{火}$ 表示火山岩的层速度。

由式(6－1)、式(6－2)可以得到

$$\Delta t = 2H(1/V_{背景} - 1/V_{火}) \tag{6-3}$$

式(6－3)表明火山岩下伏地层的时间校正量与火山岩厚度、速度及砂泥岩的背景速度有关。在火山岩发育层段，大量资料显示，火山岩表现为明显的高速高密特征。由于砂泥岩速度的不同及每一期次火山岩各相带的定量刻画难以实现，因此通过采用火山岩累计厚度与地层时间校正量的关系来校正构造。

根据实钻井数据建立砂泥岩的背景速度，并通过火山岩的楔状模型计算不同厚度火山岩引起的下伏地层时间校正量。其中火山岩的速度为 5200m/s，砂泥岩的速度完全根据测井曲线计算，在火山岩发育层段的砂泥岩的层速度在 3200～3500m/s。通过正演模拟结果可以统计火山岩厚度与下伏地层时间校正量（图 6－8）之间的关系式如下。

$$\Delta t = -7 \times 10^{-8}H^4 + 3 \times 10^{-5}H^4 - 0.0022H^2 + 0.1644H \tag{6-4}$$

通过井震联合的方法可以消除火山岩对下伏构造影响，其具体流程如图 6－8 所示。

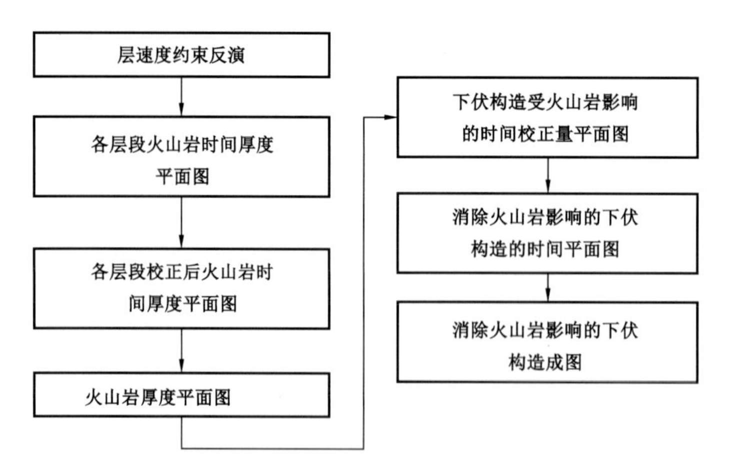

图 6－8　火山岩下伏构造校正流程图

根据上述流程主要分为以下几个步骤。

1）火山岩累计厚度的定量识别

由于该工区钻井少、火山岩的厚度呈不规则分布，根据钻井信息结合火山岩的强反射特征，利用层速度约束进行无井反演，通过连井剖面的反复测试，确定适合火山岩特点的反演参数，最终得出符合火山岩变化规律的三维波阻抗数据体。通过对火山岩响应特征精细的井震标定，确定火山岩在反演数据体的振幅阈值为 $1.05e+7kg/m^3 \cdot m/s$，并生成用于后续研究的火山岩数据体。由于最终研究的是火山岩整体厚度对下伏构造的影响，因此采用分层段累加的方法计算各个层段的火山岩厚度。首先根据火山岩的发育情况及地质需求，分了3个层段，即东一段、东二段和东三段。为了较为准确地计算火山岩厚度，把地震数据体进行重采样为0.25ms。根据钻井结果及火山岩数据体，通过统计具有火山岩响应特征的样点数，从而得到各层段火山岩的累计时间厚度平面图。根据统计的各层段火山岩的平均层速度进行火山岩深度域厚度的转换。

2）地层校正时间量的计算

根据式(6－4)和求得的火山岩累计深度域厚度，通过计算即可得到各层段火山岩引起的地层校正时间量。地层校正时间量加上相对应的时间域地震解释层位网格就可得到消除火山岩影响的各层时间平面图。

3）时深转换

根据技术流程，需要把时深转换的关系式或者平均速度场的火山岩速度替换为正常砂泥岩的速度。其做法如下：

（1）利用原始含火山岩的声波时差曲线进行合成地震记录标定，并记录其漂移量；

（2）在火山岩段，将声波时差值和密度测井值替换为正常砂泥岩的参数值；

（3）用替换后的曲线进行时深标定，并时移相同的时间量，生成去除火山岩影响的时深表；

（4）利用此时深表拟合时深关系式并进行时深转换。

4）应用效果分析

为了便于对比分析，同时利用传统的常速构造成图方式，对 T_3 层位进行成图（图6－9）。传统常速构造成图手段主要环节如下：首先，基于地震资料成果数据，对目的层位或油组进行解释，从而得到对应的等 t_0 图；然后，基于原始的BZ34－9－1井及BZ34－9－2井的时深关系完成等 t_0 图向深度域的转换；最后，利用已知井进行校正。

前面已经提及BZ34－9－4井和BZ34－9－5井对两种方法进行验证。利用新方法和常规构造成图方法，分别对两口井的层位预测误差进行对比分析，可以有效验证本次研究所提出新方法的可靠性。

因此，采用同样的方法，分别求出渤中34－9油田沙一段及沙二段内火山岩引起的下伏地层同相轴的上拉时间，进而完成新方法和传统常速成图法对 T_4、T_5 层位的构造成图。通过统计分析BZ34－9－4井及BZ34－9－5井新方法及传统方法在 T_3、T_4 及 T_5 层位预测误差，新方法相对于传统方法的预测误差整体降低50%。

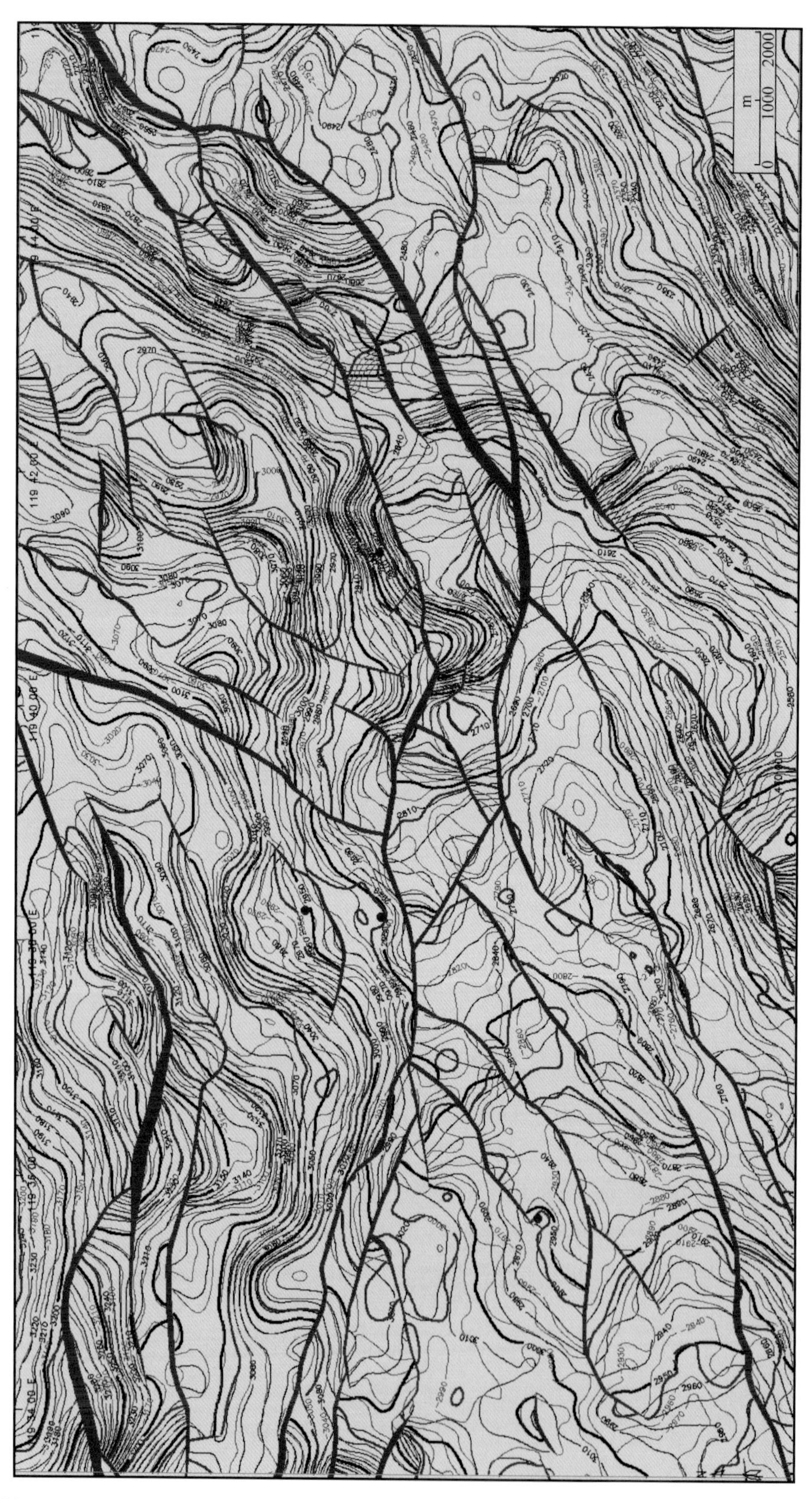

图6-9 新老方法构造叠合图

三、渤中34－9油田勘探成效

通过深入的攻关研究，打开了黄河口凹陷中洼南斜坡火山岩发育区勘探局面，优选渤中34－9构造勘探目标并实施钻探，共钻探井11口。勘探地质成功率高达100%，商业成功率达82%，成功发现并评价渤海油田首个火山岩下大中型优质油田。该油田钻探成功意义不仅在于发现了一个优质大中型油田，更在于其领域性的深远意义，有望在渤西南探区近3000多平方千米的新生界火山岩发育区掀起新一轮的勘探高潮。

第二节　莱州湾凹陷垦利6构造区

莱州湾凹陷的区域构造特征和构造单元总体受郯庐断裂带的影响和控制，在沿郯庐断裂带东、西两条分支断裂带内，经历了早期断陷、中期走滑和晚期活化3个主要阶段。在东营组—馆陶组沉积时期，东部构造带在走滑活动下伴随强烈的火山喷发活动，火山岩（主要为玄武岩和火山凝灰岩）通过裂隙喷发至地表，在馆陶组和东营组顶部形成大套火山岩。

垦利6区位于莱东—庙南构造带的莱州湾东北洼，郯庐断裂东支的走滑带附近，断裂十分发育。以馆陶组沉积时期为例（图6－10），主要受几乎横贯整个研究区的近南北向的3条大断裂控制，这3条断裂活动强度较大，在馆陶组沉积时期作为岩浆通道提供了大量岩浆。次级断裂呈东西向展布，发育较密集，但延伸不长，均止于南北大断裂的内部，多为派生断裂，相比较而言，西部的次级断裂分布较整齐，近似平行，东部则受复杂的多轨走滑应力场影响，形态杂乱。4条主控断裂与次级断裂高角度相交，构成“梳状断裂系”。

图6－10　莱州湾凹陷垦利6区“梳状断裂系”发育特征

一、勘探难点

垦利6区带大量发育火山岩，岩性主要为玄武岩（图6－11）。前人基于钻井资料深入分析该区火山岩喷发旋回和期次，认为该区火山岩主要由4个喷发旋回和6个喷发期次组成，4

个喷发旋回之间均以沉积夹层或风化壳为边界（胡治华，2013）。其火山活动类型主要为中心式喷发类型，主要岩相为溢流相和火山通道相。由于不同旋回和期次的火山岩交互叠置发育，造成火山发育区地震资料成像差，火山岩体刻画难度大，构造难以精细落实，进而影响该区勘探评价进程。

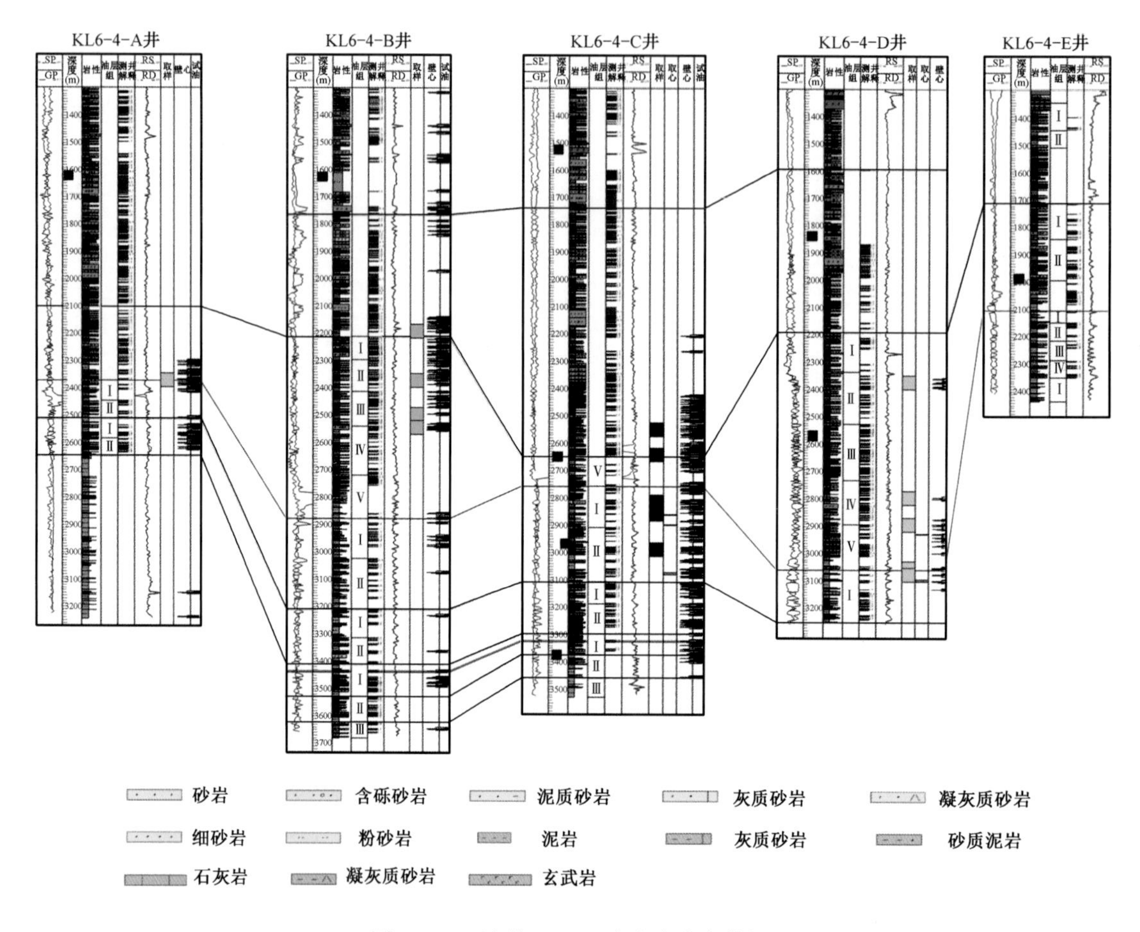

图6-11 垦利6-4区火山岩发育特征

二、关键技术应用

1. 层析成像速度建模技术及应用

叠前深度偏移只有在速度模型精确的前提下才能正确成像，建立精确的速度模型是叠前深度偏移的重要课题，直接影响着地震勘探的效益和成果。目前常用的速度建模方法主要可分为两大类：偏移速度分析和旅行时反演。Kirchhoff 积分法叠前深度偏移在当前地震勘探中得到广泛应用，基于叠前深度偏移共成像点道集的层析成像速度模型建立方法是目前研究最多且应用最广泛的速度建模方法之一。

层析速度反演主要利用偏移和层析交替迭代的方法进行速度反演，能够恢复速度场中的高波数信息和低波数信息，反演的精度较高，且具有计算稳定的特点，是深度域速度模型建立的一种有效方法。

由于研究区高速火山岩极为发育，并且空间分布极不均匀。本次充分考虑了高速火山岩空间分布的不均匀性，建立基于火山岩空间分布特征，建立高分辨率速度模型，建模的具体流程如下：

(1)首先从建立地质层位模型入手，利用叠后反演生成火山岩数据体，在充分考虑火山岩空间展布特征的情况下，利用沿层层析反演速度建模方法不断的优化层速度，建立深度—速度模型；

(2)利用网格层析成像建模技术对速度模型做进一步优化处理，进一步提高速度模型的精度，形成完整的速度模型，使叠前深度偏移的成像更为精确，从而消除由于火山岩与围岩的速度横向差异过大而造成的地质陷阱；

(3)结合钻井资料对深度成像层位进行标定，分析误差，并用钻井层速度校正深度偏移速度模型；

(4)利用形成的速度模型进行叠前深度偏移处理，然后利用井资料和其他先验资料等进行评估。同时，结合地层和特殊岩性体的展布特征，判断叠前深度偏移成像情况；

(5)综合地质认识及地球物理特征建立最终叠前深度偏移深度速度模型，完成三维地震数据体偏移成像。

本次速度建模的主要亮点是把高速火山岩的速度充填到速度模型里。首先结合已钻井资料及高速火山岩的低频强反射特征，利用叠后反演技术，生成叠后波阻抗体，通过钻井标定，选取合适的阈值，生成火山岩数据体，通过与初始的速度模型结合，生成基于火山岩发育特征的高分辨率速度初始模型，并再次进行叠前深度偏移处理。通常情况下，将 CRP 道集同相轴是否拉平作为评价速度场准确与否的一个标准，但 CRP 道集拉平只是高品质地震资料准确成像的必要条件，而非充分条件。因此，不仅要研究和控制层速度的变化规律，更要研究每次迭代前后深度偏移结果和速度变化的趋势，从变化中判断速度正确与否，通过处理解释一体化建立符合火山岩布规律的速度场，通过射线束深度偏移，得到了较好的地震资料(图 6－12)。

2. 火山机构三维空间定量刻画技术

基于振幅—方差体地震属性分级—拾取—融合技术刻画、预测的火山岩分布可与钻井揭示的火山岩、过井地震剖面指示的火山岩相互验证、对比，证明预测结果可信。

将“振幅—方差体”地震属性的“分级—拾取—融合”技术在垦利 6 区进行应用，从而系统刻画了该区溢流相和火山通道相的空间分布及配置关系(图 6－13)。东营组火山岩主要分布在研究区的中西部，共识别出 15 个火山口，溢流相呈连片分布；馆陶组火山岩分布广泛，研究区中西部共识别出 17 个火山口，在研究区东部，火山口不发育，火山岩主要是受到北东向展布的 3 条断裂控制。

结合钻井资料的火山岩喷发旋回和期次划分，三维刻画结果表明研究区火山口多为继承性喷发，在沙一段、沙二段、东营组和馆陶组均有喷发，同时沙一段、沙二段、东营组与馆陶组火山岩分布特征和喷发模式有所不同。沙一段、沙二段、东营组火山活动集中在洼陷中部，且为中心式喷发，东营组火山活动较沙一二段强烈。馆陶组火山活动强烈，火山岩广泛发育，溢流

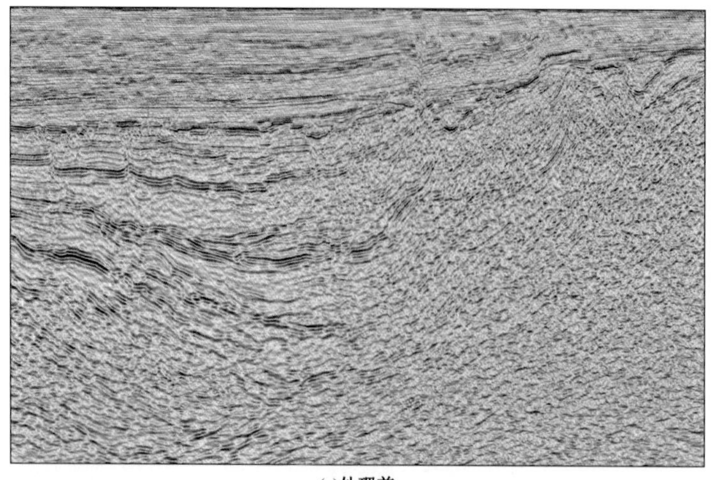

(a)处理前

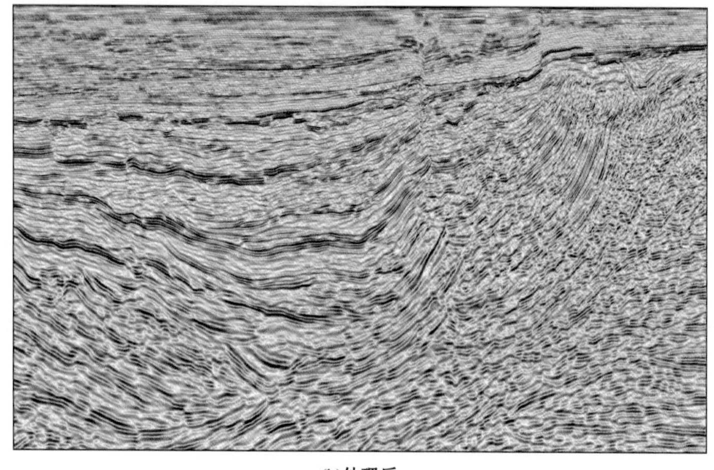

(b)处理后

图6－12 垦利6－4构造区地震资料处理前后效果对比图

相连片分布，无法确定火山岩边界，洼陷内部主要为中心式喷发，东部斜坡带，由于受到近南北向断裂的影响，为裂隙式喷发模式(图6－13C_1、C_2)。

一个单一旋回火山岩，对应一个强振幅。KL6－4－4井东营组火山岩较薄，且受到附近断层破碎影响，在地震上难以分别。馆陶组中，旋回A1、B1、B2、B3分别对应一个强振幅；东营组火山岩受断裂破碎影响，在地震剖面上未发现强振幅(图6－14)。

通过进一步统计发现，利用研究区沙一段、沙二段、东营组、馆陶组共39个火山口附近的强振幅所在的参考层(图6－15～图6－17)，可以分析沙河街组、东营组、馆陶组的火山喷发期次及次数。通过对比沙一段、沙二段、东营组、馆陶组的火山喷发期次，可知南部火山较北部火山活跃，喷发期次频繁，3个时期火山活动逐渐增强。沙河街组火山活动南部多于北部且持续时间较长，北部多为单次喷发，主要集中在第2个参考层；东二段火山喷发期次较为集中，主要在早期喷发(第2个参考层)，大部分火山单次喷发，少数火山多次喷发；馆陶组北部火山先于南部火山喷发，并且主要为早期喷发，南部火山喷发较晚，大部分发育在第2个参考层之上。

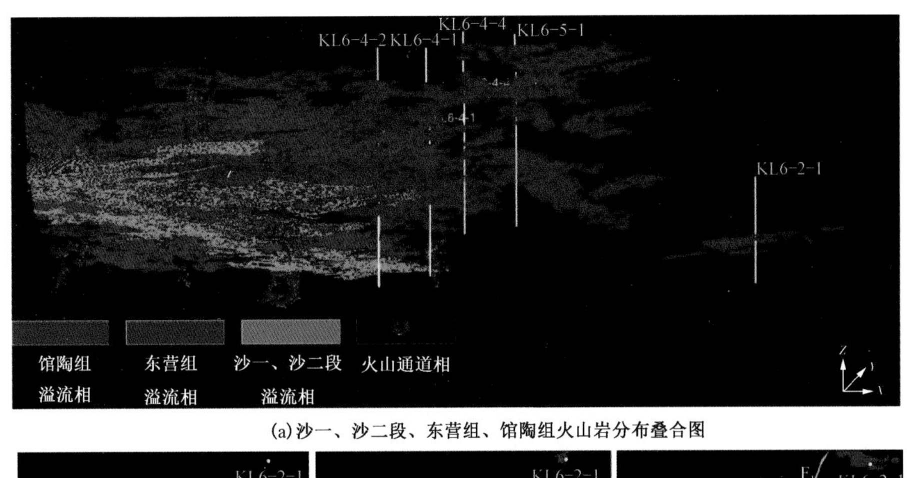

(a)沙一、沙二段、东营组、馆陶组火山岩分布叠合图

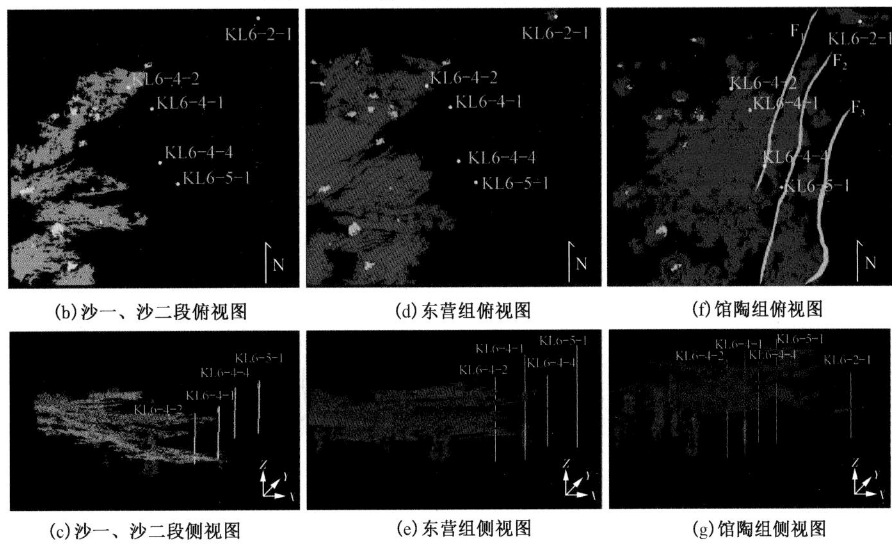

(b)沙一、沙二段俯视图　(d)东营组俯视图　(f)馆陶组俯视图

(c)沙一、沙二段侧视图　(e)东营组侧视图　(g)馆陶组侧视图

图6－13　莱州湾凹陷垦利6区带火山岩三维时空展布图

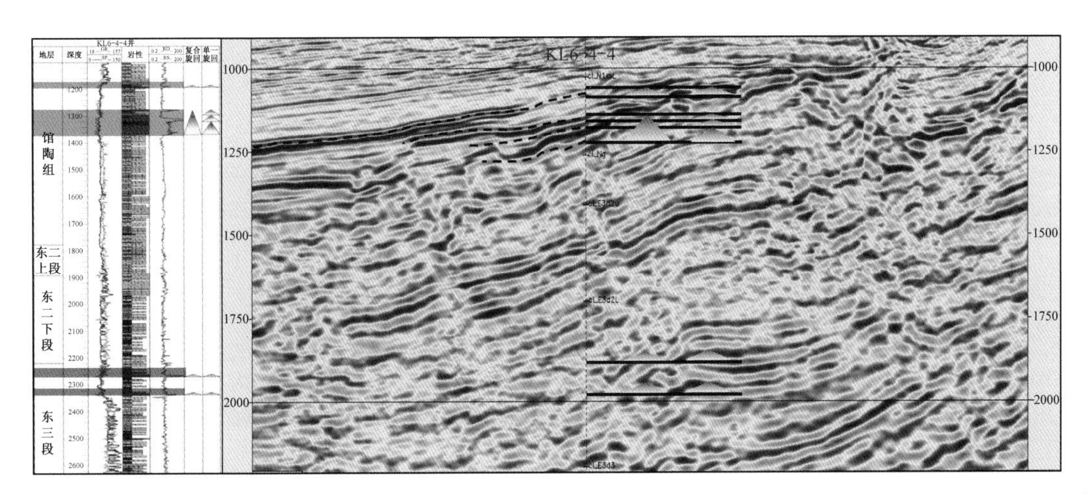

图6－14　KL6－4－4井测井、地震识别的火山岩期次对比

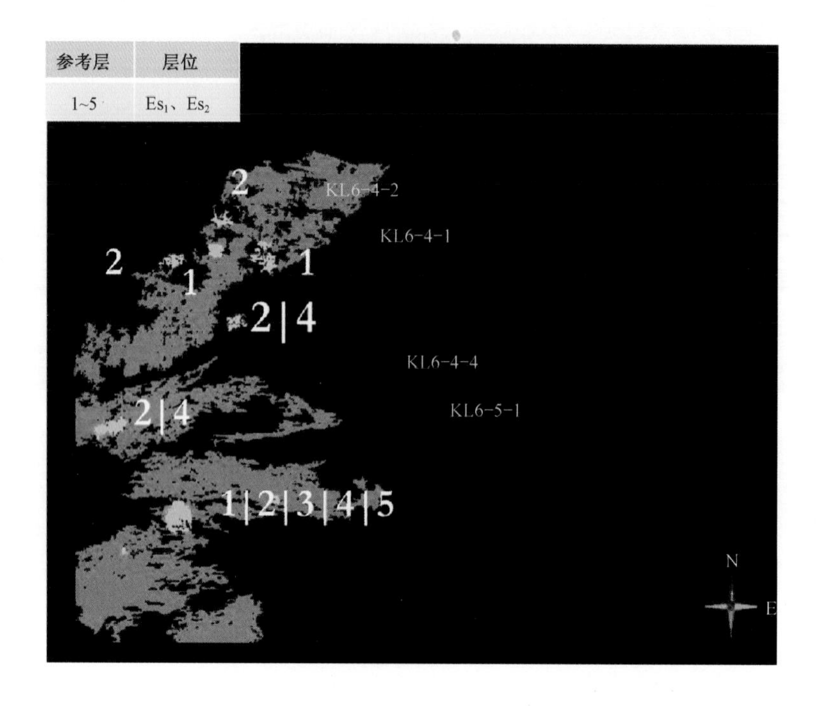

图 6－15　垦利 6 区沙河街组火山岩分布及喷发期次

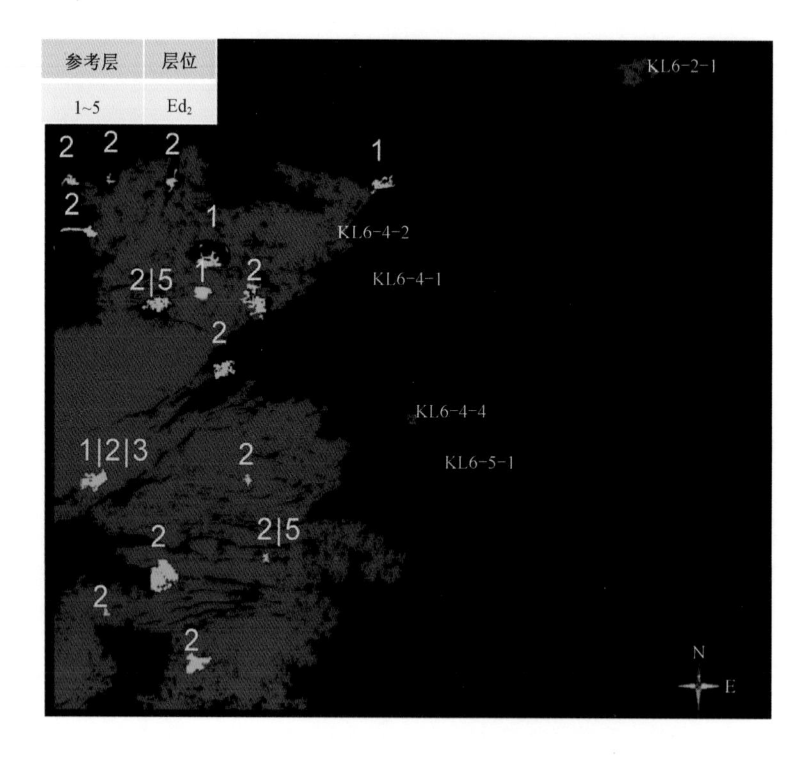

图 6－16　垦利 6 区东二段火山岩分布及喷发期次

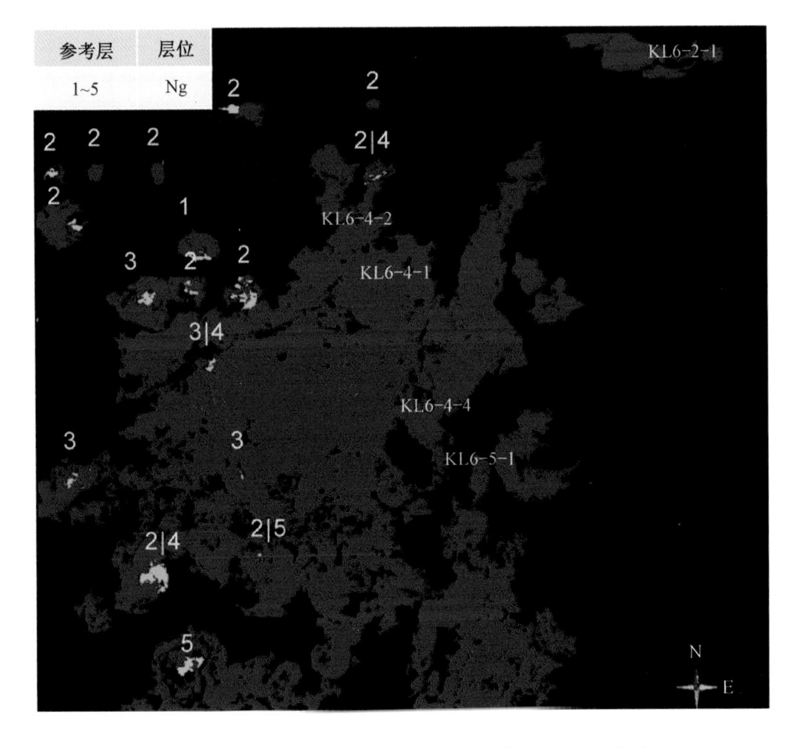

图 6－17　垦利 6 区馆陶组火山岩分布及喷发期次

三、垦利 6 区勘探成效

在火山岩进行识别的基础上，对莱东—庙南地区做了火山岩喷发旋回和期次进行了梳理，从而为该区成藏分析提供了有效资料条件。并最终在火成岩发育区利用早断后侵、后期错断型、火山通道型等“断裂—岩浆”联合解释模式，发现落实了一批有利目标。区带研究表明，垦利 6－2、垦利 6－3、垦利 6－4、垦利 6－5 和垦利 6－6 构造等目标具有良好的成藏条件和较大的勘探潜力。截至 2017 年，在垦利 6 构造区共钻探井 8 口，揭示了构造区良好的勘探前景。

参考文献

白青云,杨威,马时刚.2015. 一种基于二元回归的时深转换新方法[J].CT理论与应用研究,24(2):191-196.

陈军,周彬,陈剑铭,等.2011. 利用侵入地震相变化特征识别断层[J],石油地球物理勘探,46(5):790-794.

陈可洋.2010. 地震波旅行时计算方法及其模型试验分析[J]. 石油物探,49(2):153-157.

陈星州,童亨茂,李冰,等.2014. 辽河东部凹陷火成岩储层识别技术研究[J],岩性油气藏,6(5):40-46.

陈学华,贺振华,黄德济.2008. 基于广义S变换的地震资料高效时频分解. 石油地球物理勘探,43(5):530-534.

杜金虎.2000. 松辽盆地中生界火山岩天然气勘探[M]. 北京:石油工业出版社,75-91.

杜启振,朱亿同.2013. 叠前逆时深度偏移低频噪声压制策略研究[J]. 地球物理学报,56(7):2393-2401.

冯玉辉,黄玉龙,丁秀春,等.2014. 辽河盆地东部凹陷中基性火山岩相地震响应特征及其机理探讨[J]. 石油物探,53(2):206-214.

龚再升,蔡东升,张功成.2007. 郯庐断裂对渤海海域东部油气成藏的控制作用[J].石油学报,28(4):1-10.

韩宗珠,颜彬,唐璐璐.2008. 渤海及周边地区中新生代构造演化与火山活动[J]. 海洋湖沼通报,(02):30-36.

胡英,张研,陈立康,等.2006. 速度建模的影响因素与技术对策[J]. 石油物探,45(5):503-507.

胡治华,申春生,刘宗宾,等.2013. 渤海湾盆地火山岩喷发旋回和期次研究的方法及应用[J],油气地球物理,11(2):30-33.

金伯禄,张希友.1994. 长白山火山地质研究[M]. 延吉:东北朝鲜民族教育出版社.

井西利,杨长春,李幼铭.2002. 建立速度模型的层析成像方法研究[J]. 石油物探,41(1):472-474.

科普切弗·德沃尔尼科夫BC著. 周济群,黄光昭译. 火山岩及研究方法[M].1978. 北京:地质出版社.

黎权伟.2012. 香港安山—英安质古火山颈群[J]. 资源调查与环境,33(3).175-181.

李达,张志珣,等.2009. 渤海海域及邻区新构造运动特征与环境地质意义[J]. 海洋地质动态,(2):1-7.

李军,张军华,韩双,等.2015. 火成岩储层勘探现状、基本特征及预测技术综述[J],石油地球物理勘探,50(2):382-392.

李石,王彤.1981. 火山岩[M]. 北京:地质出版社.

李振春.2011. 地震叠前成像理论与方法[M]. 东营:中国石油大学出版社.

林洪义,石慧中,石飞飞,等.2005. 与反射系数相关的振幅补偿[M]. 中国地球物理第二十一届年会论文集,535.

刘和年,王建立,吴蕾,等.2014. 地层倾角约束自适应孔径叠前时间偏移[J]. 石油地球物理勘探,49(05):899-903.

刘金华,杨少春,王改云,等.2008. 火山通道相节理的分类及成因探讨——以山东昌乐地区死火山群火山通道相为例[J]. 矿物学报,28(3).

刘庆敏.2007. 高阶差分数值模拟方法研究(D). 青岛:中国石油大学(华东).

刘洋,李承楚.1998. 任意偶数阶精度的有限差分法数值模拟[J]. 石油地球物理勘探,33(1):1-10.

毛小平,何大伟,辛广柱,等.2005. 厚层火山岩地震响应特征. 石油地球物理勘探,40(6):670-676.

牟永光,裴正林.2004. 三维复杂介质地震数值模拟[M]. 北京:石油工业出版社.

漆家福,等.2003. 渤海湾地区的中生代盆地构造概论[J]. 地学前缘,(10):200-206.

邱家骧,陶奎元,赵俊磊,马昌前.1996. 火山岩[M]. 北京:地质出版社.

佘德平,管路平,徐颖,李佩.2007. 应用低频信号提高高速玄武岩屏蔽层下的成像质量. 石油地球物理勘探,42(5):564—567.

石颖.2012. 基于GPU并行加速的叠前逆时偏移方法[J]. 东北石油大学学报,36(4):111-115.

孙鼐,彭亚鸣.1985. 火成岩地质学[M]. 北京:地质出版社,1-324.

陶奎元.1994. 火山岩相构造学[M]. 南京:江苏科学技术出版社.

王珺,杨长春.2007. 用优化通量校正传输技术压制数值模拟的频散[J]. 勘探地球物理进展,30(4):

252 - 256.
王璞君,迟元林,刘万洙,等. 2003. 松辽盆地火山岩相:类型、特征和意义[J],吉林大学学报(地球科学版)33(4):449 - 456.
王璞君. 2008. 盆地火山岩[M]. 北京:科学出版社.
王忠仁,刘学伟,马忠高. 2000. f—x 投影滤波衰减随机噪音[J]. 长春科技大学学报,30(4):393 - 396.
魏刚,王昕,柴永波,等. 2015. 中心式喷发火山岩三维地震刻画方法[J],地质科技情报,34(1):186 - 190.
吴海波,董守华,黄亚平,等. 2014. 煤层火成岩侵入的反射波特征研究及应用[J],地球物理学进展,29(6):2779 - 2783.
吴俊刚,牛成民,甄彦琴,等. 2013. 黄河口凹陷岩浆底辟构造地震响应特征及发育模式[J],东北石油大学学报,37(5):49 - 54.
吴智平,侯旭波,等. 2007. 华北东部地区中生代盆地格局及演化过程探讨[J]. 大地构造与成矿学,(4):385 - 399.
夏斌,刘朝露,陈根文. 2006. 渤海湾盆地中新生代构造演化与构造样式[J]. 天然气工业.(6):57 - 60.
夏庆龙,田立新,周心怀,等. 2012. 渤海海域构造形成演化与变形机制[M]. 北京:石油工业出版社,1 - 20.
徐颖新,喻林,孙立志,等. 2012. 火山岩体识别技术在辽东凹陷的应用[J],石油地球物理勘探,47(1):40 - 48.
薛东川. 2013. 几种叠前逆时偏移成像条件的比较[J]. 石油地球物理勘探,48(2):222 - 227.
杨立英,李瑞磊. 2007. 松辽盆地南部深层火山岩、火山机构和火山岩相地质—地震综合识别[J],吉林大学学报(地球科学版),27(6):1083 - 1089.
杨勤勇,段心标. 2010. 逆时偏移技术发展现状与趋势[J]. 石油物探,49(1):92 - 98.
应明雄,刘建英. 2012. 南中国海深水 L 区火山发育及地震反射特征研究[J]. 物探化探计算技术,34(4):431 - 435.
张顾澜,熊小军,荣娇军,等. 2010. 基于改进的广义 S 变换的地层吸收衰减补偿[J]. 石油地球物理勘探,45(4):512 - 515.
张红静,周辉. 2013. 声波方程数值模拟中的任意广角单程波吸收边界[J]. 石油地球物理勘探,48(4):576 - 582.
周斌,邓志辉. 2009. 渤海新构造运动及其对晚期油气成藏的影响[J]. 地球物理学进展,(24):2135 - 2143.
周蒂,胡登科,何敏,等. 2008. 深部地层时深转换中的拟合式选择问题[J]. 地球科学——中国地质大学学报,33(4):531 - 537.
周建生,杨长春. 2007. 渤海湾地区前第三系构造样式分布特征研究[J]. 地球物理学进展,(22):1416 - 1424.
周晓丹,等. 2007. 江苏仪征捺山火山机构及玄武岩石柱林[J]. 江苏地质,31(3). 212 - 217.
朱光,刘国生,牛漫兰,等. 2002. 郯庐断裂带晚第三纪以来的浅部挤压活动与深部过程[J]. 地震地质,24(2):265 - 277.
朱洪涛,刘依梦,王永利,等. 2014. 渤海湾盆地黄河口凹陷 BZ34 - 9 区带火山岩三维刻画及火山喷发期次[J]. 中国地质大学学报,39(9):1309 - 1315.
朱如凯,毛治国,王京红,等. 中国火山岩储层形成机理与油气勘探[Z]. 北京:2011,89 - 98.
朱伟林,米立军,龚再升,等. 2009. 渤海海域油气成藏与勘探[M]. 北京:科学出版社,1 - 3.
Backus G. 1962. Long - wave elastic anisotropy produced by horizontal layering[J]. J. Geophys. Res., 67(11):4427 - 4440.
Backus G. 1962. Long - wave elastic anisotropy produced by horizontal layering[J]. J, Geophys, Res, 67(11):4427 - 4440.
Berenger J P. 1994. Three - dimensional perfectly matched layer for the absorption of electromagnetic waves. Journal of computational physics. 185 - 200.
Berkhout A J and Verschuur D J. 1997, Estimation of multiple scattering by iterative inversion, partI—Theoretical

considerations[J]Geophysics,62, 1586 - 1595.

Carvalho F M. 1992. Nonlinear inverse scattering for multiple attenuation: Application to real data, Part Ⅰ: Expanded Abstracts of 62th SEG Mtg. 1093 - 1095.

Cas R A F, Wright J V. Volcanic successions: ancient and modern[M]London: Allen andUnwin, 1987.

Christof Stork. 1992. Singular value decomposition of the velocity - reflector depth tradeoff, Part 1: Introduction using a two - parameter model[J]. GEOPHYSICS, 57(7): 927 - 943.

Clearbout J. F. 1985. Imaging of earth's interior[J]Blackwell Scientific Publications Inc.

Dan D. 2002. Kosloff, Yonadav Sudman. Uncertainty in determining interval velocities from surface reflection seismic data[J]. GEOPHYSICS, 67(3): 952 - 963.

Gerard T. Schuster, Aksel Quintus - Bosz. 1993. Wavepath eikonal traveltime inversion: Theory [J]. GEOPHYSICS Sep, 58(9): 1314 - 1323.

Hampson D. 1986. Inverse velocity stacking for multiples estimation[J]. Journal of Canadian Society of Exploration Geophysicists, 22(1): 44 - 55.

Karal F C and Keller J B. 1959. Elastic wave propagation in homogeneous and inhomogeneous media [J]. J. Acoust. Soc. Am, 31(6): 694 - 705.

Lan F. Jones 著, 王克斌, 曹孟起, 王永明等译. 2016. 叠前深度偏移速度建模技术入门[M]. 北京: 石油工业出版社.

OZ Yilmaz. 1989. Velocity - stack processing[J]. Geophysical Prospecting, 1989, 37(4): 357 - 382.

R Clayton, B Engquist. 1977. Absorbing boundary conditions for acoustic and elastic wave equations[J]. Bulletin of the Seismological Society of America. 67(6): 1529 - 1540.

Robert G Clapp. 2008. Reverse time migration[J]. Saving the boundary, 136 - 144.

Robert G Clapp. 2009. Reverse time migration with random boundaries[J]. 79th Annual International Meeting, SEG, 2009, 2809 - 2813.

Schneider W A. 1978. Intergral formulation for migration in two and three dimensions[J]. Geophysics, 43: 49 - 76.

Spratt. 1987. Effect of normal moveout errors on amplitude versus offset - derived shear reflectivity. SEG Expanded Abstracts 6, 634 - 637.

Stolt R H. 1978. Migration bu Fouroer transform[J]. Geophysics, 43: 23 - 48.

Swan. 2001. Velocities from amplitude variations with offset[J]. Geophysics, 66(6): 1735 - 1743.

Tapponnier P and Molnar P. 1977. Active Faulting and Tectonics in China. Journal of Geophysical Research, 82, 2905 - 2930.

Wang Y. 2003. Multiple subtraction using an expanded multichannel matching filter[J]. Geophysics, 68, 346 - 354.

Weglein A B. 1995. Multiple attenuation: Recent advances and the road ahead: 65th Ann Internat Mtg Geophys [J]. Ex panded Abstracts, 1492 - 1495.

Wiggins J W. 1988. Attenuation of complex water - bottom multiples by wave - equation based prediction and subtraction[J]. Geophysics, 53: 1527 - 1539.

William W Symes. 2007. Reverse time migration with optimal checkpointing[J]. Geophysics, 75(2): 213 - 221.

Zvi Koren, Igor Ravve. 2005. Constrained Velocity Inversion[J]SEG/Houson 2289 - 2292.